苏中地区植保技术研究新进展

刘学儒　焦骏森　徐蕾　主编

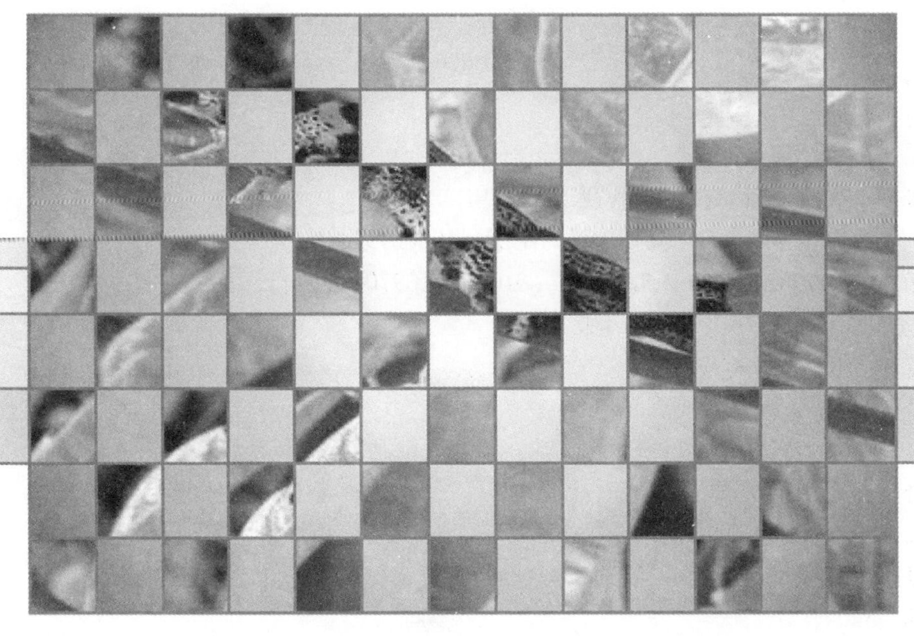

中国农业科学技术出版社

图书在版编目（CIP）数据

苏中地区植保技术研究新进展/刘学儒，焦骏森，徐蕾主编．—北京：中国农业科学技术出版社，2010.5

ISBN 978-7-5116-0155-1

Ⅰ.①苏…　Ⅱ.①刘…②焦…③徐…　Ⅲ.①植物保护－研究－江苏省　Ⅳ.①S4

中国版本图书馆 CIP 数据核字（2010）第 064851 号

责任编辑　李　华
责任校对　贾晓红

出 版 者　中国农业科学技术出版社
　　　　　北京市中关村南大街 12 号　邮编：100081
电　　话　（010）82106631（编辑室）（010）82109704（发行部）
　　　　　（010）82109703（读者服务部）
传　　真　（010）82106636
网　　址　http://www.castp.cn
经 销 者　新华书店北京发行所
印 刷 者　北京华正印刷有限公司
开　　本　787 mm×1 092 mm　1/16
印　　张　21.375
字　　数　520 千字
版　　次　2010 年 5 月第 1 版　　2010 年 5 月第 1 次印刷
定　　价　60.00 元

《苏中地区植保技术研究新进展》编委会

序

扬州市，地处江苏中部，长江北岸、江淮平原南端，常年耕地面积30余万公顷，是江苏省农业大市。

近年来，随着气候条件异常变化、有害生物入侵扩散、农业结构调整及栽培方式改变，农作物病虫草害出现了新规律、新特点，农业生产和农产品质量安全受到了严重威胁。针对这些新情况，扬州市植保工作者围绕建设高效生态农业大市的目标，牢固树立“公共植保、绿色植保”理念，大力开展植保新技术、新药剂的研究及试验示范推广工作，着力提升重大农业有害生物减灾防控能力和应急处置水平；并通过大力推进植保社会化服务，提升全市农作物重大病虫害统防统治水平，为确保粮食生产安全，促进农业增效、农民增收、农产品竞争力增强做出了积极贡献。

全市植保工作者将近几年开展水稻、小麦、油菜等作物病、虫、草害防控新技术、新药剂示范研究和植保社会化服务所取得的经验、成果及心得体会总结形成了一篇篇论文，并经编者悉心汇编于本书。该书凝结了全市广大植保技术人员的辛勤劳动，是一本实践经验丰富、专业技术较强的科技书籍。我坚信此书的出版对扬州市基层农技人员业务水平的提升和全市农业有害生物防控水平的提高具有较好的指导意义。

最后，希望广大植保工作人员再接再厉，为扬州市农业发展做出新的、更大的贡献。

扬州市人民政府副市长 纪春明

二〇一〇年三月十六日

目 录

苏中地区植保技术研究新进展

水稻病虫

其他病虫

杂草

综述

植保社会化服务

水稻条纹叶枯病发生规律研究及综防技术

刘学儒[1]，秦玉金[1]，丁涛[1]，杨进[1]，邵耕耘[2]，陈海新[3]，
焦骏森[4]，吴永方[5]，徐蕾[6]

（1. 扬州市植保植检站，225002；2. 宝应县植保站，225800；3. 高邮市植保站，225600；
4. 江都市植保站，225200；5. 仪征市植保站，211400；6. 邗江区植保站，225009）

摘　要： 文章通过研究不同栽培方式下灰飞虱发生数量及其与水稻条纹叶枯病的发生关系、不同水稻品种间条纹叶枯病田间自然消长规律。结果表明：不同水稻品种间条纹叶枯病发病程度差异明显；而灰飞虱发生数量与条纹叶枯病的发生程度呈正相关；推迟播期、推广轻简栽培方式有利于减轻前期水稻条纹叶枯病的病情。通过对水稻条纹叶枯病发生规律的研究，集成了一套行之有效的综合防控技术。

关键词： 灰飞虱；水稻条纹叶枯病；发生规律 ；综合治理

Study of generation pattern of rice stripe disease and integrated management

Liu Xueru[1], Qin Yujin[1], Ding Tao[1], Yang Jin[1], Shao Gengyun[2], Chen Haixin[3],
Jiao Junsen[4], Wu Yongfang[5], Xu Lei[6]

(1. Station of Plant Protection and Quarantine of Yangzhou City, Yangzhou 225002;
2. Station of Plant Protection of Baoying county, Baoying 225800;
3. Station of Plant Protection of Gaoyou City, Gaoyou 225600;
4. Station of Plant Protection of Jiangdu City, Jiangdu 225200;
5. Station of Plant Protection of Yizheng City, Yizheng 211400;
6. Station of Plant Protection of Hanjiang District, Hanjiang 225009)

Abstract: Generation amount of *Laodelphax striatellus* in different cultivation and its relations with rice stripe disease, natural living pattern in field on different varieties had been observed. The results showed: Difference of rice stripe disease on different varieties was significant; positive correlation was between amount of *Laodelphax striatellus* and rice stripe disease generation. Late sowing and simple cutivation would be helpful for reducing rice stripe disease in early period. Occurrence of rice stripe virus by the research, integrates a set of effective integrated control techniques.

Key words: *Laodelphax striatellus*; rice stripe disease; generation pattern; IPM

水稻条纹叶枯病是由灰飞虱 *Laodelphax striatellus*（Fallen）传播的病毒病。21 世纪初在扬州市的发生面积逐年扩大，发病程度明显加重，特别是 2003—2006 年连续大发生，造成水稻严重减产，为此，扬州市植保植检站申报了江苏省三项工程项目，组织联合攻关，对灰飞虱及水稻条纹叶枯病发生规律及相关性进行了系统研究，并将研究成果运用到生产中，对控制水稻条纹叶枯病的发生与危害起到了重要作用。

1 研究并明确了灰飞虱主要生物学特性

1.1 灰飞虱田间消长规律

灰飞虱在扬州市一年发生 5 代（局部地区或有的年份一年发生 6 代），其中第 1 代发生量最大、世代最为整齐，第 2 代发生量次之，第 2 ~ 5 代世代重叠明显。灰飞虱以 3 ~ 4 龄若虫在田边、田埂、沟渠的禾本科枯草丛中、土缝、稻残桩等场所越冬，翌年春后移至麦类作物上并繁衍一代，第 2 ~ 5 代主要在稻田中生存繁衍。全年灰飞虱只有一个迁移扩散高峰，在小麦收割前后，具体时间一般在 5 月下旬至 6 月上旬。第 2 ~ 4 代稻田灰飞虱成虫短翅型占 95% 以上，一般不迁移扩散。

据宝应县植保站系统跟踪调查，越冬代灰飞虱于 3 月 15 日查见，4 月 10 日前后进入成虫始盛期，4 月 12 ~ 18 日为成虫高峰期。一代灰飞虱于 5 月初若虫陆续孵化，5 月 14 ~ 16 日为低龄若虫高峰期，5 月 28 日左右进入成虫羽化始盛期，并开始迁入秧田传毒危害，5 月 31 日至 6 月 1 日为成虫羽化高峰期，6 月 5 日为成虫羽化盛末期。据旱育秧田系统观察，一代灰飞虱成虫于 5 月 24 日开始迁入秧田，6 月初出现明显的迁入高峰，终见期为 6 月中旬。据全县 77 个观察点大面积调查，一代灰飞虱迁移高峰期在 6 月初，与大面积小麦收割期相吻合，且峰期长达近 15d。二代灰飞虱于 6 月 14 ~ 15 日进入孵化盛期，6 月 24 ~ 25 日为低龄若虫高峰期，成虫盛期为 7 月中旬。

1.2 不同栽培措施对灰飞虱发生的影响

高邮市周巷镇调查结果表明，在盐选 2 号同一品种上，水育秧、旱育秧，落谷早、秧龄长，麦田灰飞虱迁入早、虫量高；旱直播一般在 6 月 5 日以后开始播种，苗期避过灰飞虱的迁入高峰期，田间虫量低；塑盘抛秧介于其间（表 1）。

表 1　不同栽培方式下水稻灰飞虱发生量

地点：高邮市周巷镇　　水稻品种：盐选 2 号

育秧或栽培方式	地点	落谷时间（月/日）	田块数	虫量（万头/hm^2）		
				6 月 5 日	6 月 10 日	6 月 15 日
麦套稻	湖荡	5/13 ~ 17	4	27	51	93
水育秧	周巷	5/10 ~ 12	4	277.5	237	184.5
旱育秧	张平	5/15 ~ 18	4	241.5	184.5	159
塑盘秧	周巷	5/25 ~ 28	4	18	37.5	58.5
旱直播	张平	6/8 ~ 13	4	—	—	37.5

1.3 不同秧田位置对灰飞虱发生的影响

秧田位置在麦田附近的半旱秧、旱育秧田虫量明显高于远离麦田的秧田，虫量相差 3.74～13 倍（表2）。

表2 麦收前不同秧田位置灰飞虱虫量比较

单位：万头/hm²

水稻秧池田位置	5月23日调查		5月31日调查（丘陵）	
	半旱秧（丘陵）	旱育秧（沿江）	半旱秧	旱育秧
近麦田	19.5	15	71.25	99
远离麦田	1.5	1.8	19.05	16.5
近麦田是远离麦田虫量的倍数	195	124.95	56.1	90

1.4 灰飞虱发生峰与病害显症峰间距

据高邮市植保站定点调查，灰飞虱于 5 月下旬开始迁入秧田（水育秧）危害，6 月 1～3 日为迁入盛期，6 月 6～9 日为迁入高峰期。6 月 16～17 日大田移栽时已见零星病株，6 月 24～27 日进入显症盛期，6 月 30 日为显症高峰期。从一代灰飞虱秧田发生高峰期至水稻条纹叶枯病显症高峰期一般为 20～25 天（表3）。

表3 秧田灰飞虱消长与大田发病的关系

地点：高邮市周巷镇　　　　水稻品种：盐选 2 号

秧田				大田			
调查时间	虫量（万头/hm²）			调查时间	病株率（%）		
	第 1 块	第 2 块	平均		第 1 块	第 2 块	平均
5 月 26 日	1.65	4.8	3.3	6 月 18 日	2.2	2.3	2.3
5 月 29 日	9.75	27	18.45	6 月 21 日	3.8	3.3	3.6
6 月 1 日	64.5	88.5	76.5	6 月 24 日	4.4	5.5	5.0
6 月 3 日	127.5	159	143.25	6 月 27 日	12.3	11.1	11.7
6 月 6 日	208.5	252	230.25	6 月 30 日	14.5	15.8	15.2
6 月 9 日	321	439.5	380.25	7 月 3 日	14.5	16.0	15.3
6 月 12 日	151.5	190.5	171	7 月 6 日	12.0	14.9	13.5
6 月 15 日	100.5	82.5	91.5	7 月 9 日	11.4	12.0	11.7

1.5 灰飞虱发生数量与条纹叶枯病病株率的关系

高邮市植保站于 2005 年 6 月 5 日、10 日分别调查 5 块不同虫量的盐选 2 号秧池田，于 6 月 25 日、30 日分别调查大田发病情况（表4）。从表 4 中可以看出，在一代灰飞虱带毒率 42% 的条件下，随着虫量的增加，发病程度加重，且趋势明显。灰飞虱发生量与 6 月 25 日病株率相关系数为 0.95，与 6 月 30 日病株率相关系数为 0.94。

表4　2005年灰飞虱不同虫量与水稻条纹叶枯病发病关系

地点：高邮市周巷镇　　　　水稻品种：盐选2号

户名	移栽日期	秧池田虫量	条纹叶枯病病情			
		虫量	6月25日		6月30日	
		（万头/hm²）	病穴率（%）	病株率（%）	病穴率（%）	病株率（%）
张　平	6月18日	87	26	7.7	30.4	10.1
刘春英	6月16日	142.5	22	10.8	38	13.3
张国和	6月17日	201	35	11.2	42	13.8
张仁干	6月17日	313.5	48	15.6	59	21.5
张孝虎	6月15日	499.5	52	16.9	68	22.7

注：虫量为2次调查平均数。

2　扬州市水稻条纹叶枯病的主要发生规律

2.1　不同水稻品种条纹叶枯病自然消长规律

据江都市植保站在观察圃对当地几个主栽水稻品种的发病情况进行系统观察。粳稻5月17日落谷，6月25日移栽，杂交籼稻5月8日落谷，6月14日移栽。全程未用药，正常肥水管理。从调查的情况看，同一播种期的水稻，显病高峰期相同。粳稻一般在7月20日前后，籼稻为7月10日左右。粳稻的发病程度明显重于杂交籼稻（表5）。

表5　2005年水稻条纹叶枯病系统观察圃病株率消长

地点：江都市

日期/品种	病株率（%）						
	6月30日	7月10日	7月20日	7月30日	8月10日	8月20日	8月30日
武育粳3号	16.70	38.71	84.16	40.64	38.79	31.00	38.30
武育粳15号	3.81	15.48	41.56	17.45	11.89	17.00	15.90
宁粳1号	6.19	8.79	30.13	14.47	9.83	10.00	10.00
扬粳9538	10.00	6.36	21.57	6.81	1.31	0.62	0.00
协优084	0.53	3.88	0.00	0.00	0.00	0.00	0.00
K优818	4.80	9.31	5.29	2.19	2.94	2.42	2.45
平均	7.01	13.76	30.45	13.59	10.79	10.17	11.11

粳稻不同品种间发病程度差异较大，扬粳9538在分蘖前期虽然病株率较高，但在生长中期有很强的补偿能力，表现较为耐病，后期病情下降较快。武育粳3号、武育粳15号、宁粳1号均较感病，7月30日至8月30日病株率一直维持在一个相对稳定的较高状态。杂交籼稻发病均较轻，协优084在水稻生长前期零星发病，中后期表现出较好的抗病性状，K优818发病程度明显重于协优084。

2.2　水稻播期、栽培方式与条纹叶枯病发病的关系

同一品种、同一播期、不同育秧方式，发病程度不同，在防治水平相同的条件下，同为盐稻8号，水育秧的发病程度明显重于旱育秧（表6）。

表6　2005年不同育秧方式下的发病情况

地点：宝应县　　　　水稻品种：盐稻8号

调查日期	育秧方式	病株率（%）	
		幅度	平均
7月13日	旱育秧	0～0.3	0.15
	水育秧	1.2～2.4	1.62

同一品种、栽培方式不同，播期不同，灰飞虱发生数量有差异，最终发病程度明显不同，播种早的虫量高，发病程度重（表7）。

表7　不同栽培方式条纹叶枯病病株率

地点：高邮市周巷镇　　　　水稻品种：盐稻2号

栽培方式	地点	落谷时间（月/日）	病情			
			6月25日		7月15日	
			病穴率（%）	病株率（%）	病穴率（%）	病株率（%）
麦套稻	湖荡	5/13～17		5.6		10.5
水育秧	周巷	5/10～12	48	15.3	52	15.6
旱育秧	张平	5/15～18	35	11.4	39	12.0
塑盘秧	周巷	5/25～28	3.8	0.7	6.6	1.2
旱直播	张平	6/8～13	—	0		零星

同一品种武粳15在轻型栽培方式下虽然前期发病较轻，但后期病情上升迅速。麦套稻、机插秧和直播稻由于播期推迟，错开了灰飞虱第一迁入高峰期，但后期由于2代和3代灰飞虱迁入和繁殖，麦套稻病株率从7月6日的2.68%上升到8月20日的9.29%，而常规移栽稻病株率从7月6日的15.25%仅上升到8月20日的17.48%（表8）。由此可见，即使轻型栽培前期发病轻，后期也要加强灰飞虱的防治工作，才能有效控制病害的进一步发展。

表8　2005年不同栽培方式下条纹叶枯病发病情况

地点：仪征市　　　　水稻品种：武粳15

栽培方式＼调查时间	7月6日		8月20日	
	病穴率（%）	病株率（%）	病穴率（%）	病株率（%）
常规移栽	41.2	15.25	47.4	17.48
旱直播	—	3.45	23.3	8.67
水直播	—	0.1	16.7	3.45
麦套稻	—	2.68	26	9.29
机插秧	1	0.22	25.5	5.36

3　不同植保措施对灰飞虱、条纹叶枯病的影响

3.1　药剂对路与否对水稻条纹叶枯病的影响

邗江区通过对武粳15半旱秧移栽田调查，秧田、本田按区病虫草情报用药对路的病株率仅0.36%，但极个别偏远乡镇少数农民使用农业部2002年第194号公告已停止使用的高毒、剧毒农药甲胺磷、乐果和杀虫双等不对路药剂的病株率高达87.40%；秧田用药

对路、本田用药不对路的病株率为55.15%；秧田用药不对路、本田用药对路的病株率为21.89%（表9）。可见水稻生长全程用药对路及本田前、中期用药对路对控制条纹叶枯病效果明显。

表9　秧田、本田用药对路与否对水稻条纹叶枯病的影响

药剂		2004年		2005年	
秧田	本田	病株率（%）	比秧田、本田用药不对路病株率下降	病株率（%）	比秧田、本田用药不对路病株率下降
对路	对路	2.83	79.73	0.36	87.04
	不对路	46.17	36.39	55.15	32.25
不对路	对路	29.1	17.81	21.89	65.51
	不对路	82.56	—	87.40	—

3.2　秧田不同用药次数对水稻条纹叶枯病的影响

邗江区2005年6月19日在李典镇调查，5月10日播种的半旱秧，秧池田防治4~5交，病株率为3.26%，比未用药田下降92.4%，随着防治次数的减少，病株率上升，未治田块高达43.02%（表10）。

表10　秧池田不同用药次数对水稻条纹叶枯病的影响

用药次数（次）	病株率	
	%	比未用药下降%
4~5	3.26	92.42
1~3	20.54	52.25
未用药	43.02	—

3.3　使用不同药械对杀虫控病效果的影响

2005年邗江区植保站在方巷镇联合村选择5月6日播种，品种为宁粳1号，连续6块秧池田，其中3块弥雾、3块细喷雾（视同3次重复），弥雾对水15kg、细喷雾对水25kg，分别于5月24日、5月30日、6月5日按指导用药，6月10日移栽，大田用药一致。于6月1日、6月4日、6月6日、6月7日、6月8日调查灰飞虱虫量，每块秧田调查3点，每点0.11m^2，计数虫量；于6月16日、6月18日、6月22日、6月25日、6月29日、7月6日调查相应田块的大田条纹叶枯病病穴、病株。秧田期弥雾田块比喷雾田块不同时间虫量少10.5%~83.91%（表11），大田移栽后不同时间病穴率、病株率分别低50.28%~69.97%、56.67%~87.5%（表12）。

表11　使用不同药械防治秧田灰飞虱虫量比较

单位：万头/hm^2

药械	调查时间				
	6月1日	6月4日	6月6日	6月7日	6月8日
弥雾机	9	99	42.3	27.9	42
手动喷雾器	55.95	136.95	60.9	37.95	46.95
弥比喷虫量少（%）	1 258.65	417.15	428.1	397.2	158.1

表 12 秧田使用不同药械施药后大田条纹叶枯病发生情况比较

秧田使用药械	调查时间										
	6 月 16 日		6 月 18 日		6 月 22 日		6 月 25 日		6 月 29 日		7 月 6 日
	病穴率（%）	病株率（%）	病穴率（%）	病株率（%）	病穴率（%）	病株率（%）	病穴率（%）	病株率（%）	病穴率（%）	病株率（%）	病株率（%）
弥雾机	0.66	0.13	1.0	0.2	2.0	0.16	3.33	0.42	4.0	0.62	0.89
手动喷雾器	1.33	0.30	3.33	0.69	6.0	1.28	8.66	1.93	11.0	2.55	3.14
弥比喷 ±%	50.28	56.67	69.97	71.01	66.67	87.5	61.55	78.24	63.64	75.69	71.66

3.4 水稻条纹叶枯病发病后对产量的影响

从调查的情况看，不同发病程度对水稻产量的影响不同，分蘖前期病株率在 10% 左右，对水稻产量基本无影响，但随着病株率的增加，对水稻产量的影响逐渐加大（表 13）。产量损失与发病时间的早迟、显症峰次间存在密切关系。在病情基本相同的条件下，发病越早，产量损失越小，发病越迟，产量损失越大；显症峰次少，产量损失越小，显症峰次多，产量损失越大。据宝应县调查，同为武育粳 3 号，移栽方式相同，发病时间不同，其产量明显不同，6 月 25 日发病的比 7 月 24 日发病的产量高 2 911.5kg/hm^2（表 14）。邗江区调查，发病早的采取针对性补救措施，使用对路药剂防治好，精心肥水管理，实现治虫控病、保苗促蘖。在半旱秧移栽田，即使病株率在本田分蘖末期前达 30% ~60% 时，单产仍可达 6 750kg/hm^{2}左右，较相邻防治好的田块仅减产 10% 左右；但在 7 月下旬以后显症的减产明显（表 15）。究其原因，发病早的田块能充分利用水稻自身补偿能力，争取部分动摇分蘖成穗，而发病迟的（特别是 7 月 20 日以后发病），因田间茎蘖数已基本定型，发病株死亡后，水稻补偿能力差，有效穗数明显减少，对产量影响大，发病迟、显症峰次多的田块甚至绝收。

表 13 2005 年不同病株率对水稻产量的影响

地点：宝应县

品种	病株率（%）	穗粒结构					理论产量（kg/hm^2）	对产量的影响
		每公顷穗数（万穗）	每穗粒数（粒）	结实率（%）	每穗实粒数（粒）	千粒重（g）		
南粳 41	8.70	364.5	100.9	91.9	92.7	26	9 273	无影响
	19.30	357	111.2	87.7	97.5	26	8 809.5	-5%
	31.40	355.5	110.8	85	94.2	26	8 640	-7%
	48.40	292.5	127.8	83.2	106.3	26	8 070	-13%

表 14 2005 年不同显症时间对水稻产量的影响

地点：宝应县

品种	移栽方式	显症时间	病株率（%）	每公顷穗数（万穗）	每穗实粒数（粒）	结实率（%）	粒重（g）	理论产量（kg/hm^2）
武育粳 3 号	人工移栽	6 月 25 日	13.2	318	89.7	93.2	27	7 701
		7 月 24 日	7.5	198	89.6	92.8	27	4 789.5

表 15　2005 年不同时期水稻条纹叶枯病显症后正确管理田水稻产量

地点：邗江市

农　户	显症时间	病株率（%）	显症后按指导管理		备　注
			亩穗数（万穗/hm^2）	单产（kg/hm^2）	
李典镇李典村高德喜	6 月 18 日	43.02	321	7 575	剔除病株移栽
沙头镇晨兴村吕宏如	6 月 21 日	30.56	288	7 200	
泰安镇陈德忠	7 月 7 日	20.5	328.95	6 900	
槐泗镇西来村陈万权	7 月 22 日	25.6	232.5	5 850	
公道镇太平村付大民	8 月 2 日	93.8	零星见穗	绝收	

3.5　不同发病程度下，采取补救措施的效果

根据大面积生产实践，在第一显症峰田间病穴率低于50%的，全力保苗，通过加强以水浆管理为主的田间管理，促进健苗正常生长；田间病穴率在50% ~70%之间的，采取以补苗为主，一方面把健苗移到一起，另一方面搞好育苗，及时移栽到空白处；对田间病穴率大于70%以上的，实行改种换茬。从调查的情况看，补种田块产量一般在 5 250kg/hm^2 左右，与未补种的田块相比，每公顷增稻谷 3 000kg 左右，经济效益较为显著。

4　水稻条纹叶枯病综合防控技术

根据灰飞虱及水稻条纹叶枯病的发生规律，并经过的多年的摸索实践，在扬州市形成了一套行之有效的综合防控技术措施，对控制水稻条纹枯病的发生与危害发挥了重要作用，2007—2009 年水稻条纹叶枯病发生危害程度逐年下降。

4.1　准确监测虫情动态

认真做好灰飞虱和条纹叶枯病的预测预报工作，真正做到查虫与查病相结合、灯下虫量与田间虫量调查相结合、系统田调查与大田普查相结合、查虫情与查苗情相结合，密切监测灰飞虱发生动态，及时虫情会商，准确测报，科学决策。

4.2　因地制宜推广抗病品种

在水稻条纹叶枯病重病区，扩大优质杂交籼稻的种植比例，压缩感病粳稻种植面积，选择丰优香占、Ⅱ优 818、Ⅱ优 084 等对水稻条纹叶枯病有较好抗性的杂交水稻品种以及扬粳 9538、徐稻 3 号、盐稻 8 号等粳稻品种。同时，值得强调的是种植粳稻抗（耐）病品种后仍须落实其他有效防治措施，才能真正控制水稻条纹叶枯病的危害。

4.3　积极改进耕作方式

一是科学选用适宜的苗床址。育秧的苗床选择在远离麦田，排灌方便、相对独立的田块，育苗时清除秧田四周杂草；在有条件的地区推广应用防虫网、无纺布笼罩育秧，实行统一育秧，开展商品化供秧。二是适期内推迟水稻播期。各地根据水稻生育特性，在最佳播期内适当推迟了播期，使得水稻秧苗易感期与灰飞虱传毒高峰期错开，减少了传毒几率。三是大力推广抛秧、机插秧等轻型栽培技术，适当增加栽插密度和基本苗，通过栽培措施的调节，达到栽培避病的作用。四是加强发病田块的管理。做到水稻因苗管理、分类

指导工作。根据不同苗情，合理肥水运筹，提高植株抗病能力。

4.4 打好灰飞虱防治总体战

坚持“切断毒链，治虫控病”策略，采用“药剂浸种防侵染，麦田防治压基数，秧田狠治断毒链，田边普治除隐患，大田防治保丰收”的防治方法，多个环节防治灰飞虱，阻断毒源传入水稻植株体内。一是全面推广药剂浸种新技术。采用吡虫啉、吡蚜酮等药剂浸种，充分发挥这些药剂的内吸传导优势。二是开展麦田防治，压低灰飞虱发生基数。在灰飞虱虫量高的田块，结合小麦后期穗蚜防治时进行兼治，对麦套稻和秧池周边麦田采用敌敌畏熏蒸或吡蚜酮喷雾等防治方法，压低灰飞虱向秧田迁入的基数。三是狠抓秧田防治切断传毒链。从水稻播后成苗期开始，对秧田使用乐斯本、盖仑本、吡蚜酮、吡虫啉等药剂。对感病品种的秧田，第一次在秧苗1叶1心期开始使用，后根据灰飞虱迁入峰期，增加防治次数，调整农药品种，采用速效药剂与长效药剂相结合，实行全程药控，在移栽前做到带药移栽，确保秧田灰飞虱群体数量降到最低。对抗病品种根据灰飞虱发生数量，适当减少防治1~2次。四是普治田边杂草上灰飞虱，消除毒源隐患。在麦田防治的同时一定要注意对周边杂草一并防治，清除秧田周边杂草灰飞虱防治，减少其栖息、繁殖场所。五是抓好大田期防治。根据大田灰飞虱虫情及条纹叶枯病发生趋势，在二代灰飞虱卵孵盛期至2~3龄若虫高峰期和若虫羽化高峰前，适时防治。同时在发病初期，可施用病毒钝化剂。晚熟品种根据灰飞虱发生情况重视第3代若虫的防治。

参考文献

[1] 江苏省植物保护站．农作物主要病虫害预测预报与防治［M］．南京：江苏科学技术出版社，2006：89~111.

[2] 秦玉金，鞠国钢，胡荣利等．不同栽培方式对水稻条纹叶枯病发生消长的影响［J］．广西农业科学，2006，37（4）：402~404.

[3] 秦玉金，鞠国钢，胡荣利等．水稻条纹叶枯病发生特点及防治对策［J］．现代农业科技，2005，（3）：20~21.

[4] 秦玉金，鞠国钢，胡荣利等．稻纵卷叶螟重发原因及防治策略［J］．安徽农业科学，2004，32（3）：463~464.

六（4）代稻纵卷叶螟为害对武运粳23号产量损失测定及其防治指标的研究

刘学儒[1]，吴永方[2]，杨进[1]，秦玉金[1]，丁涛[1]，赵阳[2]，奚本贵[2]

（1. 扬州市植保植检站，225000；2. 仪征市植保植检站，211400）

摘　要：为较好地探明田间六（4）代稻纵卷叶螟对扬州地区水稻生产的影响，作者通过田间人工控制虫量的方法，设立了4个不同虫量梯度，测定不同虫量稻纵卷叶螟为害对武运粳23号（顶部倒1~3叶）卷叶率、产量损失的影响。结果表明，在稻纵卷叶螟2龄幼虫0~20头/穴情况下，随着虫量的增加，叶片卷叶率增大（$y_1=0.9511+1.2902x_1$）、产量下降（$y_2=567.5158-5.0292x_2$）、产量损失率增高（$y_3=1.5836+0.8170x_3$）。根据经济允许损失率为3%的计算标准，得出了稻纵卷叶螟在武运粳23号上的防治指标为2龄幼虫虫量173头/百穴。

关键词：稻纵卷叶螟；卷叶率；产量损失；防治指标

The loss of yield for Wuyunjing23 damaged by fourth-generation *Cnaphalocrocis medinalis* and it's economic threshold

Liu Xueru[1], Wu Yongfang[2], Yang Jin[1], Qin Yujin[1], Ding Tao[1], Zhao Yang[2], Xi Bengui[2]

(1. Plant Protection and Quarantine Station of yangzhou, Yangzhou 225000;
2. Plant Protection and Quarantine Station of yizheng, Yizheng 211400)

Abstract: To find out the effect of interactions between fourth-generation *Cnaphalocrocis medinalis* and rice in Yangzhou field, we set four different insect gradient by artificial control of insects through the field volume, then determined the amount of rice insect longitudinal leaf curl borer damage to the Wuyunjing23 (top down 1 ~ 3 leaf) leaf roll rates、the effect of loss production. The results show that, when the 2nd instar larvae of rice leaf roller 0 ~ 20 head in one hole, as the increase in the amount of insects, the rate of leaves were increase ($y_1 = 0.9511 + 1.2902x_1$), the output was decline ($y_2 = 567.5158 - 5.0292x_2$) and the loss rate of output was increased ($y_3 = 1.5836 + 0.8170x_3$). According to the economic loss rate was 3%, we calculated the control index was 173 when 2nd instar larvae of rice leaf roller in Wuyunjing23.

Key words: *Cnaphalocrocis medinalis*; leafroll rate; production loss; control index

稻纵卷叶螟是一种迁飞性害虫，在全国主要稻区均有发生。江苏省扬州地区稻纵卷叶螟年发生3个世代，对水稻生产均能产生严重为害，其中六（4）代稻纵卷叶螟的发生危害与水稻生育期密切相关，往往对中熟、迟熟品种水稻上造成不小的产量损失。江苏省协作试验研究表明，四（2）代稻纵卷叶螟为害制定的防治指标为2~3龄幼虫100~150头/百穴，五（3）代为60~80头/百穴，目前对六（4）代稻纵卷叶螟的防治指标还未明确。为此作者选择扬州仪征地区中熟粳稻品种种植田块作为研究对象，进行了六（4）代稻纵卷叶螟2龄幼虫不同虫量对水稻叶片（顶部倒1~3叶）卷叶率、产量损失和防治指标的研究。

1 材料与方法

1.1 供试水稻

水稻品种：武运粳23号。

栽培方式及时间：2009年6月15日机插。

田间管理：肥水管理正常，试验前病虫草害正常防治。

1.2 方法

1.2.1 试验时间

2009年9月1日，水稻处于孕穗末期至抽穗前期。

1.2.2 试验设计

在同一块水稻田内设4个处理，待六（4）代稻纵卷叶螟初孵发生为害时各处理均用1.5m×1.5m×1.8m的纱网罩笼罩着水稻，每处理15穴水稻。试验前先将各处理罩笼内水稻上的稻纵卷叶螟（成、幼虫、卵、蛹）、卷叶清除干净。同时到大田捕捉稻纵卷叶螟2龄幼虫若干头，接到罩笼内水稻上部叶片上（倒1～3叶）。处理1：每穴接虫0头（0头/百穴）；处理2：每穴接虫5头（500头/百穴）；处理3：每穴接虫10头（1 000头/百穴）；处理4：每穴接虫20头（2 000头/百穴）。每处理重复3次。

1.2.3 不同虫情指数下水稻叶片卷叶率及产量损失测定

在大田六（4）代稻纵卷叶螟为害定型后，取走各处理纱网罩笼，调查统计每穴水稻卷叶数（以水稻植株顶部倒1～3叶为有效功能叶计算），计算每处理水稻的卷叶率。待穗成熟收割时，再测定各处理水稻每穗总粒数、结实率、千粒重，根据大田亩有效穗数计算各处理的亩理论产量。建立不同虫量与卷叶率、不同虫量与产量及不同虫量与产量损失率的关系模型。

2 结果与分析

2.1 不同虫量稻纵卷叶螟为害后水稻叶片卷叶率及产量损失的测定

表1结果表明，在稻纵卷叶螟0～2 000头/百穴不同梯度虫量为害下，随着百穴虫量的增多，水稻倒1～3叶叶片受害卷叶率随之增大，理论亩产量下降，产量损失率增高。

表1 2009年不同虫量稻纵卷叶螟对水稻产量的影响

地点：扬州仪征

处理	倒1～3叶卷叶率（%）	穗粒数（粒数/穗）	结实率（%）	千粒重（g）	有效穗数（万/667m^2）	理论产量（kg/667m^2）	产量损失率（%）
0头/穴	0	99.45	92.80	28.13	22.0	571.14	—
5头/穴	8.06	99.36	88.94	27.62	22.0	536.98	5.98
10头/穴	14.79	99.34	87.31	27.15	22.0	518.06	9.29
20头/穴	26.13	99.39	79.72	26.84	22.0	467.86	18.08

2.2 不同虫量与卷叶率、产量及产量损失率之间关系模型的建立

从数据（表1）的统计分析结果得出，不同虫量稻纵卷叶螟与水稻受害后造成的卷叶

率呈正显著相关关系（图1），其线性回归方程模型 $y_1=0.9511+1.2902x_1$，相关系数 $r=0.9929$；不同虫量与水稻产量呈负显著相关关系（图2），其线性回归方程模型为 $y_2=567.5158-5.0292x_2$，相关系数 $r=0.9922$；不同虫量与产量损失率呈显著正相关关系（图3），其线性回归方程模型为 $y_3=1.5836+0.8170x_3$，相关系数 $r=0.9957$。

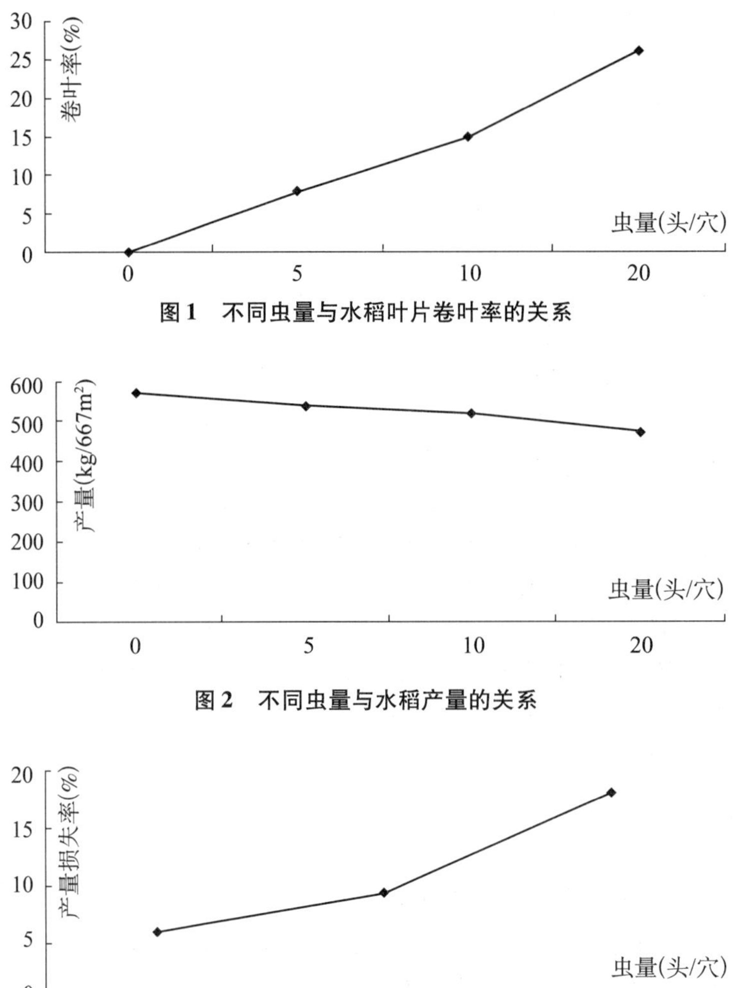

图1　不同虫量与水稻叶片卷叶率的关系

图2　不同虫量与水稻产量的关系

图3　不同虫量与水稻产量损失率的关系

2.3　六（4）代稻纵卷叶螟防治指标的确定

以经济允许产量损失率3%为计算标准，依损失模型 $y_3=1.5836+0.8170x_3$，将 $y_3=3$ 代入，得 $x_3=1.73$，即2龄幼虫虫量达1.73头/穴（173头/百穴）时达防治指标。

3　结论

本研究结果表明：在中熟粳稻武运粳23号上，六（4）代稻纵卷叶螟的为害随着虫量的增加水稻倒1～3叶叶片卷叶率增多（$y_1=0.9511+1.2902x_1$）、产量下降

（$y_2 = 567.515\,8 - 5.029\,2x_2$）、产量损失率增高（$y_3 = 1.583\,6 + 0.817\,0x_3$）。防治指标为大田六（4）代稻纵卷叶螟2龄幼虫虫量173头/百穴。由于田间人工接虫对幼虫会造成人为折损，2龄幼虫在自然状况下的存活率要高于人工接虫时的存活率，因此自然条件下大田六（4）代稻纵卷叶螟的防治指标应在2龄幼虫期时低于173头/百穴。同时由于生产上水稻品种生育期不一致性较大，建议要根据不同的水稻生育期制定相应的防治指标。

参考文献

[1] 陈轶，钱宏，朱黎明．单季晚稻稻纵卷叶螟防治指标的探讨［J］．安徽农业科学，2002，30（3）：405，407.

[2] 吴中孚，尤民生，周乐峰．稻纵卷叶螟防治指标的研究［J］．植物保护学报，1990，17（1）：17～22.

[3] 梁家荣，刘树法．稻纵卷叶螟为害损失与防治指标研究［J］．安徽农业科学，2001，29（2）：178～180.

[4] 解大明．稻纵卷叶螟自然损失率测定及防治指标研究［J］．植物医生，2001，14（4）：8～9.

[5] 刘光杰，陈爱辉，沈君辉．白背飞虱为害对水稻产量的影响及防治指标的研究进展［J］．昆虫知识，2003，40（1）：1～5.

[6] 张西健，安文军．稻水象甲为害损失及防治指标初步研究［J］．中国植保导刊，2004，24（6）：10～11.

[7] 王华弟，徐志宏，陈银方．浙江稻田稻秆潜蝇为害损失与防治指标研究［J］．昆虫学报，2007，50（4）：383～388.

[8] 金辉，王永丽，魏长海等．棚室番茄和豇豆受斑潜蝇为害的产量损失测定及其防治指标研究［J］．中国植保导刊，2009，29（5）：25～27.

不同栽培方式对水稻条纹叶枯病发生消长的影响

秦玉金，刘学儒，丁涛，杨进

（扬州市植保植检站，225002）

摘　要：通过对麦套稻与其他栽培方式下的水稻条纹叶枯病发生消长规律研究，结果表明，麦套稻田条纹叶枯病的轻重，主要与播期及播种后水稻能否及时出苗有关，也与水稻品种以及对田间灰飞虱虫量的控制密切相关。

关键词：麦套稻；水稻条纹叶枯病；消长规律

Effects of different cultivation modes on the occurrence and decline of rice stripe blight

Qin Yujin, Liu Xueru, Ding Tao, Yang Jin

(Plant Protection and Quarantine Station of Yangzhou City, Yangzhou 225002)

Abstract: Under wheat-rice interplanting and other cultivation modes, the occurrence and decline of rice stripe blight were studied. The results showed that, the occurrence of rice stripe blight in wheat-rice field was mainly related to the seeding date and the seedling emergence time of rice, and closely related to the rice variety and the control of the amount of smaller brown planthopper (Laodelphax striatellus) in field.

Key words: wheat-rice interplanting; rice stripe blight; occurrence and decline law

近年来，水稻条纹叶枯病在扬州市连续大发生，发生范围广、程度重，严重威胁着水稻安全生产。通过推广轻型栽培，如抛秧、机插秧等，适当推迟播栽期，能减轻水稻条纹叶枯病的发生与危害[1]。但麦套稻能否减轻水稻条纹叶枯病的发生与危害，则众说纷纭[2]。2005 年，对江都市嘶马镇桥梓村王巷组麦套稻田灰飞虱及水稻条纹叶枯病的发生消长进行了跟踪观察，并与其他栽培方式下的发生消长规律进行比较，现小结如下。

1 材料与方法

1.1 试验材料

常规移栽水稻，5 月 16 日落谷，秧田期灰飞虱防治 3 次，分别为 6 月 1 日、7 日、17 日，药剂主要为星科、吡虫啉和毒死蜱等；5 月 29 ~ 30 日小麦收割，6 月 18 ~ 19 日水稻移栽，大田前期对灰飞虱于 6 月 24 日、7 月 14 日施药防治，药剂主要为吡虫啉、星科。塑盘抛秧，5 月 25 日落谷，秧池未治灰飞虱，大田前期灰飞虱于 6 月 24 日防治。麦套稻 5 月 19 日播种，当日晚间灌水，然后排干，5 月 31 日小麦收割，由于 5 月下旬持续干旱少雨，6 月 5 日重新灌水之后田间才陆续出秧苗；防治灰飞虱的时间及药剂分别为：6 月 14 日，30% 抑虱净 1 200 ~ 1 500ml/hm^2；6 月 29 日，10% 吡虫啉 240g/hm^2；7 月 10 ~ 12 日 10% 吡虫啉 300g/hm^2；7 月 19 日，10% 吡虫啉 300g/hm^2。

1.2 试验方法

分别定 8 块麦套稻田和常规移栽稻田，记载播种、出苗日期及施药情况，定期调查灰飞虱田间虫量和条纹叶枯病病情。各定 2 块常规移栽杂交稻田和抛栽粳稻田同时观察研究，比较不同水稻品种、不同栽培方式下，水稻条纹叶枯病发生情况的差异。

5 月 19 日开始，每天定点跟踪调查麦田灰飞虱的发生消长，计算每天各虫态所占比例，了解麦田灰飞虱发生消长动态。同时调查抛荒田杂草上灰飞虱各龄虫态变化趋势，观察灰飞虱迁飞动态。

2 结果与分析

2.1 麦田灰飞虱消长动态及迁出高峰期

从表1看出，随着时间的推移，5月中、下旬麦田灰飞虱长翅型成虫及高龄若虫的比例呈不断上升趋势，长翅型成虫的比例从5月19日的1.05%上升到5月29日的25.77%，5月29~31日是小麦的收割高峰期，田间1/4的长翅型成虫在麦收前后由麦田向外迁飞，高龄若虫经过2~3d的发育后有些成为长翅型成虫也向外迁飞。5月底至6月初抛荒杂草田灰飞虱虫量在逐日增加（表2），长翅成虫的比例也逐日上升，且上升的幅度较大，再结合秧田实际虫量动态（表3），麦田灰飞虱向秧田迁入的高峰应在5月底6月初。

表1 2005年麦田灰飞虱动态

地点：江都市嘶马镇

调查日期	各虫龄虫态所占的比例（%）					
	1龄	2龄	3龄	4龄	5龄及短翅成虫	长翅成虫
5月19日	40.54	29.88	16.82	10.21	1.5	1.05
5月20日	27.71	29.64	26.02	11.57	4.1	0.96
5月21日	17.35	29.59	33.16	10.88	8.17	0.85
5月22日	18.93	20.1	22.78	20.6	14.07	3.52
5月23日	19.23	17.48	19.23	22.55	18.54	2.97
5月24日	21.5	23	18.75	17.75	17.5	1.5
5月25日	10.59	14.68	18.77	21.93	24.36	9.67
5月26日	25.98	12.8	14.96	18.7	18.7	8.86
5月27日	18.15	14.34	16.33	17.24	18.33	15.61
5月28日	13.48	15.63	16.6	16.99	18.35	18.95
5月29日	5.15	6.19	23.71	21.65	17.53	25.77

表2 2005年抛荒杂草田灰飞虱虫龄虫态动态

地点：江都市嘶马镇

调查日期	各虫龄虫态所占的比例（%）						总虫量（万头/hm^2）
	1龄	2龄	3龄	4龄	5龄及短翅成虫	长翅成虫	
5月23日	31.25	18.75	21.88	18.74	0	9.38	57.6
5月24日	15.63	12.5	25	6.24	3.13	37.5	57.6
5月25日	9.62	25	21.15	3.85	5.76	34.62	93.6
5月26日	6.52	13.04	15.22	6.52	8.7	50	82.8
5月27日	9.43	20.75	15.09	5.66	5.67	43.4	95.4
5月28日	17.19	10.94	10.94	7.81	4.68	48.44	115.2
5月29日	7.06	7.06	9.41	4.71	9.41	62.35	153
5月31日	4.59	1.83	1.84	2.75	0	88.99	196.2

表 3　秧池田灰飞虱虫量动态

地点：江都市嘶马镇

调查日期	虫量（万头/hm^2）	备注
5 月 27 日	12.6	
5 月 28 日	31.05	
5 月 29 日	60.75	
6 月 1 日	900	用药防治
6 月 2 日	724.5	

2.2　不同品种、不同栽培方式水稻条纹叶枯病发生消长动态

从表 4 可以看出，麦套稻田水稻条纹叶枯病发生轻于常规移栽稻，具体表现为：发病时间推迟，发病程度轻。麦套稻田最早于 6 月 23 日见病，比常规移栽稻迟 7d，麦套稻田水稻条纹叶枯病病株率最高为 0.52%，仅为常规移栽稻的 25.24%；抛栽稻也轻于常规移栽稻。不同水稻品种发病程度不同，同是常规移栽稻，杂交籼稻轻于粳稻，而扬粳 9538 又轻于武育粳 3 号；从表 3、表 4 可以看出，移栽水稻从田间虫量高峰到出现病株激增约 16d，病株率一直上升到 7 月 4 日达到最高峰后开始下降；从表 4、表 5 看出，除抛栽稻田外，其他稻田灰飞虱防治较好，虫量一直维持在较低水平，水稻条纹叶枯病病情平稳，没有出现二次显症峰。抛栽稻由于落谷迟，出苗迟，秧田期受灰飞虱危害轻，虽然秧田期未用药防治灰飞虱，但大田前期条纹叶枯病依然见病迟、发病轻。正是由于秧田期未治，加之大田前期防治药剂不对路，7 月 14 日田间灰飞虱虫量高达 1 150 头/百穴，致使田间出现二次发病高峰，7 月 30 日水稻条纹叶枯病病株率为 1.58%，此时同为扬粳 9538 的常规移栽稻病株率已降到 0.61%。

表 4　不同品种不同栽培方式水稻条纹叶枯病消长调查表

地点：江都市嘶马镇　　　　单位：病株率%

调查日期	水稻品种及栽培方式				
	移栽 武育粳 3 号	移栽 扬稻 9538	麦套稻 扬稻 9538	抛栽 扬稻 9538	移栽杂交稻
6 月 16 日	1.63	0.85	0	0	0
6 月 23 日	2.7	1.14	零星	0	0
6 月 29 日	4.18	1.17	零星	零星	0.15
7 月 4 日	9.5	2.06	0.48	0.7	0.28
7 月 9 日	2.67	1.35	0.19	0.21	0.14
7 月 14 日	3.1	1.36	0.52	0.13	0.09
7 月 20 日	2.57	0.8	0.34	0.09	0.3
7 月 30 日	3	0.61	0.25	1.58	0.4
8 月 8 日	2.8	0.35	0.32	0.39	0.16

表5　不同品种不同栽培方式水稻田灰飞虱虫量消长调查表

地点：江都市嘶马镇　　单位：头/百穴

调查日期	水稻品种及栽培方式				
	移栽 武育粳3号	移栽 扬稻9538	麦套稻 扬稻9538	抛栽 扬稻9538	移栽杂交稻
6月16日			0		0
6月23日	0	48.3	8.8	205	0
6月29日	30	33.3	11.3	10	0
7月4日	20	31.7	10	35	6.7
7月9日	220	90	105	33.5	12
7月14日	20	190	5	1 150	67
7月20日	0	140	37.5	180	20
7月30日	0	65	0	40	0
8月8日	0	93.3	65	10	0

3　讨论

3.1　5月下旬即有灰飞虱成虫向麦田外迁飞，迁出高峰出现在麦收前后的5月底至6月初。这一段时间是防治秧田灰飞虱的关键时期。

3.2　水稻条纹叶枯病的发生轻重与水稻品种关系密切。同是常规稻移栽，扬粳9538轻于武育粳3号，杂交稻籼型轻于粳型。推广抗（耐）病水稻品种是减轻水稻条纹叶枯病发生的重要途径。

3.3　推迟播期能错开灰飞虱向秧田的迁移高峰，减轻第一显症高峰的病情，但大田前期防治灰飞虱不力，依然会导致后期条纹叶枯病病情的上升。

3.4　麦套稻田条纹叶枯病的发生程度，主要与播期及播种后水稻能否及时出苗有关；水稻条纹叶枯病发生轻重，与寄生在秧苗上带毒灰飞虱虫量的多少有关。套播时间长，田间湿度大，播种后能及时出苗，在麦收时秧苗即达1叶1心，麦田灰飞虱可直接转移到秧苗上为害，如防治不力，条纹叶枯病则可能严重发生。套播时间长若田间湿度小，不能及时出苗，或者套播时间短，在麦收时秧苗小于1叶期，甚至未出苗，这时田间灰飞虱长翅型成虫不得不迁飞寻找新的寄主，短翅型成虫和若虫因缺乏食物而死亡，水稻条纹叶枯病发生则轻。

综上所述，嘶马镇麦套田水稻条纹叶枯病发生轻的原因主要是：①选用抗（耐）病水稻品种扬粳9538；②水稻出苗迟，5月31日收麦，6月5日以后水稻才出苗，苗期田间灰飞虱已外迁或死亡；③对灰飞虱进行了有效的防治，田间虫量一直维持在较低水平，田间虫量最高时仅为105头/百穴。

参·考·文·献

[1] 秦玉金，鞠国钢，胡荣利，沈琴堂. 水稻条纹叶枯病发生特点及防治对策［J］. 现代农业科技，2005，(3)：20～21.

[2] 刁春友，朱叶芹，杨荣明，于淦军，张绍明. 水稻条纹叶枯病防治100问［M］. 南京：江苏科学技术出版社，2005，11.

水稻重发病虫发生特点及防控对策

秦玉金，刘学儒，丁涛，杨进

（扬州市植保植检站，225002）

摘　要： 本文简要归纳总结了扬州市近年来水稻灰飞虱、稻纵卷叶螟、褐飞虱、螟虫、条纹叶枯病、黑条矮缩病、水稻纹枯病等病虫发生概况及特点，从水稻品种布局、栽培制度、气候条件等方面分析了重发病虫的发生原因。提出了加强病虫测报，掌握病虫发生动态，适时指导防治；坚持合理防治、综合防治策略；开展专业化防治，提高防治效果和防治质量等水稻重发病虫防控对策。

关键词： 水稻病虫害；发生原因；防控技术；扬州

Occurrence characteristics of rice pests and diseases and prevention strategy

Qin Yujin，Liu Xueru，Ding Tao，Yang Jin

（Plant Protection and Quarantine Station of Yangzhou City，Yangzhou 225002）

Abstract： The present paper describes the occurrence and characteristics of diseases and insect pests of rice *viz.*，*Laodelphaxphax striatellus*，rice leaf roller，rice brown plant hopper，borer，rice stripe，rice black-streaked dwarf disease，rice sheath blight，*etc.*，in Yangzhou city during the recent years，and also the analysis of cause of severe disease and insect pests associated with the variety selection，cultivation practices and climatic conditions. in order to control the severe disease and insect pests of rice in Yangzhou city，it has been suggested that the forecast based studies on insect pests should be strengthened for their timely control.

Key words： rice diseases and insent pests；occurrence；causes；control technique；Yangzhou

近几年，随着耕作栽培方式的改变，直播稻、机插秧、小苗移栽等面积的不断扩大，水稻生育期的推迟，水稻品种的更替，水稻群体的加大，水稻生产水平提高，水稻主要病虫也发生了更叠演变，灰飞虱 *Laodelphaxphax striatellus*（Fallen）从 2000 年起一直保持大发生的态势，而水稻条纹叶枯病（Rice stripe virus，RSV）从 2004 年起危害程度呈下降趋势，二化螟 *Chilo suppressalis*（walker）、三化螟 *Tryporyza incertulas*（walker）总体发生程度呈逐年下降，但在丘陵山区发生程度较重，稻纵卷叶螟 *Cnaphalocrocis medinalis* Guenee、褐飞虱 *Nilaparvata lugens*（Stal）等“两迁”害虫持续多年严重发生。特别是 2005—2008 年，稻纵卷叶螟、褐飞虱持续暴发危害。水稻黑条矮缩病、稻曲病在局部地区发生重。

1　近几年水稻病虫发生概况及特点

1.1　近几年灰飞虱及条纹叶枯病发生概况及特点

1.1.1　灰飞虱

近几年灰飞虱均为大发生。2008 年麦田虫量低于2007 年，但明显高于2006 年。2008 年秧田虫量与2007 年同期相近，5 月 25 日调查，全市秧田系统田平均每公顷虫量达 579 万头，低于2007 年同期的742. 2 万头，是2006 年的7. 7 倍，普查每公顷虫量达376. 05 万头，略低于2007 年的388. 05 万头，是2006 年的7. 3 倍。2008 年 5 月 28 日调查，全市系统秧田平均每公顷虫量达 2 028. 45 万头，高于 2007 年的 1 851 万头，是 2006 年的 7. 86 倍，普查每公顷虫量达674. 25 万头，低于2007 年的 1 012. 5 万头，是2006 年的3. 65 倍。2008 年 6 月 9 日普查，秧田每公顷虫量为234. 3 万头，比 2007 年少 118. 2 万头。7 月初水稻本田调查，全市系统田平均百穴虫量为 74. 63 头，比 2007 年高 17. 5 头，大田平均百穴虫量达 53. 3 头，比 2007 年少 13. 5 头。近几年麦田、秧田灰飞虱虫量如表 1 至表 3 所示。

表 1　2006—2009 年扬州市麦田灰飞虱虫量变化

Table 1　Changes in *Laodelphaxphax striatellus* in wheat field in Yangzhou City during year 2006 to 2009（$10^4/hm^2$）

年份（年）Year	4 月 22 日	4 月 29 日	5 月 6 日	5 月 12 日	5 月 19 日
2009	14. 25	12. 3		157. 65	395. 25
2008	23. 1	47. 85	235. 95	388. 2	490. 5
2007			499. 8	966. 75	1 093. 95
2006			185. 25	263. 85	310. 05

表 2　2006—2009 年扬州市秧田灰飞虱虫量变化

Table 2　Changes in *Laodelphaxphax striatellus* in rice seedling field in Yangzhou City during year 2006 to 2009

年份（年）Year	系统田（万头/hm^2）Average pest quantity in uncontrolled field		普查（万头/hm^2）Investigation pest quantity in control field	
	5 月 25 日	5 月 28 日	5 月 25 日	5 月 28 日
2009		1 063. 5		537
2008	579	2 028. 45	376. 05	674. 25
2007	742. 2	1 851	388. 05	1 012. 5
2006	75. 15	258	51. 6	184. 5

表 3　2005—2009 年水稻大田灰飞虱虫量变化

Table 3　Changes in *Laodelphaxphax striatellus* in rice field in Yangzhou City during year 2005 to 2009

年份（年）Year	系统调查（头/百穴）Average pest quantity in uncontrolled field				普查（头/百穴）Investigation pest quantity in control field			
	6 月 18 日	6 月 22 日	6 月 25 日	6 月 29 日	6 月 18 日	6 月 22 日	6 月 25 日	6 月 29 日
2009	165	70. 9	113. 3	72. 7	162. 8	142. 6	122. 8	47. 9

续表

年份（年）Year	系统调查（头/百穴）Average pest quantity in uncontrolled field				普查（头/百穴）Investigation pest quantity in control field			
	6月18日	6月22日	6月25日	6月29日	6月18日	6月22日	6月25日	6月29日
2008	164	203.79	160.9	75.88	149	83.65	88.56	49.33
2007	42.1	108.9	61.8	102.8	80.5	95	89	64.2
2006	96.2	127	49.4	114	172.3	223.8	159.3	164
2005	143.5	294.8	42.6	31.3	22.3	56.9	24.8	27.1

1.1.2 水稻条纹叶枯病

自2004年起水稻条纹叶枯病危害程度逐年下降，2009年秧田仅零星见病，比前几年有了明显减轻。2008年7月初调查，大田条纹叶枯病发生面积为1.65万hm^2，仅为2007年同期发生面积的33.79%；系统田水稻条纹叶枯病平均病株率为1.03%，为2007年同期的50%；大田平均病株率为0.37%，为2007年同期的36%。2008年大田最终发病面积为3.32万hm^2，为2007年发生面积的52.4%，为2006年发生面积的50.1%。2009年大田发病面积为1.26万hm^2，仅占水稻面积的6%，为近7年来最轻的一年。近7年水稻条纹叶枯病发生程度及发生面积如表4、表5所示。

表4 2005—2009年扬州市稻田水稻条纹叶枯病发生情况

Table 4 Occurrence of rice stripe in rice field in Yangzhou City during year 2005 to 2009

调查日期 Investigation date	系统田病株率（%）Disease plant rate in uncontrolled field					大田病株率（%）Disease plant rate in control field				
	2009年	2008年	2007年	2006年	2005年	2009年	2008年	2007年	2006年	2005年
6月15日	未见	零星	0	零星	零星	未见	零星	0	零星	零星
6月19日	未见	0.42	0.68	0.44	0.34	未见	零星	0.48	0.4	0.35
6月22日	未见	1.23	1.06	0.84	1.72	零星		0.78	0.33	1.02
6月26日	0.08	0.79	2.4	1.25	3.2	零星	0.28	1.03	0.62	1.88
6月29日	0.28	1.48	2.61	3.61	4.16	零星	0.43	1.22	1.03	1.69
7月3日	0.28	1.03	2.17	4.68		0.14	0.37	1.13	1.28	
7月6日	0.16	1.08	2.0	4.72	3.19	0.23	0.38	1.03	0.92	1.65
7月10日	0.35	0.43		5.2		0.37	0.37		1.2	

表5 2003—2009年扬州市稻田水稻条纹叶枯病发生面积比较

Table 5 Area affected by rice stripe in rice field in Yangzhou City during year 2003 to 2009

年份（年）Year	不同病株率（%）发生面积（万hm^2）Occurrence area（10^4hm^2）with different disease plant rate						
	1%~5%	5%~10%	10%~20%	20%~30%	30%~50%	>50%	合计
2003	2.93	2.96	1.83	0.67		0.1	8.49
2004	6.81	2.57	3.17	1.23	0.93	0.43	15.14
2005	8.58	2.12	1.23	0.58	0.17	0.07	12.75
2006	4.27	1.53	0.45	0.28	0.08	0.02	6.63
2007	5.14	1.07	0.12				6.34
2008	2.78	0.35	0.19				3.32
2009	0.73	0.43	0.10				1.26

1.2 近几年水稻“两迁”害虫发生实况及特点

近几年水稻“两迁”害虫发生特点主要表现为：2005—2008 年稻纵卷叶螟发生早、迁入峰次多、迁入量大、危害时间长、发生程度重；褐飞虱 2005 年、2006 年后期迁入量大，落地成灾，其他年份后期迁入峰次不明显，但前期迁入的虫源增殖倍数高、滞留危害时间长；2009 年稻纵卷叶螟蛾峰多，峰期长，中等偏重发生，局部大发生；褐飞虱迁入迟、迁入量少，轻发生。

1.2.1 迁入峰次多、迁入虫量高

1.2.1.1 稻纵卷叶螟

2005 年五（3）代稻纵卷叶螟 7 月 22 ~ 25 日出现发蛾一峰，7 月 31 日至 8 月 2 日出现发蛾二峰，田间虫卵量高，超过大发生指标，沿江地区田间卵量是大发生指标的 4 ~ 6 倍，里下河地区田间卵量是大发生指标的 1.6 倍左右。8 月 1 ~ 2 日普查，全市平均百穴虫卵量为 600 头（粒）。仪征杂交稻平均 1 138.8 头（粒），粳稻平均 1 527.6 头（粒），加权平均后百穴虫卵量 1 255.44 头（粒），是大发生指标的 6.28 倍，为 2004 年同期虫卵量的 6.07 倍。

2006 年四（2）代稻纵卷叶螟仪征沿江灯下、田间赶蛾显示，7 月 5 ~ 6 日、7 月 11 ~ 12 日、7 月 18 ~ 20 日出现 3 个明显峰次。五（3）代稻纵卷叶螟 7 月 20 日、7 月底 8 月初、8 月 7 ~ 10 日、8 月 14 ~ 18 日分别出现明显峰次，峰期首尾相连，持续时间长。8 月 15 ~ 16 日普查，全市平均百穴虫卵量为 476.3 头（粒），已远远高于防治指标。

2007 年四（2）代稻纵卷叶螟田间赶蛾邗江 6 月 30 日至 7 月 2 日有迁入峰，蜂期虫量 1 500 ~ 8 250 头/hm^2，迁入峰比 2006 年四（2）代一峰早 5 ~ 7 天，蛾量高于 2006 年迁入峰。仪征系统田于 6 月 27 日见蛾，6 月底至 7 月初出现蛾峰，截至 7 月 9 日，杂交稻每公顷累计赶蛾 14 700 头，粳稻 28 800 头，始见期与常年相仿，迁入峰为近五年来最早出现的年份，迁入量为近十年来同期最高。

2008 年四（2）代稻纵卷叶螟沿江杂草上 6 月中旬出现迁入峰，全市 7 月 5 ~ 8 日有一迁入峰，7 月 11 ~ 12 日局部地区又有迁入峰，部分机插秧、手栽秧等生育期早的田块束叶率较高，仪征山区马集农校点杂草上 6 月 23 ~ 26 日出现一个较大的迁入峰，峰日每公顷蛾量高达 15 000 头以上；7 月 2 日普查，沿江圩区机插秧田虫量高，百穴 62.5 ~ 183.3 头，平均 127.8 头，百穴大于或等于 100 头的田块占 69.2%。五（3）代稻纵卷叶螟全市 7 月 16 日蛾量开始上升，7 月 17 ~ 27 日、7 月 31 日至 8 月 5 日、8 月 13 ~ 20 日出现蛾峰，三代尾峰量大、时间长，并与四代连发，田间虫卵量高，系统赶蛾一般田块每公顷蛾量 15 000 ~ 20 000 头，沿江地区高的田块每公顷蛾量为 15.0 万 ~ 45.0 万头，同期大面积普查全市平均百穴卵量达 183.3 粒，是 2007 年同期的 3.6 倍。

1.2.1.2 褐飞虱

2005 年前期褐飞虱迁入峰不明显，迁入量少，田间虫量低，9 月上旬全市平均百穴虫量 320 头，而 9 月下旬台风过后，田间虫量急剧上升。9 月 20 日前后普查，平均百穴虫量 1 664 头，其中百穴虫量在 0 ~ 500 头的为 9.43 万 hm^2，500 ~ 1 000 头/百穴的为 4.56 万 hm^2，1 000 ~ 2 000 头/百穴的为 2.79 万 hm^2，大于 2 000 头/百穴的为 2.34 万 hm^2。9 月 30 日普查，平均百穴虫量 1 472 头。

2006年六（3）代褐飞虱8月26日至9月3日为迁入主峰，迁入虫量极大，为历史罕见。峰期全市平均单灯累计虫量为21 516.6头。邗江峰期单灯累计虫量达4.7万头，高邮峰期虫量为31 346头，江都市为21 249头，仪征市为6 398头。

1.2.2 褐飞虱短翅型成虫比例高、增殖倍数大

仪征2007年8月初大田普查，五（2）代褐飞虱杂交稻短翅型成虫比例88.5%，粳稻短翅型成虫比例88.9%。江都市和仪征市2007年8月中旬系统调查，六（3）代褐飞虱短翅型成虫占成虫比例分别为62.6%和75%。2007年9月11~12日普查，全市平均百穴虫量1 032.9头，是8月13~14日田间虫量的7.4倍。

1.2.3 发生期延长、危害世代增加，最终受害面积大

1.2.3.1 稻纵卷叶螟五（3）代发生峰次多、田间虫卵量高

2005年扬州市从8月18日田间蛾量开始激增，蛾峰一直持续到8月底，田间蛾量高，虫卵量大，是大发生指标的3~4倍，地区间差异不大。8月29~31日全市调查，平均百穴卵量达702粒。宝应8月30日普查，每公顷蛾量2.3万~7.05万头，平均4.24万头，是2004年同期蛾量的24倍；百穴卵量450~2 550粒，平均1 012.5粒，是2003年特大发生同期的2.4倍。

2007年仪征市系统观察圃杂交稻、粳稻均于8月18日田间蛾量开始上升，8月21日进入发蛾峰期，8月29日止，系统田每公顷平均累计赶蛾4.09万头，粳稻累计蛾量为2006年同期的3.6倍。高邮系统赶蛾，8月19日开始激增，8月21~22日每公顷蛾量均在6万头以上，峰日最高每公顷蛾量为17.25万头，到22日止累计每公顷蛾量为18.59万头；8月21日普查25块田，每公顷蛾量0.12万~31.5万头，平均2.45万头；百穴卵量50~700粒，平均113.2粒；同期蛾卵量略高于1998年、略低于2003年，居1990年以来的第二位，9月5日普查25块田，每公顷蛾量0.27万~13.65万头，平均0.69万头；百穴卵量0~300粒，平均为95.3粒，同期蛾卵量略高于1998年、略低于2003年，居1990年以来的第二位。

2008年五（3）代尾峰与六（4）代前峰尾首相连，全市8月13日开始田间蛾量上升，蛾峰一直持续至8月底9月初。宝应县，9月10日止，灯下累计诱蛾2 369头，比2007年同期多557头。高邮市，8月31日止，灯下累计诱蛾1 748头，比2007年同期多1 340头，与常年相近。邗江区，沿江地区蛾峰自8月20日一直持续到9月1日，8月23日达到峰值，每公顷蛾量48万~52.5万头，8月24~25日每公顷蛾量37.5万~42万头，8月26日每公顷蛾量25.5万~27万头；9月1日每公顷蛾量仍高达15万~18万头，9月2日蛾量开始下降，9月3日每公顷蛾量4.2万~4.5万头。8月25~27日普查，全市平均百穴虫卵量为392.6头（粒），2007年同期为446.9头（粒）。9月2~3日普查，全市平均百穴虫卵量为247.6头（粒），2007年同期为205头（粒）。

2009年五（3）代稻纵卷叶螟。沿江地区7月22~27日出现蛾峰，全市8月7~11日为蛾峰，田间虫卵量高，中等偏重发生。全市8月9~10日普查，大田每公顷蛾量0~3.45万头，百穴虫卵量117.6头，比2008年同期高27.9头；8月16~17日普查，大田每公顷蛾量0~2.19万头，百穴虫卵量181.8头（粒），比2008年同期少55.6头（粒），比2007年同期多92.7头（粒）。

1.2.3.2 褐飞虱七（4）代虫量高，滞留时间长

2005年9月20日前后普查，全市平均百穴虫量1 664头，其中百穴虫量在0～500头的为9.43万hm^2，500～1 000头/百穴的为4.6万hm^2，1 000～2 000头/百穴的为2.79万hm^2，大于2 000头/百穴的为2.34万hm^2。9月30日调查，全市大田平均百穴虫量1 472头。

2006年9月20日调查七（4）代褐飞虱，全市系统田百穴虫量21 060.3头，百穴卵量27 550粒；大田百穴虫量2 489.2头，百穴卵量15 485.3粒。9月27日调查，全市系统田百穴虫量12 166头，大田百穴虫量2 779.7头。

1.2.3.3 近几年"两迁"害虫危害情况

近几年水稻"两迁"害虫发生程度重的结果表现为：发生面积大，稻纵卷叶螟束叶率高，褐飞虱冒穿面积大。近5年水稻"两迁"害虫危害情况如表6、表7所示。

表6 2005—2009年扬州市稻纵卷叶螟发生情况汇总

Table 6 Occurrence of rice leaf roller in Yangzhou City during year 2005 to 2009

年份（年）Year	代次 Generation (Time)	发生程度 Occurrence degree	发生面积（万hm^2）Occurrence area (10^4hm^2)	平均残留虫量（头/百穴）Average residual pests (Heads/100hole)		平均卷叶率（%）Average roller leaf rate		挽回损失（万t）Retrieving damage (10^4t)	实际损失（万t）Actual damage (10^4t)
				未治田 Field without controlling	防治田 Control field	未治田 Field without controlling	防治田 Control field		
2009	四（2）代	中偏轻	11.23	56.3	13.8	2.2	0.42	0.036	0.001 5
	五（3）代	中偏重	18.43	193.6	22.1	10.1	0.91	2.24	0.17
	六（4）代	中偏重	14.54	127.2	13.71	7.9	0.98	2.22	0.34
2008	四（2）代	中等	6.31	123.9	29.4	8.1	1.8	18.33	1.43
	五（3）代	偏重至大发生	20.21	261.5	27.1	23.5	3.4		
	六（4）代	偏重至大发生	17.84	502.2	18	19.5	1.1		
2007	四（2）代	偏重	20.11	165.2	39.2	12.3	3	21.42	0.95
	五（3）代	大发生	20.63	646.9	70.5	62.4	6.9		
	六（4）代	大发生	17.86	259.4	22.9	12.9	1.8		
2006	四（2）代	中等	19.17	56.8	11.9	6.4	0.56	25.00	1.30
	五（3）代	中偏重	21.23	446.5	22.2	25.2	1.23		
	六（4）代	偏重	18.33	115	6.8	6.1	0.54		
2005	四（2）代	偏轻	15.11	165.7	16	4.31	0.86	17.19	1.52
	五（3）代	大发生	20.48	820	57	28.1	2.37		
	六（4）代	大发生	16.35	792	64	34.3	1.67		

表 7　2005—2009 年褐飞虱发生情况汇总

Table 7　Occurrence of rice brown planthopper in Yangzhou City during year 2005 to 2009

年份（年）Year	代次 Generation（Time）	发生程度 Occurrence degree	发生面积（万 hm^2）Occurrence area（$10^4 hm^2$）	冒穿面积（hm^2）Complete loss area in harvest（hm^2）	实际损失（万 t）Actual damage（$10^4 t$）
2005	全年	大发生	25.66	9 420	2.57
2006	五（2）代	轻	10.14	1 672.67	2.32
	六（3）代	大发生	19.05		
	七（4）代	大发生	17.29		
2007	五（2）代	轻	9.33	1 491.33	1.81
	六（3）代	偏重	19.65		
	七（4）代	大发生	18.82		
2008	五（2）代	轻	5.69	487.67	1.18
	六（3）代	中等	17.18		
	七（4）代	中偏重	17.18		
2009	全年	轻	16.43	0	0.2

1.3　螟虫

水稻内源性螟虫主要有大螟、二化螟、三化螟。近几年水稻螟虫发生程度总体偏轻，但在局部地区发生偏重。2006 年全市一代、二代二化螟为害率均为 0.2%，2007 年均为 0.16%，2008 年分别为 0.31% 和 0.25%。2007 年二代、三代大螟为害率均为 0.02%，2008 年分别为 0.01% 和 0.02%。2009 年一代、二代二化螟为害率分别为 0.16% 和 0.37%，仪征二代二化螟为害率为 0.8%，其中山区为害率为 1.26%。

1.4　水稻纹枯病

水稻纹枯病是扬州市水稻上常发重发病害，常年偏重发生。近 6 年水稻纹枯病病情定局调查结果如图 1 所示。

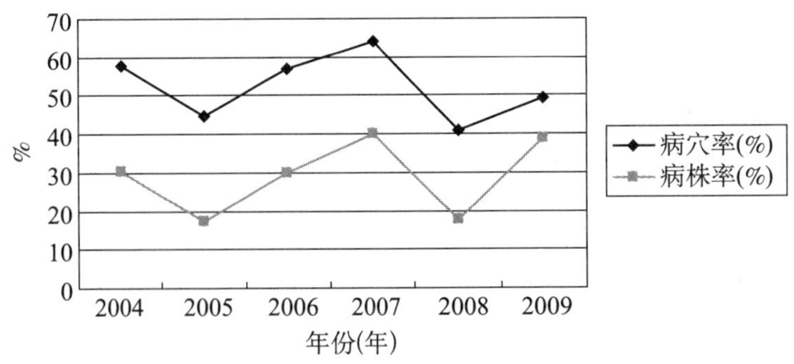

图 1　近 6 年水稻大田纹枯病病情定局示意图

1.5　近几年水稻其他几种病害发生概况

近几年病害普遍发生较重，2009 年水稻黑条矮缩病发生 0.83 万 hm^2，比 2008 年减少 0.49 万 hm^2。2009 年稻瘟病发生 0.47 万 hm^2，与 2007 年发生面积相当，比 2008 年多近

0.07 万 hm^2。2009 年稻曲病发生面积 9.84 万 hm^2，比偏重发生的 2008 年发生面积还多 0.57 万 hm^2。2009 年恶苗病发生面积 1.57 万 hm^2，比 2008 年多 0.4 万 hm^2。近 5 年水稻几种病害发生情况如表 8 所示。

表 8　2005—2009 年水稻几种病害发生面积汇总表

Table 8　Occurrence area of rice diseases in Yangzhou City during year 2005 to 2009

单位：万 hm^2

病害种类 Disease category / 年份（年）Year	黑条矮缩病 Rice black-streaked dwarf disease	稻瘟病 Rice blast	稻曲病 Rice false smut	恶苗病 Rice bakanae disease
2009	0.83	0.47	9.84	1.57
2008	1.32	0.40	9.27	1.17
2007		0.46	0.97	0.89
2006		0.04	4.37	0.73
2005		0.44	6.18	1.15

2　近几年水稻病虫发生特点原因分析

2.1　抗（耐）病品种种植面积大，轻简栽培面积大

近几年来全市大力推广种植了抗（耐）水稻条纹叶枯病品种，水稻品种主要有宁粳 1 号、淮稻 9 号、扬辐粳 8 号、徐稻 3 号、镇稻、淮稻 5 号、南粳 44 等，抗（耐）病水稻品种种植面积占全市水稻面积的 70% ~80%，有效减轻水稻条纹叶枯的发生与危害。而同时，近几年水稻轻简栽培面积大，播栽期推迟，不利于水稻螟虫、条纹叶枯病的发生，发生程度逐年减轻，而为褐飞虱后期滞留提供了丰富的食料条件。2005 年、2006 年、2007 年、2008 年和 2009 年全市轻简栽培面积占水稻面积的比例分别为 24.2%、49.6% 和 77.1%、78.8% 和 72.1%。近几年抗（耐）条纹叶枯病水稻品种种植面积比例、轻简栽培面积比例、条纹叶枯病发生面积比例等如表 9 所示。

表 9　2004—2009 年扬州市水稻条纹叶枯病抗（耐）病品种种植比例及条纹叶枯病发病情况汇总

Table 9　Planting area rate of rice varieties resistant to rice stripe and occurrence of rice stripe in Yangzhou City during year 2004 to 2009

年份（年）Year	抗（耐）病品种占水稻面积比例（%）Resistance rice variety rate	轻简栽培面积占水稻面积的比例（%）Simple and labor saving cultivation area rate	大田病株率（%）（6 月 29 日）Diseased plant rate in field	大田最终发病面积比例（%）Disease occurrence area rate in field
2004	32	12.9	2.2	78.89
2005	65	24.2	1.69	62.26
2006	59.1	49.62	1.03	32.22
2007	85.1	77.1	1.22	30.53
2008	76.5	78.8	0.43	9.32
2009	80.1	72.1	零星	6.00

2.2 害虫迁入虫量，或越冬基数高低决定发生程度

2.2.1 迁入虫量大小

迁入量大的最突出的表现为2006年，褐飞虱迁入峰次多，峰期长，迁入量大，为历史罕见。8月13～14日、8月26日至9月3日全市灯下出现虫峰，高邮8月26日至9月3日灯下累计诱虫31 346头，邗江8月29日、30日灯下虫量分别为9 910头和19 200头。2009年褐飞虱迁入迟、迁入峰次不明显、迁入虫量小，后期发生轻。7月中旬宝应、仪征等地田间仍未见虫，8月上旬田间普查见虫，但百穴虫量在0～50头之间。

2.2.2 越冬基数高

表现为麦田灰飞虱虫量高，越冬基数大。2006年5月19日调查，麦田每666.7m^2虫量达20.67万头，2007年同期为72.95万头，2008年同期为32.7万头。

2.3 气候条件适宜

近几年秋季气温偏高、雨水偏多，有利于褐飞虱、稻纵卷叶螟的滞留繁育。2006年7月份平均气温27.9～28.5℃，降水比常年偏多0.5～1倍；8月份平均气温28.7～29.2℃，降水与常年持平，9月下旬气温比常年偏高1～2℃；10月上旬比常年偏高2～3℃。2007年秋季气温高，全市8月平均气温为28.4～28.9℃，较常年偏高1～2℃；9月平均气温23.3～23.8℃，较常年偏高1℃。其中上旬偏低0.4～1.1℃；中旬偏高1～2℃，下旬偏高2～3℃。10月上旬平均气温21.9～22.4℃，较常年同期偏高3℃。2008年9月平均气温23.6～24.3℃，较常年偏高1～2℃。其中上旬与常年基本持平；中旬偏高3℃左右，下旬偏高1～2℃；10月平均气温18.8～19.3℃，比常年同期偏高2℃，其中上旬偏高1℃，中旬偏高3℃，下旬偏高2℃。

2.4 防治不到位

2.4.1 不防治

近几年水稻多种害虫大发生，在水稻生长前期灰飞虱、稻纵卷叶螟防治力度大，防治次数多，后期由于褐飞虱发生的隐蔽性以及农民麻痹厌战情绪的影响，防治力度不够，加之后期接近水稻成熟收获，部分农民怕打药有残留而弃治。

2.4.2 防治技术不对路

药剂品种、用药时间、打药时田间保水层等不符合要求，防治效果差。2005年、2006年在甲胺磷等5种高毒有机磷农药未完全退出流通市场前，一些农民把甲胺磷当作一种万能药使用，存在侥幸心理，而在出现冒穿倒伏现象后匆匆忙忙乱用药。山区稻田常年用水困难，农民经常无水时即用药，还有一些农民为了方便收割机下田收割，在水稻收获前一段时间放干田水，这些都导致防治效果不佳。

3 水稻重要病虫控制对策

3.1 水稻“两迁”害虫控制对策

“两迁”害虫中等以下发生年份，坚持“治三压四”的防治策略，就能够控制害虫的危害，但在大发生的年份，如果二代不加以狠治，将极大增加三代、四代的防治压力，因此，在大发生年份要坚持“治二控三压四”的防治策略，即狠抓二代的防治，减少三代的

发生基数，从而压低四代的发生量。

3.2 水稻病毒病（条纹叶枯病、黑条矮缩病）控制对策

3.2.1 因地制宜推广抗病品种

在水稻条纹叶枯重病区，要引导农民扩大优质杂交籼稻的种植比例，压缩感病粳稻种植面积，可选择丰优香占、Ⅱ优818、Ⅱ优084等对水稻条纹叶枯病有较好抗性的杂交水稻品种。目前尚没有抗黑条矮缩病的水稻品种，一些抗（耐）条纹叶枯病的水稻品种却感黑条矮缩病。如淮稻5号、徐稻3号等抗条纹叶枯病而感黑条矮缩病。同时，值得强调的是种植粳稻抗（耐）病（主要针对条纹叶枯病）品种后仍须落实其他有效防治措施，才能真正控制水稻病毒病的危害。

3.2.2 积极改进耕作方式

一是科学选用适宜的苗床址。育秧的苗床应选择远离麦田，排灌方便、相对独立的田块，育苗时要清除秧田四周杂草；有条件的地区可适当推广应用防虫网、无纺布笼罩育秧，实行统一育秧，开展商品化供秧。二是适期内推迟水稻播期。各地应根据水稻生育特性，在最佳播期内适当推迟播期，使得水稻秧苗易感期与灰飞虱传毒高峰期错开，减少传毒几率。三是大力推广抛秧、机插秧等轻型栽培技术，适当增加栽插密度和基本苗，通过栽培措施的调节，达到栽培避病的作用。四是加强发病田块的管理。要做好水稻因苗管理、分类指导工作。根据不同苗情，合理肥水运筹，提高植株抗病能力。

3.2.3 打好灰飞虱防治总体战

坚持“切断毒链，治虫控病”策略，采用“药剂浸种防侵染，麦田防治压基数，秧田狠治断毒链，田边普治除隐患，大田防治保丰收”的防治方法，多个环节防治灰飞虱，阻断毒源传入水稻植株体内。一是全面推广药剂浸种新技术。采用吡虫啉、吡蚜酮等药剂浸种，充分发挥这些药剂的内吸传导优势。二是开展麦田防治，压低灰飞虱发生基数。在灰飞虱虫量高的田块，结合小麦后期穗蚜防治时进行兼治，对麦套稻和秧池周边麦田采用敌敌畏熏蒸或吡蚜酮喷雾等防治方法，控制灰飞虱向秧田迁入的基数。三是狠抓秧田防治切断传毒链。要从水稻播后成苗期开始，对秧田使用乐斯本、盖仑本、吡蚜酮、吡虫啉等药剂交替使用。对感病品种的秧田，第一次在秧苗1叶1心期开始使用，后根据灰飞虱迁入峰期，增加防治次数，调整农药品种，采用速效药剂与长效药剂相结合，实行全程药控，在移栽前必须做到带药移栽，确保秧田灰飞虱群体数量降到最低。四是普治田边杂草上灰飞虱，消除毒源隐患。在麦田防治的同时一定要注意对周边杂草一并防治，要十分重视秧田周边杂草灰飞虱防治，减少其栖息、繁殖场所。五是抓好大田期防治。根据大田灰飞虱虫情及条纹叶枯病发生趋势，在二代灰飞虱卵孵盛期至2～3龄若虫高峰期和若虫羽化高峰前，适时防治。同时在发病初期，可施用病毒钝化剂。晚熟品种根据灰飞虱发生情况重视第3代若虫的防治。

参考文献

[1] 江苏省植物保护站．农作物主要病虫害预测预报与防治［M］．南京：江苏科学技术出版社，2006：89～111.

[2] 秦玉金，鞠国钢，胡荣利等．水稻条纹叶枯病发生规律初探［J］．华北农学报，

2005，20（专辑）：172 ~ 176.

[3] 秦玉金，鞠国钢，胡荣利等. 不同栽培方式对水稻条纹叶枯病发生消长的影响［J］. 广西农业科学，2006，37（4）：402 ~ 404.

[4] 秦玉金，鞠国钢，胡荣利等. 水稻条纹叶枯病发生特点及防治对策［J］. 现代农业科技，2005，（3）：20 ~ 21.

[5] 秦玉金，鞠国钢，胡荣利等. 稻纵卷叶螟重发原因及防治策略［J］. 安徽农业科学，2004，32（3）：463 ~ 464.

江苏水稻主要病虫发生动态及治理对策

胡荣利[1]，祝树德[2]

（1. 扬州市植保植检站，225000；2. 扬州大学园艺与植物保护学院，225009）

摘　要：本文分析了江苏省近年来水稻病虫发生概况，条纹叶枯病、纵卷叶螟、褐飞虱持续几年严重发生，2002 年以来水稻多种病虫相继严重并发；并分析了两迁害虫暴发的原因。预计今后几年水稻病虫害呈中等偏重至大发生趋势，其中仍以水稻虫害“两迁害虫”为主，呈偏重至大发生。灰飞虱发生仍然较重，水稻条纹叶枯病流行势头有所扼制，不会更大流行，但防治工作依然重要；内源性害虫以水稻二化螟为主，呈上升趋势，特别在沿江、淮北将达偏重发生；水稻白叶枯病、水稻细菌性条斑病在江苏省发生面积将进一步扩大，局部地区将严重流行；检疫性害虫稻水象甲的威胁要引起广泛关注。针对水稻病虫发生的动态，提出几点防治对策及建议。

关键词：水稻；主要病虫害；趋势；治理对策

水稻是江苏总量最多的粮食作物，也是全省居民的主要口粮作物。“十五”前四年平均年种植水稻面积 200 万 hm^2左右，占全省粮食面积的 41%；稻谷总产年均 1 620 万 t，占粮食总量的 58%；稻谷年均总产值在 200 亿元以上，占农林牧渔业总产值（1990 年不变价）的 15% 以上，占农业总产值（1990 年不变价）的 20% 以上，水稻生产对保障江苏省粮食安全和自给具有重要的意义。水稻主要病虫危害是影响中国水稻生产的重要因素之一。近年来，水稻条纹叶枯病、稻曲病、稻纵卷叶螟、螟虫、稻飞虱等多种病虫害发生严重，对江苏省水稻生产构成了严重威胁。据统计，江苏省每年因水稻病虫害为害虽经防治仍然造成产量损失 40 万 ~ 50 万 t。水稻病虫害连续严重发生，已成为江苏省水稻高产、稳产的重要障碍。

1　近几年江苏省水稻病虫害发生动态

近几年来，全省三化螟、稻瘟病发生程度逐年下降，但条纹叶枯病、纵卷叶螟、褐飞虱持续多年严重发生；二化螟维持在中等偏重程度。特别是 2002 年以来，出现一个年度多种病虫相继严重发生现象，全省水稻病虫发生前期以灰飞虱传播的水稻条纹叶枯病为主，中期以三代稻纵卷叶螟，局部地区二代二化螟为主，后期以四代稻纵卷叶螟、四代褐飞虱等害虫为主持续暴发危害。水稻病虫 2000—2006 年连续 6 年发生面积分别为 1 453 万 hm^2、1 586 万 hm^2、1 747 万 hm^2、1 860 万 hm^2、2 160 万 hm^2、2 100 万 hm^2。其中，水稻条纹叶枯病 2004—2005 年连续大发生，发生程度与范围超过历史，严重田块减产 50% 以上，甚至绝收；稻纵卷叶螟 2003—2006 年连续 4 年大发生，年发生面积达 433 万 hm^2，受害田块减产超过 20%；褐飞虱于 2005—2006 年连续两年在水稻生长后期特大发生，发生程度为近 20 年最重，未防治田减产超过 70%；内源性害虫二化螟在沿江、淮北地区偏重发生，年发生面积超过 300 万 hm^2（图 1）。由图 1 看出，近几年来，江苏水稻病虫害发生动态如下。

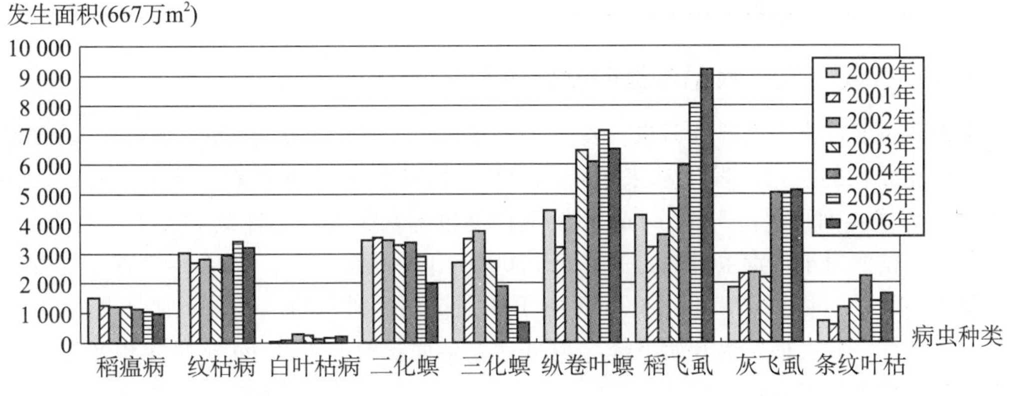

注：数据来源于江苏省植保站。

图 1　近几年来江苏省水稻主要病虫害发生情况

1.1　内源性螟虫下降趋势明显

水稻两种螟虫（三化螟和二化螟）过去一直是江苏省水稻上最主要害虫，两者交替暴发危害，对江苏水稻生产造成重大损失。2000—2004 年，二化螟年发生面积在 233 万 hm^2，2005 年下降到 193 万 hm^2，2006 年下降到近 133 万 hm^2，且发生程度进一步下降，为中等发生，局部偏重发生。三化螟 2000—2003 年发生较重，特别是 2001 年、2002 年达大发生，发生面积从 167 万 hm^2 左右扩大到 247 万 hm^2，而 2004 年则急剧下降，发生面积为 120 万 hm^2，2005 年、2006 年也下降较快，2006 年仅为 45 万 hm^2，仅在沿江、沿淮局部地区发生，田间虫量少，仅在灯下诱到成虫，田间卵、虫很难查到。原因主要是由于这几年水稻条纹叶枯病特大发生，前期防治灰飞虱用药量大，用药次数多有关，过去秧田防治螟虫仅用一次药，而 2004—2006 年，秧田用药次数较多，平均达 5 ~ 7 次，最多的 1 ~ 2d 就防治一次，三化螟是单食性害虫，仅以水稻为食，经过这么多次防治，种群数量发生基数急剧下降。由于二化螟是杂食性害虫，秧田外有一定的寄主，种群能够有一定数量，但由于防治次数多，发生面积也处下降趋势。

1.2　“两迁”害虫持续暴发

2000 年前，全省稻纵卷叶螟一般是间隔性暴发，发生面积一般在 300 万 hm^2 左右，

2001 年、2002 年有所下降，特别是 2001 年，发生面积仅 200 万 hm^2，从 2002 开始，连续 4 年大发生，2003 年为特大发生，发生面积近 433 万 hm^2，发生程度为历史之最，造成损失也最大，2005—2006 年发生面积虽超过 2003 年，发生危害程度没有超过 2003 年，但均达大发生。稻飞虱过去也一直是间隙性暴发害虫，一般 4～5 年大发生一次，每年为中等偏重以下程度发生，发生面积在 233 万～300 万 hm^2，2004 年发生程度开始上升，发生面积近 400 万 hm^2，2005—2006 年大发生至特大发生，特别是水稻生长后期，褐飞虱三、四代连续危害，2005 年发生面积达 533 万 hm^2，2006 年超过 600 万 hm^2（表 1）。

表 1　历年褐飞虱发生情况表

年份(年)	1982	1983	1984	1985	1986	1987	1988	1999	1990	1991	1992	1993	1994
发生程度	中	重	轻	中	中	暴发	中	中	中	暴发	轻	中	轻
年份(年)	1995	1996	1997	1998	1999	2000	2001	2002	2003	2004	2005	2006	
发生程度	重	中	暴发	中	轻	中	轻	轻	中	中	暴发	暴发	

1.3　灰飞虱、水稻条纹叶枯病连年流行

水稻灰飞虱过去为次要性害虫，发生面积在水稻上每年 100 万 hm^2，随着冬季气温升高，稻套麦面积的扩大，发生越来越重，2001—2003 年发生面积在 133 万 hm^2，2004—2006 年每年发生面积超过 333 万 hm^2，发生程度也越来越重，已连续大发生至特大发生。水稻条纹叶枯病由于带毒虫量的上升，从 2000 年开始逐年上升，2004 年全省大暴发，发生面积达 147 万 hm^2。2005 年、2006 年由于加强抗病品种的推广应用，加上防治工作较好，发生面积、危害损失也开始下降，2006 年发生面积为 107 万 hm^2，危害也较轻，仅在个别感病品种上危害重。

2　“两迁害虫”持续暴发的原因分析

2.1　虫源基数大

2.1.1　境外虫源充足

研究表明，我国两迁害虫除在海南、“两广”南部及云南南部冬季有少量虫源存活外，我国其他大部分地区常年均不能越冬，夏季初始虫源主要来源于中南半岛等东南亚国家，因此，境外虫源发生的变化对我国早季乃至全年的发生影响很大。近年来，由于这些国家耕制改革（晚插冬春稻占 70% 以上）和品种变化（感虫的中国杂交稻占 75% 以上）及飞虱抗药性和致害力增加，2003 年以来越南北方稻区稻飞虱连年大发生，2003 年只在冬春稻上出现虱烧，而 2004 年和 2005 年两年则在冬春稻和夏秋稻上均出现了虱烧。田间种群中褐飞虱的比例 2005 年、2006 年也高于往年，且翻增迅速。这就大大增加了能够进入我国的初始虫源基数，尤其是褐飞虱的基数，境外虫源迁入量明显高于常年。

2.1.2　国内虫源来源迁入多，来源广

以 2005 年为例，华南稻区两迁害虫前期迁入峰次多、虫量大，田间发生严重。华南、江南和西南稻区 5～6 月稻飞虱普遍出现了 5 次以上迁入峰，华南北部、江南中南部、西南中部等部分稻区为近 10 年或历年同期之最。江南稻区稻飞虱发生之早、虫量之多、范围之大，远远超出常年。江南北部、长江流域、江淮稻区 6 月中旬至 7 月中旬出现了3～4

次迁入峰，经防治后，稻飞虱田间虫量仍上升很快，一般百丛虫量为1 000头左右，多的达2 000～3 000头，局部高达5 000头以上，且有较多短翅型成虫出现，卵量显著高于常年。8月下旬至9月中旬，由于北上台风的影响，台风风圈将沿途大批褐飞虱集聚迫降且各地互为虫源，形成了长江中下游稻区褐飞虱暴发和致灾种群。

2005年，华南、江南、长江流域、西南中部稻区均出现了稻纵卷叶螟每667m^2蛾量超过千头的迁入峰，局部如西南稻区中部蛾量大部在5 000头/667m^2以上，局部高达1万～2万头/667m^2，为历史罕见。7月下旬开始，长江中下游、东南沿海稻区稻纵卷叶螟迁入峰不断，667m^2蛾量稳定在1 000头以上达20～30d。这些超常的南方种群为长江中下游稻区两迁害虫的暴发成灾提供了空前的虫源基础。

2.2 气候条件适宜

始于20世纪70年代的害虫迁飞研究已经揭示出水稻两迁害虫暴发的基本规律：基数决定型（包括迁入量大的基数暴发型和迁入量不大但迁入期特早的早发积累暴发型）、气候决定型（凉夏暖秋、夏秋多雨）和基数气候协同暴发型。

2.2.1 反常气候的影响

近几年来，冬季气温变暖，夏季气温偏低，秋季气温偏高现象已十分突出。暖冬条件有利于迁飞性害虫虫源基数增大。暖冬使越南等境外或中国稻飞虱越冬区的稻飞虱迁入期提前，为害期延长。中国稻飞虱发生较重的年份大多出现在3～5月副高较强的年份，厄尔尼诺年的翌年中国稻飞虱有可能严重发生。2004年以来，西北太平洋副热带高压强度偏强，厄尔尼诺事件将进一步发展，将有利于迁飞性害虫稻飞虱、稻纵卷叶螟的发生为害。温室效应将进一步加剧，这将进一步扩展。

2.2.2 迁飞气候条件适宜

西太平洋副热带高压活动加强有利于迁飞性害虫迁入本省。稻飞虱、稻纵卷叶螟具有迁飞性、突发性和暴发性等特点，每年春夏季随东亚季风西南气流从境外潜入中国南方稻区发生为害，并迁移到长江流域及其北方稻区发生为害。其迁入范围、迁入量、迁入时间与西太平洋副热带高压活动密切相关。

从2005年的资料分析来看：我国5月、6月华南、江南、西南稻区雨水偏多，有利于水稻迁飞性害虫的迁入和繁殖为害。6月下旬、7月上、中旬，副高较为活跃，大部稻区以过程性降水为主，此时华南、江南早稻接近成熟，有利于水稻迁飞性害虫向江南北部、长江流域、江淮稻区及西南稻区中北部迁移为害。7月下旬至10月上旬，有5个台风在我国东部和南部沿海登陆，对水稻迁飞性害虫的迁移、降落十分有利。其中7月下旬台风“海棠”、8月上旬末“麦莎”、8月中旬“珊瑚”、8月底至9月初“泰利”在我国东南沿海登陆，伴随强降雨天气，给长江流域、江南以及东南沿海稻区带来大量迁入虫源，同时“麦莎”台风期间，正值西南单季中稻接近成熟，台风倒槽将大批稻飞虱虫源从西南稻区带至长江中游及江南中西部稻区，“泰利”台风期间，西南稻区单季中稻开始收割，长江中游、西南中部田间成虫较多，倒槽又使大量虫源迁入到长江中下游及江南东部稻区发生为害。10月上旬台风“龙王”出现，有利于长江流域虫源向江南、华南双季晚稻区迁移。

2.2.3 秋季持续高温增加后期迁飞性害虫在本地的滞留量

长江流域、江南稻区7月、8月气温偏低，9月上旬至10月上旬副高偏强，全国大部稻区气温较常年同期偏高，其中长江流域、江南北部稻区显著偏高（比常年偏高2～3℃），出现了典型的“盛夏不热、晚秋不凉”的天气，田间小气候十分有利于稻飞虱的发生为害，导致了稻飞虱暴发危害。

以扬州市稻纵卷叶螟发生来看：随着温室效应增加，全球气候变暖，近几年来江苏秋季温度持续攀高，如2003年8月下旬扬州地区仍处在太平洋副热带高压区内，由于高压脊的控制，下沉气流强，不利于成虫的迁出，加上食料条件优越，成虫能够正常发育。8月20日至9月5日雌蛾卵巢的系统解剖结果表明，8月25～30日1～2级卵巢占23.3%，3级以上卵巢占76.7%，交配率60.0%，说明此间的大部分成虫属于本地虫源，但滞留在本地繁殖为害。9月5日以后高空800hPa天气形势变化，本地区开始转为变性冷高压控制，地面有较强上升气流，此间解剖结果显示，1～2级卵巢比率提高，3级以上卵巢比率下降至43.3%，交配率仅为30.0%，成虫可能陆续迁出（表2）。

我们查核了1977年扬州地区同期同地雌蛾解剖资料，8月25日扬州地区稻纵卷叶螟雌蛾1级卵巢占70%，3级以上仅占30%；9月5日1级卵巢占80%，3级以上占20%；第四代蛾大多为迁出蛾群。显然，时隔20多年，第四代虫源性质的变化，除籼改粳后，寄主营养条件有了质的变化外，气候条件的变化也是很重要的因素。

表2　8月下旬至9月上旬雌蛾卵巢发育与气象因子的关系

日期	蛾峰日	卵巢级别比（%）		交配率	800hPa	虫源性质
		1～2级	3级以上	（%）	天气形势	
8月20～25日		36.7	63.3	33.3	副高控制	本地虫源
8月25～30日	8月 22～25日	23.3	76.7	60.0	高压脊	本地繁殖
9月1～5日		16.7	83.3	80.0		本地繁殖
9月5～10日		56.7	43.3	30.0	冷高压	本地虫源、部分迁出

2.3　食料条件适宜，提高了种群增殖倍数

近几年来研究结果表明，水稻生育期普遍推迟5～7d，中后期长势嫩绿，孕穗破口期长，有利于稻纵卷叶螟、褐飞虱滞留、繁殖与存活。江苏省在“九五”期间实施了“粳稻化工程”，全面优化了水稻品种布局，籼粳（糯）稻种植比例已由1990年的55∶45的调整为2000年的19∶81，粳（糯）稻种植面积180万hm^2左右，籼稻种植面积52万hm^2左右，成功地实现了水稻品种种植结构的战略性调整，成为全国第1粳稻生产大省，从南到北基本实现了晚粳和中粳、籼稻和粳稻的合理搭配与组合。

20世纪70～80年代，江淮稻区为中籼稻种植区，80年代后期以来，通过连续多年扩粳缩籼，目前已成为中晚粳稻为主的商品粮基地。以扬州市为例，1982年扬州市水稻面积22.7万hm^2，其中籼稻20.7万hm^2，占水稻总面积91.4%，粳（糯）稻1.9万hm^2，占8.6%。2003年扬州市籼稻仅有4.5万hm^2，占水稻总面积的28%，粳（糯）稻面积已达11.6万hm^2，占水稻总面积的72%。粳稻品种布局复杂，有中熟中粳品种（镇稻系列），晚中熟品种（武育粳系列），晚熟品种（9915、9520等），粳稻的生育期比籼稻迟15d左右，孕穗至穗期正迎第四代稻纵卷叶螟成虫盛发期。另外目前推广的抛秧、直播稻、机插秧等轻型栽培技术，也使水稻生育期相对推迟。

以水稻稻纵卷叶螟研究为例：用同期穗期的水稻叶片饲养稻纵卷叶螟幼虫，结果表

明，粳稻上幼虫的取食量明显多于籼稻，结苞率和虫苞长度也明显大于籼稻，如1～5龄幼虫在武育粳3号上的取食量比协优136高75.4%，结苞率和虫苞长度也分别高71.6%和101.6%（表3）。这可能与籼稻穗期叶片较粳稻宽，不利于低龄幼虫结苞，叶龄老化，叶面硅质层加厚，营养条件劣化有关。

表3　不同品种上取食量、结苞率、虫苞长度的比较

供试品种	结苞率（%）	虫苞长度（cm）	各龄幼虫取食量（cm^2）						幼虫总食叶量（cm^2）
			1	2	3	4	5	Σ	
武育粳3号	81.0	17.32	0.31*	0.66*	1.13*	6.21	14.53*	22.84*	22.85*
协优136	47.2	8.59	0.12	0.27	0.72	4.12	7.79	13.02	13.03

注："*"表示经t检验在0.05水平上差异显著。

不同品种的叶片对稻纵卷叶螟发育有明显的影响，粳稻有利于稻纵卷叶螟的生长发育和繁殖。从表4可以看出，与籼稻相比，取食粳稻叶片的稻纵卷叶螟，幼虫发育速率快、蛹重增加，其成虫羽化率高、寿命长、产卵量大。

表4　不同品种对稻纵卷叶螟生长发育的影响

供试品种	幼虫历期（d）	预蛹期（d）	蛹期（d）	蛹重（mg）	羽化率（%）	成虫寿命（d）	卵量（粒/d）
武育粳3号	15.53	1.0	7.81	23.20*	83.9*	6.1*	76.4*
协优136	17.81	1.0	6.67	16.52	54.3	4.9	41.9

注："*"表示经t检验在0.05水平上差异显著。

2.4　主治药剂防治效果下降，抗药性不断增强

由于长期和大范围使用噻嗪酮和吡虫啉防治稻飞虱，2007年各地出现噻嗪酮和吡虫啉对稻飞虱的防治效果明显下降现象。据南京农业大学植保学院2007年9月下旬室内稻秆浸汁法测定南京市浦口区褐飞虱对吡虫啉产生了极高的抗性，成虫、三龄若虫抗性倍数分别达70倍、475倍，达到高抗及以上水平。导致吡虫啉常规用药量效果较差。而此类药剂仍是2007年前期防治稻飞虱的主治药剂，不能有效控制前期稻飞虱种群数量的增长，有利于虫源基数积累，加重了后期为害程度。

2.5　自然控制作用丧失

由于大量使用化学农药，尤其是高毒高残留及广谱农药，既造成环境恶化，还大量杀伤天敌，农田常见天敌大量减少，生态失衡，既导致天敌自然生态控制作用丧失殆尽，还加重害虫的再猖獗。稻纵卷叶螟天敌甚多，据报道，江淮稻区寄生性天敌多达29种，其中稻螟赤眼蜂 *Trichagramma japonicum*、拟澳洲赤眼蜂 *T. confusum*、稻纵卷叶螟绒茧蜂 *Apanteles Cypris*、赤扁腹小蜂 *Elasmus* sp. 为优势种，在一般年份卵和幼虫的寄生率分别高达37.7%和61.5%。捕食性天敌主要有拟环纹狼蛛 *Lycosa pseudoannulata*、草间小黑蛛 *Erigonidium graminicola*、青翅蚁形隐翅虫 *paederus fuscipes* 等，对稻纵卷叶螟的种群控制作用也十分明显。由于杀虫脒的禁用，螟虫对沙蚕毒素类农药抗药性增加，21世纪初以来甲胺磷及其复配农药（如17%甲·唑EC等）成为防治稻纵卷叶螟和水稻其他螟虫的主要农药品种，这类高毒农药对天敌毒性较大。盆栽接种试验表明，施用甲胺磷、溴氰菊酯2d后，

拟环纹狼蛛和草间小黑蛛的死亡率高达100%，20%三唑磷EC和17%甲·唑EC的死亡率也分别高达80.5%、81.5%和83.7%、89.3%。但杀虫双和阿维菌素等农药对这2种蜘蛛的毒性相对较小，如18%杀虫双和1.8%阿维菌素药后2d，2种蜘蛛的死亡率分别为25.0%、30.0%和41.4%、35.5%。

2007年调查表明，7月中旬、8月上旬、9月初在常规稻田分别喷施17%甲·唑EC和锐星BT（WP），8月30日、9月10日分别调查田间稻纵卷叶螟卵和幼虫的寄生率，结果表明，使用锐星BT（WP）的水稻田中稻纵卷叶螟卵和幼虫的寄生率分别是17%甲·唑EC的3.2倍和4倍（表5）。由此可见，长期依靠高毒、广谱性杀虫剂对稻纵卷叶螟天敌影响较大，对稻田生态环境带来许多负面效应。

表5　2种农药对稻纵卷叶螟卵和幼虫寄生率的影响

农药	总卵粒数	寄生粒数	寄生率（%）	总幼虫数（头）	被寄生数（头）	寄生率（%）
17%甲·唑EC	1 000	215	21.5	400	53	13.6
锐星BT（WP）	1 000	698	69.8	400	218	54.5

2.6　其他原因

基层服务体系断档弱化，技术指导到位难。乡镇农技站财政除苏南外大多无保障，他们除中心工作外，还有创收任务，主要精力在从事农药等农资经营等，不能及时科学指导农民开展防治。因而造成农户认识不足，防治时用水不足，以及防治关键时期雨水偏多等因素，也是引起水稻迁飞性害虫严重发生的重要原因。

3　水稻主要病虫发生趋势分析

今后一段时期内江苏省水稻主要病虫害发生形势依然严峻，预计今后几年呈中等偏重至大发生趋势，其中灰飞虱发生仍呈偏重至大发生，水稻条纹叶枯病由于抗病品种的种植、灰飞虱带毒率有所下降，致病力也会逐渐减弱，由于灰飞虱种群数量上升，发生面积大，水稻条纹叶枯病波及范围广，防治工作依然重要。水稻虫害“两迁害虫”发生仍然较重，特别是水稻生长后期，呈大发生趋势。内源性害虫以水稻二化螟为主，呈上升趋势，特别在沿江、淮北将达偏重发生。水稻白叶枯病、水稻细菌性条斑病在江苏省发生面积将进一步扩大，呈上升流行趋势，局部地区将严重流行。检疫性害虫稻水象甲由于南北夹攻，有侵入江苏省的危险，值得警惕。

3.1　水稻“两迁”害虫

水稻虫害仍以“两迁害虫”为主，呈大发生趋势。其主要依据如下：

3.1.1　水稻种植制度有利于两迁害虫危害

随着生产体制和耕作制度的变化，江苏省单季中粳稻面积逐年扩大。单季晚稻在5～6月份直播或移栽，稻田生长期较杂交稻籼稻推迟了约一个月成熟，以至于6～7月份迁入的褐飞虱长翅成虫可直接降落在稻田中危害，并能连续繁殖3个世代（比杂交籼稻田增加1个世代），从而为迁飞性害虫种群增长倍数的提高创造了有利条件。

3.1.2　全球气候变暖，灾害性气候（台风、暴雨）发生频繁有利于害虫的迁入和危害

以往的研究早已表明“凉夏暖秋”是褐飞虱暴发的适宜气候。9月份的气温对褐飞虱

种群增长的影响更为重要。未来几年，夏季是台风高发季节，由于频繁的台风创造了湿润的小气候条件，更发挥了褐飞虱种群的增殖潜力，一方面造成夏季气温下降，形成“凉夏”，另一方面又可带来大量的虫源。同时，从近几年气象条件来看，江苏省秋季气温偏高的几率十分大，秋季高温不仅有利于褐飞虱的生殖，而且使褐飞虱发生世代数比常年又增加了1个世代。

3.1.3 水稻品种抗性不强

近几年来，各地加强了对抗虫性水稻品种选育工作，但由于近4年来，水稻条纹叶枯病大发生，因而选育方向主要是针对抗水稻条纹叶枯病品种的选育力度，从而生产上对水稻迁飞性害虫由抗性的品种少之又少。

3.1.4 迁飞性害虫对大面积使用的农药品种产生了抗性，增加了防治药剂选择难度

3.2 水稻纹枯病仍将处于偏重发生

主要依据如下：

3.2.1 菌源广泛存在

水稻纹枯病在江苏省年年偏重至大发生，据统计，江苏省每年发生面积在187万 hm^2 左右，近年来还有所扩大，2005年、2006年发生面积分别达227万 hm^2 和213万 hm^2。

3.2.2 大面积推广应用的水稻品种基本不抗病

根据刘永峰等人研究《江苏省水稻主栽及区试品种对水稻纹枯病的抗性分析》中指出，从江苏省主栽及区试品种（组合）对水稻纹枯病的抗性现状来看，目前江苏省所栽培的品种（组合）对水稻纹枯病的抗性总体较弱，生产上仍然缺乏高抗水稻纹枯病的品种（组合），水稻抗纹枯病育种急需引进对水稻纹枯病具有抗病作用的抗原，以获得抗病基因。不同类型的水稻品种（组合）对纹枯病的抗性差异较大，其中以常规籼稻、杂交籼稻、杂交中粳、中熟晚粳和早熟晚粳等对水稻纹枯病的抗性较好，中熟中粳、迟熟中粳对纹枯病的抗性较弱。

3.2.3 气候条件有利于病害发生危害

江苏常年7月上旬多为梅雨季节，对病害的发生蔓延较为有利，水稻封行后，温度升高，田间湿度大，有利于病害的进一步扩展。

3.3 水稻条纹叶枯病将有效扼制，不会造成更大流行

主要依据如下：

3.3.1 毒源下降

由于近年来，各地种植了抗病品种，毒源开始下降，从各灰飞虱带毒率测定来看，下降趋势明显。

3.3.2 农民对该病害已有深刻的认识，防治主动性强

3.3.3 抗病品种较多，选择余地大

但由于受暖冬气候条件的影响，灰飞虱越冬基数大，发生量仍然较高，灰飞虱发生仍较为严峻。

3.4 检疫性病虫害加大扩散流行

3.4.1 细菌性条斑病

水稻细菌性条斑病简称细条病或细条斑病，它是国内植物检疫对象。现发生分布在我

国南方绝大多数省区。特别是杂交稻种植地区更为普遍和严重。一般晚稻发病重于早稻，发病严重稻田一片枯黄，以至枯白，所造成损失并不亚于白叶枯病。该病已在江苏省淮北稻区发生，主要分布在宿迁、徐州和淮安三市的部分县，近几年发生面积有所扩大。2006年全省已发生面积达0.7万hm^2。如果检疫措施不到位，各地稻种调运把关不严，发生面积将会迅速扩大。

3.4.2 稻水象甲

稻水象甲 *Lissorhoptrus oryzophilus* Kuschel，属鞘翅目（Coleoptera），象虫科（Curculionidae），沼泽象亚科（Erirrhininae），稻水象属 Lissorhoptrus，20世纪初逐渐成为美国普遍发生的稻作害虫，后因传入亚洲等水稻主产区而对全球水稻生产构成严重威胁。1988年在中国首次发现，为我国法定内、外检疫对象，也是“九五、十五”以来我国粮食作物上重点治理的检疫性害虫之一。

稻水象甲于1988年6月在河北省唐山市唐海县首次发现。当时，严重危害面积已超过600hm^2，表明该虫入侵我国已有若干年并已成功定殖。其后，1989年在台湾省，1990年在天津市、北京市，1991年在辽宁省丹东市，1992年在山东省东营市，1993年在吉林省集安市、浙江省台州市等地稻田先后发现稻水象甲危害。近年来，稻水象甲在南、北方稻区逐渐南侵北扩，1996年在福建省福鼎市，2000年在湖南省株州市，2001年在安徽省桐城县又发现稻水象甲危害。目前，全国10省（市）60余县（市）约55万hm^2稻田遭到稻水象甲的入侵与危害，占全国水稻种植面积的1.8%。稻水象甲以每年10～15km的速度向外扩展。浙江省研究表明：稻水象甲的发生与河流、高程和道路密切相关。受西部及南部高山阻挡，稻水象甲以初发地乐清湾为中心，沿着地势较低的沿海稻区向南、向北方双向扩散，新的疫点大多发生在公路、水域附近。1993—2001年，稻水象甲在浙江、福建的疫区面积平均每年扩大1 416km^2，且向北扩散的速度明显高于向南扩散的速度。稻水象甲能不断入侵新区，并在新区建立种群成功定居，暗示着该虫种具有极不寻常的生理、生态适应能力。稻水象甲有可能在不远的将来即成为我国各主要稻区的重要稻作害虫。

3.5 稻白叶枯病

稻白叶枯病19世纪末首先在日本发现，目前已成为亚洲稻区的重要病害。在我国、日本、朝鲜、菲律宾、印度及其他东南亚国家均有发生，其中以地处热带的国家受害更大。水稻发病后，一般引起叶片干枯，不实率增加，米质松脆，千粒重降低，一般减产10%～13%，严重的减产50%以上；发生凋萎型白叶枯病的稻田常造成死丛现象，损失严重。该病过去在江苏省沿淮、淮北及沿海局部地区已有发生，2006年发生面积已达13万hm^2，过去主要发生在杂交稻上，而现在已发生在抗水稻条纹叶枯病的徐稻3号、徐稻4号及淮稻品种上。随着这些品种在我省的大面积推广，病害发生面积也随之扩大。

4 水稻主要病虫害治理对策

总的策略：继续贯彻“预防为主，综合防治”的植保方针，围绕“农业生产安全和农产品质量安全”这两条主线，以推广抗性品种和保持多样性为基础，充分发挥农业栽培措施的生态调控作用，采取多种有效措施，准确测报，精确防治，把水稻病虫压低到允许损失水平之下。

4.1 强化病虫监测力度，提高病虫预警能力

病虫测报是植保工作的基础，各地植保部门要始终把病虫测报放在植保工作的首位来抓紧抓好。既注意抓好病虫的短期预测预报，又要抓好水稻病虫的中、长期预警。要配备充足的测报人员，完善测报队伍，加大田间监测调查力度，认真做好“两查两定”工作，做到“知情防治”（Evidence based control），及时掌握田间病虫发生消长动态与发育进度。病虫情报资料来源要可靠，测报力求准确无误。防治意见要有针对性，及时做好信息反馈。每一次防治行动结束后，要及时做好防治效果调查，并根据虫情及时制定下一步防治方案。积极开展病虫可视化电视预报工作，提高病虫信息的到位入户率。

4.2 认真制定重大病虫防治预案，有序调控突发性病虫害

这几年防治水稻条纹叶枯病等重大病虫取得重大成效，同时积累了丰富的经验，其中成功的一条是制定科学、规范、有序的病虫防治预案，形成长效的防治机制。重大病虫一旦发生，我们就能取得防治工作的主动。当前各地要增强应急防治意识，制定重大病虫，特别是水稻条纹叶枯病、褐飞虱、稻纵卷叶螟等病害虫的防治预案，并要及早出台，并加强宣传，争取地方政府发布，推进病虫害防治工作制度化。

4.3 提高病虫防治的专业化程度，大力开展统防统治

各地要积极探索新形式下的病虫防治的组织形式，通过对龙头企业、业主、基地、协会、植保专业户开展技术指导、承包防治等多种形式，以重大病虫防治为契机，大力发展专业化防治队伍，广泛开展统防统治，让农民看到统防统治的成效，逐步扩大统防统治的影响，使防治技术落实到田。

4.4 加强技术指导，切实做好督查工作

一是要切实转变工作作风，改进工作方法。要深入基层，深入生产第一线，深入田间地头，指导农民开展防治。二是要抓好重大病虫防治示范，建好综合防治示范基地。各地要因地制宜建立重大病虫防治示范区，要全面推广环保型农药和生物农药，提高施药技术水平，更新落后药械，做给农民看，带着农民干。三要组织力量，强化防治工作的督查，在督查过程中，发现问题要及时研究，及时上报并采取补救措施，确保防治工作不留死角。对重发地区要重点督查，发现问题要责令立即整改。四是加强对防治工作组织领导。为确保病虫防治工作的顺利开展，各地要进一步加强和完善对农作物病虫防治工作的组织和领导，建立健全重大病虫防治责任制，切实落实好组织、资金、物质和技术等措施。

4.5 把握水稻病虫的经济阈值，采取多战术的防治措施

对水稻主要病虫的防治要严格把握住经济阈值（防治指标），特别是多种病虫的复合防治指标。病害以预防为主，虫害注意压前控后，尽量减少用药次数和不必要用药。防治措施要多样化，首先重视抗性品种的培育与推广，特别要大力推广多抗性品种，从源头控制病虫的发生。通过不同育秧方式、栽插方式、播种方式和合理的田间管理控制病虫害，充分发挥生物多样性控制水稻病虫害的作用。有机利用频振式杀虫灯等物理防治手段，既能提供虫情动态，又能压低虫源基数。大力推广生物防治，发挥自然防治的优势，合理选

择微生物农药、抗生素农药、植物源农药的种类，有的放矢地控制病虫害。提倡精确的化学防治，严格把握好防治适期、用药量、用药次数，精确定量防治，既要达到防治效果，又不滥用农药。从保护生态环境出发，提高病虫防治的生态效益和经济效益。

4.6 注重科技协作攻关，加大新型农药的开发力度

随着农业产业结构调整和栽培耕作制度的改变，加之气候条件的变化，许多水稻病虫害的致害规律也发生了相应的变化。在新形势下，有必要重新研究和认识水稻病虫害的灾变规律，特别是对“两迁”害虫的迁飞规律的认识，科技人员要加大协作攻关力度，探索重要病虫害的发生新特点，研制新的防治技术。目前，生产上防治水稻病虫害的农药正处于更替时期，国家禁止使用高毒、高残留农药以后，替代品种不能满足生产需要，20 世纪 80 年代、90 年代开始大面积推广应用的“吡虫啉”、“扑虱灵”等农药，由于这些品种单一、长期、连续使用，水稻害虫已产生了较强抗性。因此，研发适宜水稻害虫防治的新型高效、低毒、低残留农药迫在眉睫，一方面注意对老农药品种改造使用，通过交替、复配使用农药，来延缓病虫抗药性产生，保持农药使用效果；另一方面引进和开发具有潜在防治能力的新的农药品种，及时替换已淘汰的农药品种，做好新农药的试验、示范与推广工作。

参考文献

[1] 巫国瑞. 影响褐飞虱猖獗和危害的因素［J］. 生态学报, 4（2）: 166.
[2] 祝树德. 温度对褐飞虱种群调控作用研究［J］. 华东昆虫学报, 1994, 3（1）: 53 ~ 59.
[3] 朱敏等. 全球气候异常（ENSO 事件的发生）对我国褐飞虱大发生的影响［J］. 中国农业科学, 1997, 30（5）: 1 ~ 5.
[4] 杜永林, 邓建平, 黄银忠等. 论江苏稻米产业经济的地位和功能及其发展战略［J］. 中国稻米, 2006,（1）: 6 ~ 9.
[5] 倪玉峰, 杜永林, 郭永生. 江苏省稻米现状及优质米产业发展对策的研究［J］. 江苏农业研究, 2001, 22（3）: 72 ~ 75.
[6] 中国农科院植保所. 中国农作物病虫害. 第二版. 北京: 中国农业出版社. 1995: 124 ~ 132.
[7] 刁春友, 朱斌. 水稻病虫害发生严重的原因分析及对策探讨［J］. 江苏农业科学, 2006,（3）: 9 ~ 11.
[8] 王艳青. 近年来中国水稻病虫害发生及趋势分析［J］. 中国农学通报, 2006, 22（2）: 343 ~ 347.
[9] 汤金仪, 胡伯海, 王建强. 我国水稻迁飞性害虫猖獗成因及其治理对策建议［J］. 生态学报, 1996, 16（2）: 167 ~ 173.
[10] 杜正文. 中国水稻病虫害综合防治策略和技术［M］. 北京: 农业出版社. 1991: 205.

影响水稻条纹叶枯病发生的主要因素分析

胡荣利，刘学儒，沈琴堂，秦玉金，丁涛，杨进

（扬州市植保植检站，225002）

摘　要：2005—2007 年，作者通过室内灰飞虱饲养、田间系统调查，明确了灰飞虱在扬州地区每年可完整发生 5 代。通过田间条纹叶枯病系统调查分析，发现水稻播种、移栽越早，发病越重；常规移栽稻显著重于轻型栽培水稻发病；水育秧 > 半旱育秧 > 塑盘抛秧及旱育秧；人工移栽 > 抛秧稻 > 机插秧；粳稻发病重于杂交稻。

关键词：灰飞虱；条纹叶枯病；品种；育秧移栽方式

水稻条纹叶枯病（Rice stripe virus，简称 RSV）是由灰飞虱 *Laodelphax striatellus*（Fallen）传播的病毒传染疾病。我国水稻条纹叶枯病自 1963 年在苏南地区始发后，1964 年在江、浙、沪普遍发生，1966 年自南到北都有发生，包括台湾、福建、江西、安徽、湖北、广西、广东、云南、山东、河南、河北、北京和辽宁等省区。其中 20 世纪 60 年代（1963—1966）在江、浙、沪比较突出；70 年代（1975—1976）在北京郊区发生较重；80—90 年代在山东南部一度猖獗，在云南地区数度流行，其余省区除局部地区外，多是零星发生，未成大害（林奇英等，1990）。1999 年以来，水稻条纹叶枯病在江苏省暴发流行，给水稻生产带来严重损失，重发地区发病面积占水稻面积的 90% 以上，重灾区的防漏田病穴率高达 90%、病株率 70%，基本失收。灰飞虱是传播水稻条纹叶枯病的媒介。国内外对灰飞虱和水稻条纹叶枯病的研究较多。据日本研究，水稻条纹叶枯病最早于 1897 年在日本关东的枥木，群马等县发生。1903 年在长野县就有大发生的记载（新海昭，1985），至 1968 年已扩大到日本的北海道（Shikata，1980），迄今仍是日本水稻最重要的虫传病毒之一（Hibino，1989）。中国早在 20 世纪 60 年代对灰飞虱进行过基本生物学及生态学研究（浦茂华，1962，蔡邦华，1964）。90 年代以来对水稻条纹叶枯病的研究较多，尤其病毒的分子生物学及检测技术报道较多（谢联辉，2001；林含新，1997；周益军等，2003）。然而水稻条纹叶枯病发生的因子缺乏系统研究，对灰飞虱在新的栽培条件下的发生规律也未见详细报道。为探明影响水稻条纹叶枯病的主要发生因子，2005—2007 年笔者对水稻条纹叶枯病发生情况进行了系统调查及试验，现将主要结果整理如下。

1　材料与方法

1.1　室内灰飞虱系统饲养

笼罩饲养：直径 40cm，高 40cm 的瓦缸盆栽水稻，品种武育粳 3 号，接灰飞虱成虫，产卵后系统观测各世代的发育进度。

塑杯饲养：直径 8cm，高 12cm 塑杯，土培法播种稻苗，上部用高 20cm 的透明塑料纸密封，防止飞虱逃逸，系统饲养并观察各虫态的发育分期。

1.2 田间调查

从越冬麦田开始，隔5~10d调查灰飞虱的越冬情况，秧田和本田5d一次调查灰飞虱的发育进度，并系统记载虫量。

1.3 影响水稻条纹叶枯病因子调查

1.3.1 调查地点

在仪征、邗江、高邮、宝应等地选择水稻条纹叶枯病为害较重的乡镇或村组农户，调查水稻条纹叶枯病的发生情况，记载穴发病率或株发病率。

1.3.2 不同水稻品种发生差异调查

选择播种期、移栽期相同，育苗方式相同，栽插方式相同，茬口相同稻田，调查水稻条纹叶枯病的发病率。

1.3.3 不同播种期、移栽期水稻条纹叶枯病调查

选择品种相同，育秧方式相同，栽插方式相同，茬口等相同的稻田，调查条纹叶病的发病率。

1.3.4 不同育秧方式水稻条纹叶枯病调查

选择品种相同，栽插方式相同，茬口相同，播种、移栽期相同的稻田，调查条纹叶枯病的发病率。

1.3.5 不同栽插方式水稻条纹叶枯病调查

选择品种相同，播种期、移栽期相同、茬口相同、育秧方式等相同的稻田调查水稻条纹叶枯病发病率。

2 结果与分析

2.1 灰飞虱发生的世代及与水稻条纹叶枯病发生的关系

经过系统调查及由室内自然变温下饲养灰飞虱，结果表明，灰飞虱在扬州地区可完整发生5代。以第五代的高龄若虫在稻桩土缝、麦秆及禾本科杂草近地面茎基部越冬。各代发生时间如表1所示。从表1可以看出，水稻条纹叶基病在水稻为害4个世代，水稻上条纹叶枯病也相应有3~4个显症期：第一显症期在秧田发生，发生较早的一般在6月上旬，部分发病株带入本田显症，一般高峰期在6月中、下旬。第二显症期在7月下旬至8月初。第三显症期在8月下旬。

表1 灰飞虱在扬州发生世代及时间

发生世代	发生时间（月/日）
越冬代	上年10月中、下旬至翌年4月中、下旬
第1代	4月中、下旬至6月上旬
第2代	6月中旬至7月下旬
第3代	7月下旬至8月下旬
第4代	8月下旬至9月下旬
第5代	10月上旬至翌年4月中、下旬

2.2 播种移栽期对水稻条纹叶枯病的影响

大量的调查结果表明（表2），无论什么品种、育秧方式，栽插方式或茬口，总的趋

势是水稻播种、移栽越早，条纹叶枯病发生越重。水稻播种早条纹叶枯病发生重的原因可能是灰飞虱越冬代成虫迁移扩散与秧苗期吻合，苗期带毒，加重了水稻条纹叶枯病的发生。

表 2　2006 年不同播种、移栽期水稻条纹叶枯病发生情况试验结果　　单位:%

处理		早丰9号				武运粳7号			
播期	栽期	7月13日		8月20日		7月13日		8月20日	
(月/日)	(月/日)	穴发病率	枝发病率	穴发病率	枝发病率	穴发病率	枝发病率	穴发病率	枝发病率
5/2	6/8	17.5	9.44	1.52	1.52	8.75	2.08	31.67	4.41
5/9	6/14	7.5	3.19	0.39	0.39	5.0	2.21	15.0	1.93
5/16	6/20	5.0	2.58	1.94	1.94	3.75	1.25	11.67	1.44
5/23	6/26	2.5	1.04	0.67	0.67				

从大面积看，轻型栽培水稻发病显著轻于常规移栽稻。水稻播种越迟发病越轻，其中水直播（6 月 11 日播种）5 叶 1 心秧龄只零星查见病株，发病程度极轻；机插秧落谷期早于水直直播（5 月下旬播种），病穴率、病株率平均为 10.5%、2.5%；麦套稻（5 月中旬播种）病株率平均 11.2%，发病较重。

根据邗江水直播稻田调查结果也表明，水直播越早，水稻条纹叶枯病发生越重。从表 3 可以看出，5 月上旬直播的水稻平均发病率 5.55%。6 月上旬播种的水稻发病很轻或几乎不发病。

表 3　2006 年直播秧田水稻不同播期发病程度比较

播种期	病株率（%）（7 月 16 日）	
	幅度	平均
5 月 8 日水直播	2～10	5.55
6 月初水直播	0～0.2	0.017
6 月初旱直播	0	0

2.3　不同栽培方式对水稻条纹叶枯病的影响

根据江都市试验调查，不同育秧移栽方式，水稻条纹叶枯病发病率差异较大，从表 4 结果可以看，水育秧发病最重，其次是半旱育秧，塑盘抛秧及旱育秧发病较轻。

表 4　2006 年不以育秧移栽方式水稻条纹叶枯病发病情况

栽培方式	调查田块数	病株率（%）（6 月 28 日，7 月 6 日）	
		幅 度	平 均
塑盘抛栽粳稻	34	0～3.7	1.49
旱育抛栽粳稻	7	0.12～0.99	0.62
半旱秧移栽粳稻	92	0.12～21.89	6.06
水育秧移栽粳	21	4.15～18.9	12.34

移栽方式不同对水稻条纹叶枯病的发生的轻重也不同。据金湖试验调查结果表明（表 5）：人工移栽发病最重，抛秧稻田发病较轻，机插秧发病最轻。其影响发病的原因除与播种期有关外，与水稻栽插密度有一定的关系。移插密度较稀的稻田发病较轻。

表 5 2006 年水稻不同移栽方式条纹叶枯病发病情况

调查时间（月/日）	品种	栽培方式	病穴率（%）	病株率（%）
6/30	武育粳 3 号	人工移栽	38	7.59
6/30		抛秧	2.67	0.51
6/30		机插秧	0.13	0.03
7/10～11	武育粳 3 号	人工移栽	51.86	19.31
7/10～11		机插秧	11	1.37

2.4 水稻品种对条纹叶枯病的影响

不同品种，发病差异明显。据调查，粳稻、杂交稻均可发病，粳稻发病重于杂交稻。在杂交稻中以协优 63、汕优 63、协优 084 等较感病，汕优 084、Ⅱ优 118、Ⅱ优 838、Ⅱ优 084、丰优香占、K 优 818 等较抗病或耐病。在粳稻中以武育粳 3 号、香粳 49、华粳 7 号、香粳 99－8、广陵香粳、武粳 13、武粳 15 等较感病，镇稻 99、扬粳 99、扬粳 9538、盐玉 2206 较抗病或耐病。表 6、表 7 为部分品种调查结果。

表 6 2006 年仪征不同水稻品种、品系条纹叶枯病发病情况

单位:%

杂交稻			粳稻		
品种	病穴率	病株率	品种	病穴率	病株率
协优 63	16	9.3	通育粳 1 号	36	8.6
汕优 63	11	5.9	中粳 8 号	34	8.8
协优 084	8	3.5	华粳 3 号	32	7.4
特优 559	6	3.3	武粳 15	23	4.6
协优 507	4	3.6	香粳 99－8	23	4.1
汕优 559	4	2.7	武育粳 3 号	16	4.3
协优 332	3	1.8	盐玉 2206	13	3.1
Ⅱ优 084	3	1.8	苏农优 5 号	12	2.1
丰优香占	2	1.3	扬粳 9538	4	0.7
Ⅱ优 118	2	0.7			
Ⅱ优 388	0.7	0.3			
汕优 084	0	0			

表 7 2006 年高邮水稻条纹叶枯病品种间抗性调查结果

水稻类型	品种	种植面积（667 万 m^2）	病情			抗感反应
			病穴率（%）	病枝率（%）	流行程度	
杂交籼粳	丰优香占	2.1	0	0		HR
	两优培九	2.0	0	0		HR
	汕优 63	4.1	0.5	0.3	+	R
	Ⅱ优 084	6.3				

续表

水稻类型	品 种	种植面积	病 情			抗感反应
		(667 万 m^2)	病穴率(%)	病枝率(%)	流行程度	
常规粳稻	镇稻 99	4.71	2.7	0.4	+	R
	扬粳 9538	5.0	3.3	0.5	+	R
	武运粳 11	0.1	16.0	3.6	+ + +	MS
	武粳 13	0.3	17.0	3.4	+ + + +	MS
	华粳 1 号	0.9	20.0	3.9	+ + +	MS
	广陵香粳	12.91	22.0	5.5	+ + + + +	S
	南粳 41	0.2	24.3	4.8	+ + + + +	S
	盐选 2 号	16.17	26.0	1.6	+ + + + +	S
	武粳 15	0.3	28.7	5.2	+ + + + +	S
	香粳 49	0.52	28.7	5.1	+ + + + +	S
	香粳 99 - 8	2.7	29.6	6.2	+ + + + +	S
	9516	4.6	29.0	5.4	+ + + + +	S
	武运粳 7 号	0.2	32.5	6.3	+ + + + +	S
	武香粳 14	0.8	49.0	10.0	+ + + + +	S
	武育粳 3 事情	2.47	50.0	9.6	+ + + + +	S

注：HR 为高抗，R 为抗，MS 为中感，S 为感。

3 讨论

影响水稻条纹叶枯病发生的因素很多，最主要的是灰飞虱种群激增，带毒率高，加速水稻条纹叶枯病传播流行。至于灰飞虱种群上升的原因和带毒率增高的原因，涉及灰飞虱的种群特征和生物学习性、气候因素和耕作栽培制度的变化等，本文未作探讨，将另文研究。本文着重从生态学角度，调查研究了部分农业栽培管理技术对水稻条纹叶枯病的影响。

从农业栽培措施看，水稻品种是影响水稻条纹叶枯病的关键因子。粳稻发病重于籼稻。粳稻品种间的抗性差异也很大。本文只列举了部分品种，各地抗性品种很多，有待综合试验分析。这些抗性品种到底是抗病还是抗虫还有待深入探讨。从目前防治条纹叶枯病诸多措施看，选择和推广抗性品种是首要措施。推迟播种、移栽期，避过越冬代灰飞虱成虫和第一成虫高峰，减少毒源传播也是防治的关键措施。从目前灰飞虱的发生趋势看，灰飞虱种群还有持续暴发可能性，带毒仍会很高。因此，对水稻条纹叶枯病的防治，即使选用了抗性品种，推迟了播栽期，选择了适合的育秧方式和栽插方式，也不能忽视灰飞虱的防治。只有有效地控制灰飞虱，再配以适合的农业栽培措施，才能有效地减轻水稻条纹叶枯病的为害。

·参·考·文·献·

[1] 蔡邦华，黄复生，冯维熊等．华北稻区灰稻虱的研究［J］．昆虫学报，1964，13（4）：552～571.

[2] 高东明，李爱民，秦文胜．江、浙两省主要粳、糯稻品种对条纹叶枯病的抗性测定［J］．浙江农业科学，1991，(2)：96～98.

[3] 高东明，秦文胜，李爱明等．不同抗性品种与水稻条纹叶枯病的关系［J］．中国水稻科学，1993a，7（1）：58～60.

[4] 林含新，林奇英，谢联辉．水稻条纹病毒分子生物学研究进展［J］．中国病毒学，1997，12（3）：203～209.

[5] 浦茂华．苏南灰稻虱（Delphacodes striatella Fallen）的初步研究［J］．昆虫学报，1963，12（2）：117～135.

[6] 阮义理，蒋文烈，林瑞芬．稻病毒病昆虫灰稻虱的研究［J］．昆虫学报，1981，24（3）：283～289.

[7] 弄祖颐，何家齐，刘志武等．籼粳稻杂交育种的研究Ⅱ．抗条纹叶枯病育种［J］．作物学报，1985，11（1）：1～7.

[8] 周益军，刘海建，王贵珍等．灰飞虱携不定期的水稻条纹叶枯病病毒免疫检测［J］．江苏农业科学，2004，（1）：50～51.

两种药剂对稻纵卷叶螟的防效及对水稻一些生理指标的影响

杨进[1]，刘学儒[1]，吴永方[2]，丁涛[1]，秦玉金[1]，
纪正文[3]，刘嘉德[4]，奚本贵[2]，赵阳[2]

（1. 扬州市植保植检站，225000；2. 仪征市植保植检站，211400；
3. 扬州大学园艺与植物保护学院，225009；4. 上海杜邦农化有限公司，200137）

摘　要： 研究了20%氯虫苯甲酰胺SC（康宽）和5%氟虫腈SC（锐劲特）对稻纵卷叶螟的防效及对水稻一些生理指标的影响。小区试验显示：四（2）代、五（3）代稻纵卷叶螟药后14d，氯虫苯甲酰胺防效和保叶效果都高于氟虫腈；氯虫苯甲酰胺连续施用两次的防效和保叶效果>第一次氟虫腈、第二次氯虫苯甲酰胺>氟虫腈连续两次，表明氯虫苯甲酰胺对稻纵卷叶螟的防效好于氟虫腈。取样测定发现，这两种药剂防治四（2）代、五（3）代稻纵卷叶螟14d后对水稻植株株高、分蘖数（总枝数/穴）未产生明显影响；体内主要保护酶活性测定结果显示，施用这两种药剂14d后，水稻叶片内过氧化物酶（POD）、超氧化物歧化酶（SOD）活性都极显著低于空白对照，表明施用这两种药剂后水稻植株叶片内POD、SOD活性均发生了较大的变化。

关键词： 氯虫苯甲酰胺；氟虫腈；稻纵卷叶螟；防效；保叶效果；株高；分蘖数；过氧化物酶（POD）；超氧化物歧化酶（SOD）

The control effect of two kinds of pesticides on *Cnaphalocrocis medinalis* and some physiological indicators of rice plant was studied

Yang Jin[1], Liu Xueru[1], Wu Yongfang[2], Ding Tao[1], Qin Yujin[1], Ji Zhengwen[3], Liu Jiade[4], Xi Bengui[2], Zhao Yang[2]

(1. Plant Protection and Quarantine Station of Yangzhou, Yangzhou 225000;
2. Plant Protection and Quarantine Station of Yizheng, Yizheng 211400;
3. School of Horticulture and Plant Protection Yangzhou University, Yangzhou 225009;
4. Dupont Agricultural Chemicals Ltd., Shanghai, Shanghai 200137)

Abstract: The control effect of 20% Chlorine benzamide SC (Yasuhiro), and 5% Fipronil SC (fipronil) on *Cnaphalocrocis medinalis*, the some physiological indicators of rice plant was studied. Field plot tests had show: the mortality of the second-generation *Cnaphalocrocis medinalis* and protection of the effect of leaf on rice plant after treated Yasuhiro 14d higher than treated fipronil; the same on the third-generation *Cnaphalocrocis medinalis* after treated two kinds of pesticides 14d. The effect of mortality and reserve leaves of rice plant were better when continuous use two Yasuhiro > first use fipronil, second use Yasuhiro > continuous use two fipronil, so Yasuhiro had better control effect on fluoride acrylic worm than fipronil. Measured by sampling found that the kinds of pesticides treated on the second-generation and the third-generation 14d after, the plant height, tillers did not produce significant effect on prevention; body's main protective enzyme activity measurement results showed that application of these two agents 14d, the rice leaves peroxidase (POD), superoxide dismutase (SOD) activity were significantly lower than that in blank control, indicating that after the application of these two kinds of pharmaceutical rice plant leaves POD, SOD activity occurred a greater change.

Key words: Chlorine benzamide; Fipronil; *Cnaphalocrocis medinalis*; control effect; reserve leaves; plant height; tillers; peroxidase; superoxide dismutase

鱼尼丁作为杀虫剂已有几十年的历史，研究证明鱼尼丁是通过作用于昆虫鱼尼丁受体（RyR）而产生杀虫效果[1]，近年来，以 RyR 为靶标的杀虫剂的研究取得了突破性进展，新型杀虫剂氯虫苯甲酰胺的发现再次引起了人们对该受体的关注。2007 年首次在菲律宾获准登记并销售，后又在印度尼西亚、罗马尼亚获准登记，主要用于防治蔬菜、豆类、水稻等害虫。20% 氯虫苯甲酰胺 SC（康宽）于2007 年在中国获得临时登记，用于水稻上稻纵卷叶螟的防治[2]。氟虫腈（锐劲特）最早是 1994 年由法国罗纳普朗克公司发起引进我国的，主要目标是水稻二化螟、稻飞虱、蝗虫、小菜蛾等。氟虫腈在前几年的农业生产上发挥了极大的作用，挽回了很大的经济损失，浙江省等地大面积应用控制了水稻螟害连年大发生势头，江苏、安徽等省，在吡虫啉“突然”对褐飞虱失去原有突出作用时，在稻纵卷叶螟猖獗发生时，氟虫腈挺身而出，取得了巨大的社会经济效益。但是近年来有研究表明氟虫腈对蜜蜂、水产养殖生物有较强的毒害作用[3,4]，已引起了多方面人员的重视。

过氧化物酶（POD）和超氧化物歧化酶（SOD）是植株体内的主要保护酶类。POD是由微生物或植物所产生的一类氧化还原酶，它能参与多种不同的生理功能，如机体内毒性过氧化物的清除、细胞壁的合成、组织愈伤、生长素合成与代谢等[5]。SOD是生物抗氧化酶类的重要成员[6]。它对于清除氧自由基，防止氧自由基破坏细胞的组成、结构和功能，保护细胞免受氧化损伤具有十分重要的作用[7]。目前，化学农药对这两种保护酶活性影响的报道还不是很多。本文研究了氯虫苯甲酰胺和氟虫腈两种药剂对稻纵卷叶螟的防效及对水稻植株株高、分蘖数、叶片内过氧化物酶和超氧化物歧化酶活性等一些生理指标的影响。

1　材料与方法

1.1　材料

1.1.1　供试水稻

水稻品种：武运粳23号。

栽培地点：仪征市真州小农场。

栽培方式及时间：2009年6月13日机插，田间管理正常。

1.1.2　药剂

供试药剂：20%氯虫苯甲酰胺SC（康宽），美国杜邦公司生产；5%氟虫腈SC（锐劲特），德国拜耳公司生产。

1.2　方法

1.2.1　试验设计

处理设计：单独防治四（2）代稻纵卷叶螟设3个处理，处理1：20%氯虫苯甲酰胺SC 10ml/667m^2；处理2：5%氟虫腈SC 50ml/667m^2；处理3：CK对照。单独防治五（3）代稻纵卷叶螟设3个处理，各处理同上。四（2）代、五（3）代连续防治设4个处理，处理1：连续施用20%氯虫苯甲酰胺SC 10ml/667m^2；处理2：四（2）代5%氟虫腈SC 50ml/667m^2，五（3）代20%氯虫苯甲酰胺SC 10ml/667m^2；处理3：连续施用5%氟虫腈SC 50ml/667m^2；处理4：CK对照。计10个处理小区，每处理小区面积48m^2，重复3次，随机区组排列。

施药时间及天气情况：2009年7月14日上午7：00～7：30防治四（2）代稻纵卷叶螟，天气晴到多云，26～34℃；2009年8月6日上午7：00～7：30防治五（3）代稻纵卷叶螟，天气多云，24～28℃。

施药方法：亩用水量40kg，用浙江省黄岩市下牌喷雾器对水茎叶均匀喷雾。

调查方法：采用五点取样法，每点取4穴，计20穴。药后7d调查残留活虫，药后14d调查残留活虫和卷叶率，与空白对照相比，计算防效；施药前和施药后14d分别测定水稻植株株高、每穴水稻分蘖数（总枝数/穴）及水稻叶片内过氧化物酶活性和超氧化物酶活性。

$$防效(\%)=\frac{(对照区活虫数或束叶数-处理区活虫数或束叶数)}{对照区活虫数或束叶数}\times 100$$

1.2.2 过氧化物酶（POD）活性的测定

参照 Hemmerschmidt 等（1982）的方法提取及测定 POD 的活性[8]：称取水稻叶片（倒 3 叶）0.5g，加入 5ml 50mmol/L 磷酸缓冲液（含 1% PVP，pH 值 7.0）在冰浴中研磨、匀浆，于 16 000g 离心 15min，上清液即为酶液。反应液含 10mmol/L 磷酸缓冲液（pH 值 6.0），体积比为 0.25% 的愈创木酚，0.1mol/L H_2O_2。3ml 反应液中加入 10μl 酶液，于室温下反应 1min 后测 A_{470} 值。以 50mmol/L 磷酸缓冲液代替酶液作空白对照。酶活性以 POD 值/样品鲜重（$POD_{470nm}\cdot min^{-1}\cdot mg^{-1}$）表示。

1.2.3 超氧化物歧化酶（SOD）活性的测定

提取及活性测定参照 EL-Moshaty 等（1993）的方法[9]。称取 0.5g 的水稻叶片（倒 3 叶），加入 5ml50mmol/L 磷酸缓冲液（含 1% PVP，pH 值 7.0）。冰浴中研磨、匀浆，于 16 000g 离心 15min，上清液即为酶液。3ml 反应体系中含 50mmol/L 磷酸缓冲液（pH 值 7.8），13mmol/L 蛋氨酸、75μmol/L 氮蓝四唑、2μmmol/L 核黄素和 0.1mmol/LEDTA。后再加 10μl 酶液，置于 25℃，4klx 日光灯下进行光化学反应 10min。然后黑暗终止反应，测 A_{560} 值。以不加酶液的反应作为空白对照。另外，不加酶液的反应液在相同条件下反应 10min，测其 A_{560} 值。酶活性根据 SOD 值的抑制率计算。

$$SOD活性=\frac{(A_0-A_S)}{A_0\times FW}$$

其中：A_0 表示照光对照管的光吸收值；

A_S 表示样品管的光吸收值；

FW 表示样品鲜重。

1.3 统计分析

采用 PLSD 多重比较法。

2 结果与分析

2.1 两种药剂对稻纵卷叶螟的防效

表 1 两种药剂对四（2）代稻纵卷叶螟的防效

Table 1 The control effect of two kinds of pesticides on the second-generation *Cnaphalocrocis medinalis*

处理 Treatment	药后 7d 7d after treatment		药后 14d 14d after treatment			
	活虫数（头/百穴）The number of live worms	防效（%）Control effect	活虫数（头/百穴）The number of live worms	防效（%）Control effect	束叶数（张/百穴）Beam number of leaf	保叶效果（%）Reserve leaves
氯虫苯甲酰胺	25.0	80.27	12.6	91.41	48.7	87.19
氟虫腈	40.0	68.42	26.7	81.81	126.7	66.67
空白	126.7	—	146.7	—	380.0	—

表 2 两种药剂对五（3）代稻纵卷叶螟的防效

Table 2 The control effect of two kinds of pesticides on the third-generation *Cnaphalocrocis medinalis*

处理 Treatment	药后 7d 7d after treatment		药后 14d 14d after treatment			
	活虫数（头/百穴） The number of live worms	防效（%） Control effect	活虫数（头/百穴） The number of live worms	防效（%） Control effect	束叶数（张/百穴） Beam number of leaf	保叶效果（%） Reserve leaves
氯虫苯甲酰胺	16. 7	83. 61	30. 0	87. 50	118. 3	79. 49
氟虫腈	35. 0	65. 59	45. 0	81. 25	198. 7	65. 55
空白	101. 7	—	240. 0	—	576. 7	—

小区试验结果（表 1）表明，对四（2）代稻纵卷叶螟药后 14d，氯虫苯甲酰胺对稻纵卷叶螟的防效和保叶效果分别达 91. 41%、87. 19%，远远高于氟虫腈的 81. 81%、66. 67%。表 2 表明，对五（3）代稻纵卷叶螟药后 14d，氯虫苯甲酰胺对稻纵卷叶螟的防效和保叶效果分别为 87. 50%、79. 49%，也高于氟虫腈的 81. 25%、65. 55%。生产上同种药剂连续防治四（2）代、五（3）代稻纵卷叶螟结果表明（表 3）：药后 14d 防效和保叶效果，连续施用氯虫苯甲酰胺（94. 15%、90. 35%）>第一次氟虫腈，第二次氯虫苯甲酰胺（92. 31%、89. 31%）>氟虫腈两次（90. 46%、86. 31%）。

表 3 同种药剂连续防治四（2）代、五（3）代对稻纵卷叶螟的防效

Table 3 The control effect of the same kinds of pesticides on the second-generation and third-generation *Cnaphalocrocis medinalis*

处理 Treatment	药后 7d 7d after treatment		药后 14d 14d after treatment			
	活虫数（头/百穴） The number of live worms	防效（%） Control effect	活虫数（头/百穴） The number of live worms	防效（%） Control effect	束叶数（张/百穴） Beam number of leaf	保叶效果（%） Reserve leaves
氯虫苯甲酰胺两次	30. 0	90. 86	31. 7	94. 15	123. 3	90. 35
第一次氟虫腈，第二次氯虫苯甲酰胺	45. 0	86. 29	41. 7	92. 31	136. 7	89. 31
氟虫腈两次	55. 0	83. 25	51. 7	90. 46	175. 0	86. 31
两次均未防治	328. 3	—	541. 7	—	1 278. 3	—

2. 2 两种药剂对水稻植株株高、分蘖数的影响

结果表明，水稻分蘖中后期时施用氯虫苯甲酰胺、氟虫腈防治四（2）代稻纵卷叶螟后（表 4），水稻植株株高分别为 71. 84cm ±0. 40cm 和 71. 73cm ±0. 33cm，与空白对照差异不显著。分蘖数（总枝数）分别为 18. 53 ±2. 02 和 18. 53 ±0. 61，与对照间差异也不显著。

表4　两种药剂防治四（2）代稻纵卷叶螟对水稻植株株高、分蘖数的影响

Table 4　The effect of plant height and tillers on rice plant when two kinds of pesticides prevention the second-generation *Cnaphalocrocis medinalis*

测定项目 Item / 处理 Treatment	植株株高（cm）Plant height		分蘖数（总枝数/穴）Tillers	
	施药前 Before treatment	药后 14d 14d after treatment	施药前 Before treatment	药后 14d 14d after treatment
氯虫苯甲酰胺	56. 21 ±2. 40 aA	71. 84 ±0. 40 aA	18. 27 ±1. 60 aA	18. 53 ±2. 02 aA
氟虫腈	56. 07 ±0. 72 aA	71. 73 ±0. 33 aA	18. 20 ±1. 60 aA	18. 53 ±0. 61 aA
空白	54. 48 ±1. 20 aA	71. 51 ±0. 19 aA	20. 07 ±2. 64 aA	20. 13 ±2. 81 aA

注：大写字母表示0. 5水平下显著性比较，小写字母表示0. 1水平下显著性比较。下同。

Note: Uppercase means significant comparison of the level 0. 5, Lowercase means significant comparison of the level 0. 1. like below.

两种药剂防治五（3）代稻纵卷叶螟14d后（表5），株高分别为84. 98cm ±0. 64cm、84. 88cm ±0. 36cm，与对照84. 44cm ±1. 29cm无显著差异。

表5　两种药剂防治五（3）代稻纵卷叶螟对水稻株高的影响

Table 5　The effect of plant height on rice plant when two kinds of pesticides prevention the third-generation *Cnaphalocrocis medinalis*

测定项目 Item / 处理 Treatment	株高（cm）Plant height	
	施药前 Before treatment	施药后 14d 14d after treatment
氯虫苯甲酰胺	74. 67 ±0. 42 aA	84. 98 ±0. 64 aA
氟虫腈	74. 66 ±0. 58 aA	84. 88 ±0. 36 aA
空白	74. 08 ±1. 31 aA	84. 44 ±1. 29 aA

2. 3　两种药剂对水稻体内过氧化物酶活性的影响

过氧化物酶活性测定结果显示（表6）：施用氯虫苯甲酰胺14d后，水稻叶片内POD为0. 612 1 ±0. 012 6（POD_{470nm} · min^{-1} · mg^{-1}），氟虫腈为0. 799 9 ±0. 013 9（POD_{470nm} · min^{-1} · mg^{-1}），都极显著低于空白对照0. 924 9 ±0. 007 0（POD_{470nm} · min^{-1} · mg^{-1}）。

表6　两种药剂对水稻体内POD活性的影响

Table 6　The effect of Peroxidase activity on rice plant by two kinds of pesticides treatment

处理 Treatment	过氧化物酶活性 POD_{470nm} · min^{-1} · mg^{-1} Peroxidase activity	
	施药前 Before treatment	施药后 14d 14d after treatment
氯虫苯甲酰胺	0. 791 4 ±0. 017 8 aA	0. 612 1 ±0. 012 6 cC
氟虫腈	0. 812 1 ±0. 010 9 aA	0. 799 9 ±0. 013 9 bB
空白	0. 804 8 ±0. 028 5 aA	0. 924 9 ±0. 007 0 aA

2. 4　两种药剂对水稻体内超氧化物歧化酶活性的影响

超氧化物歧化酶活性测定结果表明：施用氯虫苯甲酰胺和氟虫腈14d后，水稻叶片内SOD分别为0. 195 9 ±0. 027 8（U · mg^{-1}）、0. 090 9 ±0. 024 0（U · mg^{-1}），都极显著低于

对照 0.897 9 ±0.002 9（U·mg^{-1}），如表 7 所示。

表 7　两种药剂对水稻体内 SOD 活性的影响

Table 7　The effect of superoxide dismutase activity on rice plant by two kinds of pesticides treatment

处理 Treatment	超氧化物歧化酶活性（U·mg^{-1}） Superoxide dismutase activity	
	施药前 Before treatment	施药后 14d 14d after treatment
氯虫苯甲酰胺	0.860 5 ±0.001 3 aA	0.195 9 ±0.027 8 cC
氟虫腈	0.858 8 ±0.014 0 aA	0.090 9 ±0.024 0 bB
空白	0.860 8 ±0.004 8 aA	0.897 9 ±0.002 9 aA

3　讨论

两种药剂对水稻植株株高、分蘖数测定结果显示，施用氯虫苯甲酰胺和氟虫腈防治四（2）代稻纵卷叶螟对植株株高、分蘖数均未产生明显影响，防治五（3）代稻纵卷叶螟对水稻植株株高也未产生明显影响。就是说，从外部形态来看，这两种农药对植株生长发育的影响不明显。

本研究发现，施用氯虫苯甲酰胺和氟虫腈后，水稻叶片内 POD、SOD 活性都极显著低于空白对照，是否是因为施药后 14d 植株受稻纵卷叶螟为害胁迫程度减小，植株体内代谢产生的自由基、活性氧数量下降，从而导致了 POD、SOD 活性降低，还是其他作用机理的原因，有待于进一步深入研究。

氯虫苯甲酰胺对人畜及生态环境是相对安全的，而氟虫腈对蜜蜂、水生生物等有毒害作用，我国于 2009 年 10 月 1 日起已禁止使用氟虫腈。本研究同时发现氯虫苯甲酰胺对稻纵卷叶螟的防效优于氟虫腈，建议生产上杜绝使用氟虫腈，可选氯虫苯甲酰胺代替使用。

·参·考·文·献·

[1] OGAWA Y. Role of Ryanodine Receptors [J]. *Crit Rev Biochem Mol Biof*, 1994, 29 (4): 229 ~274.

[2] 刘长令. 2007 年登记注册的新农药品种 [J]. 农药, 2008, 47 (3): 211 ~214.

[3] 邓荣臻, 周婷. 氟虫腈对蜜蜂风险调查的反思 [J]. 蜜蜂杂志, 2008, 28 (10): 7 ~8.

[4] 王习达, 陈辉. 锐劲特对水产养殖生物的影响 [J]. 现代农业科技, 2008, 16: 287.

[5] 刘稳, 李杨, 高培基等. 过氧化物酶研究进展. 纤维素科学与技术, 2000, 8 (2): 50 ~64.

[6] 胡一鸿, 牛健康. 超氧化物歧化酶研究进展 [J]. 生物学教学, 2005, 30 (1): 2 ~4.

[7] 马旭俊, 朱大海. 植物超氧化物歧化酶 (SOD) 的研究进展 [J]. 遗传, 2003, 25 (2): 225 ~231.

[8] Hemmerschmidt R, Nuckles EM and Kuc J. 1982. Association of enhanced perocidase activating with induced systemic resistance of cucumber to *Collectotrichum lagenarium*.

[9] EL-Moshaty FIB, Pike SM, Novackyn AJ *et al*. Lipid peroxidation and superoxide production in poropea (*Vigna unguiculata*) leaves infested with tobacco rugspot virus or southern bean prosain virus. *Physiol. Mol. Plant. Pathol*, 1993, 43: 109 ~ 119.

影响灰飞虱及水稻条纹叶枯病发生的因素

李群[1]，徐蕾[1]，耿跃[1]，邱慧敏[1]，徐世林[1]，王少华[2]，
郭竹[2]，蒋岚[2]，张久红[2]，周宝红[2]

（1. 扬州市邗江区农林局，225009；
2. 扬州市邗江区病虫测报点，225000）

摘　要： 水稻条纹叶枯病防治的基本途径是“切断毒链、治虫控病”，其中秧田药控是关键，本田防控是保证。此外，选用抗性品种、适当的稻作方式等也是辅助防治措施。对前期发病的水稻采用增施氮肥等措施，有较好的补救效果。

关键词： 水稻；灰飞虱；水稻条纹叶枯病；发生因素；防治

近年来，水稻条纹叶枯病在江苏、安徽等省发生严重，对水稻生产构成极大的威胁，而灰飞虱是其重要的传毒媒介，灰飞虱的发生量与条纹叶枯病的危害程度呈高度相关[1]。任寿美等[2]、杨荣明等[3]报道，由于灰飞虱发生的时期不同，条纹叶枯病在田间表现出不同的发生型。为研究灰飞虱对病害发生型的影响，找出其发生危害规律，以便更有针对性地开展防治，我们对灰飞虱和水稻条纹叶枯病田间发生情况进行了系统的跟踪调查，以及不同植保、栽培措施对其危害程度影响的比较分析，总结灰飞虱、水稻条纹叶枯病发生、发展规律，为制定综合控制技术提供理论依据。

1　不同因素对灰飞虱及水稻条纹叶枯病的影响

1.1　不同植保因素对灰飞虱、条纹叶枯病的影响

1.1.1　药剂

2004—2005 年武粳 15 半旱秧移栽田水稻条纹叶枯病病株率调查结果表明，秧田和本田根据区植保站发布的病虫动态适时防治的田块，选用农药正确的田间病株率分别为 2.83% 和 0.36%，而农药选用不当的田块，病株率高达 82.56% 和 87.40%。

1.1.2　秧田防治次数

秧田是一代灰飞虱危害重点，水稻受害 13 ~ 20d 后 RSV 显症，这时的秧苗大多已抛栽本田，发病后形成缺穴。据 2005 年定点跟踪调查，李典镇武粳 15 于 5 月 10 日播种，半旱育秧，秧田用药防治 0 ~ 5 次，病株率变化幅度为 3.26% ~ 43.02%，防治 4 ~ 5 次秧田病株率为 3.26%，比不用药防治的下降 92.4%。随着防治次数的减少，病株率上升，未防治田块高达 43.02%。

1.1.3 全生育期用药次数

2004 年选择灰飞虱防治水平有差异的地区，定点调查的 15 户武粳 15 水稻条纹叶枯病发生情况表明，水稻秧田和本田不同防治次数与水稻病株率存在显著的线性关系：$y = -11.78x + 86.51$，$r = 0.95$，说明每增加用药 1 次，病株率约下降 11.78 个百分点。从未用药防治的田块病株率高达 88%，而秧田和本田累计防治 5 次和 7 次的病株率仅为 19.6% 和 13.59%（表 1）。

表 1 水稻全生育期用药次数对条纹叶枯病病株率的影响

防治次数	调查田块数	病株率（%）	
		幅度	平均
0 次	2	85.0 ~ 95.0	88.0
秧田 0 次，大田 1 次	3	66.6 ~ 94.5	78.93
秧田 1 次，大田 1 次	3	42.5 ~ 85.0	67.4
秧田 2 次，大田 1 次	1	44.96	44.96
秧田 2 次，大田 2 次	1	34.5	34.5
秧田 2 次，大田 3 次	2	13.5 ~ 25.7	19.6
秧田 3 次，大田 4 次	3	10.6 ~ 15.9	13.59

1.1.4 施药器械

2005 年在方巷镇联合村选择 5 月 6 日播种的宁粳 1 号秧田 6 块，其中 3 块田弥雾法施药，3 块田用细喷雾法施药，弥雾法对水 15kg/667m^2，细喷雾法对水 25kg/667m^2，分别于 5 月 24 日、5 月 30 日、6 月 5 日施药，6 月 10 日移栽，大田用药一致。于 6 月 1 日、6 月 4 日、6 月 6 日、6 月 7 日、6 月 8 日调查灰飞虱发生量，于 6 月 16 日、6 月 18 日、6 月 22 日、6 月 25 日、6 月 29 日、7 月 6 日调查大田条纹叶枯病病穴率和病株率。结果表明，秧田期弥雾法施药田块比喷雾法施药田块虫量少 10.5% ~ 83.91%（表 2），病株率低 56.67% ~ 87.5%（表 3），说明弥雾法施药的效果较好。

表 2 不同器械施药防治秧田灰飞虱的效果

施药器械	灰飞虱发生量（万头/667m^2）				
	6 月 1 日	6 月 4 日	6 月 6 日	6 月 7 日	6 月 8 日
弥雾机	0.6	6.6	2.82	1.86	2.8
手动喷雾器	3.73	9.13	4.06	2.53	3.13

表 3 不同器械施药后条纹叶枯病发生情况

施药器械	发病率（%）										
	6 月 16 日		6 月 18 日		6 月 22 日		6 月 25 日		6 月 29 日		7 月 6 日
	病穴率	病株率	病穴率	病株率	病穴率	病株率	病穴率	病株率	病穴率	病株率	病穴率
弥雾机	0.66	0.13	1.0	0.2	2.0	0.16	3.33	0.42	4.0	0.62	0.89
手动喷雾器	1.33	0.30	3.33	0.69	6.0	1.28	8.66	1.93	11.0	2.55	3.14

1.2 栽培措施对灰飞虱、条纹叶枯病的影响

1.2.1 不同水稻品种条纹叶枯病发病差异

2004 年在沿江半旱秧移栽田调查，武粳 15 病株率为 2.83%、武香粳 14 病株率为

3.13%、华粳3号病株率为4.26%，表明品种间病株率差异不大。

2005年6月28日至7月初调查了武粳15、扬粳9538、宁粳1号3个粳稻品种和扬稻6号等籼稻品种，其中以半旱秧移栽田武粳15发病较重，病株率达10.58%，其次为宁粳1号、扬粳9538，扬稻6号发病最轻，仅为0.03%（表4）。方巷镇种田大户赵可仁种植水稻7.2hm²，采用统一的栽培、植保措施，分块种植宁粳1号、扬粳9538、盐粳8号3个品种，5月15日播种，5月30日、6月5日、6月10日、6月16日用药防治，6月18日调查秧田病株率，6月22日移栽；本田于6月28～30日、7月16日、7月23日调查病株，分别计算秧、本田病株率。结果表明，盐粳8号抗病性>扬粳9538>宁粳1号，秧田病株率分别为0.5%、1.17%、2.16%，本田病株率分别为0.25%、0.44%、1.48%。

表4　不同水稻品种条纹叶枯病发病情况

品种	病株率（%）	
	幅度	平均
扬稻6号	0～0.31	0.03
扬粳9538	0～2.27	0.78
宁粳1号	0.36～6.25	2.25
武粳15	0.24～31.9	10.58

1.2.2　稻作方式对灰飞虱、条纹叶枯病发生的影响

2005年麦收后，对4种稻作方式秧田灰飞虱发生量进行了调查，表现为半旱秧>塑盘育秧>旱育秧>麦套稻，6月8～9日虫量分别为4.91万、2.32万、0.30万、0.15万头/667m²（表5）。一般情况下播期越早，秧苗越大，虫量越高。而旱育秧播期早但虫量低，这可能是秧苗老健的原因。

表5　不同育秧方式下灰飞虱发生量

稻作方式	播期（月/日）	灰飞虱发生量（万头/667m²）			
		6月4～6日		6月8～9日	
		幅度	平均	幅度	平均
半旱秧	5/10	0.8～2.0	1.69	1.0～15.6	4.91
旱育秧	5/10	0.4～0.6	0.5	0.21～0.4	0.30
塑盘育秧	5/22	0.12～2.8	1.41	0.36～12.8	2.32
麦套稻	5/30	0～0.84	0.39	0～0.3	0.15

2005年选择不同区域、不同稻作方式的武粳15稻田，调查了条纹叶枯病病株率，结果是半旱秧>旱育秧>麦套稻>塑盘育秧>水直播，病株率分别为2.32%、1.86%、1.8%、1.46%、0.59%。塑盘育秧、水直播、麦套稻发病较轻，主要原因是播期迟，一般迟播10～25d。而半旱秧等则成了麦田灰飞虱迁出后的食源地和危害地。

1.2.3　秧田位置对灰飞虱、条纹叶枯病发生的影响

秧田位置在麦田附近的虫量明显高于远离麦田的秧田，虫量一般高0.92～13倍。

1.3　无纺布覆盖对水稻条纹叶枯病的影响

无纺布覆盖是一项物理防治措施，避免秧田用药，无环境污染。2005年在方巷镇联合村示范，品种为宁粳1号，5月6日播种，半旱秧，5月23日无纺布覆盖15m²，另130m²

用药防治，6 月 10 日移栽，移栽后连续调查发病植株及水稻生长情况。结果表明，用无纺布覆盖的病株率低于用药防治，但水稻单株分蘖增加的速度较未覆盖的慢，病株率大田分蘖前期低 10% 左右，大田分蘖后期低 60% 左右。单株分蘖大田前期少 10% 左右，大田分蘖后期少 20% 左右（表 6）。而且用无纺布覆盖的秧苗株高高 4.1cm，单株带蘖少 0.15 个。

表 6　无纺布覆盖对水稻生长及条纹叶枯病的影响

调查时间（月/日）	无纺布覆盖		用药防治	
	百穴苗数	病株率（%）	百穴苗数	病株率（%）
6/16	460	0	520	0.38
6/18	470	0.21	530	0.38
6/22	1 050	0.19	1 200	0.17
6/25	1 120	0.27	1 370	0.51
6/27	1 150	0.26	1 470	0.54
7/2	1 140	0.26	1 460	0.89
7/6	1 120	0.27	1 460	0.82
7/10	1 120	0.26	1 460	0.82

1.4　发生条纹叶枯病后的补救措施

水稻出现条纹叶枯病后，一方面要加强治虫防病的措施，另一方面通过增施氮肥、喷施生长调节剂及病毒钝化剂等补救措施，促进水稻补偿性生长，精心肥水管理，可实现保苗促蘖，降低损失。

2　小结

选用米质优、抗倒伏、丰产性好、抗条纹叶枯病的水稻品种。选择适宜的秧田位置和稻作方式，并适当推迟播期，可有效地避虫抗病。

无纺布覆盖育秧是一项新技术，具有防虫抗病等优点，但对秧苗素质有一定影响，有待进一步研究改进。

参考文献

[1] 徐晓兰，张银贵．灰飞虱不同虫量与水稻条纹叶枯病发病的相关性研究［J］．中国植保导刊，2005，3（3）：5～6.

[2] 任寿美，徐优良，王中信等．灰飞虱大发生年份的防治对策［J］．现代农业科技，2005，（6）：22～23.

[3] 杨荣明，刁春友，朱叶芹等．江苏省水稻条纹叶枯病上升原因及防治对策［J］．植保技术与推广，2002，22（3）：9～10.

氯虫苯甲酰胺防治稻纵卷叶螟效果及对稻田蜘蛛的安全性

吴永方，张桥，吴庭友，张春云，梅爱萍，潘良齐，魏国华，糜俊

（仪征市植保植检站，211400）

摘　要： 通过20%氯虫苯甲酰胺（康宽）SC对四（2）代、五（3）代、六（4）代稻纵卷叶螟防效试验，表明氯虫苯甲酰胺是一款速效性较慢、持效期较长、防效较优的药剂。同时通过药前药后田间蜘蛛数量调查表明氯虫苯甲酰胺对稻田蜘蛛相对安全。

关键词： 氯虫苯甲酰胺；稻纵卷叶螟；防效；蜘蛛；安全性

稻纵卷叶螟（*Cnaphalocrocis medinalis Guenee*）是水稻生产上重要的迁飞性害虫之一，本地区一年发生3代，通常主害代为五（3）代。近年来，随着稻作方式的调整、气候条件的变化，水稻稻纵卷叶螟发生危害程度呈激增态势，2005—2007年连续3年大发生，不仅主害代重发，四（2）代、六（4）代发生面积也在快速上升，由于目前生产上缺乏有效的持效药剂，故每年的产量损失较为严重。美国杜邦公司生产的20%氯虫苯甲酰胺（康宽）SC是一种全新的杀虫剂，据资料介绍，其独特的作用机理对鳞翅目昆虫具有良好的防治效果，对环境负面影响小，尤其对稻田天敌具有较好的保护作用。2008年在有关单位的配合下，我们积极开展了氯虫苯甲酰胺防治稻纵卷叶螟的田间试验与示范，获得了理想的试验结果。

1　材料与方法

1.1　试验设计及处理

1.1.1　四（2）代

大区示范：示范点安排在仪征市朴席镇土沟村，水稻品种为杂交中籼组合协优728，肥床旱育方式育秧，5月9日落谷，6月11日移栽，秧龄33d。每666.7m^2使用康宽10ml与每666.7m^2使用40%惠螟（南京惠宇农化）EC150ml相比较，不设重复。

1.1.2　五（3）代

大区示范：大区示范点设在仪征市十二圩办事处沿江村。水稻品种为中粳盐粳1号，5月19日落谷，6月10日机插，秧龄21d。大区示范面积共6 333.65m^2，其中氯虫苯甲酰胺示范面积4 333.55m^2，用量10ml/666.7m^2；5%氟虫腈SC（德国拜耳公司）1 333.4m^2，用量45ml/666.7m^2；虫酰肼·辛硫磷（南京科维邦农化）666.7m^2，用量100ml/666.7m^2。

小区试验：试验点设在仪征市朴席镇土沟村，水稻品种为杂交中籼TX组合，播种方式、落谷时间等基本情况同四（2）代大区示范沿江圩区点。试验共设4个处理，处理1：20%氯虫苯甲酰胺SC（10ml/666.7m^2）；处理2：5%氟虫腈SC（50ml/666.7m^2）；处理3：20%虫酰肼·辛硫磷EC（100ml/666.7m^2）；处理4：清水（CK）。小区面积31.8m^2，3次重复，随机区组排列。

1.1.3 六（4）代

小区试验：试验点设在仪征市十二圩办事处沿江村，水稻品种为“宁粳1号”，旱直播，6月6日落谷。试验设4个处理，处理1：20%氯虫苯甲酰胺SC（10ml/666.7m^2）；处理2：5%氟虫腈SC（50ml/666.7m^2）；处理3：1.8%阿维菌素（河北威远生化股份）EC（100ml/666.7m^2）；处理4：清水（CK）。小区面积20.58m^2，重复3次，随机区组排列。

1.2 施药时间与方法

1.2.1 四（2）代

沿江圩区杂交稻点于2008年7月4日下午17：00施药，虫龄为一龄末二龄初期。当时气温偏高，微风，田间略有浅水层，每666.7m^2用水量20kg，人工手动喷雾器均匀喷雾。山区粳稻点于7月2日上午7：00—8：30用药，虫龄略早于沿江圩区，也是人工手动喷雾，每666.7m^2用水量30kg。

1.2.2 五（3）代

大区示范：大区示范点于7月27日上午7：00—9：15，气温26~35℃，闷热，东南风1~2级。机动弥雾机喷雾，亩用水量20kg。施药前田间百穴卵量620粒，虫量460头，孵化率42.59%，已接近卵孵高峰期。

小区试验：2008年7月27日上午8：00—9：30，东南风1~2级，每666.7m^2用水量30kg，浙江产市下牌喷雾器对水喷雾。施药前百穴卵量320粒，初孵幼虫280头，二龄虫20头，孵化率48.39%，已达卵孵高峰期。

1.2.3 六（4）代

2008年8月24日（卵孵高峰期，孵化率47.4%）16：00后施药，浙江省台州市产“市下”牌背负式喷雾器，666.7m^2对水量50kg。施药当天晴到多云，东南风3~4级，最低温度24℃，最高温度31℃，药后2d遇有小阵雨。

1.3 调查方法与统计

1.3.1 药效调查

大区示范和小区试验均采用五点取样法，每点4穴，计20穴，药后3（或4天）、7天调查残留活虫，药后14d调查白叶率，与空白对照相比，计算防效。根据防效（%）=［（对照区活虫数或束叶数－处理区活虫数或束叶数）/对照区活虫数或束叶数］×100计算防效。试验小区计算结果进行方差分析。

1.3.2 稻田蜘蛛调查

采用盆拍、平行线跳跃式取样法，于试验前调查蜘蛛（球腹蛛、微蛛、狼蛛）的基数，每盆2穴，每小区拍10盆计20穴，再折合成百穴蛛量。药后3d、7d、14d用同样的方法调查蜘蛛的数量，与基数相比看种群数量变化。

2 结果与分析

2.1 试验示范结果

2.1.1 速效性

药后3d观察，氯虫苯甲酰胺处理区幼虫已停止取食，体色变黄，身体收缩，行动迟缓，处于中毒状态，未完全死亡，这表明氯虫苯甲酰胺对稻纵卷叶螟的作用速度较慢，速效性一般。

2.1.2 示范效果

四（2）代大区示范：药后3d，氯虫苯甲酰胺处理区相对防效为60.19%，低于对照药剂40%惠螟150ml 26.48个百分点，速效性偏低；药后7d，康宽相对防效上升至76.92%，对照药剂防效有所下降，至药后14d，康宽保叶效果上升至88.34%，与对照药剂惠螟只差1.23个百分点，如表1所示。

表1 氯虫苯甲酰胺防治四（2）代稻纵卷叶螟示范效果

处理	药后3d（头/百穴）		药后7d（头/百穴）		药后14d（张/百穴）	
	活虫数	防效（%）	活虫数	防效（%）	束叶数	防效（%）
康宽10	107.5	60.19	18.75	76.92	59.375	88.34
惠螟150	36	86.67	12.5	84.62	53.125	89.57
CK	270头	—	81.25	—	509.375	—

五（3）代大区示范：药后4d，氯虫苯甲酰胺处理区相对防效为81.1%，高于对照药剂氟虫腈8.1个百分点，高于另一个对照药剂虫酰肼·辛硫磷32.5个百分点；药后7d，氯虫苯甲酰胺防效上升至94.1%，仍高于两个对照药剂，效果依次排为氯虫苯甲酰胺>氟虫腈（87.15%）>虫酰肼·辛硫磷（71.84%）；药后14d，氯虫苯甲酰胺处理区保叶效果达97.07%，与两个对照药剂的区别同药后7d，如表2所示。

表2 氯虫苯甲酰胺防治五（3）代稻纵卷叶螟示范效果

处理	药后4d（头/百穴）		药后7d（头/百穴）		药后14d（张/百穴）	
	活虫数	防效（%）	活虫数	防效（%）	束叶数	防效（%）
康宽	140	81.1	41.7	94.41	108	97.07
氟虫腈	200	73.0	95.8	87.15	490	86.68
虫·辛	380	48.6	210	71.84	1 020	72.28
CK	740	—	745.8	—	3 680	—

2.1.3 试验结果

五（3）代药后4d，氯虫苯甲酰胺对稻纵卷叶螟的防效（82.39%）与虫酰肼·辛硫磷的防效（85.58%）相当，显著地高于氟虫腈的防效（69.52%）。药后7d及药后14d，氯虫苯甲酰胺对稻纵卷叶螟的防效分别为71.05%、90.97%，显著高于供试的另两种药剂防效，如表3所示。

表3 氯虫苯甲酰胺防治五（3）稻纵卷叶螟小区试验效果

处理	药后4d（头/百穴）		药后7d（头/百穴）		药后14d（张/百穴）	
	活虫数	防效（%）	活虫数	防效（%）	束叶数	防效（%）
康宽	68.75	82.07 a	72.5	70.93 a	65	90.97 a
氟虫腈	118.75	69.57 b	115	52.91 b	200	72.22 b
虫·辛	56.25	85.68	102.5	58.86 b	117.5	83.68 c
CK	390	—	252.5	—	720	—

注：字母代表差异显著性，字母相同表示差异不显著，下同。

六（4）代药后 3d，氯虫苯甲酰胺防效为 64.86%，和氟虫腈差异不显著，低于阿维菌素；药后 7d，氯虫苯甲酰胺防效上升至 73.64%，与氟虫腈防效相当，已显著超过阿维菌素；药后 14d，氯虫苯甲酰胺杀虫、保叶效果上升至 85% 以上，优于两个对照药剂，如表 4 所示。

表 4　氯虫苯甲酰胺防治六（4）代稻纵卷叶螟小区试验效果

处　理	药后 3d	药后 7d	药后 14d	
	虫口防效（%）	虫口防效（%）	虫口防效（%）	保叶效果（%）
康宽	64.86 a	73.64 a	86.92 a	87.33 a
氟虫腈	73.2 a	71.96 a	74.77 b	53.86 b
阿维菌素	77.08 b	56.97 b	55.43 c	60.98 c
CK	950	826.7	973.3	1 426.7

2.2　对试验作物的影响

试验过程中得知，氯虫苯甲酰胺不仅对稻纵卷叶螟具有良好的杀虫效果，而且对水稻的生长也有一定的刺激作用，主要表现在水稻的叶色上，尤其在药后 7d，杂交中籼稻处理区叶色鲜亮，肉眼易区别。成熟期测产，理论产量无显著区别，其他植株性状有待进一步试验考证。

2.3　对稻田蜘蛛的安全性

与施药前基数相比，球腹蛛在施药后 3d、7d 时的数量有所下降，但施药后 14d 时，球腹蛛的数量回升且显著地高于施药前的基数。微蛛类数量在施药前后均无明显变化。狼蛛的数量在施药 7d 时较施药前的数量有显著提高，施药 14d 时数量又与施药前接近。稻田蜘蛛的总量在施药前、药后 3d、7d、14d 时数量未有明显变化（图 1）。这表明氯虫苯甲酰胺对稻田蜘蛛相对安全。

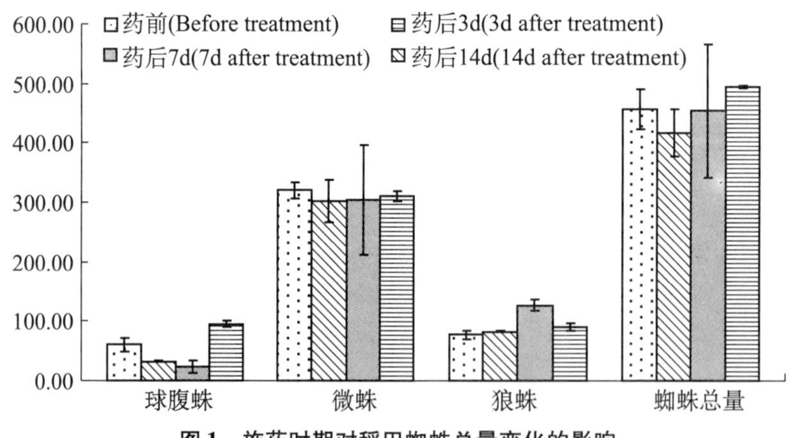

图 1　施药时期对稻田蜘蛛总量变化的影响

3　小结与讨论

通过连续 3 个代别的试验示范，20% 氯虫苯甲酰胺（康宽）防治水稻稻纵卷叶螟具有良好的杀虫和保叶效果。药剂的作用速度较慢，速效性一般，药后 3 ~4d 杀虫效果 70% 左右；持效期较长，药后14d，防效基本维持在90%上下，显著超过目前生产上使用的常规药剂。但是试验示范中也发现，在药后相同的时间间隔，稻纵卷叶螟在粳稻上的死亡率高于相应的小区试验杂交稻中的观察值，我们推测可能与植株的生长量和田间的郁蔽程度关系密切，水稻中后期粳稻上使用效果更好。

稻田蜘蛛是水稻多种害虫的重要天敌。通过2008年的试验示范，氯虫苯甲酰胺（康宽）防治水稻纵卷叶螟后未导致稻田蜘蛛总体数量的明显下降，这表明氯虫苯甲酰胺对蜘蛛是安全的，从保护农业生态、倡导绿色植保角度，应用氯虫苯甲酰胺防治水稻纵卷叶螟等鳞翅目害虫市场前景十分广阔。

稻曲病发生特点及综防措施浅析

邵耕耘，陈宝玉，杨呈芹，陈金宏，马秀凤，张雅东

（宝应县植保植检站，225800）

摘　要：2009年水稻稻曲病在宝应县部分地区发生严重，田块间、品种间差异明显。调查分析表明：品种、天气等因素综合作用导致病害重发，其中品种感病是主要原因。提出稻曲病防控应在选用抗（耐）性品种的基础上，做好种子处理、加强栽培管理、对路药剂适时防治等综合措施。

关键词：稻曲病；发生特点；综防措施

稻曲病［*Ustilaginoidea virens*（Covke）Tak.］俗称丰收果、青粉病、谷花病，是水稻穗期的主要病害之一。近年来，随着水稻种植粳稻化、大穗及群体质量栽培技术的推广和氮肥施用水平的提高，病害发生呈加重趋势。2009年宝应县稻曲病发生范围较广，发生程度重，不同水稻品种间差异明显，是近几年来发生最重的一年。病害发生后，不仅影响水稻产量、降低结实率和千粒重，而且，病原菌附着在稻米上污染谷粒，严重影响品质。了解稻曲病发生成因，及时采取有针对性的综防措施，对指导大面积防治，提高防控效果至关重要。笔者在研究、分析2009年稻曲病发生成因的基础上，提出了综合性的防控措施。

1　症状特点

病菌主要在水稻抽穗扬花期侵入，灌浆后显症，为害穗部谷粒。主要以菌核在土壤中越冬，其次也可借厚垣孢子在被害谷粒内或健谷颖壳上越冬。翌年7～8月，当菌核和厚垣孢子遇到适宜条件时，即可萌发产生子囊孢子和分生孢子借气流进行传播，侵入水稻花器及幼颖。病菌早期侵害子房、花柱及柱头，后期侵入幼嫩颖果的外表皮，蔓延到胚乳中，然后大量繁殖并形成子座。病菌侵染后，首先在颖壳合缝处露出淡黄色菌块，后膨大如球，包裹全颖壳成墨绿色，形状比健谷大3～4倍，表面光滑，后龟裂，散出墨绿色粉

末，即病菌的厚垣孢子。

2 发生特点

2.1 不同栽培方式间发病有一定的差异

9 月中旬末调查，移栽田平均病穗率 0.34%，而直播稻平均病穗率 0.6%。直播稻重于移栽田，直播稻田由于播种期推迟，生育进程迟，破口抽穗期相对滞后，抽穗扬花期拉长、感病几率增大。

2.2 不同品种间发病程度不同

2009 年宝应县水稻稻曲病在部分地区发生较重，品种间差异明显。10 月中旬调查（表 1），华粳 5 号、徐稻 3 号、连粳 4 号、连粳 6 号等品种，稻曲病发病较轻；而淮稻 5 号、淮稻 6 号等品种发病较重。其中淮稻 5 号平均病穗率为 13.12%，高的达 35%；淮稻 6 号平均病穗率为 16.25%，高的达 20%。

表 1 不同品种稻曲病发生情况

调查时间	水稻品种	平均病穗率（%）
10 月中旬	华粳 5 号	0.25
	武运粳 21	1.50
	连粳 2 号	4.79
	连粳 3 号	2.21
	连粳 6 号	0.67
	连粳 4 号	0.50
	徐稻 3 号	0.67
	淮稻 5 号	13.12
	淮稻 6 号	16.25

3 发生原因分析

稻曲病重发是品种、天气及易感生育期等因素综合作用的结果，而品种感病是内因，也是 2009 年稻曲病在部分地区重发的主导因子。

3.1 易感品种面积大

据调查，柳堡、夏集等镇以淮稻 5 号为主，部分田块在扬花期用铜高尚、好力克、米美等药剂进行了 1 ~2 次防治，稻曲病发生仍较重，高的田块病穗率达 15.5% ~35%。全县淮稻 5 号、淮稻 6 号种植面积 15 200hm^2，约占全县水稻面积的 1/4。

3.2 菌源足

稻曲病主要以菌核在土壤中越冬、越夏，由于每年都有不同程度的发生，利于菌源基数的积累。2008 年宝应县稻曲病为中等偏轻发生，9 月 23 日调查，稻曲病平均病穗率为 1.35%，高的田块病穗率也达 7.6%（直播稻），为 2009 年稻曲病的发生提供了足够的菌源。

3.3 易感生育期拉长

稻曲病易感生育期为破口至扬花期。由于稻作方式多样（机插、直播、麦套、手栽、抛秧等并存，播栽期不一），种植品种多、乱、杂（2009 年全县水稻种植品种累计达 20 多个，涉及淮稻、徐稻、连粳、镇稻、通育粳、盐稻等），水稻生育进程不一，破口抽穗期极不一致，早的 8 月 22 日破口，迟的 9 月 15 日才破口，前后相差 20d 左右，感病几率明显加大。

3.4 气候较为有利

稻曲病发生程度主要取决于破口—扬花期的天气情况，水稻抽穗前后，遇适温、多雨、多湿天气会诱发并加重病害发生。2009 年宝应县水稻破口—扬花期总体雨量较少，但 8 月 29 日、30 日、9 月 1 日有过程性降雨，破口抽穗期间多阴湿寡照天气，与易感生育期较为吻合，利于病害的发生。

3.5 适期防治难度大

稻曲病的最佳防治时间为破口前 1 周左右，防治技术要求高。由于全年水稻生育进程拉长，适期防治难度明显加大，不利于统防统治工作的有效开展，再加上防治质量的差异，防控效果难以保证。

4 综防措施

坚持以种植抗、耐病品种为基础，适期喷药预防为关键的综合防治措施。

4.1 选用抗、耐病品种

根据水稻品种特性及田间表现，选择种植抗（耐）稻曲病的品种。如徐稻 3 号、连粳 4 号、连粳 6 号等。

4.2 种子处理

选用经过检疫的无菌种子，可以减少稻曲病的发生。在精选种子的基础上，运用泥水或盐水选种，剔除病粒。此外，播种前进行种子处理，具体方法是：用 25% 使百克 3 000 倍液或 25% 咪鲜胺乳油 3 000 倍液浸种 48 ~ 60h。选用无病稻种，不在病田留种。

4.3 栽培管理

肥水措施的合理运筹，可以提高植株的素质，增强植株的抗病力。进行测土配方施肥，磷钾肥合理搭配，避免偏施氮肥，增施有机肥；改善土壤结构，提高植株的根系活力，增强抗病力；坚持干湿交替管理，降低田间湿度，改善田间小气候。

4.4 药剂防治

破口前 7 ~ 10d，每 666.7m^2可选用 43% 戊唑醇（好力克）悬浮剂 12ml 或 30% 苯醚甲环唑 · 丙环唑 20g，对水 40 ~ 50kg 均匀喷雾。重病田相隔 7 ~ 10d 再防治 1 次，可结合稻纵卷叶螟、稻飞虱、纹枯病、穗颈瘟等病虫防治同时施药，以提高效率。

参 · 考 · 文 · 献

[1] 陈志群，杨普云，朱恩林等．中国植保手册水稻病虫防治手册［M］．北京：中国农业出版社，2005：41～42.

[2] 曾昭慧，宗振寰，杨逸兰．植物医生手册［M］．北京：化学工业出版社，1994：30～31.

水稻黑条矮缩病发生规律和流行因素初析

徐蕾，董红刚，康晓霞，吴佳文，耿跃

（邗江区植保植检站，225009）

摘　要： 2008—2009 年通过对水稻黑条矮缩病不同种植方式、不同水稻品种发病情况以及田间灰飞虱成虫基数与发病率关系的调查。结果表明：种植方式、水稻品种、灰飞虱迁移扩散高峰期接触时间、灰飞虱成虫基数和带毒率等都是影响黑条矮缩病流行的重要因素。

关键词： 水稻；黑条矮缩病；灰飞虱；带毒率

水稻黑条矮缩病（Rice black streaked dwarf virus，RBSDV）是由灰飞虱传播的水稻黑条矮缩病毒而引起的一种病毒病，该病于 20 世纪 60 年代在江苏省各县（市）流行，此后一直发生很轻。近年来，随着耕作制度的变化，有利的气候条件等因素，该病又有所回升。2008 年扬州市邗江区近 10 年来首次在山区方巷、杨寿等镇发现该病，虽发生面积不大，但部分重病田块对产量影响极大。为掌握全区水稻黑条矮缩病的发生规律，科学指导防治提供依据，2008—2009 年，笔者对全区不同品种、不同种植方式水稻黑条矮缩病发生情况进行了全面调查，并于 2009 年在杨寿镇东兴村（以下简称：杨寿）和方巷镇联合村（以下简称：方巷）设立了两个观测点，研究田间灰飞虱与水稻黑条矮缩病自然发生与消长动态。

1　发生特点

1.1　发生情况

邗江区水稻种植面积 2.02 万 hm^2，其中沿江地区 1.09 万 hm^2，品种以南粳 44 为主，种植方式以抛秧、直播稻为主；丘陵山区 0.93 万 hm^2，其中中籼稻 0.27 万 hm^2，品种以扬稻 6 号为主，零星种植 K 优 507，粳稻 0.66 万 hm^2，品种以扬粳 4038 和扬辐粳 8 号为主，种植方式以人工移栽为主，少数机插秧、直播稻。2008 年调查，全区发生黑条矮缩病的面积约 0.38 万 hm^2，都集中在丘陵山区，占全区水稻总种植面积的 18.98%，其中病株率达 1%～5% 的为 0.23 万 hm^2，占发病面积的 60%；发病率达 5%～10% 的为 0.11 万

hm^2，占发病面积的 29.91%；发病率在 10% 以上的为 0.04 万 hm^2，占发病面积的 10.09%，部分严重发病田块的发病率高达 60% 以上，对产量影响较大。2009 年邗江区在总结 2008 年的基础上，采取主动出击，较好地控制了黑条矮缩病的扩展态势，取得了显著效果。2009 年全区发病面积约 0.29 万 hm^2，仍然主要集中在丘陵山区，占全区水稻总种植面积的 14.26%，其中病株率达 1% ~5% 的为 0.29 万 hm^2，占发病面积的 99.5%；发病率达 5% ~10% 的为 0.003 万 hm^2，占发病面积的 0.5%（图 1）。

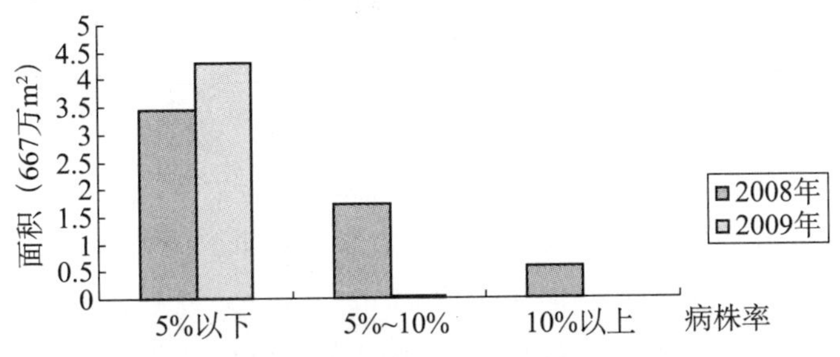

图 1　2008—2009 年水稻黑条矮缩病发生面积

1.2　田间症状

2008 年 8 月，邗江区杨寿、公道等镇 K 优 507 杂交籼稻、扬辐粳 8 号等品种水稻田发现部分水稻植株明显矮缩，有的已经枯死，未枯死的植株到了抽穗期时，不能正常抽穗；少数发病植株尽管能够抽穗，但穗小且穗颈短缩，不能完全抽出；部分病株叶背和茎秆上可见短条蜡泪状突起。经江苏省农业科学研究院周益军研究员、江苏省植保站刁春友和杨荣明研究员的分析和鉴定，确定该异常症状是水稻黑条矮缩病危害状。

田间观察：水稻黑条矮缩病受害植株表现为植株明显矮缩，株高仅为正常植株的 1/5 到 1/2。8 月份调查时有的已经枯死，形成空缺塘，未枯死的植株分蘖略有增加，叶片短宽、僵直、叶色深绿，株高达正常植株 1/5 到 1/3 的病株不能抽穗，株高达正常植株 1/2 的病株尽管能够抽穗，但穗小穗颈短缩。病株叶背和茎秆上可见短条蜡泪状突起，为黑条矮缩病的典型症状。

2　不同种植方式、品种间黑条矮缩病发病差异

2.1　同一品种不同种植方式发病差异的调查

2008—2009 年以品种扬粳 4038 为调查对象，比较移栽、直播和抛秧这 3 种主要种植方式发病差异，结果发现这两年移栽田病穴率均高于抛秧田病穴率，两者之间差异显著；移栽田的病株率高于直播田与抛秧田的病株率，其差异性达到显著水平；2009 年这 3 种种植方式扬粳 4038 黑条矮缩病病穴率和病株率均低于 2008 年（表 1）。

表 1　不同种植方式之间发病率的比较

种植方式	平均病穴率（%）		平均病株率（%）	
	2008 年	2009 年	2008 年	2009 年
移栽	4.16 a	1.16 a	2.28 a	0.57 a
直播	—	—	0.79 b	0.18 b
抛秧	0.67 b	0.17 b	0.21 b	0.05 b

2.2 同一种植方式不同品种发病差异的调查

2008—2009 年以移栽稻田为调查对象，比较扬稻 6 号、扬粳 4038、扬辐粳 8 号和 K 优 507 四个品种的发病差异，结果发现山区种植的主要水稻品种均有黑条矮缩病发生。由表 2 可见，2008 年和 2009 年 K 优 507 发病程度显著重于其他品种，2009 年 4 个品种发病程度均低于 2008 年（表 2）。

表 2　不同水稻品种之间发病率的比较

水稻品种	平均病穴率（变幅）（%）		平均病株率（变幅）（%）	
	2008 年	2009 年	2008 年	2009 年
扬粳 4038	4.17 a（0~18.0）	0.42 a（0~1.3）	2.28 a（0~11.1）	0.26 a（0~1.0）
扬辐粳 8 号	7.37 a（0~17.0）	0.95 a（0~2.1）	3.30 a（0~6.8）	0.57 a（0~1.8）
扬稻 6 号	5.17 a（0.8~8.3）	1.03 a（0~3.0）	2.45 a（0.1~5.4）	0.64 a（0~2.7）
K 优 507	20.14 b（5.2~30.6）	8.12 b（6.8~9.0）	13.73 b（1.9~20.8）	4.61 b（4.0~6.1）

3　田间灰飞虱与水稻黑条矮缩病自然发生与消长动态

2009 年试验田块选在 2008 年黑条矮缩病重发地区杨寿镇和一般发生地区方巷镇，以 K 优 507、扬稻 6 号、南粳 44 三种抗条纹叶枯病水稻品种为试验对象，调查秧田期和大田期田间灰飞虱虫量动态和黑条矮缩病发病情况。

3.1 灰飞虱虫量消长动态

3.1.1 秧田期灰飞虱虫量消长动态

5 月 20 日开始定期调查杨寿秧田期灰飞虱虫量，扬稻 6 号秧田在 6 月 1~4 日出现灰飞虱迁入高峰，虫量达 28.8 万头/666.7m^2；K 优 507 秧田在 6 月 4 日出现灰飞虱迁入高峰，虫量达 43.0 万头/666.7m^2（图 2）。从图 2 可以看出，尽管两块秧池田相邻，每次调查 K 优 507 上的虫量均高于扬稻 6 号，表明灰飞虱更喜食杂交籼稻 K 优 507。

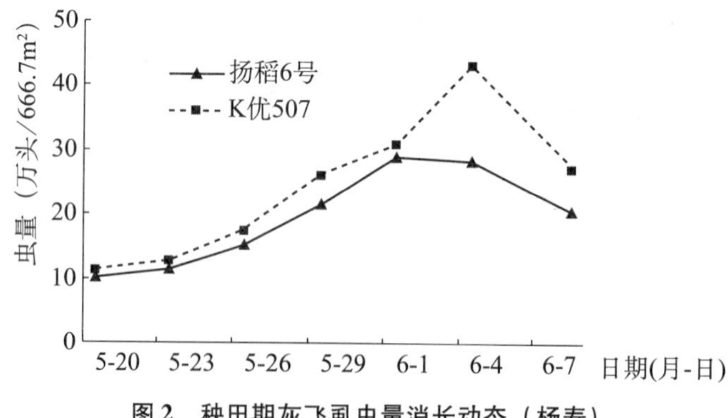

图 2　秧田期灰飞虱虫量消长动态（杨寿）

5 月 20 日开始定期调查方巷秧田期灰飞虱虫量，扬稻 6 号和南粳 44 秧田均在 6 月 2 日出现一个灰飞虱迁入高峰，最高虫量分别为 156.0 万头/666.7m^2 和 147.5 万头/666.7m^2；6 月 9 日试验田又出现一迁入峰，最高虫量分别为 180.5 万头/666.7m^{2}和 162.0

万头/666.7m^2（图3）。由于6月8～9日有雨，导致6月8日后田间灰飞虱虫量下降（图3）。

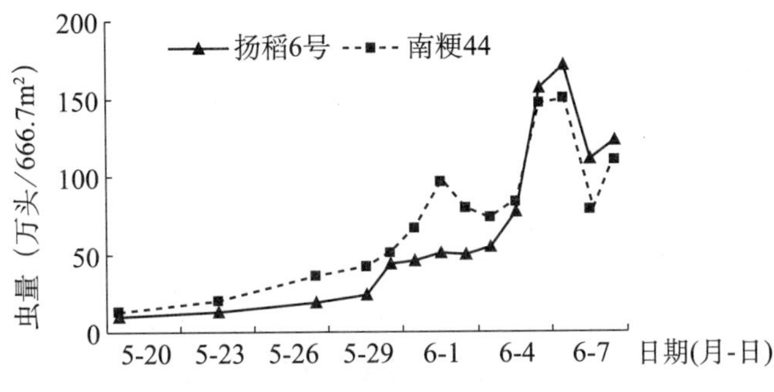

图3　秧田期灰飞虱虫量消长动态（方巷）

3.1.2　大田期灰飞虱虫量消长动态

杨寿点所有秧苗于6月8日下午移栽至大田，6月16日进行大田期灰飞虱虫量消长动态的观察，发现扬稻6号和K优507的大田均于6月29日达到虫量的高峰期；而且与秧苗期一样，每次调查时K优507田间虫量均高于扬稻6号，K优507的大田最高虫量为636头/百穴，扬稻6号的大田最高虫量为388头/百穴。7月中旬出现第二次小高峰，峰期虫量为224头/百穴（图4）。由于农户在7月7日进行了一次病虫防治，导致田间灰飞虱虫量急剧下降，从而表现为图4中的倒“V”形。

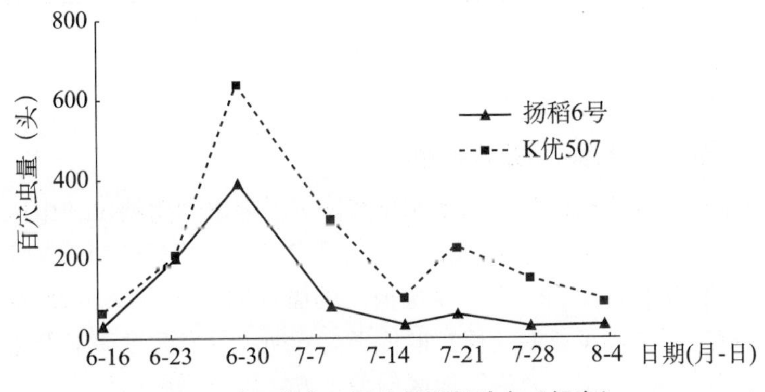

图4　大田期灰飞虱虫量消长动态（杨寿）

方巷秧苗于6月9日移栽至大田，并于6月19日开始观察大田期灰飞虱虫量消长动态，从图5可以看出，扬稻6号和南粳44均在7月3日达到虫量的一个高峰期，最高虫量分别为120头/百穴和226头/百穴；在7月23日又出现一个灰飞虱高峰期，最高虫量分别为280头/百穴和340头/百穴。南粳44田间虫量高于扬稻6号。

3.2　黑条矮缩病田间发病消长动态

杨寿于7月8日首次发现黑条矮缩病病株，随着水稻植株的生长，田间黑条矮缩病发病症状越来越显著，发病率也越来越高。到8月3日最后一次调查时，扬稻6号的田间病穴率为3.00%，病株率为2.74%；K优507的田间病穴率为9.00%，病株率为6.04%（表3）。从表3可以看出，K优507的发病率明显高于扬稻6号，表明K优507相对扬稻

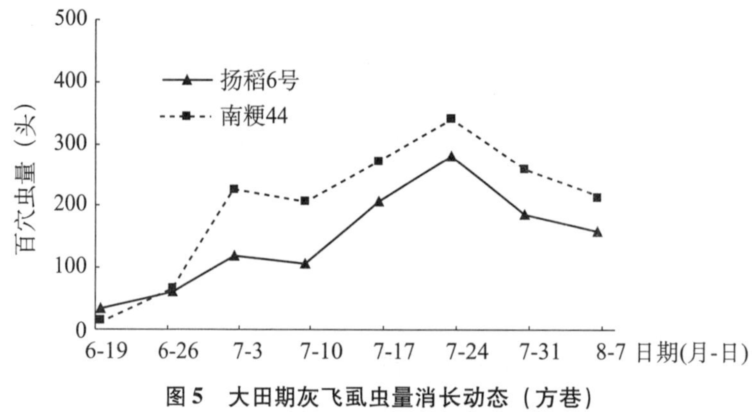

图5　大田期灰飞虱虫量消长动态（方巷）

6 号更易感病。而方巷点田间始终未查见黑条矮缩病病株。

表3　黑条矮缩病田间发病消长动态调查表（杨寿）

调查时间（月/日）	扬稻6号		K 优 507	
	病穴率（%）	病株率（%）	病穴率（%）	病株率（%）
7/8	1.33	0.58	6.80	4.00
7/15	1.60	0.92	7.60	4.16
7/20	2.00	1.25	7.86	4.41
7/27	2.80	1.47	8.80	4.44
8/3	3.00	2.74	9.00	6.04

4　小结和讨论

4.1　种植方式及播种期的影响

从表 1 可以看出，移栽稻田的发病率明显高于直播稻田和抛秧田。山区移栽稻落谷期 5 月上旬，至 5 月底至 6 月初，秧苗达 6 ~ 7 叶，叶色较深，生长嫩绿，灰飞虱集中在水育秧上危害传毒，导致移栽稻发病较重；而抛秧田的播种期在 5 月 23 ~ 25 日，直播稻的播种期在 6 月初，都避开了灰飞虱的迁移扩散传毒高峰期，其发病率明显低于移栽稻田。丘陵山区的种植方式以移栽为主，而沿江地区的种植方式以直播和抛秧为主，从而表现为山区重于沿江，可以看出移栽稻由于播期早，发病重。因此，适当推迟播期，推广轻型栽培，避开一代灰飞虱为害传毒高峰，可有效控制水稻黑条矮缩病的发生。

4.2　品种的影响

2008—2009 年邗江区丘陵山区种植的所有水稻品种绝大部分均有黑条矮缩病发生，但种植的水稻品种间发病程度存在着一定差异。同一种植方式以 K 优 507 杂交籼稻发病最为严重，相对其他品种对黑条矮缩病更易感病；其他品种平均病穴率均在 5% 左右，发病相对较轻。2009 年调查 K 优 507 相对于扬稻 6 号叶色更深，更易吸引灰飞虱的迁入危害，表现为 K 优 507 黑条矮缩病发病率明显高于扬稻 6 号。扬稻 6 号虽为籼稻品种，但发病程度与调查的粳稻品种相仿，说明籼稻不同品种间感病性也有差异。由此可见，水稻品种也是影响黑条矮缩病发病率的一个重要因素。

4.3 灰飞虱迁移扩散高峰期的影响

黑条矮缩病从秧苗期到抽穗期都可发病，其中苗期和分蘖期最易感病。灰飞虱是黑条矮缩病的传毒媒介，一代灰飞虱迁移扩散高峰期与水稻最感病生育期重叠时间越长，传毒几率越大，病害发生越重。从杨寿秧田期灰飞虱动态消长规律看，6 月 1 ~4 日出现一代灰飞虱迁移扩散高峰，此时恰为秧苗 6 ~7 叶，叶色较深，有利于灰飞虱集中在秧苗上传毒危害；后来虽然在 7 月 7 日试验田块已经防治一次，但在 7 月 8 日调查时候，田间已经发现病株且病株率较高，表明一代灰飞虱迁移扩散已经开始传毒，且传毒高峰期与水稻最感病生育期相吻合。

4.4 成虫基数和带毒率的影响

2009 年邗江区黑条矮缩病仅仅在该区部分镇的个别田块发生，且发病率明显低于 2008 年。2008 年杨寿严重田块的病株率达 30%；2009 年在未采取任何防治措施的情况下，发病最重的 K 优 507 的最终病株率仅为 9%。从杨寿秧田期灰飞虱虫量消长动态来看，K 优 507 苗期的最高迁入量为 43.0 万头/666.7m^2，仅为 2008 年同期（155.6 万头/666.7m^2）迁入量的 27.6%。2009 年 K 优 507 发病率低于 2008 年，同时 K 优 507 田间虫量和发病率均高于扬稻 6 号，说明成虫基数是影响黑条矮缩病发病率高低的一个重要因素。

6 月初调查一代灰飞虱发现，方巷最高虫量达 156.0 万头/亩，而杨寿最高虫量为 43.0 万头/666.7m^2，仅为方巷的 27.5%，但是在方巷最终未发现发病植株，而杨寿 K 优 507 病株率高达 6.04%。根据江苏省农业科学院测定 2009 年 2 月灰飞虱的黑条矮缩病带毒率显示杨寿灰飞虱带毒率为 3%，方巷灰飞虱带毒率为 0。这说明灰飞虱带毒率直接决定着黑条矮缩病的发生与流行，带毒率越高，黑条矮缩病流行几率越大。

不同药剂防治稻田稻纵卷叶螟的药效试验

张友明[1]，韩宝余[2]，刘岳宝[3]，蔡建华[1]，史晓利[1]

（1. 江都市农技推广中心，225200；2. 江都市宜陵镇农技农机服务中心，225225；
3. 江都市武坚镇农技农机服务中心，225253）

摘　要： 2008 年，通过不同药剂对稻田稻纵卷叶螟的防效试验。结果表明：200g/L 氯虫苯甲酰胺 EC、100g/L 茚虫威 EC、4.75% 阿维·茚虫威 WP、20% 氟虫双酰胺 WG、200g/L 氯虫苯甲酰胺 EC +20% 三唑磷 EC、80% 氟虫腈 SC 对稻纵卷叶螟和束叶的防效均好于 1% 甲氨基阿维菌素苯甲酸盐 EC 和 480g/L 毒死蜱 EC。

关键词： 杀虫剂；稻纵卷叶螟；防效试验

稻纵卷叶螟是水稻上暴发性害虫之一，其发生几率高，为害损失大，由于长期单一用药，稻纵卷叶螟产生抗性，防治效果下降。为筛选出对稻纵卷叶螟防效较高的化学药剂，并大面积推广提供依据，笔者于2008年水稻生长中后期在江苏省江都市进行了不同药剂对稻纵卷叶螟的药效试验。

1 材料和方法

1.1 供试药剂与处理

处理1：200g/L氯虫苯甲酰胺EC（美国杜邦公司）150ml/hm^2；处理2：100g/L茚虫威EC 225ml/hm^2；处理3：4.75%阿维·茚虫威WP 675g/L（上海杜邦农化有限公司）；处理4：20%氟虫双酰胺WG（日本农药株式会社）120g/hm^2；处理5：80%氟虫腈SC（德国拜耳作物科学公司）750g/hm^2；处理6：480g/L毒死蜱EC（美国陶氏益农公司）1 200g/hm^2；处理7：200g/L氯虫苯甲酰胺EC575ml/hm^2 +20%三唑磷EC（江苏省东宝农药化工有限公司）900ml/hm^2；处理8：1%甲氨基阿维菌素苯甲酸盐EC（山东贵合生物科技有限公司）900ml/hm^2；处理9：清水对照。

1.2 试验概况

试验设在江都市宜陵镇七里村进行，前茬小麦。土质重壤，pH值7.2，有机质含量2.5%；肥力中等。试验面积每处理小区50m^2，重复4次，随机排列。水稻品种淮稻5号，6月16日直播；秧苗长势一般。7月28日一次用药，此时水稻处于分蘖期；方法采用手压式喷雾器均匀喷雾，用药液量600kg/hm^2。

1.3 调查内容和方法

1.3.1 水稻安全性观察

药后4d、8d、14d观察试验各处理水稻生长情况。

1.3.2 药效调查

药后4d、8d、14d调查残留虫量，每小区随机取样4点，每点50株，计200株，摘下200株所有卷叶，数卷叶数量、并剥查卷叶内幼虫，计算卷叶数、幼虫量防效。

2 结果与分析

2.1 对水稻的安全性

药后4d、8d、14d观察，各处理小区水稻生长均正常，与空白对照无明显差异。

2.2 对稻纵卷叶螟的防治效果

2.2.1 药后4d防效

对卷叶数防效：阿维·茚虫威和氟虫腈防效最好，为83.44%和83.88%；甲维盐和毒死蜱防效相对差一点，为69.42% ~75.45%；其他药剂防效均较好，为75.49% ~82.10%。

对幼虫防效：氯虫苯甲酰胺、茚虫威、阿维·茚虫威、氯虫苯甲酰胺+三唑磷、氟虫双酰胺和氟虫腈防效均较好，为96.48% ~90.34%；甲维盐和毒死蜱防效相对低一点，为

85.51%～86.74%。

2.2.2 药后8d防效

对卷叶数防效：氯虫苯甲酰胺、茚虫威防效最好，为93.07%～93.71%；甲维盐和毒死蜱防效相对较差，为52.79%～73.52%；其他药剂防效均较高，为84.54%～91.66%。

对幼虫防效：氯虫苯甲酰胺、茚虫威防效最好，为94.52%～96.96%；甲维盐相对最低，为56.71%；其他药剂防效均较好，为83.12%～90.08%。

2.2.3 药后14d防效

对卷叶数防效：氯虫苯甲酰胺、茚虫威、阿维·茚虫威、氯虫苯甲酰胺+三唑磷、氟虫双酰胺和氟虫腈防效均较好，为87.52%～92.43%；甲维盐和毒死蜱防效相对较差，为68.47%～73.70%。

对幼虫防效：氯虫苯甲酰胺、茚虫威、阿维·茚虫威、氯虫苯甲酰胺+三唑磷、氟虫双酰胺和氟虫腈防效均较好，为88.16%～93.95%；甲维盐和毒死蜱防效相对较差，为76.63%～76.67%。

具体如表1所示。

表1 不同药剂对水稻稻纵卷叶螟的防治效果 单位:%

处理	药后4d		药后8d		药后14d	
	卷叶防效	幼虫防效	卷叶防效	幼虫防效	卷叶防效	幼虫防效
1	81.59 aAB	94.94 aA	93.71 aA	96.96 aA	88.85 aA	90.46 aA
2	80.21 aAB	90.34 aA	93.07 aA	94.52 aA	88.55 aA	93.89 aA
3	83.44 aA	94.45 aA	91.66 abA	88.36 abA	90.31 aA	93.95 aA
4	78.80 aAB	92.42 aA	89.78 abA	90.08 abA	92.43 aA	91.87 aA
5	83.88 aA	93.61 aA	86.85 abA	89.92 abA	85.61 aA	88.16 aA
6	75.49 abAB	86.74 aA	73.52 cB	83.12 bA	73.70 bB	76.67 bB
7	82.10 aAB	96.48 aA	84.54 bA	83.73 bA	87.52 aA	92.49 aA
8	69.42 bB	85.51 aA	52.79 dC	56.71 cB	68.47 bB	76.63 bB

注：1.200g/L氯虫苯甲酰胺EC；2.100g/L茚虫威EC；3.4.75%阿维·茚虫威WP；4.20%氟虫双酰胺WG；5.80%氟虫腈SC；6.480g/L毒死蜱EC；7.200g/L氯虫苯甲酰胺EC+20%三唑磷EC；8.1%甲氨基阿维菌素苯甲酸盐EC。

3 讨论

3.1 氯虫苯甲酰胺、茚虫威、阿维·茚虫威、氟虫双酰胺、氯虫苯甲酰胺+三唑磷、氟虫腈对水稻稻纵卷叶螟的卷叶、幼虫防效均好于甲氨基阿维菌素苯甲酸盐和毒死蜱。

3.2 因试验田为系统观察田，试验前一直未用药防治害虫，前期稻纵卷叶螟卷叶较多，对试验卷叶防效影响较大。

不同药剂防治稻田褐飞虱的药效试验

张友明[1]，刘岳宝[2]，韩宝余[3]，蔡建华[1]，刘翠莲[1]

（1. 江都市农技推广中心，225200；2. 江都市武坚镇农技农机服务中心，225253；
3. 江都市宜陵镇农技农机服务中心，225225）

摘　要： 2007 年，通过不同药剂对稻田褐飞虱的防效试验。结果表明：25% 吡蚜酮 WP、70% 吡虫啉 WG、25% 噻虫嗪 WG、80% 氟虫腈 WG、25% 噻嗪酮、25% 混灭·噻嗪 EC 对水稻稻飞虱的药后 5～15d 防效明显好于 25% 噻嗪·异丙威 WP 和毒死蜱 EC。其中，25% 吡蚜酮 WP、25% 噻虫嗪 WG 作为防治稻飞虱的新药剂，防效均较好，是替代常规药剂的理想选择。

关键词： 杀虫剂；褐飞虱；防效试验

褐飞虱是水稻上常发性“两迁”害虫之一，其发生几率高，为害损失大，由于长期单一用药，褐飞虱产生抗性，防治效果下降。为筛选出对褐飞虱防效较高的化学药剂，并大面积推广提供依据，笔者于 2007 年水稻生长中后期在江苏省江都市进行了不同药剂防治褐飞虱的药效试验。

1　材料和方法

1.1　供试药剂与处理

处理 1：25% 吡蚜酮 WP（江苏安邦电化有限公司）300g/hm^2；处理 2：70% 吡虫啉 WG（德国拜耳作物科学公司）45g/hm^2；处理 3：25% 噻虫嗪 WG（瑞士先正达作物保护有限公司）60g/hm^2；处理 4：80% 氟虫腈 WG（德国拜耳作物科学公司）60g/hm^2；处理 5：25% 噻嗪酮（江苏省长青农药化工股份有限公司）600g/hm^2；处理 6：480g/L 毒死蜱 EC（乐斯本）（美国陶氏益农公司）1 200ml/hm^2；处理 7：25% 混灭·噻嗪 EC（江苏省东宝农药化工有限公司）1 500ml/hm^2；处理 8：25% 噻嗪·异丙威 WP（江苏省长青农药化工股份有限）900g/hm^2；处理 9：清水对照（CK）。

1.2　试验概况

试验设在江都市植保站系统观察田，前茬小麦。土质重壤，pH 值 7.2，有机质含量 2.5%；肥力中等。试验面积每处理小区 50m^2，重复 4 次，随机排列。水稻品种宁粳 1 号，6 月 14 日移栽；秧苗长势一般。8 月 15 日一次用药，此时水稻处于拔节期；方法采用手压式喷雾器均匀喷雾，用药液量 750kg/hm^2。

1.3　调查内容和方法

1.3.1　水稻安全性观察

药后 1d、5d、10d、15d 观察试验各处理水稻生长情况。

1.3.2　药效调查

药前调查基数，药后 5d、10d、15d 调查残留虫量，方法采用拍查法，每小区平行跳跃式拍 10 点，每点 1 穴，调查每穴褐飞虱虫量，统计 10 穴虫量，计算防效。

2 结果与分析

2.1 对水稻的安全性

药后 1d、5d、10d、15d 观察，各处理小区水稻生长均正常，与空白对照无明显差异。

2.2 对稻飞虱的防治效果

2.2.1 药后 5d 防效

药后 5d，吡蚜酮、吡虫啉、噻虫嗪防效较好，为 86.21% ~91.48%，毒死蜱防效最差，为 41.29%，其他药剂相对一般，为 56.80% ~83.62%。

2.2.2 药后 10d 防效

药后 10d，各处理防效均较好，为 82.16% ~94.56%，其中毒死蜱防效相对较差，为 68.89%。

2.2.3 药后 15d 防效

药后 15d，吡蚜酮、吡虫啉、噻虫嗪、混灭·噻嗪防效均较好，为 84.28% ~90.82%，其他药剂防效相对较差，为 45.58% ~73.29%。

具体如表 1 所示。

表 1 不同药剂对水稻褐飞虱的防治效果

处理	基数	药后 5d		药后 10d		药后 15d	
		数量	防效（%）	数量	防效（%）	数量	防效（%）
1	1 240.00	130.00	86.21 aA	52.00	93.59 aA	113.50	90.82 aA
2	1 235.00	76.00	91.48 aA	81.50	88.80 aA	182.50	84.86 abAB
3	1 035.00	100.00	87.78 aA	44.00	93.77 aA	155.50	84.28 abAB
4	1 240.00	423.00	56.80 cdBC	162.50	82.16 abA	232.00	73.29 cBC
5	1 270.00	168.50	82.97 abA	49.00	94.56 aA	210.00	68.31 cC
6	1 135.00	535.00	41.29 dC	257.00	68.89 bA	135.50	71.93 bcBC
7	1 315	165.00	83.62 abA	66.50	93.30 aA	97.50	85.10 abAB
8	990	253.50	66.92 bcAB	80.50	88.29 aA	425.50	45.58 dD
9	1 135.00	890.00		777.50		1 155.00	

注：1. 25%吡蚜酮 WP；2. 70%吡虫啉 WG；3. 25%噻虫嗪 WG；4. 80%氟虫腈 WG；5. 25%噻嗪酮；6. 480g/L 毒死蜱 EC（乐斯本）；7. 25%混灭·噻嗪 EC；8. 25%噻嗪·异丙威 WP；9. 清水对照。

3 讨论

3.1 25%吡蚜酮 WP、70%吡虫啉 WG、25%噻虫嗪 WG、80%氟虫腈 WG、25%噻嗪酮、25%混灭·噻嗪 EC 对水稻稻飞虱的药后 5 ~15d 防效明显好于 25%噻嗪·异丙威 WP 和毒死蜱 EC。

3.2 其中，25%吡蚜酮 WP、25%噻虫嗪 WG 作为防治稻飞虱的新药剂，对稻飞虱防效较好，是替代常规药剂的理想选择。

不同药剂防治水稻纹枯病的药效试验

张友明[1]，曹艳荣[2]，焦骏森[1]，王莉萍[1]，张银光[1]，姚开文[1]

（1. 江都市农技推广中心，225200；2. 江都市真武镇农技农机服务中心，225265）

摘　要： 2008 年，在小区试验条件下，进行了75%肟菌·戊唑醇 WG（拿敌稳）等7种药剂防治水稻纹枯病的药效试验。结果表明：75%肟菌·戊唑醇 WG（拿敌稳）、240g/L 噻呋酰胺 SC（满穗）、300g/L 苯甲·丙环唑 EC（爱苗）、10%己唑醇 EC（洋生）、55%硅唑·多菌灵 WP（升势）、430g/L 戊唑醇 SC（好立克）在纹枯病发病高峰期用药防效均好于常规药剂20%井冈霉素 AF。

关键词： 杀菌剂；水稻纹枯病；防效试验

水稻是我国最重要的粮食作物之一。全国水稻种植面积约占粮食作物面积的30%，产量接近粮食总产量的一半。纹枯病是水稻上常发性病害，常年发生均较重，为明确不同药剂对纹枯病的防治效果，指导大面积生产提供依据，笔者于2008 年水稻生长中后期在江苏省江都市进行了不同药剂防治水稻纹枯病的药效试验。

1　材料和方法

1.1　供试药剂与处理

处理1：75%肟菌·戊唑醇 WG（拿敌稳）（德国拜耳作物科学公司）225g/hm^2；处理2：240g/L 噻呋酰胺 SC（满穗）225ml/hm^2；处理3：430g/L 戊唑醇 SC（好立克）（德国拜耳作物科学公司）225ml/hm^2；处理4：300g/L 苯甲·丙环唑 EC（爱苗）（瑞士先正达作物保护有限公司）225ml/hm^2；处理5：20%井冈霉素 AF（浙江钱江生物化学股份有限公司）750g/hm^2；处理6：10%己唑醇 EC（洋生）（江苏连云港立本农药化工有限公司）600ml/hm^2；处理 7：55%硅唑·多菌灵 WP（升势）（上海杜邦农化有限公司）675g/hm^2；处理8：清水对照（CK）。

1.2　试验概况

试验设在江都市植保站系统观察田，前茬小麦。土质重壤，pH 值 7.6，有机质含量2.4%，肥力中等。每处理小区试验面积 33.3m^2，重复 4 次，随机排列。水稻品种淮稻5号，6 月 16 日移栽，栽培方式机插秧；秧苗长势一般。8 月 26 日一次用药，此时水稻处于孕穗末期，纹枯病处于发病高峰期；方法采用手提式喷雾器均匀喷雾，用药液量600kg/hm^2。

1.3　调查内容和方法

1.3.1　水稻安全性观察

药后 3d、7d、15d 观察试验各处理水稻生长情况。

1.3.2　药效调查

药后 10d、25d 调查，方法每处随机取样 4 点，每点 10 穴，调查病穴数，对发病穴分级（严重度分级标准以稻穴多数植株感病程度为判别依据），计算病指和病指防效。

2 结果与分析

2.1 对水稻的安全性

药后3d、7d、15d观察，各处理小区水稻生长均正常，与空白对照无明显差异。

2.2 对纹枯病的防治效果

2.2.1 药后10d防治效果

7种药剂对纹枯病防治效果由高到低排列序为：55%硅唑·多菌灵WP（升势）（68.94%）>75%肟菌·戊唑醇WG（拿敌稳）（66.16%）>10%己唑醇EC（洋生）（68.89%）>240g/L噻呋酰胺SC（满穗）（64.27%）>300g/L苯甲·丙环唑EC（爱苗）（58.87）>430g/L戊唑醇SC（好立克）（49.80%）>20%井冈霉素AF（47.61%）（表1）。

2.2.2 药后25d防治效果

7种药剂对纹枯病防治效果由高到低排列序为：240g/L噻呋酰胺SC（满穗）（68.26%）>10%己唑醇EC（洋生）（66.51%）>55%硅唑·多菌灵WP（升势）（64.66%）>300g/L苯甲·丙环唑EC（爱苗）（57.83%）>75%肟菌·戊唑醇WG（拿敌稳）（57.01%）>430g/L戊唑醇SC（好立克）（53.15%）>20%井冈霉素AF（48.68%）（表1）。

表1 不同药剂对水稻纹枯病防治效果

处理	10d		25d	
	病指	防效（%）	病指	防效（%）
1	20.31	66.16 abA	30.63	57.01 abA
2	21.88	64.27 abA	22.50	68.26 Aa
3	30.94	49.80 abA	30.31	57.83 abA
4	26.56	58.87 abA	33.44	53.15 abA
5	33.75	47.61 Ba	36.25	48.68 bA
6	22.50	64.89 abA	24.38	66.51 abA
7	20.94	68.94 aA	26.56	64.66 abA
8	63.13		71.25	

注：1.75%肟菌·戊唑醇WG；2.240g/L噻呋酰胺SC；3.430g/L戊唑醇SC；4.300g/L苯甲·丙环唑EC；5.20%井冈霉素AF；6.10%己唑醇EC；7.55%硅唑·多菌灵WP；8. 清水对照（CK）。

3 小结与讨论

3.1 75%肟菌·戊唑醇WG（拿敌稳）、240g/L噻呋酰胺SC（满穗）、300g/L苯甲·丙环唑EC（爱苗）、10%己唑醇EC（洋生）、55%硅唑·多菌灵WP（升势）、430g/L戊唑醇SC（好立克）在纹枯病发病高峰期用药对纹枯病防治效果均明显高于常规防治药剂20%井冈霉素AF，均可替代20%井冈霉素AF使用。

3.2 75%肟菌·戊唑醇WG（拿敌稳）、240g/L噻呋酰胺SC（满穗）、300g/L苯甲·丙环唑EC（爱苗）等药剂在水稻纹枯病发病始盛期用药，防效是否会明显提高，有待进一步试验。

不同药剂防治稻纵卷叶螟药效比较试验

莫渟[1]，郭亚军[1]，葛吉芳[2]，蒋卫明[2]，于文忠[3]

（1. 江都市植保植检站，225200；2. 江都市大桥镇农业农机服务中心，225200；
3. 江都市郭村农技站，225239）

摘　要： 防治五（3）代稻纵卷叶螟以20%甲阿维·毒死蜱WP用100g/667m^{2}处理防效最好，其次是16%氟虫氰·毒死蜱EC 100ml/667m^{2}和3%阿维·氟铃脲WP 60g/667m^{2}两处理。且该三药剂处理防效均明显高于对照药剂90%杀虫单SP。

关键词： 不同药剂；稻纵卷叶螟；药效

近年来，随着稻纵卷叶螟对水稻的连年加重危害，防治稻纵卷叶螟的农药品种层出不穷。为进一步明确不同农药对稻纵卷叶螟的防治效果，更好的指导大面积生产，笔者于2009年选用了16%氟虫氰·毒死蜱EC、20%甲阿维·毒死蜱WP、40%丙溴·辛硫磷EC、1%甲氨基阿维菌素苯甲酸盐ME、90%杀虫单SP、3%阿维·氟铃脲WP等六种药剂对水稻稻纵卷叶螟进行了田间防效试验。

1　材料与方法

1.1　供试药剂

①16%氟虫氰·毒死蜱EC（江苏长青农化股份有限公司）；②20%甲阿维·毒死蜱WP（江苏溧阳中南化工股份有限公司）；③40%丙溴·辛硫磷EC（北京乐普泰科技发展有限公司）；④1%甲氨基阿维菌素苯甲酸盐ME（江苏辉丰农化股份有限公司）；⑤90%杀虫单SP（安徽华星化工股份有限公司）；⑥3%阿维·氟铃脲WP（江苏苏科农化责任有限公司）。

1.2　试验设计

防治稻纵卷叶螟五（3）代一峰，共设7个处理，分别为：

①16%氟虫氰·毒死蜱EC 100ml/667m^2；

②20%甲阿维·毒死蜱WP 100g/667m^2；

③40%丙溴·辛硫磷EC 80ml/667m^2；

④1%甲氨基阿维菌素苯甲酸盐ME 100ml/667m^2；

⑤90%杀虫单SP 50ml/667m^2；

⑥3%阿维·氟铃脲WP 60g/667m^2；

⑦空白对照CK。

试验小区面积为40m^2（5.0m×8.0m），每处理均设4次重复，随机区组排列。

1.3　试验田基本情况及栽培条件

试验地点在大桥镇花荡村进行，水稻品种为扬粳4227，前茬作物小麦。水稻栽培方式为机插秧，5 月 20 日落谷，6 月 10 日移栽，长势较好；前期未用药剂防治病虫，供试田土壤为沙浆土，肥力较好，pH 值 7.8，试验区田间肥水管理及其他栽培措施同一般稻田。

1.4 用药时间和方法

防治稻纵卷叶螟试验，于 7 月 29 日用药 1 次防治。用长江 10A 型手动喷雾器均匀喷雾，用水量为 50kg/667m^2，施药时力求均匀周到，田间保持 3 ~5cm 水层 5d。

1.5 气象资料（表1）

表1 施药后7d 气象资料

日期	7 月 30 日	7 月 31 日	8 月 1 日	8 月 2 日	8 月 3 日	8 月 4 日	8 月 5 日
平均温度（℃）	26.6	26.1	26.1	26.3	26.8	27.9	29.8
降雨量（mm）	12.1	70.9	5.1	18.1			

1.6 调查时间和方法

防治稻纵卷叶螟试验，分别于药后 3d、7d 调查防效。每小区 5 点取样，每点摘取 4 穴稻株卷叶，计算卷叶防效；剥查残留活虫数，计算幼虫防效。

药后 20d 内，观察各处理区水稻生长情况，记录有无药害现象。

2 结果与分析

2.1 对五（3）代稻纵卷叶螟防效（表2）

2.1.1 药后3d 卷叶防效

药后 3d 卷叶防效由高至低的处理依次为：16% 氟虫氰 · 毒死蜱 80.95%、20% 甲阿维 · 毒死蜱 80.0%、3% 阿维 · 氟铃脲 76.19%、1% 甲氨基阿维菌素苯甲酸盐 72.38%、40% 丙溴 · 辛硫磷 58.1%，90% 杀虫单 40.95%。

2.1.2 药后3d 幼虫防效

药后 3d 幼虫防效由高至低的处理依次是：20% 甲阿维 · 毒死蜱 93.78%、16% 氟虫氰 · 毒死蜱 92.66%、3% 阿维 · 氟铃脲 91.53%、1% 甲氨基阿维菌素苯甲酸盐 84.75%、40% 丙溴 · 辛硫磷 66.67%、90% 杀虫单 58.76%。

2.1.3 药后7d 卷叶防效

药后 7d 卷叶防效由高至低的处理依次是：20% 甲阿维 · 毒死蜱 92.8%、16% 氟虫氰 · 毒死蜱 91.27%、3% 阿维 · 氟铃脲 89.43%、1% 甲氨基阿维菌素苯甲酸盐 77.64%、40% 丙溴 · 辛硫磷 71.82%、90% 杀虫单 68.30%。

2.1.4 药后7d 幼虫防效

药后 7d，各处理以 90% 杀虫单防效最低，为 63.91%；20% 甲阿维 · 毒死蜱最佳，其防效为 90.73%。其他几种药剂处理，防效由高至低：16% 氟虫氰 · 毒死蜱 87.97%、3% 阿维 · 氟铃脲 86.39%、1% 甲氨基阿维菌素苯甲酸盐 85.60%、40% 丙溴 · 辛硫磷 79.68%。

表 2　不同药剂防治稻纵卷叶螟的防治效果

（2009 年，江都）

处理	药后 3d				药后 7d			
	卷叶		幼虫		卷叶		幼虫	
	数量	防效（%）	数量	防效（%）	数量	防效（%）	数量	防效（%）
1	10.00	80.95	3.25	92.66	14.25	91.27	15.25	87.97
2	10.50	80.00	2.75	93.78	11.75	92.80	11.75	90.73
3	22.00	58.10	14.75	66.67	45.75	71.82	25.75	79.68
4	14.50	72.38	6.75	84.75	36.25	77.64	18.25	85.60
5	31.00	40.95	18.25	58.76	51.75	68.30	45.75	63.91
6	12.50	76.19	3.75	91.53	17.25	89.43	17.25	86.39
7	52.50		44.25		163.25		126.75	

注：1. 16% 氟虫氰・毒死蜱 EC100ml/667m^2；2. 20% 甲阿维・毒死蜱 WP100g/667m^2；3. 40% 丙溴・辛硫磷 EC80ml/667m^2；4. 1% 甲氨基阿维菌素苯甲酸盐 ME 100ml/667m^2；5. 90% 杀虫单 SP50ml/667m^2；6. 3% 阿维・氟铃脲 WP 60 克/667m^2；7. 空白对照。

2.2　安全性

药后 3～20d 内观察，各药剂处理区水稻生长正常，无药害症状，说明试验药剂对水稻安全。

3　小结

试验结果表明，供试的 6 种药剂中防治五（3）代稻纵卷叶螟以 20% 甲阿维・毒死蜱 WP 100g/667m^2 处理防效最好，其次是 16% 氟虫氰・毒死蜱 EC 100ml/667m^2 和 3% 阿维・氟铃脲 WP 60g/667m^2 两处理。

参 考 文 献

[1] 高忠文. 防治稻纵卷叶螟高毒农药替代药剂的室内筛选［D］. 中国优秀硕士学位论文全文数据库，2008（8）.

[2] 李新文. 氟虫腈等几种杀虫剂对水稻三种主要害虫的防效及对捕食性天敌影响的研究［D］. 湖南农业大学，2004.

稻纵卷叶螟重发原因分析及其治理对策

奚本贵，姚满昌，张桥，吴庭友，秦吉洋，张春云，翁爱平

（仪征市植保植检站，211400）

摘　要：简要回顾了 2000 年以来水稻稻纵卷叶螟的发生概况与特点；详细分析了重发年份的主要原因，认为迁入量、气候、苗情、防治四大因素影响较大；通

过总结和归纳，提出“吃准虫情、把握适期、合理配方、提高用药质量”是科学治理的主要对策。

关键词： 稻纵卷叶螟；重发原因；治理对策

稻纵卷叶螟（*Cnaphalocrocis medinalis Guenee*）是水稻生产上重要的迁飞性害虫，在自然状态下只危害水稻。该虫以幼虫纵卷叶尖危害，啃食叶片组织的上下表皮而形成条斑，受害重时叶片一片“枯白”，严重影响水稻产量，成为制约水稻高产的一大障碍因素[1]。该虫有 4 个虫态，分别为成虫、卵、幼虫和蛹，属于完全变态。

1 发生概况及特点

稻纵卷叶螟在仪征市为常发性害虫，每年发生危害程度受迁入量、气候条件、品种布局、稻作方式等多种因素影响。2000 年以来的 8 年中，达到大发生级别的年份有 2003 年、2005 年、2006 年、2007 年，2000 年、2004 年中等偏重发生，2001 年、2002 年为中等或中等偏轻发生（表 1）。主要特点为：

表 1 2000—2007 年稻纵卷叶螟发生情况

年份（年）	发生面积（万 hm^2）	防治面积（万 hm^2）	发生级别			挽回产量（t）
			四（2）	五（3）	六（4）	
2000	4.97	6.43	偏轻	偏重	—	4 226
2001	1.35	1.43	轻	中等	—	1 280
2002	0.6	2.0	轻	中偏轻	—	550
2003	4.62	5.1	中等	大	大	49 450
2004	3.67	4.33	轻	偏重	偏轻	5 750
2005	3.28	5.8	偏轻	大	偏重	42 830
2006	4.07	6.14	偏轻	大	偏重	20 645
2007	5.95	8.5	中偏重	大	大	145 460
2008	4.0	6.5	中偏轻	大	大	109 770

1.1 迁入时间早

稻纵卷叶螟为迁飞性害虫，仪征市四（2）代发生程度主要取决于南方虫源迁入的时间和数量，一般发生年份首次迁入出现在 7 月上旬，而大发生的 2003 年，6 月 22 日始见成虫迁入，6 月 27 日出现迁入一峰；同样大发生的 2005 年、2007 年，成虫第一次迁入时间为 6 月 29 日和 6 月 27 日，7 月 5 ~6 日和 6 月 28 日出现第一迁入峰。2003 年首次迁入比常年早 10d 以上，2005 年、2007 年早 4 ~5d，迁入峰均为 2000 年以来最早和最明显的年份。

1.2 成虫峰期长

1.2.1 迁入峰次多

田间系统赶蛾资料表明，稻纵卷叶螟大发生的年份，四（2）代成虫迁入早，峰次多。

2003 年系统观察圃 6 月 27 日出现成虫第一迁入峰，7 月 18 日蛾量快速上升，出现第二迁入峰，且与五（3）代相连。2005 年沿江圩区和山区于 7 月 1～3 日和 5～6 日各出现一迁入峰。2007 年与 2003 年和 2005 年不同，迁入峰次多，分别于 6 月 28 日、7 月 3 日、7 月 5～6 日、7 月 8～11 日出现 4 个迁入峰，迁入峰之多为 20 年来少见。

1.2.2 成虫峰期长

五（3）代是本地区稻纵卷叶螟发生的主害代。由于其虫源来自两个方面，一是本地虫源转化，二是异地虫源继续迁入，两方面虫源累加后直接导致五（3）代成虫发生期较长，尤其是大发生年份。2003 年 7 月 22～30 日出现成虫主峰，时间 9d，8 月 19 日成虫二峰与六（4）代相连，三代成虫峰期累计 11d。2005 年 7 月 25 日进入发蛾峰期直至 8 月 3 日结束，峰期持续 10d，发蛾主峰 5d。2007 年 7 月 23 日进入发蛾高峰，峰期长达 15d，为三代发生时间的一半（图 1）。

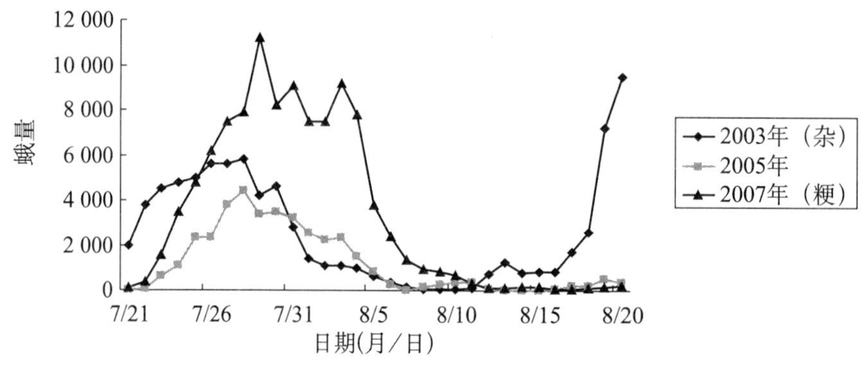

图 1　三年五（3）代稻纵卷叶螟蛾量消长图

1.3 田间虫卵量大

大面积普查资料表明，偏重以上发生年份田间虫卵量均较大，尤其是主害代。2003 年大田虫卵量调查（7 月 30～31 日），沿江圩区前期未治田块百穴 3 000～5 000 头（粒），已治田块 1 500～2 850 头（粒）；山区未治田块 1 000～3 500 头（粒），已治田块 900～2 500 头（粒），观察圃杂交稻高达 5 340 头（粒），虫卵量是大发生级别的［200 粒（头）/百穴］的 10～25 倍。2005 年于防治前调查，杂交稻 1 138.8 粒（头）/百穴，粳稻 1 527.6 粒（头）/百穴，仪征市加权后百穴虫卵量 1 255.4 粒（头），是大发生指标的 6.3 倍。2007 年系统观察圃产卵盛期调查，杂交稻百穴虫卵量 3 200 粒（头），粳稻 2 075 粒（头）；同期大面积普查，百穴虫卵量 550～3 450 粒（头），平均 1 911.9 粒（头），为防治指标［150 粒（头）］的 12.7 倍。

1.4 六（4）代危害进一步加重

随着农村劳动力的大量转移和仪征市扩粳缩籼力度进一步加大，稻作方式向轻型化方向发展，麦套稻、机插秧、水旱直播等轻型栽培面积迅速扩大，水稻生育期的推迟给六（4）代稻纵卷叶螟的发生危害提供了适宜的生存环境，尤其是 2006—2008 年，发生范围越来越广，面积越来越大，危害越来越重（表 2）。

表 2　2003—2007 年六（4）发生危害情况

年份（年）	发生面积*（667 万 m^2）	发生等级	束叶率（%）	防治情况	自然束叶率（%）
2003	0.5	大	2.0	锋锐 1 次	28.0
2004	1.5	偏轻	9.7	锋杀兼治	32.7
2005	3.0	偏重	4.9	锐劲特 1 次	18.5
2006	5.0	偏重	零星	毒氟 2 次	7.3
2007	9.0	大	2.4	毒氟 1 次	9.2
2008	15.0	大	1.8	康宽 1 次	42.2

* 发生面积指轻型栽培面积。

2　重发原因分析

通过 2000—2007 年发生情况回顾，结合调查资料分析认为，迁入量、气候、苗情、防治四大因素是造成稻纵卷叶螟重发乃至于暴发最主要的原因。

2.1　迁入量大

迁入量是决定发生程度的基础，系统资料表明，重发年份四（2）代成虫迁入量较大。2003 年以迁入二峰为主峰，成虫累计迁入量 2 410 头，列 2000 年以来第二位；2005 年、2006 年于 7 月上旬和中旬各有一个迁入峰，迁入量分别达到 500 头、1 230 头，分列第四位和第三位；2007 年先后出现四个迁入峰，迁入量 2 760 头，列第一位。

2.2　气候条件较为有利

稻纵卷叶螟发生危害与气候条件关系密切。据 2003 年气象资料，从 6 月下旬到 7 月下旬本市多次出现过程性降水，雨日多、雨量大，利于稻纵卷叶螟迁入，四（2）代成虫迁入早、迁入量大。7 月下旬至 8 月上、中旬，凉爽阴雨的高湿天气适合五（3）代稻纵卷叶螟产卵孵化[2]。2007 年雷雨天气多，6 月下旬至 7 月上旬的 20d 内，仪征市共出现 15 次雷阵雨，其中 7 月上旬 8 个雨日，这给稻纵卷叶螟大量迁入提供了极佳的气候条件。在水稻生长中后期，夏季不热、秋季不凉的气候条件有利于五（3）代、六（4）代稻纵卷叶螟的生存与繁殖（表 3）。2005 年水稻中后期气候特征与 2007 年较为相似，所不同的是前期降水偏少，迁入量不及 2003 年和 2007 年。

表 3　近 3 年 8 月上旬至 9 月中旬平均温度与常年比较

年份（年）	8 月（℃）			9 月（℃）	
	上旬	中旬	下旬	上旬	中旬
2005	27.9	28.3	23.8	24.4	26.1
2006	28.2	29.5	28.7	23.0	20.9
2007	29.4	27.9	28.0	23.6	23.1
常 年	28.4	27.3	25.9	24.7	22.3

2.3　苗情复杂有利于初孵幼虫的过渡与存活

稻纵卷叶螟成虫趋嫩绿，首次迁入除了与下沉气流关系密切外，受稻苗长势影响较大，2007 年四（2）代迁入极不平衡，一般田块每 666.7m^2 蛾量 70～260 头，栽插早、施肥足、长势旺的高产田蛾量高达 980 头。机插秧茎蘖苗多、叶色浓绿，虫卵量高，是常规稻作方式的1.5~2.3倍，大大超过防治指标。2003年受连阴雨天气影响，搁田措施不到位，水稻次生分蘖和无效分蘖增多，利于稻纵卷叶螟孵化与存活。特别是近年来轻栽培面积扩大后，生育期推迟，苗情的多层次性非常适合于稻纵卷叶螟初孵幼虫过渡，继而危害功能叶片，改变了过去剑叶抽出幼虫不再危害的观念。

2.4 防治工作不到位，本地虫源转化率高

2.4.1 漏治面积大

稻纵卷叶螟防治受天气条件制约，尤其是四（2）代防治时间往往遇到“梅雨”而错过用药。2003年四（2）代防治时恰逢“梅雨”，大面积用药不足0.67万hm^2，漏治面积大。定局调查，未治田块束叶率5%~10%，残留虫量52~100头/百穴，平均66.4头/百穴，列2000年以来的第二位，为下一代暴发提供充足的本地虫源。

2.4.2 有效剂量不足

农药市场放开后，农民购药渠道拓宽了。不少农药销售单位和个人缺少技术的支撑或受利益驱动，任意推荐使用含量偏低的单剂或复配剂，防效偏低。2007年五（3）代防治工作中，部分农药销售商选用质量一般的毒死蜱（40%）单剂，666.7m^2用量50~60ml，农药剂量严重不足，结果造成部分地区危害严重，防治后调查，束叶率（16.2%）、残留量（219.0头/百穴）是技术部门规定配方的2.3倍和4.5倍。

2.4.3 防治适期推迟

抓住防治适期用药是充分发挥药剂效能、切实控制害虫危害最为关键的措施。仪征市山区受水源条件和防治习惯的双重影响，常常错过用药适期而影响防效。2005—2007年五（3）代定局资料表明，危害率总是山区重于圩区（一般情况下发生程度圩区重于山区），叶片“枯白”田块也都出现在中后山区。

3 治理对策

稻纵卷叶螟为食叶性害虫。目前治理该虫的主要方法是药剂防治。但是，随着化学药剂的长期使用，盲目加量，防效下降，害虫抗性增强。如何根据大面积生产中出现的问题，科学有效控制危害，以下治理对策值得探讨和商榷。

3.1 吃准虫情

虫情监测是病虫测报工作的基础，也是大面积开展药剂防治的依据。由于稻纵卷叶螟为迁飞性害虫，地区间、田块间发生程度差异较大，各地应根据区域特点，加大调查力度，扩大普查范围，摸清虫情，从而更为准确掌握虫情，为科学决策做好准备。

3.2 把握适期

根据多年的试验资料，目前大面积生产上防治稻纵卷叶螟的主要药剂有三大类，一是沙蚕毒素类（杀虫单或杀虫双）；二是有机磷类（毒死蜱、三唑磷、丙溴磷等）；三是氟虫腈（锐劲特）。前两类药剂均要求在卵孵高峰期或低龄幼虫期，三龄后使用防效大幅度降低；氟虫腈虽对高龄幼虫有较好效果，但虫龄越小效果更好，因此必须根据药剂特性，抓住防治适期及时用药，具体如表4所示。

表4 不同类型药剂试验效果

年度	药剂名称	药剂类型	防治时间	每666.7m^2用量	防效（%）	
					杀虫效果（7d）	保叶效果（14d）
2007	杀虫单	沙蚕毒素	卵孵高峰	40g	37.47	49.13
2007	毒死蜱	有机磷	卵孵高峰	60ml	46.05	64.78
2007	丙溴磷	有机磷	卵孵高峰	60ml	67.70	71.63
2006	氟铃脲	苯甲酰脲	卵孵高峰	40ml	56.87	74.49
2007	锐劲特	苯基吡唑类	卵孵始盛	30ml	90.4（14d）	84.9
2008	康宽	氯虫苯甲酰胺	卵孵高峰	10ml	86.9（14d）	87.3
2008	蓝锐	阿维菌素	卵孵高峰	100ml	55.4	61.0

3.3 合理配方

生产上防治稻纵卷叶螟的药剂较多，有单剂、也有复配剂，无论选用何种药剂均应按照虫情要求，确定最佳药剂配方，特别是在目前复配剂市场纷繁混乱的情况下，要确保足够的有效剂量；任何一种防治药剂不能长期单一使用，要提倡农药的交替互换，以延缓害虫产生抗性，提高防效。

3.4 提高用药质量

稻纵卷叶螟为叶面害虫，也较容易控制，但在大发生年份需用足药量或加密防治次数，虫量大时复配使用速效药剂。在用足药量的基础上还应用足水量，特别是水稻封行后，目前生产上存在用药质量的主要问题是用水量严重不足或放直线长龙，一般来讲，弥雾机用水量不少于15kg，手动喷雾器30～40kg，均匀喷雾，确保效果。

参考文献

[1] 丁锦华，苏建亚．稻纵卷叶螟．农业昆虫学，南方本：157～161.
[2] 杨荣明，朱业芹等．2003年江苏省稻纵卷叶螟特大发生原因及治理对策．中国植保导刊，2004，(2)：11～14.

25%米塔尔防治水稻纹枯病田间药效试验

陈金宏，邵耕耘，马秀凤，张雅东，杨呈芹，陈宝玉

（宝应县植保植检站，225800）

摘　要： 2008年，通过田间药效试验结果表明，25%米塔尔EW对水稻纹枯病具有较好的防治效果，在发病初期使用（一般为7月下旬），每666.7m^2使用20ml以上，防效达75%以上。在大面积生产应用中，25%米塔尔EW的用量以20～25ml/666.7m^2为宜。

关键词： 米塔尔；水稻纹枯病；药效

水稻纹枯病（Rhizoctonia solani Kuhn）俗称“花脚秆”、“烂脚秆”，是水稻的主要病害之一，稻株受害后，一般会导致秕谷率增加，千粒重降低，严重时可导致“冒穿”倒伏、枯孕穗，一般可造成减产 10% ~20%，严重发生时减产幅度达 50% 以上。近年来，随着水稻生产水平的提高，特别是高肥、密植等生产措施的应用，病害常年均呈偏重发生，对水稻高产、稳产构成严重威胁。水稻纹枯病防控措施主要有栽培控病、药剂防病，适时开展药剂防治是保证防控效果的关键技术，选择对路药剂至关重要。多年来，水稻纹枯病防治以井冈霉素为主，连续多年使用，用量越来越大，效果却不尽如人意，筛选、推广新型高效药剂已成当务之急。米塔尔（25% 戊唑醇 EW）是青岛凯源祥化工有限公司生产的防治水稻纹枯病、稻曲病的新型药剂，为研究其对水稻纹枯病的防治效果，指导大面积生产，笔者于 2008 年进行了该药剂防治水稻纹枯病的试验。

1　材料与方法

1.1　试验地基本情况

试验地点选择在宝应县山阳镇沿湖村，栽培方式为水直播稻，往年病害发生重。土质为沙土，pH 值 8，有机质含量 2.0%，前茬小麦。供试水稻品种为武育粳 3 号，6 月 16 日撒播，长势较好，用药时水稻生育期为分蘖末期，水稻纹枯病处于发病初期。

1.2　处理设计

1.2.1　供试药剂

米塔尔（25% 戊唑醇 EW）（青岛凯源祥化工有限公司提供）、爱苗（30% 苯醚甲环唑·丙环唑）（先正达公司生产、市售）。

1.2.2　试验设计

本试验共设 5 个处理，3 次重复，随机排列，小区面积 30m^2。具体处理为：处理 1 ~3：25% 米塔尔 EW 15ml/666.7m^2、20ml/666.7m^2、25ml/666.7m^2；处理 4：30% 爱苗 15ml/666.7m^2；处理 5：空白对照。

1.3　试验方法

2008 年 7 月 25 日施药，施药时天气阴，气温 30℃。每小区按 666.7m^2 用水量 50kg，采用手动喷雾器均匀喷雾。施药后 40d 内日平均气温为 22.6 ~30.3℃，药后第 2d 出现了小阵雨，药后 5 ~8d 出现了连阴雨天气，降雨量累计达 120mm，药后温、湿条件适宜于药效的发挥。

1.4　调查方法

1.4.1　安全性调查

观察药剂对作物是否有药害，如果有药害，准确描述药害症状（矮化、褪绿、畸形等）。按药害分级方法记录每小区的药害情况，以 -、+、+ +、+ + +、+ + + +表示。

药害分级方法：

-　无药害；

+　轻度药害，不影响作物正常生长；

++　中度药害，可复原，不会造成作物减产；

+++　重度药害，影响作物正常生长，对作物产量和质量造成一定程度的损失；

++++　严重药害，作物生长受阻，作物产量和质量损失严重。

1.4.2　药效调查

病情稳定后进行防效调查，采用平行跳跃式方法取样，每小区调查20丛稻，记载病株数、病级，统计病株率与病情指数，计算防治效果。

病情分级方法：

1级：基部叶片、叶鞘发病；

2级：倒第3叶以下各叶叶鞘或叶片发病；

3级：倒第2叶以下各叶叶鞘或叶片发病；

4级：剑叶叶鞘或叶片发病；

5级：全株发病枯死。

药效计算方法如下：

$$病情指数=\frac{\sum（各级病株数\times 相应病级）}{调查总株数}\times 100$$

$$病指防效=\left(1-\frac{处理区药后病指}{对照区药后病指}\right)\times 100\%$$

1.4.3　抗倒作用

收割前，采用目测法，考察各小区的倒伏情况。

2　结果与分析

2.1　对水稻的安全性

药后观察，各药剂处理区稻株、叶色、株高正常，均未见明显药害现象。

2.2　防病效果

9月3日（药后40d，田间纹枯病病情已基本稳定）调查，各处理药剂对水稻纹枯病都具有一定的防治效果，病株率、病情指数明显低于对照区，25%米塔尔EW对水稻纹枯病的防效随着用药量的加大而增加。30%爱苗15ml/666.7m^{2}的防效最好，药后40d的效果为82.94%，其次是25%米塔尔25ml/666.7m^2，药后40d的效果为78.69%；25%米塔尔15ml/666.7m^{2}的防效显著低于其他处理，药后40d的效果仅为35.57%。方差分析，25%米塔尔20ml、25ml/666.7m^2、30%爱苗15ml/666.7m^{2}之间的防效差异不显著（表1）。

表1　2008年25%米塔尔防治水稻纹枯病试验效果

地点：宝应县

处理（ml/666.7m^2）	调查株数	病株率（%）	病指	病指防效（%）
25%米塔尔15	389	28.28%	6.27	35.57% b
25%米塔尔20	337	12.46%	2.49	74.40% a
25%米塔尔25	347	10.37%	2.07	78.69% a
30%爱苗15	313	8.31%	1.66	82.94% a
空白对照	341	36.36%	9.74	

2.3 抗倒作用

9月中旬目测，对照区、各药剂处理区均未见倒伏现象。

3 小结

3.1 从本试验看，25%米塔尔 EW 用于直播稻田防治纹枯病，对水稻安全，无不良影响，可在生产中进行应用。关于药剂是否具抗倒作用，由于本试验的对照区和各药剂处理区均未见到倒伏现象而难以说明，但纹枯病得到有效控制后，水稻后期倒伏的几率将大大降低。

3.2 从本试验看，25%米塔尔 EW 对直播稻田的纹枯病具有较好的防治效果，发病初期使用，每666.7m^2使用20ml以上，对纹枯病的防效在75%以上，并且随着药量的加大，防效也呈上升趋势，使用25ml/666.7m^2，防效在80%左右。大面积生产，考虑到成本、用药质量等，建议25%米塔尔 EW 的用量以20～25ml/666.7m^2为宜。为保证防治效果，用药时要用足水量，每666.7m^2对水50～60kg。

3.3 纹枯病作为水稻的主要病害之一，不同稻作方式间发生有一定的差异。近几年的调查发现，移栽田前期病害发生明显重于直播田，直播稻见病迟，但中后期病害扩展快，危害重。本试验用药时，直播稻处于发病初期，田间病情较轻，未能反映药剂的治疗作用如何，建议作进一步的研究，在病害发生的中后期进行试验，以明确药剂的防治效果。

参考文献

[1] 农药田间药效试验准则册（一）[M]．北京：中国标准出版社，2000：83～85.

[2] 陈志群，杨普云，朱恩林等．中国植保手册水稻病虫防治手册［M］．北京：中国农业出版社，2005：33～36.

[3] 刁春友，朱叶芹，于淦军等．农作物主要病虫害预测预报与防治［M］．南京：凤凰出版传媒集团，江苏科学技术出版社，2006：52～56.

水稻赤枯病的发生成因与防控措施浅析

陈金宏[1]，邵耕耘[1]，杨呈芹[1]，马秀凤[1]，张雅东[1]，陈宝玉[1]，衡德如[2]，刁品年[2]

（1. 宝应县植保植检站，225800；2. 宝应县望直港镇农业服务中心，225800）

摘　要：2009年，水稻赤枯病害在宝应县部分地区重发生。田间调查表明，不同稻作方式、不同栽培管理、不同品种间病害发生程度差异明显，直播稻重于机插秧，机插秧重于麦套稻，低洼积水、长期深灌田重于干湿交替管理田。初步分析导致病害重发的主要原因有不良天气（盛夏不热，气温低，降雨少，长时间的低温寡照）及栽培管理不当等。提出病害防控应依据不同发生类型针对性地进行，通过加强水浆管理，增施钾肥，适时搁田，喷施生长调节剂等综合措施，有效促进苗情转化，及时防控病害。

关键词： 水稻赤枯病；发生成因；防控措施

赤枯病俗称铁锈稻，是水稻的一种生理性病害，主要影响水稻的正常生长发育，生育期推迟，分蘖减少，穗小粒少，一般减产10%～20%，严重的可达30%以上。2009年赤枯病在宝应县部分地区发生较重，高的田块病株率达100%，不同地区、不同田块发病不同，及时诊断、采取针对性的措施是防控的关键。笔者在调查分析2009年宝应县赤枯病发生特点及成因的基础上，提出了综合防控措施。

1 症状特征

病害一般在水稻分蘖初期开始发生，分蘖盛期达到发病高峰。受害植株矮小，分蘖少而小，心叶窄挺，老叶黄化。初期叶片略呈暗绿色或深绿色，随后基部老叶尖端先出现褐色小点，病斑进一步发展，成为大小不等的不规则形铁锈状斑点，病斑逐渐增多、扩大，叶片由叶尖向基部变褐枯死，由下部叶片向上部叶片蔓延，严重的全株只留下少数新叶保持绿色，远望似火烧状，叶鞘发病和叶片相似，产生赤褐色小斑点，以后枯死。拔取病株，可见根部老化、发黄，呈赤褐色、软腐状，白根极少，严重的变黑腐烂，植株僵苗不发。

2 发生特点

赤枯病作为水稻的一种常见病害，2008年在宝应县也有所发生，呈局部零星发生状态，发生面积约66.7hm^2。2009年赤枯病是近几年来发生最重的一年，7月中旬末下旬初集中显症，发生面积达6 606.7hm^2，涉及的稻作方式主要为直播稻、机插秧。

2.1 不同稻作方式发病差异明显

7月27～29日，在泾河、望直港、射阳湖三镇进行典型调查，调查的稻作方式分别为麦套稻、直播稻和机插秧，涉及12个村20个组，调查总田块数125块。从调查的情况看（表1），直播稻重于机插秧，机插秧重于麦套稻。

表1　不同稻作方式赤枯病发生情况

调查时间	调查地点	稻作方式	病株率（%）	
			幅度	平均
7月27日	望直港镇	直播稻	22～100	81
7月27日	泾河镇	麦套稻	0～20	3.9
7月29日	射阳湖镇	机插秧	6.4～44.8	16.7

2.2 不同栽培管理措施发病差异明显

从望直港镇调查的情况看，水浆管理得当，干湿交替管理的田块，发病轻，而低洼积水、长期深灌的田块发病重，如军师村的长期深灌田病株率92% ~100%，平均97%；秸秆焚烧或离田的田块发病较轻，病株率为22% ~50%，而秸秆全量还田的田块病株率在80%以上，秸秆还田的田块重于秸秆未还田的。

2.3 不同品种间发病有差异

表现相对较重的品种有武育粳3号、淮稻10号、镇稻系列等，初步分析，可能与不同品种对钾的敏感性有关。

3 发生原因

赤枯病是土壤环境、栽培管理等多种因素综合作用的结果，发病内因主要是稻株缺钾。钾主要以水溶性的形态存在，在秧苗体内具有高度的移动性。由于种种因素的影响，秧苗根系对钾的吸收减少，营养比例失调，钾、氮平衡被打破，稻株体内钾含量不足，秧苗基部老叶中的钾转移到新生叶片中再利用，而下部老叶则表现出褐色的锈斑。

3.1 天气条件

7月份，大面积水稻处于分蘖期，机插秧等分蘖盛期在7月10日左右，直播稻、麦套稻分蘖盛期在7月20日左右，正是易感赤枯病的生育期。据气象资料分析（表2），2009年7月份平均气温为27.2℃，是2005年以来的第4位，比2008年同期低1.53℃，降雨35.4mm，是2005年以来的第5位，比2008年同期少187.6mm。盛夏不热，气温低，降雨少，长时间的低温寡照造成稻田水温、土温低，根系发育不良，水稻吸收钾等营养元素的能力降低，诱发赤枯病。

表2　2005—2009年度7月份天气情况

年度（年）	平均气温（℃）	降雨量（mm）
2005	27.85	398.1
2006	27.91	333.0
2007	26.91	449.6
2008	28.73	223
2009	27.2	35.4

3.2 栽培管理

低洼积水，长期深灌，水浆管理不当，土壤通透性差，长期缺氧，还原性强，产生大量的有毒物质（H_2S等），毒害根系（根赤褐色，白根少，老根变黑腐烂，有恶臭味），降低稻株活力；秸秆全量还田的田块，秸秆在腐熟过程中与稻株争夺氮素，加之在无氧条件下腐烂，产生大量的有毒物质，若水浆管理措施不到位，特别干湿交替管理措施跟不上，有毒物质不能及时排出，将聚集于稻株根部，毒害根系，影响根系生长，最终导致病害发生；麦套稻田秸秆还田量少，且多在田间沟中腐熟，处于有氧状态，有毒物质产生少，再加上水管措施及时到位，发病轻。

4 防控措施

赤枯病必须坚持综合防控，以预防为主，已发病田块应依据不同发生类型采取相应措施，进行针对性的防治。

4.1 精耕细作，改良土壤

通过加深耕作层，促进土壤熟化，避免连续的免耕、套种；改造低产田，对排水不良的烂泥田，要进行改土，整治排灌系统；前茬收获后及时耕翻晒垡，提高土壤熟化程度和土壤通透性。

4.2 加强栽培管理，提高植株抗病性

适时播栽，加强水浆管理，浅水活棵，促进早发；平衡施肥，多施腐熟有机肥，增施磷、钾肥，干湿交替，适时搁田，培育壮苗；秸秆还田的田块，应适当加大基肥量，基肥、蘖肥比调为6∶4，氮素适当前移，以加速秸秆腐烂，加强水层管理，以水调气，以水调肥。

4.3 加强分类指导，及早控制发病

对缺钾田块，应补施钾肥，适当追施速效氮肥；有机质过多的发酵田块，应立即排水露田；低温阴雨期间，应及时排水，干湿交替管理，防止长期深灌。对已发病田块：一是适当增施钾肥（用量一般为7.5kg/666.7m^{2}左右），防止偏施氮肥；二是适当露田，坚持“浅—湿—干”的水浆管理模式，脱水露田，增加土壤通气性，增强根系活力，促发新根，提高根系的吸钾能力；三是喷施生长调节剂，对发病的田块于傍晚时均匀喷施磷酸二氢钾液、百施利等生长调节剂，促进秧苗快速转化。

参考文献

[1] 徐雍皋，徐敬友，陈利锋等．农业植物病理学［M］．南京：江苏科学技术出版社，1996：107~109.

[2] 曾昭慧，宗振寰，杨逸兰．植物医生手册［M］．北京：化学工业出版社，1994：42~43.

丙环唑对稻曲病菌毒力及田间药后的防病增产作用

吴庭友[1]，杨永春[2]，秦吉洋[1]，张桥[1]，张春云[1]

（1. 仪征市植保植检站，211400；2. 仪征市农林局，211400）

摘　要： 为了研究丙环唑对稻曲病菌的毒力及施药后的田间防病增产作用。采用菌丝生长抑制法测得丙环唑对稻曲病菌的毒力回归方程为：$y=5.28+1.61x$

($r^2=0.9798$)，$EC_{50}=0.67\mu g/ml$。666.7m^2用丙环唑7.5g，于破口前6d和齐穗后各用药一次，其田间病穗防效与病粒防效分别达68.20%和73.71%，可提高水稻产量10.62%。

关键词：丙环唑；稻曲病菌；毒力测定；病害控制；增产

The toxicities of Propiconazole Against *Ustilaginoidea virens* and Its Action of Controlling Disease and Increasing Yield

Wu Tingyou[1], Yang Yongchun[2], Qing Jiyang[1], Zhang Qiao[1], Zhang Chunyun[1]

(1. Station of Plant Protection and Quarantine Station of Yizheng City, Yizheng 211400; 2. Agriculture and Forestry Bureau of Yizheng city, Yizheng 211400)

Abstract: In this paper we have researched the toxicities of propiconazole against *Ustilaginoidea virens*, its action of controlling disease and increasing yield. The toxicities of propiconazole against *U. virens* were determined by the determination method of mycelium growth rate, and the toxicity equation was $y=5.28+1.61x$ ($r^2=0.9798$), and the EC_{50} value was calculated as $0.67\mu g/ml$. 7.5g propiconazole was used for once 6 days before crevasse stage and after heading stage respectively. The prevention rate of infected seed and spike were 68.20% and 73.71%, while the yield was increased 10.62%.

Key words: propiconazole; *Ustilaginoidea virens*; toxicities; disease controlling; yield increasing

水稻稻曲病是危害水稻穗粒的重要病害之一，主要造成部分籽粒发病而影响水稻产量和品质。一般年份造成减产可达20%，病害发生严重年份减产达30%以上[1]。同时，该病菌可以产生毒素，对人、畜起致呕、致幻和致畸的作用。如不能有效控制，将严重阻碍水稻安全生产。本文研究了丙环唑对稻曲病菌的毒力、对病害的田间防效及对水稻的增产效果，以期为其在生产中的应用提供理论依据。

1 材料与方法

1.1 试验材料

供试药剂：丙环唑原药、5%井冈霉素水剂；供试菌株：水稻稻曲病菌（*Ustilago virens*）；培养基：马铃薯蔗糖培养基（马铃薯200g、蔗糖20g、琼脂17g、水1 000ml）。

1.2 试验方法

1.2.1 室内毒力测定[3]

1.2.1.1 试验设计

采用菌丝生长速率法。为探索该药剂对供试菌株的作用浓度，首先进行预备试验，测定药剂的完全抑制浓度（MIC），并设置空白对照，各浓度3次重复。再根据MIC设置5个处理浓度，每个处理3次重复，设空白对照。

1.2.1.2 接种方法

在培养10d的菌落边缘打菌碟（直径6mm），并将菌碟接入设置好的含药培养基上，28℃黑暗培养。接种后14d用十字交叉法测量菌落直径，计算各浓度下的抑制率，查表获得几率值。建立几率值和浓度自然对数回归方程（即毒力回归方程），计算EC_{50}。

1.2.1.3 含药培养基的制备

将药剂配制成500μg/ml母液备用。取100ml三角瓶，每瓶30ml培养基，灭菌后加入母液，梯度稀释成含药培养基。每瓶含药培养基倒3个培养皿，制成含药平板。

1.2.1.4 数据处理与统计方法

根据平均菌落直径，建立以浓度的自然对数值为自变量X，抑制率的几率值为变量Y的回归方程（毒力回归方程），计算该药剂对稻曲病菌的EC_{50}。

抑制率(%)=[(对照菌落直径-处理菌落直径)/(对照菌落直径-菌碟直径)]×100

将抑制率换算成几率值（纵坐标）将浓度换成自然对数（横坐标），根据最小二乘法求取EC_{50}。

1.2.2 田间防效与增产作用[4]

1.2.2.1 试验设计

试验共设5个处理：(1) 丙环唑4.5g；(2) 丙环唑6.0g；(3) 丙环唑7.5g；(4) 井冈霉素15g；(5) 清水对照。每处理各3次重复，随机区组排列。选择常年水稻稻曲病发生较重的田块，划分为15个小区，每小区面积$100m^2$。试验田块连片种植，肥水管理一致，施药时水稻长势均匀。

1.2.2.2 施药时间与方法

8月26日（破口前6d）第一次施药；水稻齐穗后（第一次施药后13d）第二次施药，每$667m^2$对水50kg手动均匀喷雾，清水对照，其他水肥管理与病虫防治与周围大田一致。

1.2.2.3 数据调查与处理

病情稳定后，采用双行直线取样法，每小区取5点，每点查20穴。调查病穗数、病粒数，计算防效。

病穗防效(%)=[(对照区病穗率-处理区病穗率)/对照区病穗率]×100

病粒防效(%)=[(对照区每穗病粒数-处理区每穗病粒数)/对照区每穗病粒数]×100

于水稻成熟期，每小区5点取样，每点取5穴，调查有效穗数、穗粒数及千粒重，进行产量比较。

2 结果分析

2.1 丙环唑对稻曲病菌的毒力测定

将丙环唑原药配成分别含10μg/ml、5μg/ml、2.5μg/ml、1.25μg/ml、0.625μg/ml 5个梯度浓度的含药平板，以不加药的培养基平板接菌作对照，接种14d后，含药培养基上的菌落明显小于对照（图1），平均抑制率分别为96.82%、92.12%、85.75%、61.27%和49.79%（表1）。根据表1结果，得到毒力回归方程$y=5.28+1.61x$ ($r^2=0.9798$)，

$EC_{50}=0.67\mu g/ml$。

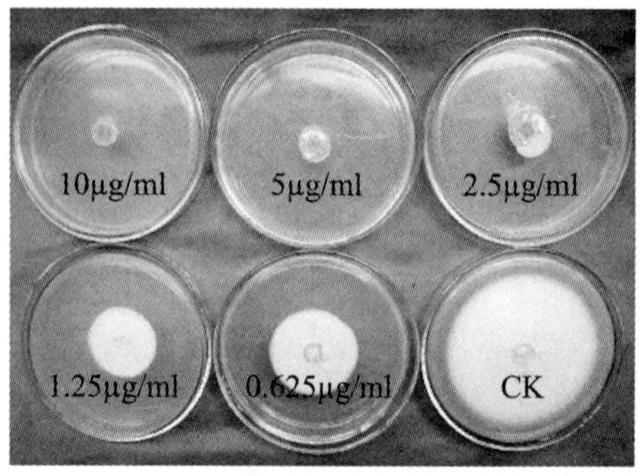

图1　不同浓度丙环唑对稻曲病菌的抑制作用

表1　丙环唑对稻曲病菌的毒力测定结果

处理浓度（μg/ml）	菌落直径（cm）	抑制率（%）
10	0.83	96.82 A
5	1.17	92.12 AB
2.5	1.63	85.75 B
1.25	3.40	61.27 C
0.625	4.23	49.79 D
CK	7.83	—

2.2　丙环唑对稻曲病的田间防效

第二次药后30d左右，病情趋于稳定。调查结果表明，丙环唑对稻曲病有很好的防治效果，4.5g、6.0g和7.5g对病穗的防效分别为43.68%、52.89%和68.20%，而对病粒的防效分别高达62.62%、66.95%和73.71%，均显著高于对照药剂（表2）。

表2　丙环唑对稻曲病的田间防效

处理	病穗数（穗）	病穗防效（%）	病粒数（粒）	病粒防效（%）
丙环唑 4.5g	110.0	43.68 C	181.3	62.62 BC
丙环唑 6.0g	92.0	52.89 B	160.3	66.95 B
丙环唑 7.5g	62.1	68.20 A	127.5	73.71 A
5%井冈霉素300ml	124.3	36.35 D	204.3	57.88 C
清水	195.3	—	485.0	—

2.3　丙环唑对水稻的增产效果

水稻成熟期测产，以7.5g处理产量最高，达553.35kg/666.7m^2，较清水对照增产达10.62%，同时其增产效果要显著好于生产上的常用药剂井冈霉素。分析构成产量的各因子发现，使用丙环唑主要是增加了每穗的实粒数，几个处理的穗粒数都显著高于清水对照。

表3　丙环唑对水稻的增产作用

处理	穗数（万穗/666.7m²）	穗粒数（粒）	千粒重（g）	产量（kg/666.7m²）	增产（%）
丙环唑 4.5g	22.09 A	91.82 BC	25.92 A	525.74 BC	5.10
丙环唑 6.0g	21.80 A	93.64 AB	26.13 A	533.41 B	6.63
丙环唑 7.5g	21.84 A	96.19 A	26.34 A	553.35 A	10.62
5%井冈霉素 300ml	21.68 A	92.32 B	26.03 A	520.99 C	4.15
清水	22.01 A	87.82 C	25.88 A	500.24 D	—

3　小结与讨论

丙环唑对稻曲病菌有很好的抑制作用，其 EC_{50} 为 0.67μg/ml。大田施用丙环唑能起到很好的控病增产效果，药后 30d 调查病穗数显著低于清水对照和常用药剂井冈霉素，且最终 7.5g 丙环唑处理可增产 10.62%。通过分析数据发现，虽然药后 30d 清水对照的病穗数要显著高于药剂处理，但穗数/666.7m² 各处理间差异并不显著，这可能是由于作物自身的补偿作用，当有稻穗受病菌侵染或成枯白穗时，本来的一些无效分蘖由于获得充足的营养而形成了有效穗。而产量差异是由穗粒数造成的，后期由无效穗转成的有效穗其每穗实粒数要比正常有效穗少得多，因此影响了结实率。

参 · 考 · 文 · 献

[1] 陈利锋，徐敬友．农业植物病理学（第三版）［M］．北京：中国农业出版社，2007.

[2] 黄世文，余柳青．国内稻曲病的研究现状［J］．江西农业学报，2002，14（2）：45～51.

[3] 林琳，叶正和，高同春．水稻稻曲病菌药剂室内生物测定和筛选［J］．安徽农业科学，2008，36（4）：1 482～1 483.

[4] 丁士银，肖满开，唐学友等．25%丙环唑 EC 防治水稻稻曲病和纹枯病效果与增产作用［J］．现代农药，2008，7（4）：55～56.

24%雷通悬浮剂防治水稻二化螟用药适期的研究

吴庭友[1]，王德江[1]，秦吉洋[1]，张春云[1]，刘金伟[2]，翁爱平[2]

（1. 仪征市植保植检站，211400；2. 仪征市新集镇农业综合服务中心，211400）

摘　要： 试验结果表明：24%雷通悬浮剂防治水稻二代二化螟，卵孵高峰期喷药杀虫效果、保穗效果最好，每公顷使用 420ml 防效分别为 88.5%、77.5%。

关键词： 24%雷通悬浮剂；甲氧虫酰肼；二化螟；用药适期

24%雷通悬浮剂是美国陶氏益农有限公司研制的一种促进鳞翅目幼虫脱皮新型仿生杀虫剂，对水稻二化螟（*Chilo suppressalis* Walker）防治效果较好，但大面积应用后，不同时期用药，防效表现不一，为明确最佳用药时期，笔者于2007年8月进行了田间用药适期试验研究。

1 材料与方法

1.1 供试药剂

24%雷通悬浮剂，通用名为甲氧虫酰肼（陶氏益农有限公司提供）。

1.2 试验设计

试验各处理均用24%雷通悬浮剂420ml/hm²，设4个处理：①卵孵始盛期用药；②卵孵高峰期用药；③2龄幼虫高峰期用药；④清水对照（CK，未用药）。随机区组排列，4次重复，小区面积47m²，小区间筑小埂隔离，灌排水分开。

1.3 试验地概况

试验地选择安排在仪征市朴席镇土沟村严桥组一农户责任田，面积2 500m²，土质为沙底淤泥土，pH值7.2。土壤有机质2.4%。供试作物为杂交水稻，品种为丰优香占。试验田二代二化螟中等偏重发生。

1.4 施药方法和时间

施药采用西班牙产MATABI背负式手动喷雾器常规喷雾。喷液量675kg/hm²。8月3日上午7~8点第一期处理进行喷药（晴天，2级风，27~33℃）；8月7日上午7~8点第二期处理进行喷药（晴，2级风，25~32℃，药后6h遇短时小阵雨）；8月15日上午7~8点第三期处理进行喷药（晴，2级风，28~36℃）。8月14日、23日分别遇雷阵雨。药后田间水层约2cm五天。

1.5 调查内容与统计方法

8月28日，螟害定局，从根部拔除小区内全部白穗（包括枯孕穗），并带回室内剥查活虫，分别计数。然后计算白穗率、残虫密度、杀虫效果和保穗效果。同时对防效数据进行方差分析，并用DMRT法进行多重比较，列出结果。

2 结果与分析

2.1 对作物的安全性

药后至试验结束多次观察和调查，均未发现试验田水稻有药害症状表现。

表1 24%雷通悬浮剂不同时期防治二代二化螟试验效果

处理	杀虫效果			保穗效果		
	%	显著性		%	显著性	
		0.05	0.01		0.05	0.01
卵孵始盛期喷药	78.8	a	A B	75.6	a	A

续表

处理	杀虫效果			保穗效果		
	%	显著性		%	显著性	
		0.05	0.01		0.05	0.01
卵孵高峰期喷药	85.5	a	A	77.5	a	A
2 龄幼虫高峰期喷药	62.7	b	B	49.2	b	B
CK（未用药）	4 603.1 头活虫/亩			3.96%（白穗率）		

2.2 杀虫效果

为害定局后调查，结果表明（表 1）：卵孵高峰期喷药处理杀虫效果最高，达 85.5%，其次为卵孵始盛期喷药处理，为 78.8%，方差分析结果表明，两处理间差异不显著；2 龄幼虫高峰期喷药处理杀虫效果最低，为 62.7%，显著低于卵孵始盛期喷药处理，极显著低于卵孵高峰期喷药处理。

2.3 保穗效果

卵孵始盛期喷药和卵孵高峰期喷药两个处理保穗效果较高，分别达 75.6%、77.5%，差异不显著；2 龄幼虫高峰期喷药处理保穗效果差，仅 49.2%（表 1）。方差分析结果表明，极显著低于卵孵始盛期喷药和卵孵高峰期喷药两个处理。

3 小结

3.1 24% 雷通悬浮剂对水稻生长安全。

3.2 24% 雷通悬浮剂每公顷使用 420ml 防治二代二化螟于卵孵高峰期喷药杀虫效果、保穗效果最好，卵孵始盛期喷药略次，2 龄幼虫高峰期喷药效果很差。大面积示范和推广 24% 雷通悬浮剂防治二代二化螟应掌握在卵孵高峰期用药，不宜往后推迟。

氯虫苯甲酰胺在仪征丘陵地区杂交籼稻稻纵卷叶螟和螟虫防治上的综合效应

张桥[1]，张春云[1]，杨永春[2]，吴永方[1]，糜俊[3]

（1. 仪征市植保植检站，211400；2. 仪征农林局，211400；
3. 仪征市大仪镇农服中心，211400）

摘　要： 综合仪征丘陵地区杂交籼稻布局、稻纵卷叶螟和螟虫（二化螟、大螟）的发生特点、防治概况以及 20% 氯虫苯甲酰胺 SC（康宽）的分别防效，讨论分析氯虫苯甲酰胺在仪征丘陵地区杂交籼稻稻纵卷叶螟和螟虫防治上的应用模式和综合效应，得出氯虫苯甲酰胺在仪征丘陵地区杂交籼稻病虫防治上应用的最佳时段为 8 月上、中旬，防治五（3）稻纵卷叶螟、二代二化螟，同时兼治三代大螟，可以最大效率地发挥出氯虫苯甲酰胺高效持效和一药多治的优势，最大程度地降低使用成本，并减轻对生态环境的压力，其性价比和各项综合效应最高。

关键词： 氯虫苯甲酰胺；杂交籼稻；稻纵卷叶螟；二化螟；大螟；综合效应

氯虫苯甲酰胺（康宽）是由杜邦公司研制开发的新型杀虫剂，对鳞翅目等害虫具有优异的活性，防治水稻稻纵卷叶螟和水稻螟虫以其高效持效的特点近两年在全国迅速掀起了一股应用热潮，大部分地区均应用于稻纵卷叶螟防治。仪征丘陵地区水稻布局以杂交籼稻为主，稻纵卷叶螟和水稻螟虫（二化螟、大螟）混发，氯虫苯甲酰胺对稻纵卷叶螟和水稻两种螟虫防治效果如何，笔者通过两年来氯虫苯甲酰胺防治稻纵卷叶螟和水稻螟虫试验示范结果对其在丘陵地区杂交籼稻的综合应用效应作如下分析探讨。

1 仪征丘陵地区杂交籼稻稻纵卷叶螟和螟虫发生特点

1.1 稻纵卷叶螟

受丘陵地区水源条件制约，粳稻发展困难，杂交籼稻是该地区水稻主要种植类型，约占总面积的90%以上，由于其生育期较早（一般4月底至5月初落谷，8月上、中旬抽穗，9月底成熟收割），因此稻纵卷叶螟的发生危害表现了与在粳稻上不一样的发生特点，一般年份六（4）代难以造成有效为害（叶片老健），五（3）代是杂交籼稻上的主害代，造成产量损失最大，常年发生时间在7月底至8月初。

1.2 螟虫（二化螟、大螟）

由于丘陵地区籼粳并存的水稻布局，品种类型多，生育期复杂，螟虫一直是该地区常发性虫害，常年发生较重，也是江苏省为数不多的重发生地区。二化螟一年发生二代（有些年份有不完全三代），大螟一年三代，其中以二代二化螟和三代大螟对水稻产量影响最大，造成枯孕穗、白穗和虫伤株，其最大的防治难点在于发生期不整齐，峰次多，峰期长，二代二化螟和三代大螟发生时间又不一致（二化螟卵孵高峰期一般在8月上、中旬，大螟在8月中旬后），生产上难以开展一次性兼治，且大螟在大部分田块虫口密度还没有上升到需要单独开展防治的程度（2009年白穗率一般 $<0.02\%$），生产上统筹兼顾的难度大。

2 氯虫苯甲酰胺对稻纵卷叶螟、二化螟和大螟的防治效果

2.1 氯虫苯甲酰胺对稻纵卷叶螟的防治效果

2008—2009年两年多点多代别试验示范结果表明，氯虫苯甲酰胺防治稻纵卷叶螟具有高效持效的特点，保叶效果更是随时间推迟而越发显著。药剂作用速度较慢，速效性一般，$667m^2$用量10ml药后3～4d杀虫效果70%左右，药后14d，防效基本维持在90%左右（表1），显著超过目前生产上使用的常规药剂。2009年氯虫苯甲酰胺$667m^2$用量10ml防治五（3）代稻纵卷叶螟试验药后多天系统调查结果表明：氯虫苯甲酰胺对稻纵卷叶螟有较好的持效性，显著高于对照药剂氟虫腈（锐劲特）50ml（图1）。

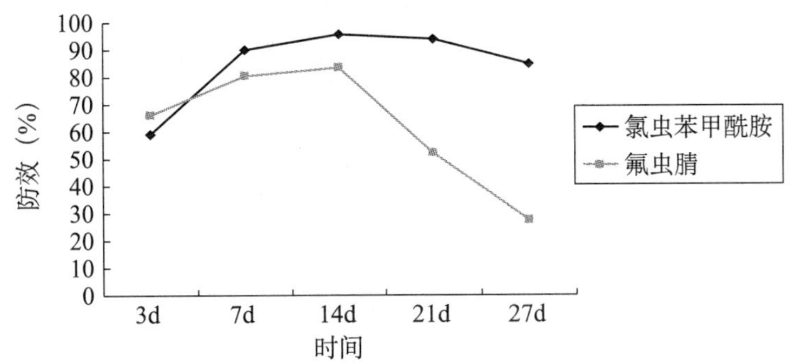

图1　氯虫苯甲酰胺防效（杀虫效果）消长图（江苏省仪征市2009）

2.2　氯虫苯甲酰胺对二化螟的防治效果

2009年氯虫苯甲酰胺等防治杂交籼稻二代二化螟试验结果表明，药后25d杀虫效果96.83%，显著高于对照药剂氟虫腈（锐劲特）和三唑磷+毒死蜱复配剂（千刀）两个处理（90.12%、92.13%）。保穗效果为96.28%，显著高于对照药剂氟虫腈和三唑磷+毒死蜱复配剂处理（89.06%、91.76%）（表2）。2008年氯虫苯甲酰胺等防治二代二化螟大区示范结果也表现出了同样优异的防治效果，药后24d 667m^2用量10ml杀虫效果达90.12%～93.87%，平均92.01%；明显高于对照药剂5%氟虫腈SC（锐劲特）50ml/667m^2（84.67%～86.81%，平均85.81%）；保穗效果达87.94%～92.78%，平均90.58%；显著高于氟虫腈（70.74%～75.61%，平均73.50%）（表3）。

表1　2008—2009年氯虫苯甲酰胺SC（康宽）防治稻纵卷叶螟效果

地点：仪征市

年份（年）	代别	杀虫效果（%）			保叶效果（%）
		3d	7d	14d	14d
2008	四（2）	60.19	76.92	—	88.34
	五（3）	70.93	82.07	—	90.97
	六（4）	64.86	73.64	86.92	87.33
2009	四（2）	—	80.27	91.41	87.19
	五（3）	59.09	90.20	95.70	79.49
	六（4）	63.73	73.33	—	84.29

表2　2009年氯虫苯甲酰胺SC（康宽）防治二化螟效果

地点：仪征市

处理		药后25d	
（ml/667m^2）		杀虫防效（%）	保穗防效（%）
氯虫苯甲酰胺200SC	10	96.83	96.28
锐劲特50SC	50	90.12	89.06
千刀25%	100	92.13	91.76

注：空白对照白穗率3.10%，667m^2虫量10 697头。

表 3 2008 年氯虫苯甲酰胺 SC（康宽）防治二化螟示范效果

地点：仪征市

示范户主	处理 (ml /667m²)	杀虫效果		保穗效果	
		残虫头数/667m²	防效（%）	白穗数/667m²	防效（%）
谢集乡 吴 琴	康宽 200SC 10	1 357.3	92.05	222.0	91.03
	5% 锐劲特 50	2 617.8	84.67	724.0	70.74
	CK	17 071.9	—	2 474.2	—
谢集乡 陈广荣	康宽 200SC 10	1 857.6	90.12	314.9	87.94
	5% 锐劲特 50	2 431.1	86.81	637.0	75.61
	CK	18 806.1	—	2 611.9	—
谢集乡 陈永山	康宽 200SC 10	1 130.6	93.87	189.1	92.78
	5% 锐劲特 50	2 594.4	85.94	677.0	74.14
	CK	18 455.9	—	2 617.9	—

注：空白对照白穗率 1.75% ~1.84%。

2.3 氯虫苯甲酰胺对大螟的防治（兼治）效果

2009 年在实施浙江大学《江苏省单季稻区水稻主要害虫发生规律及防治对策研究》试验项目时，意外发现该田块（品种为淮稻 9 号）大螟发生为害较重，对照区白穗率为 7.86%，处理区轻重不一，其中氯虫苯甲酰胺 10ml 用药区为 3.04%，对照防效为 61.32%，20% 甲维·毒死蜱可湿粉 100g 用药区白穗率为 5.36%，对照防效仅为 31.81%，该田块用药时间为 8 月 3 日，大螟卵孵高峰在 8 月 15 日以后，距适期用药提前了 10 天以上，但仍表现了较高的兼治效果，表明氯虫苯甲酰胺对大螟不仅表现防治效果好，而且持效明显。

3 讨论

3.1 综合上述分析，氯虫苯甲酰胺对稻纵卷叶螟、二化螟、大螟均有十分优异的防治和兼治效果，显著优于其他药剂，且持效期长，对在某一时段开展三虫同时兼治有较好的针对性，可以有效减少用药种类和次数。

3.2 以药剂特性对应虫情特点可以看出，氯虫苯甲酰胺在仪征丘陵地区杂交籼稻稻纵卷叶螟和水稻两种螟虫防治上有很强的应用优势，其最佳应用期在 8 月上、中旬，防治五（3）稻纵卷叶螟、二代二化螟，同时兼治三代大螟，可以最大效率地发挥出氯虫苯甲酰胺高效持效和一药多治的效能，最大程度降低使用成本，并可减轻对生态环境的压力，提高农产品质量，也符合尽可能减少农药使用次数、交替使用以延缓抗性产生的农药使用要求。

稻纵卷叶螟性诱剂在系统测报中的应用效果与评价

张春云，奚本贵，张桥，王德江，吴庭友，秦吉洋

（仪征市植保植检站，211400）

摘 要：2009 年稻纵卷叶螟性诱剂应用于系统测报，结果表明：性诱剂测报效果良

好，迁入代首次迁入明显，成虫峰次显著，诱集效果优于佳多虫情监测灯，省工易鉴别，一定程度上可减轻测报人员的田间工作量，是一种比较理想的监测工具。

关键词： 纵卷叶螟性诱剂；系统测报；应用效果；评价

性诱剂是一种人工合成的昆虫体外信息激素。近年来随着科技开发力度的加大，多种多样的昆虫性诱剂不断开发出来，蔬菜、经作类害虫如小菜蛾、斜纹夜蛾、小地老虎等各类性诱剂已广泛应用于害虫测报，取得了理想的预报效果。水稻害虫性诱剂研究也已起步，二化螟性诱剂在全国南方稻区应用普遍，江西、广西等省份主产稻区除把二化螟性诱剂用于测报外，还广泛应用于大面积防治。稻飞虱、稻纵卷叶螟等两迁害虫性诱剂正在逐步开发和试验，2009 年笔者首次应用稻纵卷叶螟性诱剂进行系统测报，其目的是探讨水稻稻纵卷叶螟性诱剂在系统测报中的应用效果与推广前景。经过 3 个多月的系统调查和分析，取得了初步的试验结果。

1 材料与方法

1.1 供试材料

①黏胶诱捕器与诱芯（浙江宁波纽康生物技术有限公司提供）。

②佳多灭虫灯一盏（湖南佳多工贸有限公司生产，自购）。

③系统观察田 3 块，分别为杂交中籼稻、中粳稻、直播稻 3 种类型；1.5m 长赶蛾竹竿 1 根。

1.2 试验处理

试验共设 3 个处理，安排在仪征市新城镇林果村蒋云组同一水稻连片种植生态区域内，处理 1：黏胶诱捕器与诱芯；处理 2：虫情系统观察灯；处理 3：稻纵卷叶螟田间系统赶蛾观察圃。处理 1 共放置 3 个诱捕器，呈三角形分布，每个诱捕器与田边距离 2.5 ~ 3m，诱捕器离地面高度根据水稻生长情况确定，先后调整 3 次，总体距离 0.5 ~ 1m；诱芯每 20 ~ 25d 更换一次。处理 2 安排在相邻田块内，面积 1 666.75m^2，与 3 个诱捕器的距离均在 120m 以上。处理 3 为 3 块系统观察圃，面积 1 333.4m^2，均呈长条形，每天赶蛾 66.7m^2。

1.3 监测时间

监测时间从 6 月 10 日开始，直至六（4）代稻纵卷叶螟发生期结束（9/20），前期无稻苗或在稻苗较小的情况下，赶蛾则在附近草地上进行，稻田见蛾后草地赶蛾停止。试验实施后，坚持每天调查和观察，并将每天调查结果填入相应表格。

2 试验结果

2.1 三（1）代（6 月 10 ~ 20 日）

从 6 月 10 ~ 20 日，粘胶诱捕器、虫情观察灯、草地赶蛾 3 个处理均未查见。

2.2 四（2）代（6月21日至7月20日）

2.2.1 首次诱见时间

性诱剂6月29日；草地赶蛾6月29日；虫情观察灯未见迁入。

2.2.2 诱集和赶蛾虫量

性诱剂15头，草地赶蛾（6月29日至7月5日）130头，7月5日后转查稻田，杂交稻每66.7m²累计15头，中粳稻28头，直播稻10头；虫情观察灯0头。

2.2.3 成虫峰次

性诱剂6月29日出现一峰，峰日虫量6头，平均单盆2.0头，占二代诱虫量的40%；草地赶蛾6月29日同样出现一峰，峰日虫量每66.7m² 7头，与性诱剂诱测结果一致；7月5日后转入稻田调查，系统田粳稻7月14～15日出现一小峰，两天虫量累计10头，性诱剂7月14～20日3个诱捕器均为0，未反映出来（图1、图2）。

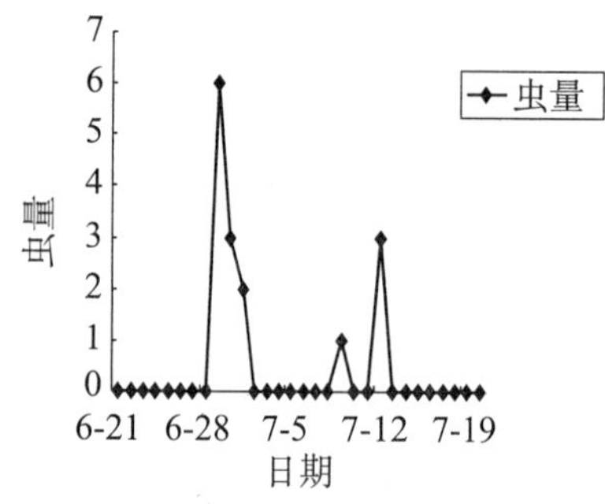

图1 性诱剂四（2）代诱虫消长规律

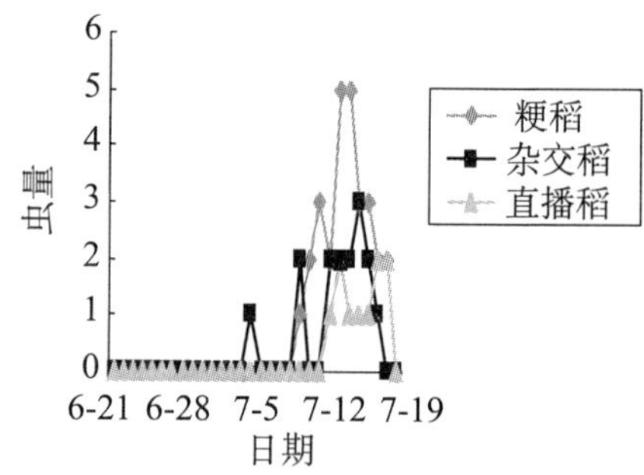

图2 系统田块四（2）代田间赶蛾消长规律

2.3 五（3）代（7月21日至8月20日）

2.3.1 首次诱见时间

性诱剂7月23日；虫情观察灯未见迁入。

2.3.2 诱集和赶蛾虫量

性诱剂124头，稻田赶蛾（7月21日至8月20日）杂交稻每66.7m²333头、粳稻626头、直播稻167头；虫情观察灯0头。

2.3.3 成虫峰次

性诱剂7月23日诱集5头，出现一个较明显的峰次，平均单盆1.67头；8月1日诱集12头，出现第二个蛾峰，后峰高于一峰虫量7头；8月5～7日出现第三个蛾峰，3天诱蛾量25头；8月14～17日出现第四个蛾峰，4天蛾量为58头，高出前3个蛾峰总量12头。稻田赶蛾，五（3）代杂交稻蛾量7月22日开始上升，7月23日出现蛾峰，并一直维持到7月28日，蛾主峰显著，8月6～7日、11～14日分别出现第二个、第三个蛾峰，但峰日虫量均没有一峰虫量高；移栽粳稻蛾峰时间和杂交稻趋势基本一样，但蛾量高于杂交稻；直播稻田蛾量尽管偏少，但蛾峰还较明显；虫情观察灯未诱见成虫（图3、图4）。

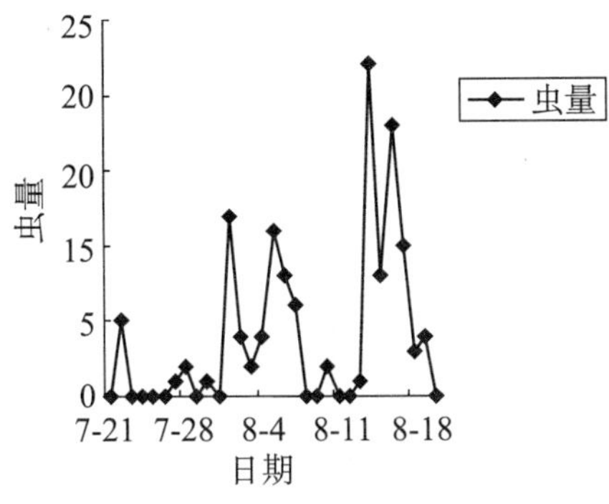

图3　性诱剂五（3）代诱虫消长规律

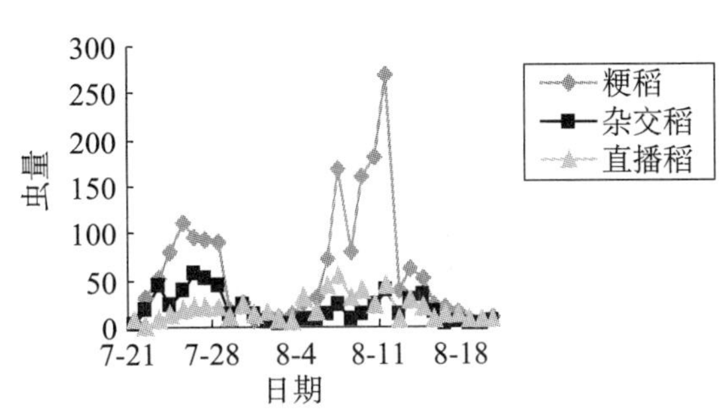

图4　系统田五（3）代田间赶蛾消长规律

2.4　六（4）代（8月21日至9月20日）

2.4.1　首次诱见时间

性诱剂8月21日；虫情观察灯未见迁入。

2.4.2　诱集和赶蛾虫量

性诱剂152头，移栽粳稻8月21日至9月5日（齐穗）稻田赶蛾671头/666.7m^2，直播稻1 705头/666.7m^2；虫情观察灯1头。

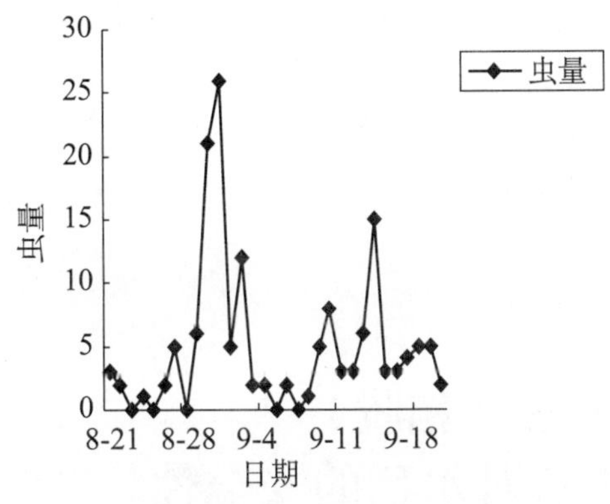

图5　性诱剂六（4）代诱虫消长规律

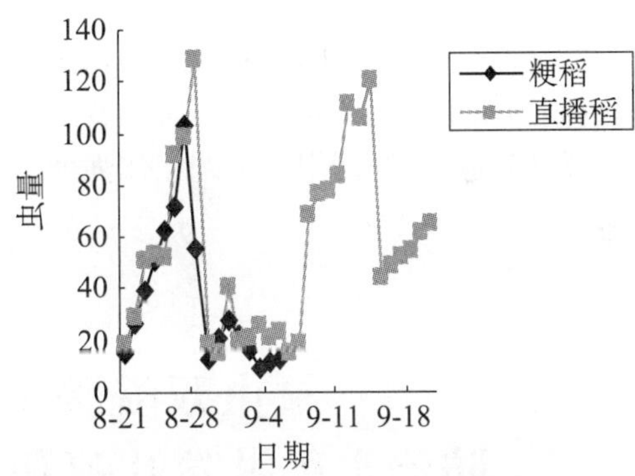

图6　系统田六（4）代田间赶蛾消长规律

2.4.3　成虫峰次

性诱剂8月30～31日诱集47头，出现第一个蛾峰，也是成虫主峰；9月13～14日出现第二个蛾峰，两天虫量21头，不足一峰虫量的50%。田间系统赶蛾，移栽粳稻8月23日蛾量开始上升，8月27日出现蛾主峰，当日蛾量103头/66.7m^2；迟熟直播稻田间发蛾趋势和移栽粳稻相似，只不过发蛾二峰比一峰时间长、蛾量大（图5、图6）。

3　评价分析

通过2009年的首次实践，浙江宁波纽康生物技术有限公司开发研制的粘胶船形诱捕器与诱芯用于水稻稻纵卷叶螟系统测报效果良好：一是用于纵卷叶螟首次迁入效果明显，2009年四（2）代（迁入代）虫情监测中性诱剂诱见时间和草地赶蛾结果一致；二是性诱剂诱测成虫峰次效果显著，无论是四（2）代、五（3）代、六（4）代第一个成虫峰次或主峰次比较明显，基本和田间调查相吻合；三是性诱剂诱测效果显著优于佳多虫情监测灯，同步监测结果表明，佳多虫情监测灯下只诱见1头成虫，效果很不理想，而性诱剂诱虫量多、蛾峰显著；四是性诱剂诱测效果与天气（降雨、风向）关系较为密切，从系统调查资料上看，性诱剂诱虫诱见的时间与虫量均和降雨有关，遇雨日或雨量较大时诱虫数量相对较多，反之则减少；诱捕器不同方位诱虫数量也有差别，3个诱捕器正三角形放置，四（2）代、五（3）代东南方向的诱捕器诱虫数量偏多，六（4）代西南方向数量逐渐增多（表1）。

表1　2009年不同位置性诱剂盆诱虫数量比较

地点：仪征市

代别	东南方向		中北方向		西南方向	
	诱虫数量	所占比例%	诱虫数量	所占比例%	诱虫数量	所占比例%
四（2）	8	53.3	6	40	1	6.7
五（3）	51	41.1	28	22.6	45	36.3
六（4）	69	45.7	32	21.2	50	33.1

多年以来稻纵卷叶螟系统测报一直依赖一盏灯、一根竹竿和1～2块系统田。灯下早上必先取虫后看虫，遇到刮风下雨天，监测灯结水，鳞片受损，害虫种类难以辨清，特别是近年来城区开发力度的加大，为了避开城区光源的影响，虫情监测灯往往安置在偏僻地区，路程远，工作不方便。田间调查于每天早上9点前下田，夏天一身汗水，秋天一身露水，大普查或实施田间试验时，调查时间只得向后推迟，工作繁琐，辛苦程度高。由于性诱剂监测诱集害虫针对性强，害虫鉴别方法简单群众易学，乡镇测报点容易接受，这样可大大减轻基层一线测报人员的工作强度，提高测报的准确性。

氟虫双酰胺·阿维菌素（稻腾）防治水稻纵卷叶螟和二化螟及对水稻的安全性

张春云，王德江，奚本贵，赵阳，张桥，秦吉洋，吴庭友

（仪征市植保植检站，211400）

摘　要： 10%氟虫双酰胺·阿维菌素SC防治水稻纵卷叶螟速效性较好，用量增加速效性越好；持效期较长，药后14d杀虫效果90%以上，保叶效果超过80%，与氯虫苯甲酰胺相当，显著优于氟虫腈和阿维菌素；防治二代二化螟，卵孵盛期用药效果优秀，杀虫和保穗效果超过95%；对水稻安全。

关键词： 氟虫双酰胺·阿维菌素；稻纵卷叶螟；二化螟；效果；安全性

稻纵卷叶螟、二化螟是仪征地区水稻生产上重要害虫。稻纵卷叶螟为迁飞性害虫之

一，2000 年以来 2003 年、2005 年、2006 年、2007 年、2008 年大发生，2000 年、2001 年、2004 年、2009 年中等至中等偏重发生，如果不防治，每年全市因此造成的损失将在 5 000 万 kg 以上。二化螟是重要的内源性害虫，仪征市由于籼粳混栽，寄主丰富，桥梁田多，常年发生均很重，是扬州市乃至全省丘陵重发地区之一。氟虫腈以其高效、持效、性价比高等诸多优点，从 20 世纪 90 年代末期开始广泛使用，深受基层广大农民赞誉和认可。但是，随着使用时间的不断延长，氟虫腈防效逐步下降，用量增加，防治成本不断增高，2008 年稻纵卷叶螟、二化螟防效已降至 80% 以下，有时试验结果还不到 60%。2009 年 10 月 1 日起，氟虫腈以其对环境的负面影响而退出销售市场。为探寻有效的防治药剂，切实解决生产问题，2009 年笔者开展了 10% 氟虫双酰胺·阿维菌素（稻腾）SC 防治水稻纵卷叶螟和二化螟田间小区药效及安全性试验，以进一步验证该产品对水稻纵卷叶螟和二化螟的田间药效和安全性，确定合理使用剂量与防治适期，为大面积推广提供依据。

1 材料与防法

1.1 供试药剂与设计

10% 氟虫双酰胺·阿维菌素 SC（稻腾）、24% 氟虫双酰胺 WDG（垄歌）、5% 氟虫腈（锐劲特）SC：德国拜耳（中国）作物科学有限公司提供；20% 氯虫苯甲酰胺（康宽）SC：美国杜邦公司生产；1.8% 阿维菌素 EC：河北威远生物股份有限公司生产；25% 三唑磷 + 毒死蜱（千刀）EC：江苏丰山集团有限公司生产。

稻纵卷叶螟试验设 8 个处理，如表 1 所示。

表 1　2009 年稻纵卷叶螟试验设计

地点：仪征市

编号	药剂	施药剂量（制剂量）（ml/667m²）	施药量（有效成分量）（ml/hm²）
1	氟虫双酰胺·阿维菌素	20	20 + 10
2	氟虫双酰胺·阿维菌素	30	30 + 15
3	氟虫双酰胺·阿维菌素	40	40 + 20
4	氟虫双酰胺	8.3	29.88
5	氯虫苯甲酰胺	10	15
6	氟虫腈	50	37.5
7	阿维菌素	80	21.6
8	空白对照	—	—

小区面积：30m²（长 6m，宽 5m），重复 3 次，随机排列，小区间筑埂隔离。

二化螟试验同样设 8 个处理，如表 2 所示。

表 2　二化螟试验设计

地点：仪征市

编号	药剂	施药剂量（制剂量）（ml/667m²）	施药量（有效成分量）（ml/hm²）
1	氟虫双酰胺·阿维菌素	20	20 + 10
2	氟虫双酰胺·阿维菌素	30	30 + 15
3	氟虫双酰胺·阿维菌素	40	40 + 20

续表

编号	药剂	施药剂量（制剂量）（ml/667m²）	施药量（有效成分量）（ml/hm²）
4	氟虫双酰胺	8.3	29.88
5	氯虫苯甲酰胺	10	15
6	氟虫腈	50	37.5
7	三唑磷+毒死蜱	100	375
8	空白对照	—	—

小区面积：49.3m² （长8.6m，5.73m），重复3次，随机排列，小区间筑埂隔离。

1.2 试验概况

稻纵卷叶螟试验安排在真州镇农歌村镇农服中心站办农场内，面积2 770m²，水稻品种为武运粳23号，6月18日机插，6月底用30%噻·异（奇侠）EC50ml加40%毒·辛（网定）80ml对水10kg弥雾防治二代灰飞虱。试验于2009年8月4日施药，五（3）代纵卷叶螟处于1~2龄幼虫高峰期，试验全过程仅用药一次；施药当天阴，西南风2级左右，最低温度23℃，最高温度27℃，药后4h遇零星小雨，第2天阵雨，7月8~9日大到暴雨转中雨。

二化螟试验安排在新城镇农科村一种田大户，面积1 200m²，前茬小麦，水稻品种为常规中籼稻扬稻6号。2009年8月2日施药，水稻生育期正处于圆秆拔节后期，试验主治对象二代二化螟正在卵孵高峰期，也是大面积开展防治的最佳时期。试验实施时每666.7m²药液中另加了12%井冈·蜡芽菌100g防治水稻纹枯病。试验当日阴有阵雨，偏东风2级左右，最高温度28℃，最低温度24℃，施药期间遇10min左右阵雨，后4d无雨。

1.3 调查方法

1.3.1 安全性调查

药后1d、3d、7d、15d目测各处理区水稻生长有无异常及药害症状及等级。

1.3.2 药效调查

稻纵卷叶螟试验于药后3d、7d、14d每小区五点取样，每点4穴，计20穴，调查残留活虫，第三次同时调查束叶数，分别折算成百穴虫量和百穴束叶数，与空白对照比计算相对防效，并用DMRT法进行方差分析。

二化螟于危害定局后从水稻根部拔除小区内全部白穗（包括枯孕穗），剥查全部活虫（白穗超过100穗的随机取100穗剥查，计算带虫量），折算该小区总虫量。根据小区白穗数、残留虫量，与对照比计算杀虫效果和保穗效果，统计分析方法同上。

2 试验结果

2.1 对水稻的安全性

药后1d、3d、7d、15d目测，稻纵卷叶螟、二化螟试验各处理区水稻生长正常，无任何药害症状表现，与空白对照区稻株相比无明显差异。

2.2 防治效果

2.2.1 稻纵卷叶螟

药后3d，氟虫双酰胺·阿维菌素从低量到高量三个处理防效分别为54.07%、68.45%、77.79%，高量处理和单剂氟虫双酰胺相当，均不及阿维菌素80ml（88.68%）处理，中量处理与氯虫苯甲酰胺（60.58%）、氟虫腈（67.02%）差异不显著，高量处理显著优于氯虫苯甲酰胺和氟虫腈。

药后7d，试验药剂氟虫双酰胺·阿维菌素防效上升，分别为85.56%、86.88%、89.98%，与氟虫双酰胺单剂（83.03%）、氯虫苯甲酰胺（89.95%）差异不显著；对照药剂阿维菌素防效有所下降（81.36%），氟虫腈上升幅度不大（76.98%），试验药剂与其相比，存在显著相关性。

药后14d，试验药剂杀虫效果继续稳定在90%以上，分别为91.26%、95.66%、95.7%，中量、高量处理和氟虫双酰胺（94.52%）、氯虫苯甲酰胺（95.7%）差异仍不显著，低量处理和对照药剂氟虫腈相当，均极显著优于另一对照药剂阿维菌素（87.36%）。

束叶危害调查，试验药剂保叶效果与杀虫效果相比，防效有所下降，分别为75.52%、82.36%、85.24%，中量处理和氟虫双酰胺（81.95%）、氟虫腈（79.73%）、阿维菌素（80.76%）差异不显著；高量处理和氯虫苯甲酰胺相当，优于对照药剂氟虫腈和阿维菌素；低量处理防效偏低，不及所有对照药剂（表3）。

表3　2009年氟虫双酰胺·阿维阿维菌素防治稻纵卷叶螟效果

地点：仪征市

处理	药后3d	药后7d	药后14d	
（ml/667m²）	杀虫效果（%）	杀虫效果（%）	杀虫效果（%）	保叶效果（%）
氟·阿20	54.07 dC	85.56 abAB	91.26 bAB	75.52 cC
氟·阿30	68.45 cB	86.88 abAB	95.66 aA	82.36 abAB
氟·阿40	77.79 bAB	89.98 aA	95.70 aA	85.24 aA
氟虫双酰胺8.3	77.90 bAB	83.03 bAB	94.52 abA	81.95 bAB
氯虫苯甲酰胺10	60.58 cdBC	89.95 aA	95.70 aA	85.20 aA
氟虫腈50	67.02 cB	76.98 cB	91.69 bA	79.73 bB
阿维菌素80	88.68 aA	81.36 bcB	87.36 cB	80.76 bB
CK（百穴）	233.3	266.7	461.7	1 281.7

注：英文大、小字母分别表示在0.01、0.05下的差异性，下同。

2.2.2 二化螟

杀虫效果：药后25d，供试药剂氟虫双酰胺·阿维菌素20ml、30ml、40ml 3个不同剂量处理和对照药剂氟虫双酰胺、氯虫苯甲酰胺杀虫效果最好，防效分别达98.77%、97.07%、99.47%、99.66%、96.83%，方差分析结果表明，5处理间防效无显著性差异。虫口防效偏低的为对照药剂氟虫腈、三唑磷·毒死蜱两个处理，杀虫效果为90.12%、92.13%。

保穗效果：仍是上述5个处理效果最好，分别达98.59%、96.46%、99.46%、99.45%、96.28%，处理间仍无显著性差异。保穗偏低也是对照药剂氟虫腈、三唑磷·毒死蜱，防效为89.06%、91.76%（表4）。

表4　2009年氟虫双酰胺·阿维菌素防治水稻二化螟效果

地点：仪征市

处理 (ml/667m²)	药后25d		药后25d	
	杀虫防效（%）	差异显著性	保穗防效（%）	差异显著性
氟·阿 20	98.77	aA	98.59	aAB
氟·阿 30	97.07	abAB	96.46	abAB
氟·阿 40	99.47	aA	99.46	aA
氟虫双酰胺 8.3	99.66	aA	99.45	aA
氯虫苯甲酰胺 10	96.83	abAB	96.28	abAB
氟虫腈 50	90.12	bB	89.06	bB
三唑磷毒·死蜱 100	92.13	bAB	91.76	bAB
空白对照	791	—	378	—

3　小结与讨论

3.1　10%氟虫双酰胺·阿维菌素SC在本试验条件下于稻纵卷叶螟、二化螟卵孵高峰期或低龄幼虫期施药，水稻生长正常，无任何不良反应，安全性高。

3.2　10%氟虫双酰胺·阿维菌素SC防治水稻纵卷叶螟速效性较好，用量增加速效性越好；持效期较长，药后14d杀虫效果仍保持90%以上，保叶效果超过80%，与氯虫苯甲酰胺无显著区别，中等或中等以上发生年份，大面积可推广应用，667m²用量30g为宜。

3.3　10%氟虫双酰胺·阿维菌素SC防治二代二化螟，卵孵盛期用药效果优秀，发生轻时666.7m²用量20ml即可；发生偏重时不宜低于30ml，常规细喷雾，一般发生年份防治一次。

3.4　本地区水稻纵卷叶螟和二化螟常年发生偏重，尤其是主害代通常交织发生在一起，防治适期有时能结合有时不能结合，一般情况下8月上旬末或8月中旬初开展一次病虫总体防治，三代稻纵卷叶螟和二代二化螟是其主要防治对象。10%氟虫双酰胺·阿维菌素SC不仅对稻纵卷叶螟效果好，而且对水稻二化螟效果也很优秀，是其理想的总体防治首选药剂，特别是氟虫腈退出市场后，更有广阔的应用情景。不过氟虫双酰胺·阿维菌素SC还应进行不同用药适期和其他鳞翅目害虫试验，以进一步拓宽应用空间，如果对高龄幼虫效果良好，市场开发潜力将更加巨大。

自然状态及吡蚜酮处理后蜘蛛对稻飞虱控制作用初探

秦吉洋，赵阳，吴庭友，张春云，张桥，王德江

（仪征市植保植检站，211400）

摘　要：研究了稻田蜘蛛在自然观察圃中对稻飞虱的控制作用，确认了在蛛虱比大于0.5时，蜘蛛对稻飞虱能有效控制，小于0.5时控制力减弱，如遇中等偏轻

发生年份，蛛虱比值可能增大，如大量稻飞虱集中孵化，蜘蛛对稻飞虱将会失去控制能力。探索了吡蚜酮处理后蜘蛛对稻飞虱控制作用的变化：药后7d，蛛虱比升到1.80，高于锐劲特处理的0.20，高于空白对照处理的0.37；药后30d持效期过后，吡蚜酮处理的蛛虱比为1.75，仍高于锐劲特处理和空白对照，表明施用吡蚜酮后，在药剂持效期内外，蜘蛛对稻飞虱的控制作用均较锐劲特处理和空白对照高。

关键词：稻飞虱；蜘蛛；自然状态；吡蚜酮

稻飞虱是水稻上一种重要害虫，呈间歇灾害性发生，2005年以来，仪征市重发年份每年防治后仍要损失稻谷高达4 000t，轻发生时也要损失200t。保护天敌，设法增强天敌的自然控虫作用及合理地使用杀虫剂是农田害虫综合治理的关键[1]。在稻飞虱重发年份，化学杀虫剂快速、高效地遏制了稻飞虱的猖獗为害，作出了较大的贡献。但随着人们环保意识逐渐加强，对环境保护、食品安全的不断重视，农业生产中生物防治的呼声越来越高。研究表明蜘蛛是稻田飞虱的重要天敌[2]，经过多年田间观察，仪征市稻田蜘蛛以狼蛛、肖绡、微蛛、球腹蛛为优势种，本文就蜘蛛对稻飞虱的控制作用进行了两年的调查分析。由于稻飞虱已产生抗药性[3]，仪征市常年使用的吡虫啉、噻嗪酮等防治稻飞虱的药剂防效下降，氟虫腈（锐劲特）被限制使用，吡蚜酮逐渐成为防治稻飞虱的首选药剂，防效被普遍认可，本文对施用吡蚜酮后蜘蛛种群动态变化以及对稻飞虱控制作用变化做了探索，为吡蚜酮的合理使用和延缓抗药性的产生提供参考。

1 材料与方法

1.1 自然状态下蜘蛛对稻飞虱的控制作用

2008年自然观察圃设在仪征市朴席镇土沟村一农户责任田，面积700m²，品种为武育粳21，2009年设在仪征市新城镇林果村一农户责任田，面积400m²，品种为南粳44。两块自然观察圃均为手工插秧，常规肥水管理，不施任何农药。从7月上旬开始，至9月底结束，每月逢5逢10调查，调查方法采用盆拍、平行线跳跃式取样法，虫量低时每次调查30点，每点4穴，虫量高时每次拍查10点，每点2穴，折算稻飞虱、蜘蛛百穴虫量，调查时以蜘蛛总量、稻飞虱总量计数。

1.2 药后蜘蛛种群动态变化以及对稻飞虱控制作用变化

1.2.1 试验地及基本情况

试验设在仪征市真州镇农歌小农场，土壤为长江淤泥土，pH值为7.4，肥力中上，灌溉条件良好。供试水稻品种为武运粳23，机插［固定株行距（11.7～13.1）cm×30cm］，6月17日移栽，长势均衡，8月4日施药时稻飞虱（白背飞虱占95%）以低龄若虫为主，百穴虫量800头，蜘蛛百穴虫量350头，水稻生育期为分蘖末期。

1.2.2 试验处理

处理1：25%吡蚜酮WP（24克/666.7m²），由江苏安邦电化有限公司生产；

处理2：5%锐劲特SC（50毫升/666.7m²），由拜耳作物科学（中国）有限公司生产；

处理3：空白对照CK。

1.2.3　试验实施

处理面积 $140m^2$，用水量 $30L/666.7m^2$，浙江省台州市产“市下”牌手动喷雾器，8 月 4 日下午 13：00～15：00 施药，药后 4h 有零星小雨，次日阵雨持续 2d。该田块移栽后至施药前均未施用任何杀虫剂。

1.2.4　试验调查

药前调查基数，药后 7d、30d 调查残留飞虱量（白背飞虱、褐飞虱总量）、蜘蛛量（狼蛛、肖蛸、微蛛、球腹蛛总量），计算蜘蛛减退率和虱蛛比，分析药后 7d、药后 30d（药效结束后）两个时间段药剂对蜘蛛的影响。

2　结果与分析

2.1　自然状态下蜘蛛对稻飞虱控制作用

2.1.1　蜘蛛、稻飞虱虫口密度的相关性及控制作用（图 1、图 2）

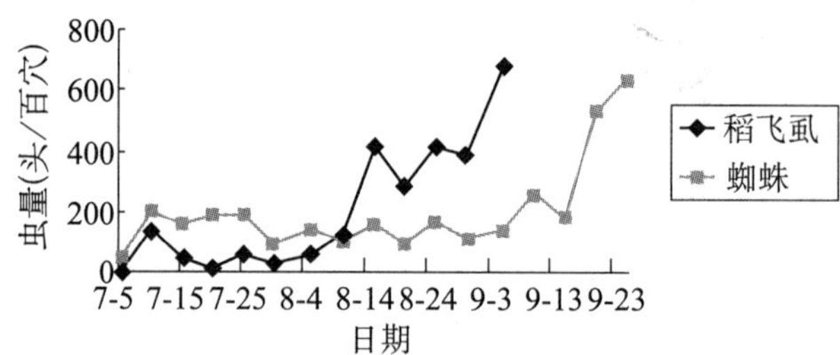

图 1　2008 年蜘蛛稻飞虱自然消长规律

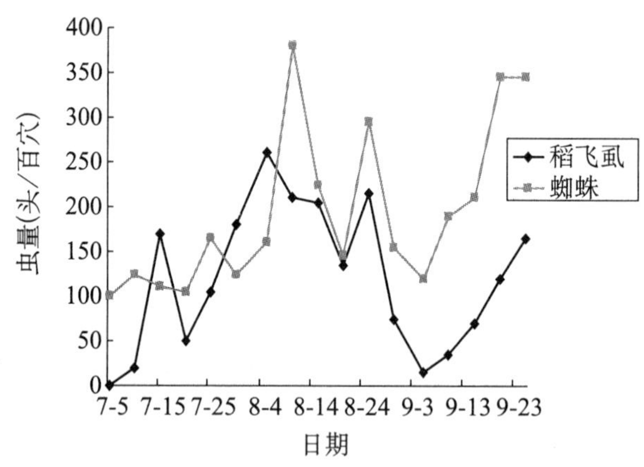

图 2　2009 年蜘蛛稻飞虱自然消长规律

2008 年，由于自然观察圃气候适宜，稻飞虱短翅型比例高，以褐飞虱为例，观察圃 8 月 25 日、8 月 30 日、9 月 5 日调查，褐飞虱短翅型雌成虫虫量每百穴分别为 14.45 头、45.28 头、137.22 头，占褐飞虱成虫比例 89.64%、80.70%、70.77%。9 月 10 日调查，大量稻飞虱低龄若虫孵化，田间稻飞虱虫量每百穴急剧上升到 5 295 头，虽然蜘蛛总量也从 138.33 头升到 265 头，9 月下旬时升到 636.67 头，但是稻飞虱虫量每百穴在 9 月中旬已达两万多头，水稻迅速冒穿倒伏。

在2009年，稻飞虱在8月5日达到虫量高峰，百穴260头，8月10日调查，蜘蛛虫量每百穴也从160头升至380头，紧随稻飞虱达到高峰，之后随稻飞虱数量变化而上下起伏，但完全控制了稻飞虱的发生。

2.1.2 虱蛛比与控制效果的相关性

2008年，观察圃稻飞虱大发生，8月10日以前，蛛虱比（蜘蛛量：稻飞虱量）均大于0.5，稻飞虱发生轻，之后逐步上升，至9月10日，蛛虱比下降0.05，水稻暗害严重，开始冒穿。

2009年，稻飞虱迁入量低，田间发生轻，8月初蛛虱比最低时为0.62，整个水稻生育期蛛虱比均大于0.6（表1）。在这种状态下，蜘蛛对稻飞虱的控制效果较好，稻飞虱虫量每百穴一直在380头以下，未达到防治指标。

经过两块观察圃虱蛛比同稻飞虱发生程度比较发现，当蛛虱比大于0.5时，稻飞虱虫量每百穴被控在400头以内，蜘蛛能抑制稻飞虱的危害，与冯兰萍等[4]的观点吻合。蛛虱比小于0.5时，蜘蛛逐渐失去对稻飞虱的控制能力。

表1 2008年和2009年自然观察圃虱蛛比

地点：仪征市

日期（月-日）	2008年			2009年		
	飞虱量（头/百穴）	蜘蛛量（头）	蛛虱比	飞虱量（头/百穴）	蜘蛛量（头）	蛛虱比
7-5	2.5	50	2.00	0	100	
7-10	144.17	195.83	1.36	20	125	6.25
7-15	45.83	160	3.49	170	110	0.65
7-20	7.5	190.83	25.44	50	105	2.10
7-25	60	191.67	3.20	105	165	1.57
7-30	30.83	92.5	3.00	180	125	0.69
8-5	57.5	137.5	2.39	260	160	0.62
8-10	132.5	105.83	0.80	210	380	1.81
8-15	415.83	160	0.38	205	225	1.10
8-20	284.17	92.5	0.33	135	145	1.07
8-25	414.17	167.5	0.41	215	295	1.37
8-30	386.67	108.33	0.28	75	155	2.07
9-5	676.67	138.33	0.20	15	120	8.00
9-10	5 295	265	0.05	35	190	5.43
9-15	6 618.33	178.33	0.03	70	210	3.00
9-20	25 440	526.67	0.02	120	345	2.88
9-25	21 770	636.67	0.03	165	345	2.09

2.2 吡蚜酮药后蜘蛛种群动态变化以及对稻飞虱控制作用变化

2.2.1 施药后蜘蛛的减退率和虱蛛比变化

药后7d，蜘蛛数量受稻飞虱数量减少的干扰相对较小，减退率高低可作为药剂对蜘蛛安全性的参考[5]。吡蚜酮处理蜘蛛减退率为48.57%，低于锐劲特的68.57%，说明吡蚜酮对蜘蛛的安全性优于锐劲特。参照刘向东等以蛛虱比来表示稻田群落中蜘蛛对稻飞虱的控制作用大小[6]，吡蚜酮处理的蛛虱比为1.80，高于锐劲特的0.20，高于空白对照的0.37，表明吡蚜酮处理药后7d蜘蛛对稻飞虱的控制作用优于锐劲特处理和不施药处理（表2）。

药后30d，各药剂处理对稻飞虱持效性基本结束。此时吡蚜酮处理蛛虱比1.75，高于空白对照的1.04，明显高于锐劲特处理的0.45，表明吡蚜酮持效期之后，蜘蛛对稻飞虱的控制作用高于锐劲特处理、空白对照。药后30d，因为各药剂对稻飞虱的防效不同、稻飞虱残留虫量不一样，从而干扰了天敌蜘蛛的数量，此时蜘蛛的减退率没有可比性，不作分析（表2）。

表2　2009年药后蜘蛛减退率及虱蛛比

地点：仪征市

处理	基数			药后7d			药后30d		
	蜘蛛（头/百穴）	稻飞虱（头/百穴）	蜘蛛（头/百穴）	减退率（%）	稻飞虱（头/百穴）	蛛虱比	蜘蛛（头/百穴）	稻飞虱（头/百穴）	蛛虱比
吡蚜酮	350	800	180	48.57	100	1.80	140	80	1.75
锐劲特	350	800	110	68.57	540	0.20	150	330	0.45
空白对照	350	800	650	—	1 770	0.37	270	260	1.04

2.2.2　稻飞虱轻发生年份蜘蛛自然控制与药剂控制比较

由于2009年稻飞虱迁入数量低，峰次少，蜘蛛对稻飞虱的控制作用明显（表2）。空白处理在药后7d稻飞虱百穴虫量为1 770头（高于防治指标），蛛虱比为0.37，在蜘蛛自然控制状态下，药后30d，稻飞虱百穴虫量降至260头（低于防治指标），蛛虱比上升到1.04，高于锐劲特处理的0.45，低于吡蚜酮处理（1.75），说明稻飞虱中等偏轻发生时，即使蛛虱比略低于0.5，田间无大量稻飞虱低龄若虫集中孵化，蜘蛛最终仍能控制稻飞虱的危害。

3　小结与讨论

在稻飞虱轻发生年份，可以放宽对稻飞虱的防治，让蜘蛛自然控制稻飞虱的发生。当蛛虱比大于0.5时，蜘蛛对稻飞虱种群发展控制效果明显，小于0.5时控制力减弱，在稻飞虱中等偏轻发生年份无大量初孵若虫集中孵化时，最终蛛虱比可能会上升。

在稻飞虱中等偏重至大发生年份，由于有成虫集中迁入或田间短翅型雌成虫比例高，导致大量稻飞虱低龄若虫集中孵化，蜘蛛虫口密度虽随稻飞虱增长而升高，但繁殖速度明显低于稻飞虱，虱蛛比迅速增大，稻飞虱暴发成灾。因此在稻飞虱中等偏重至大发生年份，仅靠蜘蛛自然控制，效果不理想，需要化学药剂或人工释放天敌参与防控。

25%吡蚜酮WP24g/666.7m^{2}防治稻飞虱，对天敌蜘蛛的干扰低于锐劲特，持效期过后，蜘蛛对稻飞虱的控制能力优于锐劲特处理区、不施药对照区，是接替锐劲特防治稻飞虱的良好药剂。但从药后7d吡蚜酮处理蜘蛛减退率可见，吡蚜酮对蜘蛛仍有较大的杀伤力，在稻飞虱轻发生至中等偏轻发生年份，仍要尽量避免使用，发挥蜘蛛对稻飞虱的自然控制作用，以延缓其抗药性的产生。

参考文献

[1] 王智，颜亨梅，王洪全. 低剂量农药对稻田蜘蛛控虫力的影响 [J]. 生态学报，

2002，22（3）：346～351.
[2] 金翠霞，吴亚．稻田蜘蛛对飞虱、叶蝉的控制作用［J］．动物学杂志，1985，29（2）：7～9.
[3] 程家安，祝增荣．2005年长江流域稻区褐飞虱暴发成灾原因分析［J］．植物保护，2006，32（4）：1～4.
[4] 冯兰萍，张夕林，张建明等．褐飞虱的主要捕食性天敌及农药对天敌的影响［J］．昆虫天敌，1999，21（2）：56～59.
[5] 束兆林，方继朝，缪康等．醚菊酯对水稻褐飞虱的控制效果及对稻田蜘蛛的安全性研究［J］．江苏农业科学，2007（6）：81～82.
[6] 刘向东，张孝羲．选择性农药对稻田蜘蛛群落的影响［J］．昆虫知识，1999，36（2）：68～69.

16%氟·毒与0.1%阿维·苏混用防治稻纵卷叶螟试验

耿跃，吴佳文，康晓霞，董红刚

（扬州市邗江区植保植检站，225009）

摘　要： 试验结果表明，药后10d，16%氟·毒80ml+0.1%阿维·苏50g/666.7m^{2}对稻纵卷叶螟杀虫防效达95.83%，保叶效果达94.01%；16%氟·毒110ml+0.1%阿维·苏50g/666.7m^{2}杀虫效果为93.87%，保叶效果为91.19%，防效和保叶效果均明显高于各单剂处理。

关键词： 稻纵卷叶螟；氟·毒；阿维·苏

16%氟·毒是江苏长青农化股份有限公司生产的一种新型水稻田广谱、高效杀虫剂；0.1%阿维·苏是由生物农药阿维菌素和苏云金杆菌混配而成，是一种高效、低毒、无公害的生物农药。为了明确两者混用对迁飞性害虫水稻纵卷叶螟防治的防效，因此笔者于2008年进行了田间药效试验。

1　材料和方法

1.1　供试药剂

16%氟·毒（商品名：奇吉，江苏省长青农化股份有限公司）；
0.1%阿维·苏（江苏东宝农药化工有限公司）。

1.2　试验处理

666.7m^{2}用药量如下：
（1）16%氟·毒80ml；（2）16%氟·毒110ml；（3）0.1%阿维·苏50g；（4）16%氟·毒80ml+阿维·苏50g；（5）16%氟·毒110ml+阿维·苏50g；（6）空白对照。每

小区面积20m²，3个重复，随机排列。

1.3 试验概况

试验地点在邗江区沙头镇，水稻品种为南粳44，长势好，稻纵卷叶螟虫卵量高。施药时间7月25日，水稻五（3）代稻纵卷叶螟卵孵高峰期，采用手动喷雾器细喷雾防治，每666.7m²对水40kg。

1.4 调查方法

药后10d调查各处理残留虫量与卷叶情况，五点取样，每点查4穴，共查20穴，记载稻纵卷叶螟束叶数和残留活虫，计算保叶效果和杀虫效果。

$$\text{保叶效果}(\%)=\frac{\text{对照区束叶率}-\text{处理区束叶率}}{\text{对照区束叶率}}\times 100$$

$$\text{杀虫效果}(\%)=\frac{\text{对照区活虫数}-\text{处理区活虫数}}{\text{对照区活虫数}}\times 100$$

2 结果和分析

药后10d天调查：保叶效果最好的是16%氟·毒80ml+0.1%阿维·苏50g/666.7m²（94.01%）、其次是16%氟·毒110ml+0.1%阿维·苏50g/666.7m²（91.19%），都显著好于单剂16%氟·毒80ml/666.7m²（74.40%）、16%氟·毒110ml/666.7m²（76.13%）、0.1%阿维·苏50g/666.7m²（76.31%）；杀虫效果，16%氟·毒80ml+0.1%阿维·苏50g/666.7m²达到95.83%，16%氟·毒110ml+0.1%阿维·苏50g/666.7m²为93.87%，也都显著好于单剂处理（表1）。

表1 施药后10d不同药剂处理对稻纵卷叶螟防治效果

处理	卷叶率（%）	保叶效果（%）	活虫（头/百穴）	杀虫效果（%）
16%氟·毒80ml	6.65	74.40 bB	60.00	82.81 bB
16%氟·毒110ml	6.18	76.13 bB	46.67	86.53 bB
0.1%阿维·苏50g	6.10	76.31 bB	53.33	84.36 bB
16%氟·毒80ml+阿维·苏50g	1.55	94.01 aA	13.33	95.83 aA
16%氟·毒110ml/+阿维·苏50g	2.28	91.19 aA	20.00	93.87 aA
CK	25.88	—	346.7	—

3 小结和讨论

试验结果表明，16%氟·毒80ml+0.1%阿维·苏50g/666.7m²和16%氟·毒110ml+0.1%阿维·苏50g/666.7m²的保叶效果和杀虫效果都优于16%氟·毒和0.1%阿维·苏单剂的防效，由此可见，不同杀虫机制的药剂混用可以提高杀虫效果。同时发现，16%氟·毒80ml+0.1%阿维·苏50g/666.7m²的防效比16%氟·毒110ml+0.1%阿维·苏50g/666.7m²稍好，因此选择两种药剂混用时各单剂用量也应适当。

VIRTAKO 40WG 防治水稻稻纵卷叶螟、稻飞虱、二化螟试验

潘志文，吴佳文，康晓霞，董红刚，耿跃

（扬州市邗江区植保植检站，225009）

摘　要：通过 VIRTAKO 40WG 6g/666.7m^2 防治稻田纵卷叶螟、稻飞虱、二化螟试验结果表明，VIRTAKO 40WG 在中籼稻田施用防效略好于粳稻田防效，药后 15d 稻纵卷叶螟、稻飞虱的防治效果分别达 95.18% 和 95.78%；药后 35d 二化螟的防治效果、保叶效果分别达 97.36% 和 94.387%；VIRTAKO 40WG 对水稻安全。

关键词：VIRTAKO；二化螟；稻纵卷叶螟；稻飞虱

VIRTAKO 40WG 是先正达公司开发，由全球最新的杀虫剂氯虫苯甲酰胺（Chlorantraniliprole）和噻虫嗪（Thlamethoxam）按科学方法筛选出来的混合制剂。为了验证 VIRTAKO 40WG 杀虫剂对二化螟、稻纵卷叶螟和稻飞虱的防治效果，完善应用技术，为大面积推广应用提供科学依据，笔者于 2008 年在扬州市邗江区开展了 VIRTAKO 40WG 在中籼稻田防治二化螟、稻纵卷叶螟和稻飞虱的防效试验。

1　材料与方法

1.1　材料

1.1.1　供试药剂

VIRTAKO 40WG，先正达（中国）投资有限公司。

1.1.2　供试对象选择

试验地点选在邗江区方巷镇方巷村，前茬为小麦，品种为扬麦 11 号。供试水稻播种育秧，6 月 6 日移栽，田间地势平坦，灌溉条件好，有机质含量为 2.1%，pH 值为 6.05，土质为马肝土，肥力中等。水稻品种分别为扬稻 6 号（18 000 穴/666.7m^2）、扬粳 4 038（21 000 穴/666.7m^2）。

1.1.3　药剂用量（表 1）

表 1　供试药剂处理设计

处理	药剂	施药剂量（制剂量或稀释倍数）
扬稻 6 号	VIRTAKO 40WG	6g/666.7m^2
CK	清水	0
扬粳 4038	VIRTAKO 40WG	6g/666.7m^2
CK	清水	0

1.1.4　小区安排

各药剂处理区面积为 666.7m^2，空白对照面积 66.7m^2，不设重复，田间灌 3cm 左右浅水层，让其自然干后再按常规进行排灌。

1.2 方法

1.2.1 施药方法

将各示范所需药量用物理天平量取，在田间各处理单独施药。用美谷牌 NT-16 型手动喷雾器均匀喷雾。

2008 年 7 月 24 日上午施药一次，当日天气晴，平均气温 28.7℃，日照时间为：9.1h，此时处于四（2）代稻纵卷叶螟孵化高峰期至低龄幼虫期、稻飞虱低龄若虫高峰期。2008 年 8 月 7 日上午施药一次，当日天气晴，平均气温 28.8℃，日照时间为：10.7h，此时二代二化螟处于孵化高峰期至低龄幼虫期。

1.2.2 调查时间

2008 年 8 月 7 日，药后 15d 调查田间卷叶率、稻纵卷叶螟和稻飞虱的残虫量。

2008 年 9 月 11 日，药后 35d 二代二化螟危害定型后，调查田间白穗率和残虫量。

1.2.3 调查方法

稻纵卷叶螟示范区随机取样 5 个点，每点查 4 穴稻株，每区共查 20 穴。计算白叶数和残留虫量。

稻飞虱示范区随机调查 5 个点，每点查 4 穴稻株，每区共查 20 穴，计算百穴虫量和防虫效果。

二化螟采用双行直线法取样，在每区选取 4 个点，每点查 30 穴稻株，每区共查 120 穴。采用剥查法调查二代二化螟的残虫量。

1.2.4 药效计算方法

卷叶率（%）=卷叶数/调查总叶数×100；螟害率（%）=受害株数/调查总穗数×100；

防虫效果（%）=［（对照虫口数－处理虫口数）/对照虫口数］×100；

保叶效果（%）=［（对照区的螟害－处理区的螟害）/对照区的螟害］×100。

1.2.5 对作物安全性调查

药后 20d 内，观察各处理区水稻生长情况，记录有无药害现象。

2 结果与分析

2.1 VIRTAKO 40WG 对稻纵卷叶螟的防效及保叶效果

药后 15d，VIRTAKO 40WG 在中籼稻扬稻 6 号上对稻纵卷叶螟的防效为 95.18%，保叶效果达 91.11%，均高于扬粳 4038 的 90.48%、89.38%（表 2）。

表 2 VIRTAKO 40WG 药后 15d 对稻纵卷叶螟和稻飞虱的防效

药剂处理	稻纵卷叶螟				稻飞虱	
	卷叶率(%)	保叶效果(%)	残留虫量	防效(%)	虫量(头)/百穴	防效（%）
扬稻 6 号	1.87	91.11	4	95.18	68	95.78
扬稻 6 号 CK	21.03	—	83	—	1 610	—
扬粳 4038	2.44	89.38	8	90.48	244	81.09
扬粳 4038 CK	22.97	—	84	—	1 290	—

2.2 VIRTAKO 40WG 对稻飞虱的防效

药后 15d，VIRTAKO 40WG 在扬稻 6 号上对稻飞虱的防效为 95.78%，明显高于在扬粳4038上的81.09%（表3）。

表3　VIRTAKO 40WG药后35d对水稻二化螟防效

药剂处理	总株数	受害株数	螟害率(%)	保叶效果(%)	残留虫量	防虫效果(%)
扬稻6号	912	2	0.22	97.36	8	94.81
扬稻6号CK	912	76	8.33	—	154	—
扬粳4038	960	9	0.94	87.11	8	80.95
扬粳4038 CK	960	70	7.29	—	42	—

2.3　VIRTAKO 40WG对二化螟的防效

药后35d，扬稻6号的螟害率为0.22%，显著低于对照的8.33%，保叶效果达97.36%，防虫效果达94.81%；扬粳4038的螟害率为0.94%，也显著低于对照的7.29%，保叶效果为87.11%，防虫效果为80.95%。

2.4　VIRTAKO 40WG对水稻的安全性

两次药后20d内对各处理区进行目测，未发现药剂处理区水稻生产状况与对照区有明显差异。后期对水稻产量也无不良影响。

3　讨论

VIRTAKO 40WG在水稻田防治水稻二化螟、稻纵卷叶螟、稻飞虱，对水稻安全。

药后15d，VIRTAKO 40WG对稻纵卷叶螟和稻飞虱的防效都很好，说明VIRTAKO 40WG是一类持效时间较长的杀虫剂，可以有效地控制水稻田稻纵卷叶螟和稻飞虱。同时发现VIRTAKO 40WG在粳稻田对稻纵卷叶螟和稻飞虱的防效略低于籼稻田。

药后35d，VIRTAKO 40WG对二化螟有很好的防治效果，能有效地控制螟害，但在籼稻上的防效略好于粳稻。

不同药剂防治稻飞虱田间药效试验

刘维红，焦骏森，史晓利

（江都市植保植检站，225200）

摘　要： 2008年，几种药剂田间药效试验结果表明，褐飞虱低龄若虫期用药，以16%氟·毒和32%丙溴磷·氟铃脲（骄子）效果最好，速效性好，持效期长。虫酰肼·辛硫磷和毒死蜱在15d内也能取得较好的效果。

关键词： 杀虫剂；褐飞虱；防治效果

褐飞虱是江都市水稻上重大迁飞性害虫之一，随着耕作方式和气候的变化、品种更替、施肥水平的提高以及迁入虫源增多，偏重发生的年份明显上升，对水稻安全生产构成严重的威胁。由于乱用、滥用农药现象普遍存在，导致褐飞虱对常用药剂产生抗性，出现防治难问题。筛选出高效、低毒、低残留药剂防治褐飞虱至关重要，因此笔者积极开展褐飞虱田间药剂筛选试验。

1　材料与方法

1.1　供试药剂及来源

16%氟·毒 EC，系江苏长青农化集团公司产品；20%虫酰肼·辛硫磷 EC，系海门市江乐农药化工有限责任公司产品；3.5%氟虫腈·甲维盐 EC，系新沂中凯农用化工有限公司产品；5.7%氟铃脲·高氯 EC，系山东海讯生物化学有限公司产品；32%丙溴磷·氟铃脲 EC，系发事达（南通）化工有限公司产品；5%锐劲特，系先正达（中国）投资有限公司产品；48%毒死蜱，系南通宝灵化工有限公司产品。

1.2　试验药剂处理

处理1：16%氟·毒 140ml/666.7m^2；处理2：20%虫酰肼·辛硫磷 120ml/666.7m^2；处理3：3.5%氟虫腈·甲维盐 60ml/666.7m^2；处理4：5%锐劲特 50ml/666.7m^2；处理5：48%毒死蜱 100ml/666.7m^2；处理6：5.7%氟铃脲·高氯 100ml/666.7m^2；处理7：32%丙溴磷·氟铃脲 50ml/666.7m^2；处理8：空白对照（CK）。

1.3　试验田基本情况

试验选择在江都市仙女镇涵西村六圩组进行。供试水稻品种为本地普遍推广的品种宁粳1号，栽培方式为机插。防治对象为六（3）代褐飞虱低龄幼虫。土质为黏土，肥力中等，pH 值7.8，单排单灌，灌溉情况良好。

1.4　试验区设计

各个处理小区的面积为30m^2（长8.3m，宽3.6m），随机区组排列，每个处理重复3次。

1.5　施药时间和方法

2008年8月28日下午15：00后开始喷药，此时正值六（3）代褐飞虱低龄若虫高峰期，百穴虫量960头，田间保有水层，各处理药剂按667m^{2}对水45kg，采用手动喷雾器进行喷雾。施药当日天气晴朗，东南风3～4级，气温22.3～30.5℃，平均26.3℃。

1.6　调查时间和方法

施药前调查褐飞虱虫量基数，施药后1d、3d、7d、15d、30d分别调查5次。在每小区随机调查5穴水稻，用白瓷盘采用平行跳跃法调查。调查数据均按以下方法计算防治效果：

$$\text{虫口减退率（\%）} = \frac{\text{处理前虫量} - \text{处理后虫量}}{\text{处理前虫量}} \times 100$$

$$\text{防治效果（\%）} = \frac{\text{处理区虫口减退率} - \text{空白区虫口减退率}}{1 - \text{空白区虫口减退率}} \times 100$$

2　结果与分析（表1）

药后1d调查：16%氟·毒的防治效果最好，达到了69.4%；毒死蜱和骄子的防效分

表 1　不同药剂对稻飞虱的防治效果

处理(ml、g/667m^2)	稻飞虱虫量(头/5 穴)						防治效果(%)				
	药前	药后 1d	药后 3d	药后 7d	药后 15d	药后 30d	药后 1d	药后 3d	药后 7d	药后 15d	药后 30d
16%氟·毒 140	57.00	24.67	19.33	28.33	26.67	47.67	69.40 a A	75.25 a A	75.42 a A	78.44 a A	69.71 a A
20%虫酰肼·辛硫磷 120	40.67	30.00	40.33	44.67	35.33	91.67	45.26 bcd AB	40.38 a A	57.12 a A	60.92 b A	18.21 b A
3.5%氟虫腈·甲维盐 60	41.67	45.00	37.33	39.00	30.67	73.00	23.26 d B	42.03 a A	56.70 a A	67.21 ab A	40.75 ab A
5%锐劲特 50	40.67	31.67	34.00	42.00	36.00	51.00	40.45 bcd AB	33.35 a A	41.91 a A	61.01 b A	48.21 ab A
48%毒死蜱 100	42.33	21.33	24.67	39.67	23.00	71.33	63.08 ab A	55.44 a A	53.47 a A	75.28 ab A	38.52 ab A
5.7%氟铃脲·高氯 100	43.33	38.67	36.33	45.67	40.67	90.67	36.51 cd AB	40.66 a A	50.20 a A	67.44 ab A	26.78 ab A
32%丙溴磷·氟铃脲 50	42.67	30.33	25.33	38.67	31.00	65.33	49.57 abc AB	57.88 a A	57.62 a A	67.40 ab A	47.63 ab A
空白对照(CK)	48.00	67.33	67.33	102.33	108.00	141.00					

注:稻飞虱虫量为 3 次重复处理的平均虫量,经 LSD 方差分析法，表中同列字母分别表示显著性差异，其中不同大写字母表示 $P<0.01$，不同小写字母表示 $P<0.05$。

别为63.08%和49.57%，3个药剂处理之间差异不显著，与其他处理之间差异显著。20%虫酰肼·辛硫磷的防效45.26%；3.5%氟虫腈·甲维盐的防效偏低为23.26%；5.7%氟铃脲·高氯和锐劲特的防效分别为36.51%和40.45%。

药后3d调查：16%氟·毒处理防效为75.25%，效果最好；20%虫酰肼·辛硫磷处理的防效为40.38%；氟虫腈·甲维盐处理的防效为42.03%；48%毒死蜱和骄子的防效分别为55.44%和57.88%；5%锐劲特和氟铃脲·高氯的防效分别为33.35%和55.44%；各个处理之间差异不显著。

药后7d调查：16%氟·毒的防效为75.42%；虫酰肼·辛硫磷处理的防效为57.12%；3.5%氟虫腈·甲维盐处理防效为56.70%；毒死蜱和锐劲特的防效分别为53.47%和41.91%；氟铃脲·高氯和骄子的防效分别为50.20%和57.62%；各个处理之间无显著差异。

药后15d调查：16%氟·毒处理的防治效果最好为78.44%；虫酰肼·辛硫磷和锐劲特的防效分别为60.92%和61.01%；两个处理与16%氟·毒处理之间存在显著差异。3.5%氟虫腈·甲维盐处理的防效为67.21%；毒死蜱和氟铃脲·高氯处理的防效分别为75.28%和67.44%；骄子的防治达到了67.40%。

药后30d调查：16%氟·毒处理防效为69.71%；虫酰肼·辛硫磷处理的防效仅为18.21%，与16%氟·毒处理差异显著，其他处理之间无显著差异。3.5%氟虫腈·甲维盐处理的防效为40.75%；毒死蜱和锐劲特的防效分别为38.52%和48.21%；氟铃脲·高氯处理的防效为26.78%；骄子的防效达到了47.63%。

3 讨论

16%氟·毒和32%丙溴磷·氟铃脲（骄子）对稻飞虱的防治效果一直比较好，持续时间也较长。虫酰肼·辛硫磷和毒死蜱在15d内的防治效果较好，氟虫腈·甲维盐和锐劲特在中后期的防效较好。但氟虫腈已禁止在水稻上使用，不建议再推广应用。本试验在褐飞虱偏重发生并且在水稻生长中后期田间条件下进行，因此相对防治效果较低，仅供水稻生长中后期稻飞虱防治的参考。

几种药剂防治水稻纵卷叶螟药效试验

郭亚军[1]，莫渟[1]，葛吉芳[2]，韩小平[3]，胡永康[4]，李梅[4]

（1. 江都市植保站，225200；2. 江都市大桥镇农业农机服务中心，225200；
3. 江都市丁沟镇农业农机服务中心，225200；4. 江都市郭村镇农业农机服务中心，225200）

摘　要：不同药剂、不同用量和不同使用时期，防治水稻纵卷叶螟试验，结果表明，30%螟融EC（丙·辛）用量100ml/667m^2，对水稻纵卷叶螟低龄和高龄幼虫均有很好的防效；5%甲维盐和48%毒死蜱防治低龄纵卷叶螟幼虫比较有效；20%卷灭 EC，在一般发生年份，用量 75～100ml/667m^2 可作为稻纵卷叶螟的防治药剂交替选用。

关键词： 水稻纵卷叶螟；药效试验；保叶防效；幼虫防效

近年来，为害水稻的“两迁”害虫水稻纵卷叶螟和褐飞虱连年暴发，危害严重。水稻纵卷叶螟已成为影响水稻安全生产的主要害虫之一，据江苏省植保站统计 2007 年全省稻纵卷叶螟发生面积 527 万 hm^2。应用高效、低毒类新品种农药防治稻纵卷叶螟是控制其为害的有效手段。因此，有必要进行防治药剂的筛选，及时推广应用高效、低毒、低成本的新型农药。为此，2008 年笔者选择了几种不同药剂进行药效比较性试验，为大面积推广使用提供科学依据。

1 材料与方法

1.1 供试药剂

供试药剂及生产单位如表 1 所示。

表 1 供试药剂及生产单位

供试药剂	生产单位
20%卷灭 EC（高渗三唑磷）	浙江省台州市大鹏药业有限公司
30%螟融 EC（丙·辛）	浙江省台州市大鹏药业有限公司
1.8%阿维菌素	湖北仙隆化工股份有限公司
5%甲维盐（可溶粒剂）	河北威远生物化工股份有限公司
48%毒死蜱	江苏长青农化股份有限公司
5%永休（氟铃脲）	山西省宝元化工有限公司

1.2 试验地点和作物

试验地点江都市仙女镇勤丰村，试验作物为水稻。

1.3 试验设计与处理

试验共有 12 个处理，48 个小区，随机区组设计，小区面积为 20m^2，重复 4 次（表 2）。

1.4 使用方法

每 667m^2 药量对水 40kg，均匀喷雾。

表 2 试验设计与处理

处理号	药剂	用量	
		制剂（ml、g/667m^2）	小区用量/20m^2
1	20%卷灭 EC	50	1.5
2	20%卷灭 EC	75	2.25
3	20%卷灭 EC	100	3.0
4	5%甲维盐	12	0.36
5	1.8%阿维菌素	100	3.0
6	20%卷灭 EC +5%甲维盐	50 +12	1.5 +0.36

续表

处理号	药剂	用量	
		制剂（ml、g/667m²）	小区用量/20m²
7	30%螟融 EC（丙·辛）	50	1.5
8	30%螟融 EC（丙·辛）	75	2.25
9	30%螟融 EC（丙·辛）	100	3.0
10	48%毒死蜱	80	2.4
11	永休	10	0.31
12	不用药对照（CK）		

1.5　施药期天气情况

适期防治于7月27日上午10：00～13：00施药，东南风3～4级，气温24～31℃左右，药后一直都是晴天；卷叶后防治于8月3日用药，气温26～33℃左右。

1.6　调查方法

药后3d、7d分别调查卷叶数及残留活虫数，并计算保叶防效及幼虫防效，每小区调查五点，每点10穴。

1.7　作物安全性调查

分别于药后1d、5d、20d分别调查各处理小区中水稻的生长状况等，有无异常现象出现。

2　结果与分析

2.1　防治适期内药效试验结果（表3）

表3　2008年不同药剂防治五（3）代稻纵卷叶螟药效试验结果

地点：江都市

处理	药后3d		药后7d	
	保叶防效（%）	幼虫防效（%）	保叶防效（%）	幼虫防效（%）
1	66.58	72.94	84.91	89.12
2	68.74	80.46	91.12	94.39
3	70.71	76.57	88.89	92.86
4	82.11	89.63	89.99	91.95
5	74.20	80.95	89.78	92.59
6	75.36	86.31	89.70	91.49
7	71.51	75.05	82.56	91.34
8	67.21	48.73	68.17	48.04
9	79.15	88.31	91.74	94.88
10	83.92	92.48	92.62	96.17
11	60.19	60.03	79.95	87.74
12（CK）	—	—	—	—

注：为适期防治试验结果。

2.1.1 药后3d防效

药后3d，48%毒死蜱表现很好的防效，其保叶防效为83.92%，幼虫防效达92.48%，在供试的药剂中防效最好。其次为5%甲维盐和30%螟融EC（丙·辛）用量100ml/667m^2，前者保叶防效和幼虫防效分别为82.11%和89.63%；后者则为79.15%和88.31%。其余8个处理均表现出一定的防效，其保叶防效在60.19%～75.36%，幼虫防效在48.73%～86.31%。经方差分析结果表明，供试药剂均与对照表现出极显著差异（表3）。

2.1.2 药后7d防效

药后7d，仍然以48%毒死蜱防效最好，其保叶防效和幼虫防效分别达到92.62%和96.17%。30%螟融EC（丙·辛）用量100ml/667m^{2}防效次之，其保叶防效和幼虫防效分别为91.74%和94.88%；20%卷灭EC用量75ml/667m^{2}保叶防效和幼虫防效也分别达到91.12%和94.39%，两者均表现出很好的防治效果。30%螟融EC（丙·辛）用量75ml/667m^{2}防效较差，保叶防效和幼虫防效分别为68.17%和48.04%。其余处理保叶防效79.95%～89.99%，幼虫防效在87.74%～92.86%，差异不显著（表3）。

2.2 卷叶后防治高龄幼虫试验结果

2.2.1 药后3d防效

从表4可以看出，药后3d，30%螟融EC（丙·辛）用量100ml/667m^{2}防效较好，其保叶防效和幼虫防效分别达到83.76%和94.11%。20%卷灭EC用量100ml/667m^{2}保叶防效和幼虫防效也分别达到76.14%和94.29%。而48%毒死蜱防效则相对较差，保叶防效和幼虫防效分别为56.38%和57.75%，其余处理保叶防效为60.13%～78.12%，幼虫防效为68.75%～86.86%。

2.2.2 药后7d防效

表4 2008年不同药剂防治五（3）代稻纵卷叶螟药效试验结果

地点：江都市

处理	药后3d		药后7d	
	保叶防效（%）	幼虫防效（%）	保叶防效（%）	幼虫防效（%）
1	68.80	84.34	55.39	82.44
2	70.23	86.86	66.13	88.67
3	76.14	94.29	79.91	97.73
4	60.13	74.81	68.34	74.54
5	63.11	83.36	69.27	86.95
6	66.54	76.54	73.64	88.15
7	70.55	82.23	77.11	87.06
8	78.22	86.60	81.66	91.10
9	83.76	94.11	86.20	97.78
10	56.38	57.75	63.07	76.45
11	61.30	68.75	60.89	77.34
12（CK）	—	—	—	—

注：为卷叶后防治高龄幼虫试验结果。

药后7d，仍以30%螟融EC（丙·辛）用量100ml/667m^{2}有较好的防效，其保叶防效和幼虫防效分别达到86.20%和97.78%。20%卷灭EC用量100ml/667m^{2}保叶防效和幼虫防效也分别达到79.91%和97.73%。其余处理保叶防效为55.39%～81.66%，幼虫防效为74.54%～91.10%，差异不显著。

2.3 田间安全性

经目测，供试药剂在本试验浓度内均未出现药害症状，对水稻生产安全。

3 小结与讨论

3.1 48%毒死蜱80ml/667m^{2}和30%螟融EC（丙·辛）100ml/667m^{2}对适期防治纵卷叶螟有很好的防效，可以大面积推广使用。

3.2 同一药剂适期防治与防治卷叶后高龄幼虫效果趋势不尽相同。48%毒死蜱在适期防治内对纵卷叶螟幼虫防效药后3d和7d分别达到92.48%和96.17%，而防治卷叶后高龄幼虫，药后3d和7d则分别为57.75%和76.45%。因此，48%毒死蜱适期内用药防治低龄纵卷叶螟幼虫比较有效，错过用药适期对形成卷叶后的高龄幼虫防效则较差。

3.3 20%卷灭EC，在一般发生年份，用量75～100ml/667m^{2}可作为稻纵卷叶螟的防治药剂交替选用。

·参·考·文·献·

[1] 李建群，杨强，潘秋波．不同药剂防治水稻纵卷叶螟效果试验简报［J］．上海农业科技，2008，(4)：115.

[2] 杨宝仙，王红梅，刘小平等．几种药剂防治水稻纵卷叶螟示范试验初报［J］．上海农业科技，2007，(6)：136.

水稻条纹叶枯病重发原因及综合防治技术

邵小英，朱杰，张国林

（高邮市植保植检站，225600）

摘　要： 2004—2008年江苏高邮市水稻条纹叶枯病重发，通过分析，主要有传毒昆虫灰飞虱基数高、适宜的春季气候、有利的农田生态环境、灰飞虱带毒率高、灰飞虱迁飞期与水稻感病期相遇、主栽粳稻品种抗病性较弱、控虫防病工作不到位等原因。并实地开展了一系列的防治技术研究。

关键词： 稻条纹叶枯病；重发原因；综合防治

水稻条纹叶枯病［Rice stripe virus（RSV）］是由灰飞虱传毒引起的一种病毒病，2004

年首次在高邮市大面积暴发流行，发生3.68万hm^2，占水稻种植面积72.1%，其中病株率超过20%的有0.68万hm^2，产量损失在10%～50%，重病田达60%以上，直接影响水稻的正常生长发育，并给水稻生产带来严重威胁。2005年以来，通过品种调整、推迟播期、轻型栽培，狠治麦田、秧田灰飞虱等综合措施，病害得到有效控制，发病面积下降至0.37万～0.73万hm^2，但仍有部分地区发生严重，且有一定的成灾面积。为全面控制水稻条纹叶枯病的蔓延危害，探索有效的防治方法，近几年来笔者开展了专题调查研究工作，并提出了综合防治措施。

1 水稻条纹叶枯病发病加重原因分析

1.1 传毒昆虫灰飞虱基数高

近年多为暖冬年，有利灰飞虱的越冬，冬后麦田灰飞虱的基数高，死亡率低。据高邮市植保植检站近几年越冬代灰飞虱调查，2004年小麦田有虫0.1500万～1.86万头/666.7m^2、平均0.54万头/666.7m^2；2005年0.12万～2.60万头/666.7m^2、平均0.87万头/666.7m^2，比上年同比高0.36万头/666.7m^2；2006年与2005年相近；2007年、2008年、2009年分别为1.25万头/666.7m^2、1.08万头/666.7m^2、1.20万头/666.7m^2。

1.2 春季气候适宜，对麦田灰飞虱的繁殖危害有利

早春气温回升早、上升快，4～5月份气温稳定在10℃以上，雨水适中，此时麦田食料丰富，利于灰飞虱繁殖危害。据气象资料记载（表1），2007年4月11日至5月20日，日平均气温19.3℃，雨日15天，雨量55.7mm，最高气温大于25℃的有23d，比2006年同期多15d，一代灰飞虱若虫孵化生长期间，气温适宜、雨水适中、田间湿度大，对灰飞虱的繁殖危害有利，2008年5月15～20日调查，小麦田有虫1.80万～50.00万头/666.7m^2、平均15.03万头/666.7m^2，比2007年同期高4.68万头/666.7m^2。越冬代至一代灰飞虱的增殖系数12.02倍，分别比2005年、2006年高1.32倍、4.25倍。

表1 一代灰飞虱若虫孵化生长期间（4月11日至5月20日）气候情况

年份（年）	日平均气温（℃）	>25℃天数（d）	雨日（d）	雨量（mm）	虫量（万头/667m^2）		增殖系数
					越冬代	一代	
2005	18.89	16	15	78.7	0.87	6.53	7.5
2006	17.2	8	15	106.7	0.78	8.35	10.7
2007	19.3	23	15	55.7	1.25	15.03	12.02
2008	19.6	15	13	73.4	1.08	11.55	10.69

1.3 农田生态环境对灰飞虱发生有利

一家一户种植，农民以责任田为中心，只注重田内生产与管理，田外无人问津，造成田边、沟渠边、路边杂草丛生，为灰飞虱的越冬、生长繁殖提供了良好的场所和毒源基地，也为灰飞虱从麦田迁入水稻大田和由水稻大田迁入麦田提供了安全保护带，不良的农田生态系统失去了对灰飞虱种群的控制作用，造成水稻条纹叶枯病逐年加重。

1.4 灰飞虱带毒率高

灰飞虱从1998年、1999年在高邮市局部地区发生以来，目前已遍布高邮市各乡镇，

发病面积连年扩大，流行程度逐年加重，由于毒源广泛，且灰飞虱一旦吸食有病植株，即可终身带毒，并能随卵传毒。2004 年、2005 年、2006 年高邮市越冬代麦田灰飞虱进行带毒率测定，结果分别为 24%、43%、17.8%（重病区），在全省处于偏高水平。

1.5 灰飞虱迁飞期与水稻感病期相遇

根据调查，小麦收获前灰飞虱一般集中在麦田取食危害，很少迁入秧田，麦子收获后成虫大量迁入相邻的秧田，田间虫量激增。2008 年一代灰飞虱成虫于 5 月 20 日前后开始迁移秧田，5 月 25 日左右进入迁移盛期，5 月 29 日至 6 月 7 日进入迁移高峰期，5 月底至 6 月 15 日，秧田一直维持高虫量状态，一般有虫 50 万 ~ 85 万头/666.7m^2，最高 129 万头/666.7m^2，均以成虫为主，占 98% 以上，此时秧苗正处于 2 ~ 6 叶的感病期，大量灰飞虱的吸汁传毒，从而导致条纹叶枯病的流行。

1.6 主栽粳稻品种抗病性较弱

目前，高邮市种植的粳稻，除镇稻 99、扬粳 9538、淮稻 9 号、淮稻 5 号、武运粳 21 等抗病性较强外，在周巷、临泽、周山等乡镇还在大量种植盐粳 2 号和部分武育粳 3 号等易感病品种，这 2 个品种由于分蘖性好、米质优、产量高，深受当地农民的欢迎，暂时还难以被其他品种所取代。目前湖西部分杂交稻的抗病性也有所下降，表现出了典型的症状，有待于今后进一步加强监测。

1.7 控虫防病工作不到位

由于各地对水稻条纹叶枯病的发病规律不了解，控虫防病技术掌握不够，错过适期用药，同时药剂选择上不对路，秧田期有机磷类杀虫剂使用普遍，这类药剂对灰飞虱持效期短、控制效果差，这是 2004 年高邮市水稻条纹叶枯病暴发流行的主要因素。

2 防治技术研究

根据水稻条纹叶枯病发病特点，采取以“预防为主，综合治理”的防治对策，主动出击，立足于“早”，着重在“防”，争得防治主动，近两年来取得明显的防治效果。

2.1 农业防治

2.1.1 选用抗（耐）病品种

种植抗耐病品种对控制水稻条纹叶枯病起到事半功倍的效果。近年来，在高邮市推广的淮稻 9 号、扬辐粳 8 号，不但抗病性好，而且丰产性、米质的适口性优于镇稻 99、扬粳 9538，2006 年种植 1.1 万 hm^2，平均亩产在 575kg 左右，具有大面积推广应用价值。

2.1.2 净化农田生态环境

对农田草害实施综合治理，同时加强田头、路边、沟渠边杂草的防除力度，减少灰飞虱的越冬、繁殖场所，从而降低田外灰飞虱发生量。

2.1.3 推广轻型栽培技术

以机插秧、塑盘抛秧、旱直播等为主的轻型栽培，由于播期迟、秧龄短，避过一代灰飞虱为害传毒高峰期，条纹叶枯病发生程度一般较轻。2005 年界首镇 0.08 万 hm^2 南粳 41 全部实施机插秧，7 月上旬调查，条纹叶枯病株率 1.5%，比水育秧轻 70% ~ 80%。2006

年周巷镇水稻面积在0.35万hm ^{2}，其中盐粳2号0.25万hm ^{2}，占71.4%。该镇以机插秧、塑盘抛秧、麦套稻等栽培方式为主，占70%，条纹叶枯病发生较轻，多数田块仅表现1个显症峰，病株率在1.5%～2.5%，全镇盐粳2号水稻平均666.7m^{2}产550kg。

2.1.4 加强田间管理

水稻生长前期，注意湿润灌溉，分蘖末期到拔节前后适时搁田；始病期及时追施氮肥，并配合施用钾肥，一般亩施尿素8～10kg，氯化钾5～6kg，可促进水稻病株转化，增强植株抗病能力。2006年卸甲镇焦山、口河、黄渡，周山镇龙华等村种植的“镇稻9424”，因其是感病品种，种子销售部门的误导，农民在秧田期忽视了灰飞虱的防治，6月下旬至7月中旬条纹叶枯病症状不断表现，一般田块病穴率在30%～40%，严重的在60%以上，通过排水、搁田、施肥等补救措施，后期多数田块每667m^{2}产量在400～450kg，只有个别田块在320kg左右，群众基本满意。

2.2 化学防治

2.2.1 麦田灰飞虱的防治

时间掌握在5月上、中旬，一代灰飞虱低龄若虫高峰期，可用80%敌敌畏乳油300ml/667m^{2}拌细土20kg撒入麦田进行熏蒸，也可用15%金好年40ml/667m^{2}对水30～40kg喷细雾。2005年在周巷镇营西村试验表明，15%金好年乳油、5%锐劲特悬浮剂对麦田灰飞虱防效比较理想，药后7d防效在70%以上（表2）。

表2 2005年几种药剂麦田防治灰飞虱的效果

处理	基数	药后1d			药后3d			药后7d		
		总虫数	减退率（%）	防效（%）	总虫数	减退率（%）	防效（%）	总虫数	减退率（%）	防效（%）
15%金好年40ml	127.5	74.5	41.57	49.43	73.5	42.35	61.05	72	43.53	73.42
10%吡虫啉40g	117	83.5	28.63	38.24	124	-5.98	28.39	168	-43.59	32.41
5%锐劲特50ml	170	104	38.82	47.06	123.5	27.35	50.91	99.5	41.47	72.45
80%敌敌畏300m	121.5	56.5	53.50	59.76	82.5	32.10	54.12	173.5	-42.80	32.78
CK	112.5	130			166.5			239		

2.2.2 秧田灰飞虱的防治

秧田期是一代灰飞虱防治关键，对控制条纹叶枯病的流行起着决定性作用。一般在麦田灰飞虱迁移秧田2d后开始用第一次药，以后隔4～5d连续用药，在灰飞虱迁移高峰期，提倡隔日一次药，直至水稻移栽。秧田期灰飞虱以成虫为主，必须考虑选用对成虫效果好的杀虫剂，同时在防治时一定要注意统一时间，统一配方，集中防治，确保防效。

2.2.3 大田期灰飞虱的防治

秧苗移栽大田后，是二代灰飞虱若虫发生盛期，此时防治质量的好坏，直接关系到后期病害的发生程度，对产量影响较大，要特别注意灰飞虱的防治，药剂种类有5%丁烯氟虫腈乳油50～60ml/667m^2、25%噻虫嗪水分散粒3.2～4.8g/667m^2、25%吡蚜酮可湿粉32g/667m^2，上述药剂配方交替使用。移栽后5～7d用第一次药，隔5～7d再用药一次；以后视田间虫情及时复查补治。

2.2.4 喷施植物病毒钝化剂

发病初期，每667m^{2}使用2%菌克毒克150ml或50%灭菌成60g，对水40kg，常规喷雾，隔5d喷一次，连续2～3次，可减轻病害的发生危害程度。

七（4）代褐飞虱发生特点、原因及防治对策

谢加飞，陈海新，徐金妹，朱杰

（高邮市植保植检站，225600）

摘　要： 2005年以来高邮市水稻上七（4）代褐飞虱偏重发生频率增多，危害加重。本文通过对高邮市1990年以来褐飞虱发生资料的分析，剖析近几年七（4）代褐飞虱发生特点及原因，认为虫源基数、暖秋气候、水稻生育期推迟、防治质量下降等是造成其发生加重的主要原因；并提出“压前控后”、科学用药、注重用药质量，提高防治效果等防治对策。

关键词： 褐飞虱；发生原因；防治对策

高邮市地处长江中下游，属里下河地区，常年稻麦两熟，水稻种植面积5.52万hm^2。褐飞虱 *Nilaparvata lugens*（Stål）为水稻上的主要害虫，常年六（3）代（以下简称3代）为主害代，9月初以后田间虫量大幅下降。2005年以来，七（4）代褐飞虱（以下简称4代）的发生较重，在9月20日前后，部分田块出现不同程度点、片“冒穿”的严重危害症状。对此，我们对一些调查资料进行了分析，总结出4代褐飞虱重发生的原因，并提出应对策略。

1　4代发生概况及演变特点

1.1　重发年度频率增多

1990年以来，粳稻上褐飞虱有4年大发生（1991年、1997年、2006年、2007年），3年中等偏重发生（1995年、2005年、2008年）。2005—2008年连续4年达中等偏重或重发生，其中2006年和2007年两年，3代中等偏重、4代大发生；2005年、2008年两年，3代中等偏轻、4代中等偏重发生（表1）。而4代在2005年以前的15年中，仅2年达中等偏重发生，且这两年为大发生年份（1991年和1997年）。

表1　历年中粳稻田褐飞虱各代别发生程度

年份（年）	发生程度			年份（年）	发生程度		
	2代	3代	4代		2代	3代	4代
1990	轻	偏轻	—	1994	轻	轻	—
1991	中	重	中重	1995	偏轻	中	—
1992	轻	偏轻	—	1996	轻	偏轻	—
1993	轻	偏轻	—	1997	中	重	中重

续表

年份（年）	发生程度			年份（年）	发生程度		
	2代	3代	4代		2代	3代	4代
1998	中轻	中	—	2004	—	轻	—
1999	轻	轻	—	2005	轻	偏轻	中重
2000	轻	轻	—	2006	偏轻	中重	重
2001	—	轻	—	2007	偏轻	中重	重
2002	—	轻	—	2008	轻	偏轻	中重
2003	偏轻	中重	—	2009	—	轻	轻

1.2　危害盛期推迟

2005年以前，主害时段一般为8月下旬前后，为本地发生的第3代，1991年和1997年两年8月下旬部分田块出现"冒穿"，9月10日后虫量急剧下降。2005年以来，3代褐飞虱成虫滞留增多，4代发生明显重于3代，9月中、下旬出现"冒穿"，田间9月下旬仍维持全年最高虫量，危害时间持续到10月上旬。

1.3　危害损失较重

4代发生期间，水稻处于生长后期，直接影响水稻的灌浆结实，造成水稻减产。从2005—2008年的情况看，9月底田间虫量仍然偏高，百穴虫量超过3 000头的面积占粳稻面积的比例分别为7.16%、15.97%、12.83%、4.54%，这些田块一般产量损失2～5成。严重受害的"冒穿"田块，每年在133.33hm^{2}以上，产量损失在5～8成，甚至失收。单年实际稻谷危害损失均在1 000t以上（表2）。

表2　中粳稻田褐飞虱虫量发生及危害情况

年份（年）	9月底总虫量分布面积（万hm^2）				冒穿时间（月/日）	冒穿面积（hm^2）		挽回损失（t）	实际损失（t）
	5～10头/穴	10～30头/穴	30～50头/穴	≥50头/穴		毛面积	折净面积		
2005	0.89	3.33	0.23	0.1	9/19	573.33	12.67	18 120.0	1 375.5
2006	2.68	0.65	0.33	0.41	10/2	153.33	4.00	19 772.5	3 027.5
2007	2.35	0.34	0.22	0.39	9/23	444.67	11.71	39 600.0	4 787.0
2008	1.44	0.34	0.19	0.03	9/20	240.00	3.21	13 589.1	1 085.6
2009	0.004	—	—	—	—	—	—	3 123.4	425.0

2　发生原因分析

2.1　4代发生程度与当年基数呈正相关

2005年以来，冬季气温偏高，对虫源地褐飞虱越冬有利。而当地褐飞虱的发生为基数和气候决定型共同决定型，二者相互关联。4代发生数量（9月下旬）与8月31日止灯下累计虫量、3代发生呈显著相关（表3），相关系数（R值）分别为0.9707、0.8949。表明：（1）4代发生程度与迁入虫源相关，2006年8月15～31日的累计虫量都是2005年以来最高的，4代的发生也最严重，2009年迁入虫量低，4代的发生也轻。（2）3代发生数量是4代的基数，3代发生重则4代发生更重。

表3　褐飞虱迁入虫量与田间发生情况

年份（年）	2002	2003	2004	2005	2006	2007	2008	2009
8月15日止灯下累计（头）	103	144	18	78	298	181	195	3
8月31日止灯下累计（头）	166	480	25	105	30 529	288	261	11
8月10日田间虫量（头/百穴）	8	180	10	100	420	330	38	2
8月下旬田间虫量（头/百穴）	14	280	20	550	1 560	1 490	675	36
9月下旬田间虫量（头/百穴）	—	—	—	2 170	15 935	4 515	2 580	142

2.2　3代短翅型虫量高，高峰期推迟

根据1990—2009年以来的历史资料，20年中查见褐飞虱短翅型成虫的有12年，其中2代短翅型成虫出现明显峰次的有1991年、1995年、1997年共3年，3代（8月下旬至9月中旬）出现明显峰次的有1991年、1995年、1997年、2005年、2006年、2007年共6年，9月底田间能查见短翅型成虫的有2005年、2006年、2007年、2008年、2009年共5年（表4）。分析表明：褐飞虱短翅型成虫田间峰期推迟，2005年以后3代短翅型成虫数量高，4代仍有短翅型成虫出现，危害时间延后、拉长。

表4　历年中粳稻田褐飞虱短翅型成虫发生情况

年份（年）	2代短翅型峰		3代短翅型峰		9月底前后田间短翅虫量
	峰日（月/日）	虫量	峰日（月/日）	虫量	
1990	8/15	18	8/31	30	—
1991	8/15	70	8/25	70	—
1992	8/10	6	8/25	6	—
1993	8/15	16	8/25	8	—
1994	8/20	4	8/25	4	—
1995	8/10	70	9/5	85	—
1997	8/15	205	9/15	260	—
2005			8/31	60	70
2006	8/20	25	9/5	150	70
2007	8/5	10	9/5	140	185
2008	8/20	8	9/10	28	45
2009	—	—	9/10	30	8

2.3　水稻生育进程推迟，丰富的营养条件有利于3代成虫的滞留、繁殖

2.3.1　水稻品种

近几年推广的水稻品种以迟熟中粳为主。一方面是为了抗条纹叶枯病，另一方面为了适应市场需求，不断提高水稻品质，致使主体品种结构发生变化，淮稻9号、盐选2号、扬辐粳8号、南粳44、宁粳1号等迟熟中粳及早熟晚粳面积逐年增加，占水稻面积的50%以上。调整后的水稻品种生育进程推迟5～7d。

2.3.2 栽培技术

为减轻水稻条纹叶枯病的发生、危害，2004 年后水稻栽培上推广推迟播期、轻型栽培技术等栽培措施，以错开 1 代灰飞虱的迁移高峰，避开 1 代灰飞虱传毒危害。2005—2009 年麦套稻、塑盘抛秧、机播秧等轻简栽培面积逐年扩大，占水稻面积的比例分别为 23.57%、42.44%、63.21%、75.34%、64.73%（表 5）。常规肥床旱育、水育秧的落谷期一般推迟 5d 左右。播栽期的推迟，使得收获期延迟 1 ~ 2 周。近年来，直播稻种植面积迅速扩大，由于直播稻播种期明显推迟，成熟期一般推迟到 10 月下旬。

8 月下旬为 3 代成虫高峰期，此时大面积粳稻正处于孕穗至破口期，植株长势嫩绿、旺盛，有利于 3 代成虫的滞留、繁殖。同时，营养条件丰富，也有利于短翅型成虫的分化，3 代短翅型成虫数量比例增多，褐飞虱繁殖倍数增加，加重危害，造成 4 代局部暴发，出现“冒穿”倒伏。

表 5　2004 年以来水稻品种布局及栽插方式情况

年份（年）	水稻面积（万 hm^2）			栽插方式（万 hm^2）			轻简栽培占水稻面积的比例（%）
	总面积	籼稻	粳(糯)稻	常规移栽	机插和塑盘	直播稻	
2004	5.11	1.02	4.09	3.88	1.19	0.03	24.04
2005	5.51	0.98	4.53	4.21	1.06	0.24	23.57
2006	5.53	0.85	4.68	3.18	1.82	0.53	42.44
2007	5.56	0.78	4.78	2.05	2.63	0.89	63.21
2008	5.57	0.73	4.85	1.37	1.52	2.67	75.34
2009	5.55	0.72	4.84	1.96	1.47	2.12	64.73

注：轻简栽培包括机播秧、塑盘抛秧、麦套稻、直播稻。

2.4 气候条件适宜

2005—2008 年 6 月下旬至 8 月降水量，分别比常年平均值高 254.2mm、65.6mm、204.3mm、1.2mm，8 月底前后田间短翅型峰量分别为 60 头、150 头、140 头、28 头。8 月下旬至 9 月平均温度，分别比常年平均值高 0.5℃、0℃、1.1℃、0.7℃，3 ~ 4 代的繁殖倍数分别为 12.38、41.46、17.31、19.88（表 6）。夏季温度适宜，雨水偏多，有利于褐飞虱的迁入、繁殖，田间短翅型成虫数量多；秋季温度偏高，对 3 代成虫滞留、繁殖有利。而 2009 年 6 月下旬至 8 月降水量偏少，同期气温高于常年，对外地虫源迁入以及 2 代、3 代的繁殖生长不利；8 月下旬至 9 月平均温度，分别比常年平均值高 2.8℃、0℃、-0.2℃、1.2℃，对 3 代成虫的滞留繁殖有利，3 ~ 4 代的繁殖倍数为 17.75，与 2005 年以来的均值相仿。

表 6　2005 年以来中粳稻田褐飞虱发生情况

年份（年）	6 月下旬至 8 月降水量（mm）	3 代成虫量（8 月底）（头/百穴）		3 代田间总虫量(头/百穴)	4 代田间虫量（9 月下旬）（头/百穴）		3 ~ 4 代繁殖倍数
		总成虫量	短翅型		若虫量	总虫量	
2005	726.7	160	60	550	1 980	2 170	12.38
2006	538.1	380	150	4 365	15 755	15 935	41.46
2007	676.8	260	140	1 490	4 500	4 515	17.31

续表

年份（年）	6月下旬至8月降水量（mm）	3代成虫量（8月底）（头/百穴）		3代田间总虫量（头/百穴）	4代田间虫量（9月下旬）（头/百穴）		3～4代繁殖倍数
		总成虫量	短翅型		若虫量	总虫量	
2008	473.7	120	28	675	2 385	2 580	19.88
2009	435.9	8	6	94	128	142	17.75
常年	472.5						21.76

2.5 农药的不合理使用，导致褐飞虱再猖獗

近几年2代、3代稻纵卷叶螟发生期偏早、程度偏重，用药频次增多，7月中旬至8月初，一般用药防治2～3次；8月底前后还要防治4代稻纵卷叶螟1～2次；全年防治稻纵卷叶螟4次左右。为提高药剂的击倒力和防治效果，药剂品种多为有机磷或沙蚕毒素类农药，有的加菊酯甚至单用菊酯类农药。由于广谱类药剂的频繁使用，对天敌杀伤力大，从而削弱了天敌对褐飞虱的控制作用；同时菊酯类农药刺激稻飞虱产卵，导致4代发生数量激增，形成再猖獗。

2.6 防治工作不到位，用药质量差

体现在：一是后期不愿意用药防治。由于前期病虫发生重，防治力度大，用药次数多，后期褐飞虱具有隐蔽性，农民普遍存在麻痹思想；加之临近收获，部分农民认为再用药防治，农药残留量高而采取弃治。二是防治技术不对路，用药质量差。药剂品种、用药时间不符合要求，特别是用水量严重不足，由于水稻后期生长量大，稻株封行、田间郁蔽，以常规的弥雾机和手动喷雾器施药，药液难以到达稻株基部，接触不到虫体，防治效果差。2007年采用不同施药方式防治4代褐飞虱试验结果表明，采用大水量机动喷雾器施药防治，防效最高，可达80%以上；敌敌畏拌毒土撒施熏蒸，防效在70%～80%；而采用的弥雾、喷雾防治，防效仅为20%～50%。加之防治4代褐飞虱时，田间普遍缺少水层，影响药效的发挥，降低了控制的效果。由此，9月中、下旬部分稻田褐飞虱虫量激增、暴发危害，并出现“冒穿”现象。

3 防治对策

3.1 坚持“压前控后”的防治对策

即兼治2代，狠治3代，控制4代。由于本地水稻品种和栽培方式的变化，成熟期明显推迟，食料及气候条件完全满足4代褐飞虱在本地的发生危害，4代已成为主害代。2代褐飞虱发生轻，可与防治2代白背飞虱结合进行兼治，3代褐飞虱的防治是关键，必须狠治，努力压低发生数量，削落种群发展优势。控制住3代褐飞虱发生，压低4代的发生基数，可以减轻4代的发生数量，争得防治的主动权。

3.2 科学用药防治，选准对路的防治药剂

由于本地水稻品种和栽培方式的多样性，防治工作安排上必须做到区别类型、分类指导。对中籼稻等成熟期早的品种，在8月中旬认真防治2代褐飞虱，控制3代的发生，3代要根据发生情况开展防治，努力减少虫源数量。对成熟期迟的品种，在8月底至9月

初，要认真普治3代褐飞虱，要选用长效、高效药剂，对发生重的年份，做到速效与持效相结合，最大限度地压低3代的发生数量，降低4代的发生基数。3代防治宜选用吡蚜酮、噻嗪酮、氨基甲酸酯类等高效农药品种，杜绝使用对稻飞虱有刺激增殖作用的高、剧毒农药。

3.3 注重用药质量，提高防治效果

3代、4代防治时，水稻已封行，植株生长量大，防治上，在足药量的前提下，一定要用足水量，手动喷雾器亩用水量不少于60～75kg，机动弥雾机40kg，做到植株上下喷透，努力使药液到达防治部位。同时，田间必须建立水层，做到先上水后打药，并保水3～5d，以提高防治效果。尤其在4代防治时，对断水早，不能建立水层的田块，要采用敌敌畏进行熏蒸防治。

参考文献

[1] 程遐年，吴进才，马飞编．褐飞虱研究与防治［M］．北京：中国农业出版社，2003：51～53.

[2] 丁攀，彭昌家，杜晓宇等．南充市2007年水稻稻飞虱暴发原因及防治成效浅析［J］．中国植保导刊，2008（8）：14～16.

高邮市近年来水稻稻曲病重发原因及综合防治技术

朱杰，徐金妹

（高邮市植保植检站，225600）

摘　要： 本文概述了近几年来高邮市水稻稻曲病的发生情况，分析了引起病害重发的主要原因，提出了综合防治对策，在生产上具有一定的指导作用。

关键词： 稻曲病；重发原因；防治技术

高邮市地处长江下游里下河地区，常年水稻面积5.6万hm^2左右，发生的病害主要有条纹叶枯病、纹枯病、稻瘟病等。近几年来随着气候条件的变化、品种更新速度的加快、种植方式的简化、精简栽培技术的推广及应用，稻曲病呈加重趋势，由次要病害上升为主要病害，2008年全市发生1.88万hm^2，占33.8%，产量损失2 000t左右，是近几年来发生最重的一年，为全面控制水稻稻曲病的蔓延危害，探索有效的防治方法，近年来笔者开展了专题调查研究工作，并提出了防治技术措施。

1 近年来稻曲病重发原因

1.1 发生概况

2005年前稻曲病在高邮市仅局部地区发生，2006年后开始大面积流行，当年发生

0.50 万 hm^2，2008 年猛增到 1.88 万 hm^2，2009 年有所下降。发生最重的 2008 年：一是发病面广，全市 21 个乡镇区均有发生；二是发病品种多，有 12~15 个，占品种数的 50%；三是危害重，一般田块的病穗率在 0.5%~50%，平均 9.9%，最高 100%，其中杂交中籼稻病穗率 23.67%，中粳稻病穗率 3.21%，产量损失在 2 000t 左右（表 1）。

表 1　近年来稻曲病发生情况

年份（年）	水稻面积（万 hm^2）	发生面积（万 hm^2）	发病品种（个）	病穗率（%）	危害损失（t）	备注
2006	5.51	0.50	3	2.8	650.0	
2007	5.53	0.95	6	2.5	500.0	
2008	5.57	1.88	12~15	9.9	2000.0	
2009	5.63	0.65	3	3.0	750.0	

1.2　重发原因分析

1.2.1　气候条件适宜是稻曲病流行的诱发原因

高邮市种植的杂交稻一般在 7 月底至 8 月上旬孕穗，粳稻在 8 月中旬前后，抽穗期为 8 月初至中、下旬，此时正是本地多雷雨大风季节。作为一种与气候密切相关的病害，高邮市适温多雨的气候条件十分利于稻曲病发生流行，近几年气象资料记载表明，在水稻始穗至扬花期，连续阴雨、日照不足，夏季气温相对偏低的条件（26~30℃）均有利于稻曲病的发生危害（表 2）。

2008 年杂交中籼稻破口期至扬花期多数在 8 月 5~20 日，扬花期在 8 月 13~20 日，8 月 14 日出现暴雨天气，降水量达 33.8mm，并连续阴雨 5d，相对湿度在 80% 以上，8 月中旬日平均气温在 24~28℃，平均在 26.44℃。适宜的温、湿度有利于稻曲病病菌侵入和传播，水稻扬花期间直接浸染水稻花器及幼颖，引起谷粒发病，并影响全穗的灌浆结实率，从而导致杂交中籼稻稻曲病的暴发。同时，本地湖西所特有的临湖丘陵地区雾大、露重等特点，对稻曲病迅速发展危害的影响更为明显，同样的水稻类型，在高邮市运东地区稻曲病发生率低于湖西片，发生程度相对较轻。

表 2　2006—2009 年 7 月下旬、8 月份气候情况

年份（年）	时间	降雨天数（d）	连阴雨天数（d）	气温（℃）			相对湿度
				最高	最低	平均	
2006	7 月下旬	9	9	31.4	25.8	28.3	78.4
	8 月份	12	2~3	32.6	25.6	28.7	76.7
2007	7 月下旬	7	3	32.8	25.0	28.4	74.9
	8 月份	15	3~4	32.4	25.5	28.5	76.3
2008	7 月下旬	7	4	31.6	25.2	28.0	77.6
	8 月份	17	5	30.2	23.8	26.3	78.0
2009	7 月下旬	8	4~5	28.5	23.2	25.5	81.9
	8 月份	24	11	30.1	23.5	26.2	77.7

1.2.2　主栽品种抗病性弱及栽插方式转变是主要原因

近几年，高邮市大面积推广种植优质粳稻，品种更新速度加快，特别是推广淮稻 5 号

后，稻曲病发生明显加重，而湖西地区由于水资源的缺乏，主栽的杂交中籼稻由抗病的三系杂交品种改种高感的二系杂交品种，是湖西地区稻曲病重发的主要原因。目前，在高邮市高感稻曲病的水稻品种主要有粳稻淮稻5号、两系杂交稻新两优6号、新两优6380、丰两优香1号等，中感品种有中籼稻扬稻6号、粳稻武运粳21等，盐粳2号、镇稻99、淮稻9号等品种较为抗病（表3）。

另外，随着轻简栽培技术大面积推广和农村劳动力大量转移，高邮市水稻栽插方式不断转变，手工栽插面积迅速下降，直播稻面积发展较快，比例不断增加，约占全市水稻播种面积的40%，直播稻的发展虽然缓解了劳动力不足问题，但同时带来抗灾能力较差、生育期推迟等问题。

表3　2006—2009年不同品种稻曲病平均病穗率情况

年份（年）/品种	平均病穗率（%）		
	2007	2008	2009
扬稻6号	10.8	45.6	15.1
丰两优香1号	26.7	48.3	25.3
武育粳3号	25.9	50.4	30.2
淮稻5号	4.5	11.6	2.8
淮稻9号	0.4	3.4	0.5
镇稻99	零星	3.5	零星
武运粳21	零星	7.8	0.2
盐粳2号	零星	2.8	零星

同一品种在不同的栽插方式下，发病率存在一定差异，从2009年后期调查情况来看，直播稻重于移栽稻，9月27日在八桥镇勤丰村，调查18块淮稻5号大田，稻曲病病穗率在0～15%，平均3.1%，其中直播稻8块田发病率为3.5%，手插稻10块田发病率为2.78%。直播稻栽培属于简化粗放型模式，栽培管理要求高，植株生长密度大，在水稻颖花分泌期至始穗期生长旺盛，田间荫蔽性大，通透性差，且抽穗期相对推迟，易遇稻曲病流行的低温多雨气候，使得其发生进一步加重。

1.2.3　菌源充足

近年来，稻曲病在高邮市每年均有一定程度的发生，菌源广泛地存在土壤中，逐年累积增加，发生程度加重，2007—2009年对湖西4个乡镇典型调查资料看出（图1），稻曲病的重发可能与上年病原菌数量有较大的关系。

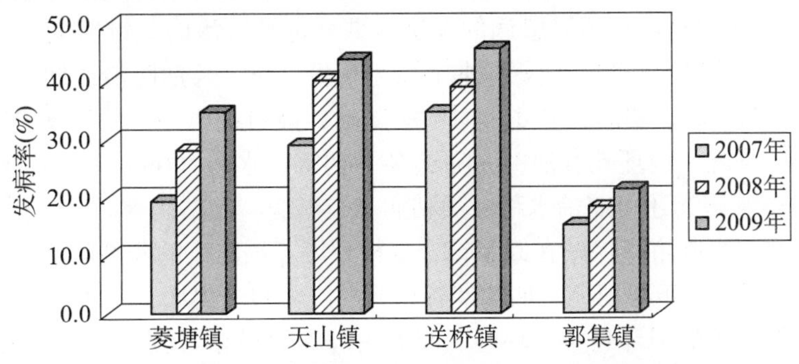

图1　湖西不同地区同一重病田稻曲病发病程度呈逐年加重趋势

1.2.4 田间管理不当影响其发生程度

水浆管理不当。排水不畅的田块发病较重，从调查结果看，同一地区防治一次的低洼田块较地势高的穗发病率高10% ~15%。而湖西地区杂交中籼稻种植面积大，且属丘陵地区，水稻种植区地势低洼，排水不畅，更有利于稻曲病的发生。

氮肥施用过多。偏施氮肥，长势过旺，水稻贪青迟熟，易于形成利于其发展的田间小气候；同时，开花期拉长导致感病几率加大，发病程度加重。从调查结果看，同一地区防治一次的肥力过高田块较肥力低的穗发病率高30% ~50%。

1.2.5 防治工作不到位是又一重发因素

根据2008年9月18 ~20日对杂交稻典型调查，未用药防治的田块穗发病率高达100%，粒发病率为6.84%。防治一交穗粒发病率分别为48.8%、1.86%；防治二交穗粒发病率分别7.7%、0.10%。防与不防差异十分明显，2006年、2007年稻曲病几乎未防治，2008年全市用药面积在1.3万hm^2次，占应治面积的23.3%，防治工作不到位是稻曲病发生的又一重要原因。

2 防治对策

2.1 种植抗病品种

不同品种抗性差异较大，一般散穗型，早熟品种发病较轻；密穗型，晚熟品种发病重。杂交稻重于粳稻，两系杂交组合重于三系杂交组合。在发病重的地区田块选用抗病的优质粳稻，杂交汕优系列、协优系列，以减轻病害的发生。

2.2 清除病源，及时翻耕稻田

在播种前，要精选种子，去除菌核，做好种子消毒，消灭附着在种子表面的病菌；及时翻耕，灌水耙田破坏土壤中的菌核；清洁田园，稻草要充分腐熟后再返田。

2.3 加强田间管理，增强植株抗病能力

加强田间管理，做到科学配方施肥，施足基肥，重施有机肥，控制后期氮肥施用量，增施磷、钾肥；水浆管理上采取浅水勤灌、适时晒田、后期干干湿湿，以降低田间湿度，提高植株的抗病能力。

2.4 加强测报，及时做好药剂防治

稻曲病的发生为害具有暴发性，适宜的用药时间短，用药时间过早和过迟对防治效果影响大。破口前7d左右是水稻易感病的关键时期，也是防治的关键时期，因此要结合当地气象预报，水稻破口期预测，做好稻曲病发生预报工作。药剂防治适期第一次用药应选择在水稻孕穗末期至破口期前5 ~7d及时喷药防治，破口期再用好第二次药，每667m^2可选用30%苯醚甲环唑·丙环唑乳油15ml或5%井冈霉素水剂500ml或2.5%纹曲宁可湿粉200g，对水40kg喷雾，还可兼治水稻叶尖枯病、云形病、纹枯病等。

2009年8月，高邮市植保站在卸甲镇金家村开展了稻曲病的药剂防治试验，选用生产上推广的一些药剂分别于孕穗期、抽穗期各用药一次，初步得出，几种药剂对稻曲病的防治效果，其中30%苯醚甲环唑·丙环唑、25%丙环唑效果相对较好，25%戊唑醇、5%井冈霉素次之，25%多菌灵效果最差（表4）。

2009 年高邮市在生产上全面推广了 30% 苯醚甲环唑 · 丙环唑、5% 井冈霉素等药剂防治稻曲病，用药面积在 5.03 万 hm^2左右，取得了理想的防治效果。在 2009 年水稻穗期气候条件适宜（连续低温阴雨），菌源充足的条件下，稻曲病的发生程度、危害损失成为近年来相对较轻的一年。

表 4　几种药剂防治稻曲病效果比较

药剂处理	用量（g、ml/667m^2）	防效（%）（各重复平均值）
25% 戊唑醇	20	63.9
25% 咪鲜胺	80	60.7
25% 丙环唑	30	69.9
5% 井冈霉素	200	64.4
25% 多菌灵	200	58.3
30% 苯醚甲环唑 · 丙环唑	15	74.1

2.5　加强宣传指导、提高药剂防治效果

稻曲病的药剂防治重在预防，保护花器不受侵染，必须在关键时期抢晴天施药，绝不能在水稻灌浆期见到病粒后才用药。总结近年来稻曲病重发年的防治经验，要提高防治效果，必须加强宣传和技术指导工作，提高广大农民的防病意识，对感病品种要确保防治两次，以提高防治效果。

水稻肥床旱育秧田病害发生及防治技术

朱杰，邵小英，张国林

（高邮市植保植检站，225600）

摘　要：本文阐述了高邮市近几年来水稻肥床旱育秧田病害发生种类、规律，提出了在“选用抗病品种基础上，推广栽培防病，实施药剂防治”的防治对策，并积极用于生产，对今后防治工作具有一定指导作用。

关键词：水稻秧田；病害；发生；防治技术

20 世纪 90 年代后期，江苏省高邮市开始推广水稻肥床旱育稀植技术，2007 年、2008 年面积达到 2.67 万 hm^2，占水稻面积的 50.0%（旱直播、麦套稻占 45%），已取代了传统的育秧方式。与此同时，水稻秧田病害种类发生了明显变化，危害程度日趋加重。从 2005 年开始，本站通过调查、试验，初步掌握了水稻肥床旱育秧田期主要病害的发生种类、发生规律及防治技术，并积极应用于生产实践，取得了良好的防治效果和显著的经济、社会效益。

1 主要病害种类及发生规律

近几年来的调查鉴定结果表明，高邮市肥床旱育秧田病害主要有 4 种，分别为苗叶瘟、恶苗病、立枯病和条纹叶枯病。

1.1 苗叶瘟（*Piricularia oryzae*）

局部地区发生较重，危害损失大，每年发病面积在 20 ~ 180hm^2，严重危害面积在 15hm^2左右，重播面积 2 ~ 5hm^2，该病一般在秧苗的 5 ~ 6 叶期发生，时间在 5 月下旬末，高峰在 6 月上旬，即水稻秧苗移栽前 10 ~ 15d，从始病至暴发危害期，时间短的 4 ~ 5d，长的 8 ~ 10d。高邮市水稻苗叶瘟主要发生在一些老病区，以田间的病残体和带入秧田病稻草形成初次侵染源，产生的分生孢子直接萌发侵入秧苗发病，因旱育秧肥足、叶嫩、密度高，在短期内就会迅速蔓延危害。常年重发区有卸甲、龙虬、周巷、汉留、三垛等乡镇，发病的品种以粳稻盐粳 2 号、淮稻 9 号、南粳 44 等，杂交稻几乎不发病。

1.2 恶苗病（*Gibberella fujiruroi*）

发生十分普遍，全市各地都可查见，常年发病面积在 1 300 ~ 1 600hm^2，以种子带菌为主，为系统性侵染病害，一般在秧苗 3 叶期开始发病，4 叶期后进入发病盛期，移栽前进入发病高峰。在本地防治田块（种子药剂处理）病枝率在 0.4% ~2.8%，重病田 4.5% 左右，未防治田块病枝率在 4% ~10%，最高达 20% 以上，粳稻重于杂交稻，但杂交稻协优 63 特别易感，每年都有因恶苗病发生严重而大量减产的田块。

1.3 立枯病（*Fusarium* spp.）

在本地发生也较为普遍，各地存在不平衡性，年度之间差异较大，每年发病面积在 100 ~ 240hm^2，有时与生理性烂秧难以区别，该病害以土壤带菌，多发生在秧苗的 2 ~ 4 叶期，由于旱育秧揭膜后，植株的抗病力差，遇寒流低温的袭击或昼夜温差大的气候影响，极易感染此病。此外土壤过沙保水性能差，土壤黏性大，通透性又不好均可加重立枯病的发生。

1.4 条纹叶枯病（Rice stripe virus）

这是由灰飞虱危害传毒引起的一种病毒病，具有来势猛、发生重、危害大的特点。2004 年在高邮市秧田暴发后，近年来每年都有一定程度的发生和回种田块。一般于 6 月 5 ~ 8 日见病，6 月 10 ~ 15 日进入显症高峰，未用药田块病枝率在 10% ~15%，一些表面上看似健康，但已带毒的秧苗，移栽大田后也会大量表现病症。水稻条纹叶枯病品种间抗性程度差异较大，在当地比较感病的有粳稻盐粳 2 号、武育粳 3 号、广陵香粳等，淮稻 9 号、扬辐粳 8 号、南粳 44 中等，武运粳 21、淮稻 5 号、镇稻 99、扬粳 9538 和杂交籼稻比较抗病。

2 主要防治技术及在生产上的应用效果

针对上述病害，高邮市采取了以“预防为主，综合治理”的防治对策，经过近几年来的应用，取得了明显的防治效果。

2.1 主要防治技术

2.1.1 选用抗病良种

对苗叶瘟、条纹叶枯病，控制粳稻感病品种盐选2号、武育粳3号的种植面积，淘汰高感品种广陵香粳，积极推广种植扬粳9538、镇稻99、杂交稻汕优63等抗性品种；对恶苗病，减少易感品种协优63的种植面积，控制盐粳2号的种植，同时注意在无病区繁种。

2.1.2 栽培措施防病

旱育秧一定要做到，施足基肥，少施或不施追肥，增加磷钾肥的用量和比例，有效地减轻苗叶瘟的流行程度。在恶苗病、立枯病的重发区，积极推广塑盘抛秧技术，改旱育秧为塑盘水育秧，改变秧苗的生存环境，这样可控制立枯病的危害，减轻恶苗病的发生；条纹叶枯病的重发区，在推迟播期的基础上，推广塑盘抛秧、小苗机插秧等轻型栽培技术，减少灰飞虱迁移高峰期与水稻秧苗期的吻合程度。同时，选好苗床位置，最好是背风向阳处，地势要高，靠近水源的地方，并注意年度间的轮换。

2.1.3 化学防治

一是水稻种子处理，无论杂交稻，还是粳稻，都要做好这项工作，这是防治恶苗病唯一有效途径，同时也可兼治苗叶瘟，减轻条纹叶枯病发生程度，一般用10%浸种灵或25%米鲜胺2ml加10%吡虫啉8～10g对水6kg，浸稻种4kg左右，48h后催芽播种，对恶苗病的防效可稳定在90%以上。二是苗期喷药保护，在秧苗揭膜后（1叶1心期），667m^{2}用65%精秧黄克可湿粉（或50%立枯净）1kg，对水500kg浇灌，对立枯病的防效可稳定在70%左右。对易感稻瘟病的粳稻品种，在水稻秧苗3～4叶期必须用好一次药，另外在6月上旬阴雨高湿天气过后，用好第二交药，一般用20%三环唑可湿性粉剂100g/666.7m^2，对水40kg喷细雾。秧苗期是防治灰飞虱、有效控制水稻条纹叶枯病的关键时期，一般在秧苗2叶1心期用第1次药，以后隔4～5d用1次药，灰飞虱迁入高峰期2～3d用1次药。药剂种类有5%丁烯氟虫腈乳油50～60ml/667m^2、25%噻虫嗪水分散粒3.2～4.8g/667m^2、25%吡蚜酮可湿粉32g/667m^2，上述药剂配方交替使用。

2.2 在生产上的应用效果

2005年以来，全市积极推广应用上述防治技术，有效地控制了水稻肥床旱育秧田苗期病害的发生危害，4年来水稻旱育秧田累计应用面积0.9万hm^2（常年秧田面积0.15万～0.18万hm^2）其中使用20%三环唑防治苗叶瘟0.25万hm^2，65%精秧黄克、旱秧绿2号等防治立枯病0.06万hm^2，10%浸种灵（25%咪鲜胺）防治恶苗病0.6万hm^2，药剂防治灰飞虱1.5万hm^2，综合防治0.25万hm^2。2006年、2007年水稻条纹叶枯病由2004年的0.14万hm^{2}下降到0.01万hm^{2}左右，发生程度减轻，重播面积降低，综合防治效果在75%以上；近两年，水稻立枯病控制在0.10万hm^{2}左右，苗稻瘟零星发生，综合防治效果在75%以上；水稻恶苗病，通过药剂处理，发病率明显下降，病枝率稳定在0.2%～1%，对水稻基本不构成为害，综合防治效果在90%以上。通过综合治理，每年取得经济效益上百万元。

宝应县水稻条纹叶枯病发生情况及防治对策

张雅东，邵耕耘，陈金宏，马秀凤，杨呈芹，陈宝玉

（宝应县植保植检站，225800）

摘　要： 分析近几年宝应县水稻条纹叶枯病的发生情况，条纹叶枯病发生呈下降趋势，这主要与抗病品种的推广应用、栽培方式的变化、灰飞虱带毒率的下降、统防统治力度大有关。明确在水稻条纹叶枯病防治中，以种植抗病品种为基础，以灰飞虱防治为重点的防治策略。

关键词： 水稻条纹叶枯病；发生情况；防治对策

水稻条纹叶枯病是由灰飞虱传播的水稻条纹叶枯病毒（RSV）引起的一种病毒病，是水稻的重要病害之一。2000 年起，该病害在宝应县发生面积不断扩大，危害程度逐年加重，2004 年条纹叶枯病的大流行，对水稻生产造成了严重影响，全县水稻单产仅 415kg。2005 年以来，全县推广了“治虫控病，切断毒链，预防为主”的综防措施，狠抓了以灰飞虱防治为重点的防控工作，水稻条纹叶枯病得到有效控制。

1　发生概况

1.1　条纹叶枯病发生情况

条纹叶枯病发病初期表现为秧苗心叶出现与叶脉平行的黄绿相间的褪绿条斑，并逐渐枯死，多数心叶枯死后弯曲下垂，扭曲成纸捻状，老叶仍保持绿色，形成所谓的“假枯心”。中期（拔节期）发病，表现为秧叶橙红色，僵苗不发，根系不发达，白根少，黄根增加，并逐渐枯死，部分品种从秧田期到拔节期穗期不断有病株出现，表现为地上植株萎缩枯死，地下根系发黑腐烂，穗期病株造成枯孕穗或畸形穗，不结实。

水稻条纹叶枯病 2000 年在宝应县已有发生，并呈不断加重的趋势，发生面积、发生程度逐年扩大。2003 年发生 2.67 万 hm^2，病株率平均为 3.62%，2004 年大流行，发病面积达 4.75 万 hm^2，平均病株率为 12.8%，绝收面积达 0.19 万 hm^2，2005 年起全县开始实施综合防治，推广抗病品种，狠抓麦田、秧田及大田灰飞虱的防治，条纹叶枯病得到有效控制，年发生 0.83 万 hm^2，病株率下降为 0.86%，2006 年部分农户仍然种植感病品种，条纹叶枯病出现反弹，年发生 1.9 万 hm^2，病株率 1.21%，2007—2009 年全县加强防治力度，条纹叶枯病发生呈下降趋势，2009 年全县条纹叶枯病发生 0.01 万 hm^2，病株率平均为 0.2%（图 1）。

1.2　条纹叶枯病发生与水稻品种关系

1.2.1　不同类型品种间发病差异明显

从近几年条纹叶枯病调查情况看，糯稻重于粳稻、粳稻重于杂交稻。杂交稻叶片上也表现黄绿相间的条斑，但无心叶扭曲、枯死现象，而糯稻、粳稻稻株心叶扭曲、枯死现象

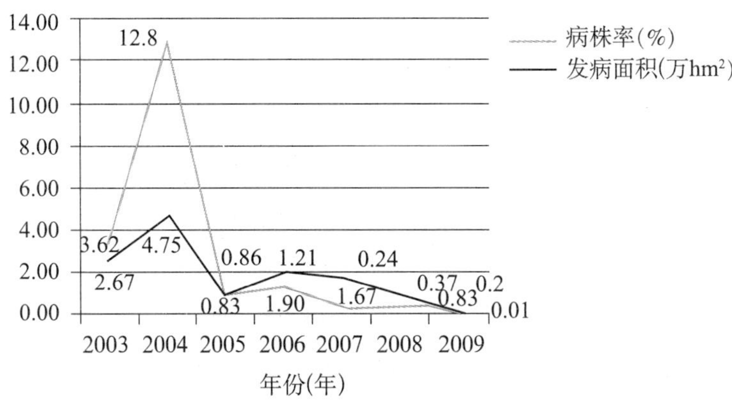

图1 水稻条纹叶枯病发生情况

明显。

1.2.2 粳稻品种间发病差异明显

从全县种植的不同粳稻品种田间发病情况看，其发病程度依次为：武育粳3号>南粳41、华粳1号>盐稻8号、徐稻3号、淮稻9号>扬粳9538、镇稻99。

1.3 条纹叶枯病发生与水稻栽培方式关系

从调查情况看，湿润育秧重于旱育秧。肥床旱育秧老健，栽后活棵快，植伤轻，发病轻；湿润育秧嫩绿，适合灰飞虱取食的趋嫩绿性，栽后活棵慢，植伤重，发病重。

不同栽插方式发病情况有所不同，人工移栽秧重于麦套稻重于塑盘抛秧重于机插秧、直播稻。

2 条纹叶枯病发生影响因素分析

近几年宝应县水稻条纹叶枯病发生呈下降趋势，与灰虫虱虫量变化、水稻品种更新、水稻种植方式变化有较大关系。

2.1 灰飞虱带毒虫量变化影响条纹叶枯病的发生

灰飞虱带毒虫量与麦田田间虫量、灰飞虱带毒率有关。从麦田灰飞虱发生来看，近几年来，宝应县冬、春季节气温较高，12月至翌年2月月平均气温均在3℃以上，低温天气持续时间短，有利于灰飞虱的越冬，2005年以来一代灰飞虱均为大发生，5月中旬调查，每666.7m^2虫量均在20万头以上。2009年5月调查，麦田虫量为20.67万头，低于2008年，与2007年、2006年相仿。从灰飞虱带毒测定情况看，一代灰飞虱带毒率呈明显下降趋势。2005年测定，一代成虫带毒率为48%，远高于大流行的标准（12%），2006年、2007年测定，带毒率有所下降，分别为20.2%、14%，也高于大流行指标，2008年带毒率为10.2%，2009年为6%，呈明显下降趋势（图2）。从麦田虫量来看，一代虫量居高不下，保持在大发生的状态，但由于带毒率明显下降，带毒虫量也呈下降趋势，灰飞虱传毒为害性降低（图3）。

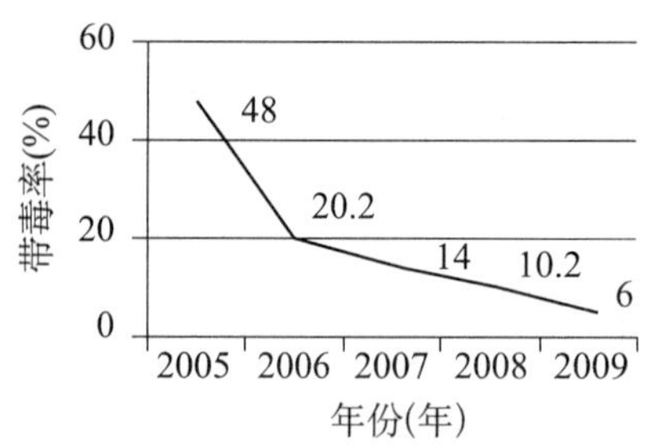

图 2　2005—2009 年一代灰飞虱带毒情况

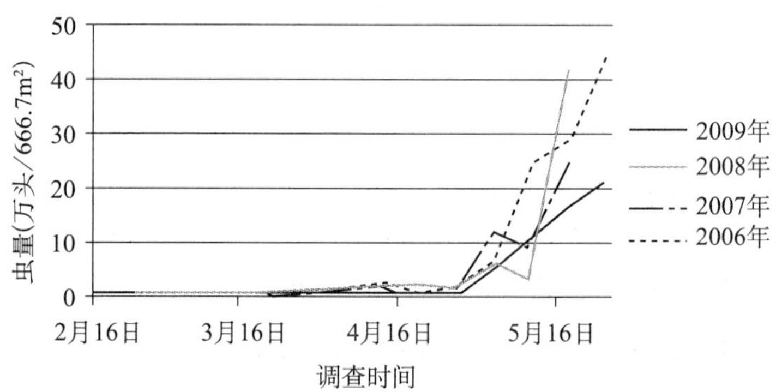

图 3　2006—2009 年麦田灰飞虱虫量调查情况

2.2　品种变化影响条纹叶枯病的发生

20 世纪 90 年代以来，宝应县粳稻面积扩大，种植品种单一，尤其武育粳 3 号，因其丰产性、适应性、适口性均较好，成为主栽品种，在宝应县有 10 多年的种植历史，2004 年武育粳 3 号已占全县粳稻面积的 80% 以上。由于其高感条纹叶枯病，随着条纹叶枯病的暴发，给水稻生产造成了严重损失。2005 年以来，全县推广徐稻 3 号、盐粳 8 号、扬辐粳 8 号等抗病品种，武育粳 3 号等感病品种面积不断下降，2009 年全县感病品种面积不足 0.3 万 hm^2。感病品种面积的下降也不利于条纹叶枯病的发生（图 4）。

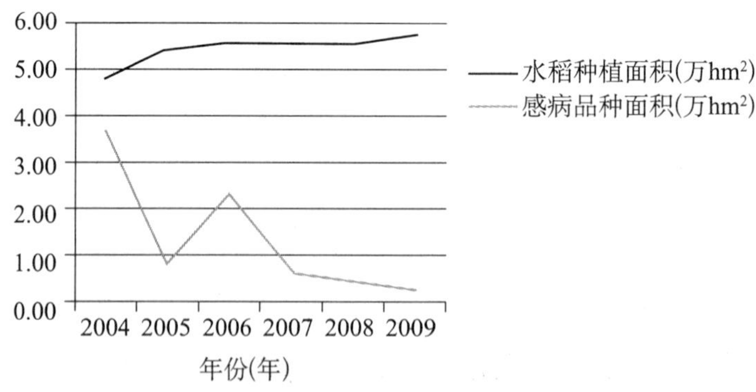

图 4　2004—2009 年水稻面积及感病品种面积

2.3　栽培方式的变化影响条纹叶枯病的发生

近几年来，随着轻简栽培措施的推广，水稻种植方式多样化。机插秧、直播稻成为主流，常规育秧移栽面积大幅降低。由于直播稻、机插秧等栽培方式播种迟，与一代灰飞虱的迁入峰不相吻合，从而避开了灰飞虱的传毒为害，减轻条纹叶枯病的发生。2009 年全县水稻种植面积 5.71 万 hm^2，机插秧、直播稻、麦套稻、塑盘抛秧面积达 5.53 万 hm^2，传统的手栽秧仅有 0.18 万 hm^2，而且轻简栽培面积扩大，秧田面积大幅缩减（2009 年秧田不到 600hm^2），更加有利于集中防治（图 5）。

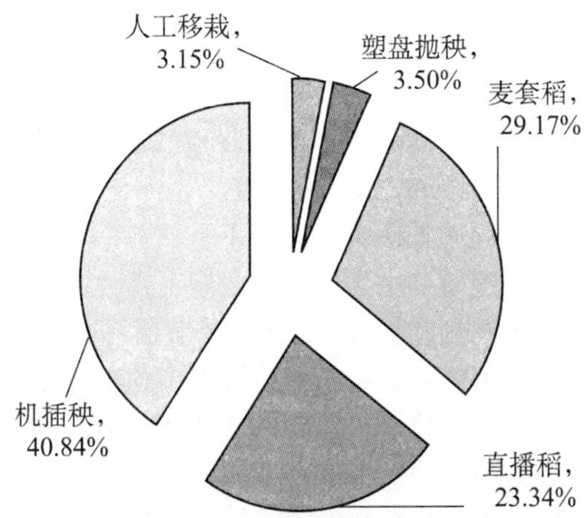

图 5　2009 年不同栽培方式面积比例

3　防治对策

从近几年的防治情况来看，条纹叶枯病防控的关键在于推广抗病品种，重点在于灰飞虱的防治，尽量压低灰飞虱虫量，减少传毒几率，从而减轻条纹叶枯病的发生。

3.1　强化麦田灰飞虱防治

麦田是灰飞虱的主要寄主，全县小麦常年种植面积在 4 万 hm^2 以上，为灰飞虱的发生提供了良好的营养条件和滋生场所，从近几年调查来看，越冬灰飞虱从 3 月中旬开始活动，代若虫 5 月中旬达到高峰，5 月中、下旬调查，每 666.7m^2 虫量在 20 万头以上。随着麦苗的黄化老熟，一代灰飞虱成虫集中迁入秧田为害，极易导致水稻条纹叶枯病的发生。麦田灰飞虱的防治，可在一代低龄若虫高峰期（5 月中旬），采取敌敌畏熏蒸、药剂喷雾等合适的防治方法，能够有效降低一代灰飞虱的虫口密度，减轻水稻条纹叶枯病的防治压力。

3.2　狠抓秧田防治

压低秧田灰飞虱虫量，切断传毒途径是防控条纹叶枯病的重点。湿润育秧现青后，旱育秧、机插秧揭膜后及时用药，灰飞虱迁入高峰期适当增加防治次数，后期用药间隔可适当延长。秧田周边杂草、公共绿地也是灰飞虱的重要滋生场所，在治好秧田的同时，需要做好公共绿地的防治。近几年来，在秧田周边杂草、公共绿地的防治上，全县采取了统一药剂、统一防治时间的统防措施，取得了较好的防治效果。

0.3%印楝素防治水稻纵卷叶螟药效试验

陈宝玉，陈金宏，杨呈芹，邵耕耘，马秀凤，张雅东

（宝应县植保植检站，225800）

摘　要： 田间药效试验结果表明，0.3%印楝素对稻纵卷叶螟具有一定的防治效果，每666.7m^{2}用100ml，药后7d的保叶效果在60%以上，杀虫效果在80%以上，与40%毒死蜱100ml/666.7m^{2}防效相当。该药剂对水稻安全，但对稻田蜘蛛有一定的杀伤作用。

关键词： 印楝素；防治；稻纵卷叶螟；试验

近年来，随着环境保护呼声的日益高涨，无公害、无污染、无残留，且不宜产生抗性的生物农药受到广泛关注。印楝素主要为三萜类物质，与类固醇、甾类有机化合物等激素物质结构相似。印楝素对直翅目、鳞翅目、鞘翅目等害虫表现出较高的特异性抑制功能。0.3%印楝素（爱禾）是云南中科生物产业有限公司生产的防治稻纵卷叶螟的新型杀虫剂，为了解其对稻纵卷叶螟的防治效果及对稻田蜘蛛的安全性，为推广应用提供依据，笔者于2008年进行了该药剂防治稻纵卷叶螟田间药效试验。

1　材料与方法

1.1　试验概况

试验地点选择在宝应县山阳镇沿湖村，土壤类型为潮黄土，土质为沙土，pH值8，有机质含量2.0%，肥力一般，前茬小麦。供试水稻品种为武育粳3号，6月17日移栽，长势较好，用药时水稻处于抽穗期，稻纵卷叶螟处于1～2龄高峰期。

1.2　供试药剂

0.3%印楝素（爱禾）云南中科生物产业有限公司生产；40%毒死蜱EC（乐思耕），江苏苏化集团生产，市售。

1.3　试验设计

本试验共设5个处理，4次重复，小区面积30m^2，随机排列。具体为处理1～3：0.3%印楝素50ml/666.7m^2、75ml/666.7m^2、100ml/666.7m^2；处理4：40%毒死蜱EC 100ml/666.7m^2；处理5：空白对照。

1.4　试验方法

2008年8月27日施药，各小区按每666.7m^{2}对水50kg，采用手动喷雾器均匀喷雾，施药时天气晴，无风。

1.5　调查方法

1.5.1　安全性调查

观察药剂对作物是否有药害，如果有药害，准确描述药害症状（矮化、褪绿、畸形

等)；调查施药区有益生物（蜘蛛）的数量变化，分析对天敌的影响。

1.5.2 防效调查

施药前、后7d、14d进行调查，采用平行跳跃式取样，每小区调查20穴，记录蜘蛛数量、稻纵卷叶螟虫量、卷叶数，计算蜘蛛虫口减退率、卷叶率、保叶效果及杀虫效果。

$$卷叶率=\frac{卷叶数}{调查叶数}\times100\%$$

$$蜘蛛虫口减退率=\left(1-\frac{处理区药后蜘蛛数量\times对照区药前蜘蛛数量}{处理区药前蜘蛛数量\times对照区药后蜘蛛数量}\right)\times100\%$$

$$保叶效果=\left(1-\frac{处理区药后卷叶率\times对照区药前卷叶率}{处理区药前卷叶率\times对照区药后卷叶率}\right)\times100\%$$

$$杀虫效果=\left(1-\frac{处理区药后残虫\times对照区早药前虫量}{处理区药前虫量\times对照区药后虫量}\right)\times100\%$$

2 结果与分析

2.1 安全性

2.1.1 对作物的安全性

药后观察，各药剂处理区均未见明显药害现象。

2.1.2 对天敌（蜘蛛）的安全性

药前调查，各处理的蜘蛛数量为66~90头，药后7d调查，对照区蜘蛛数量上升较多，药剂处理区蜘蛛数量上升较少，毒死蜱对蜘蛛的杀伤最大，蜘蛛虫口减退率为58.62%，印楝素50ml、75ml、100ml蜘蛛的虫口减退率分别为24.08%、46.8%、54.05%。药后14d调查，各处理区的蜘蛛数量均有所下降，毒死蜱的蜘蛛虫口减退率为68.23%，印楝素50ml、75ml、100ml蜘蛛的虫口减退率分别为30.04%、45.55%、68.23%（表1）。

表1 2008年0.3%印楝素对田间蜘蛛的杀伤作用

地点：宝应县

处理（ml/666.7m^2）	施药前	施药后7d		施药后14d	
	数量（头）	数量（头）	虫口减退率（%）	数量（头）	虫口减退率（%）
0.3%印楝素50	66	126	24.08	55	30.04
0.3%印楝素75	74	99	46.80	48	45.55
0.3%印楝素100	90	104	54.05	51	52.43
40%毒死蜱100	74	77	58.62	28	68.23
空白对照	68	171	—	81	—

2.2 防治效果

2.2.1 保叶效果

由于试验田3代稻纵卷叶螟防治较差，药前调查田间卷叶数较多，各处理卷叶率为1.88%~2.52%。药后7d调查，空白对照区卷叶率上升较快，达4.94%，药剂处理区卷叶率稍有上升，从保叶效果看，以印楝素 100ml 与毒死蜱 100ml 效果最好，保叶效果为 64.16%、61.45%，印楝素 75ml、50ml 的保叶效果在 50% 左右。药后 14d 调查，各处理区的保叶效果有所上升，印楝素 100ml、75ml、50ml 的保叶效果分别为 68.68%、56.38%、52.38%，对照药剂毒死蜱 100ml 的保叶效果为 65.11%（表2）。

表2　2008年0.3%印楝素防治稻纵卷叶螟保叶效果

地点：宝应县

处理（ml/666.7m²）	施药前	施药后7d		施药后14d	
	卷叶率（%）	卷叶率（%）	保叶效果（%）	卷叶率（%）	保叶效果（%）
0.3%印楝素 50	2.06	2.02	49.98	4.85	52.38
0.3%印楝素 75	1.88	1.71	53.48	4.04	56.38
0.3%印楝素 100	2.17	1.52	64.16	3.35	68.68
40%毒死蜱 100	2.04	1.54	61.45	3.52	65.11
空白对照	2.52	4.94	—	12.46	—

2.2.2　杀虫效果

药前调查，各处理区虫量为 18 ~ 22 头。药后 7d 调查，印楝素 100ml 的效果最好，杀虫效果为 87.51%，其次为毒死蜱 100ml，效果为 81.38%，印楝素 75ml、50ml 的效果在 75% 左右，药后 14d 调查，毒死蜱的防效有所上升为 83.56%，印楝素的防效下降较多，印楝素 100ml、75ml、50ml 的防效分别为 64.93%、54.49%、48.58%（表3）。

表3　0.3%印楝素防治稻纵卷叶螟效果

地点：宝应县

处理（ml/666.7m²）	施药前	施药后7d		施药后14d	
	虫量（头）	残虫量（头）	杀虫效果（%）	残虫量（头）	杀虫效果（%）
0.3%印楝素 50	18	20	73.23	87	48.58
0.3%印楝素 75	18	18	75.90	77	54.49
0.3%印楝素 100	27	14	87.51	89	64.93
40%毒死蜱 100	22	17	81.38	34	83.56
空白对照	20	83	—	188	—

3　小结与讨论

3.1　从本试验结果看，0.3%印楝素对水稻安全，对稻田天敌（蜘蛛）有一定的杀伤作用，每 666.7m²用 0.3% 印楝素 50ml，药后 14d 对蜘蛛的杀伤力达 30%，100ml 对蜘蛛的杀伤力达 50%。

3.2　0.3%印楝素对稻纵卷叶螟具有一定的防治效果，每 666.7m²用 0.3% 印楝素 100ml，药后 7d 的保叶效果、杀虫效果与 40% 毒死蜱 100ml 防效相当，药后 14d，其保叶效果与毒死蜱相当，但杀虫效果明显低于毒死蜱。在实际生产中应用 0.3% 印楝素，每

666.7m²用量以 100ml 为宜，即可取得较好的防治效果。

参考文献

[1] 吴钜文．印楝素在蔬菜害虫防治中的应用［J］．农药，2001（9）．

[2] 赵晓东，赵善欢．印楝素对昆虫的毒理作用机制［J］．华南农业大学学报，1996（1）．

75%拿敌稳水分散剂防治水稻纹枯病田间试验

陈宝玉，杨呈芹，陈金宏，邵耕耘，马秀凤，张雅东

（宝应县植保植检站，225800）

摘　要： 田间药效试验结果表明，75%拿敌稳水分散剂对水稻纹枯病有较好的防效，10g/666.7m² 防效在60%以上，15g/666.7m²防效在70%以上，优于20%井冈霉素75g/666.7m²。

关键词： 拿敌稳；水分散剂；防治；水稻纹枯病

水稻纹枯病别名花秆、花脚、烂脚瘟，是水稻重要病害之一。随着矮秆多穗型品种的推广、栽插密度和施肥水平的提高，水稻纹枯病已成为水稻高产稳产的一个突出问题，危害轻的田块减产 1 成左右，严重的可减产 3～5 成。多年来，水稻纹枯病防治药剂以井冈霉素为主。随着水稻纹枯病抗（耐）药性的加大，井冈霉素用量越来越大，防治效果却不太理想。75%拿敌稳水分散剂是拜尔公司新近推出了一种新型药剂，系 50%戊唑醇和 25%肟菌酯的复配剂。其中，戊唑醇为麦角甾醇生物合成抑制剂，能迅速被植物有生长力的部分吸收并主要向顶部转移，不仅杀菌活性高，还可促进作物生长，使之根系发达、叶色浓绿、植株健壮、有效分蘖增加，从而提高产量；肟菌酯属线粒体呼吸抑制剂，与三唑类等无交互抗性，具有广谱、渗透、快速分布等性能，作物吸收快，且具有向上的内吸性，故耐雨水冲刷性能好、持效期长。

为了解 75%拿敌稳水分散剂对水稻纹枯病的防治效果及对水稻的安全性，笔者于 2009 年进行了该药剂防治水稻纹枯病的田间药效试验。

1　材料与方法

1.1　试验概况

试验地点选择在宝应县山阳镇沿湖村，稻作方式为移栽稻，土质为沙土，pH 值 8，有机质含量 2.0%，肥力一般，前茬小麦。供试水稻品种为武育粳 3 号，6 月 19 日移栽。移栽前施底肥，用 25%复混肥 20kg/666.7m²，返青肥每 666.7m²追尿素和氯化钾各 10kg。

用药时，水稻处于孕穗期，田间水稻纹枯病发生较重，病株率在20%左右，高的达35.6%。试验田按正常肥水管理进行，水稻害虫防治适期开展，未施用其他杀菌剂防治水稻病害。

1.2 供试药剂

75%拿敌稳水分散剂，拜尔公司提供。

20%井冈霉素，浙江桐庐汇丰生物有限公司生产市售。

1.3 试验设计

本试验共设4个处理，3次重复，随机排列，小区面积24m^2。具体设计为：处理1：75%拿敌稳水分散剂10g/666.7m^2；处理2：75%拿敌稳水分散剂15g/666.7m^2；处理3：20%井冈霉素75g/666.7m^2；处理4：空白对照。

1.4 试验方法

2009年8月21日施药，施药时天气晴，温度28~29℃。每小区按666.7 m^{2}用水量50kg，采用手动雾器均匀喷雾。

1.5 调查方法

1.5.1 药害观察

试验期间观察水稻是否有药害产生，对作物的其他有益影响（促进成熟，刺激生长等）。按药害分级方法记录每小区的药害情况，以-、+、++、+++、++++表示。

药害分级方法：

- 无药害；

+ 轻度药害，不影响作物正常生长；

++ 中度药害，可复原，不会造成作物减产；

+++ 重度药害，影响作物正常生长，对作物产量和质量造成一定程度的损失；

++++ 严重药害，作物生长受阻，作物产量和质量损失严重。

1.5.2 药效调查

药前、药后20d分别调查各小区发病情况，采用平行跳跃式方法取样，每小区调查20丛稻，记载病株数、病级，统计病株率与病情指数，计算防治效果。

0级：全株无病；

1级：第四叶片及其以下各叶鞘、叶片发病（以顶叶为第一叶片）；

3级：第三叶片及其以下各叶鞘、叶片发病；

5级：第二叶片及其以下各叶鞘、叶片发病；

7级：剑叶叶片及其以下各叶鞘、叶片发病；

9级：全株发病，提早枯死。

$$病株率（\%）=\frac{病株数}{调查总株数}\times 100$$

$$病情指数=\frac{\sum（各级病株数）\times 相应病级}{调查株数\times 9}\times 100$$

$$病指防效 = \left(1 - \frac{处理区药后病指 \times 对照区药前病指}{对照区药后病指 \times 处理区药前病指}\right) \times 100\%$$

2 结果与分析

2.1 对水稻的安全性

药后不定期调查，各处理区稻株叶色、株高正常，未发现药害现象。

2.2 防病效果

药后20d调查，各处理区的病株率、病情指数均较药前基数有所上升，但各药剂处理区病情上升的幅度明显低于未用药区。从试验结果看，75%拿敌稳15g/666.7m^{2}对水稻纹枯病的防效最好，病指防效为70.53%，其次为75%拿敌稳10g/666.7m^{2}的防效为61.48%，而20%井冈霉素75g/666.7m^{2}防效最低，仅为46.91%（表1）。

表1 2009年75%拿敌稳防治水稻纹枯病的效果

地点：宝应县

处理（g/666.7m^2）	药前基数		药后20d调查		
	病株率（%）	病指	病株率（%）	病指	病指防效（%）
75%拿敌稳 10	31.83	3.92	51.83	6.60	61.48
75%拿敌稳 15	35.58	4.65	49.23	5.98	70.53
20%井冈霉素 75	19.06	2.35	43.65	5.45	46.91
CK	17.40	2.17	70.73	9.48	—

3 小结与讨论

3.1 从本试验看，75%拿敌稳水分散剂防治水稻纹枯病，对水稻安全，无不良影响，可在生产中进行应用。

3.2 从本试验看，75%拿敌稳水分散剂对水稻纹枯病有较好的防效，效果明显好于井冈霉素。每666.7m^{2}用10g的病指防效在60%以上，随着药量的加大，病指防效有所上升，每666.7m^{2}用15g，病指防效在70%以上。为保证防治效果，用药时要用足水量，每666.7m^{2}对水50～60kg。

3.3 水稻纹枯病是宝应县水稻上的常发病害，每年发生均在中等以上。由于本试验用药时间较迟，用药时田间纹枯病发生已较重，建议作进一步的研究，在发病初期用药，用量递度进一步细化，以明确最佳用量。

参·考·文·献

[1] 农药田间药效试验准则册（一）[M]．北京：中国标准出版社，2000：83～85.

博达对稻纵卷叶螟的防效及对稻田蜘蛛的安全性

杨呈芹，陈宝玉，陈金宏，邵耕耘，马秀凤，张雅东

（宝应县植保植检站，225800）

摘　要： 田间试验结果表明，每 666.7m^2 用博达 100g，药后 7d 对稻纵卷叶螟的杀虫效果在 85%，保叶效果在 80% 以上，对稻田蜘蛛的安全性相对较好，药后 15d 对稻田蜘蛛的杀伤率在 10% 左右。

关键词： 博达；稻纵卷叶螟；防效；蜘蛛；安全性

近年来随着水稻种植制度的变化，迁入代稻纵卷叶螟转化和生存的桥梁条件大为改观，其在宝应县近几年均呈中等偏重发生，严重影响了粮食生产，发生严重或防治不力的田块可减产 20% ~30%。目前稻纵卷叶螟主要以药剂防治为主，在稻纵卷叶螟大发生的情况下，生产上常用的一些杀虫剂常常表现出防效不佳或安全性不高的现象，因此开发应用高效低毒药剂已成当务之急。

博达（30 亿 OB 黏颗 · 100 亿活芽孢/g 苏可湿性粉剂）是由扬州绿源生物化工有限公司生产的新型生物杀虫剂。为研究其对稻纵卷叶螟的防治效果及对蜘蛛的安全性，笔者于 2006 年进行了该药剂防治稻纵卷叶螟田间试验。

1　材料与方法

1.1　试验概况

试验地点选择在宝应县安宜镇三里村陈庄组，前茬为小麦，土壤类型为黄泥乌杂土，肥力中等，供试水稻品种为徐稻 3 号，生育期为孕穗期，长势较好。用药时稻纵卷叶螟处于 1 ~2 龄。

1.2　供试药剂

博达（由扬州绿源生物化工有限公司提供）、锐星（苏云金杆菌可湿性粉剂，由扬州绿源生物化工有限公司提供），40% 卷螟清（毒 · 辛，南京惠宇农化有限公司生产）、阿维苏（市售）。

1.3　试验设计

本试验共设 7 个处理，具体为：①博达 75g/666.7m^2；②博达 100g/666.7m^2；③博达 125g/666.7m^2；④锐星 100g/666.7m^2；⑤卷螟清 100ml/666.7m^2；⑥阿维苏 120g/666.7m^2；⑦清水对照。小区面积 20m^2，3 次重复，随机区组排列。

1.4　试验方法

试验于 2006 年 8 月 11 日施药，各处理按小区药量对水 1.5kg，采用手动喷雾器均匀喷雾，施药时天气晴，无风，气温 30℃左右。

1.5 调查方法

1.5.1 安全性调查

（1）观察药剂对作物是否有药害，如果有药害，准确描述药害症状（矮化，褪绿，畸形等）。按药害分级方法记录每小区的药害情况，以－、＋、＋＋、＋＋＋、＋＋＋＋表示。

药害分级方法：

－ 无药害；

＋ 轻度药害，不影响作物正常生长；

＋＋ 中度药害，可复原，不会造成作物减产；

＋＋＋ 重度药害，影响作物正常生长，对作物产量和质量造成一定程度的损失；

＋＋＋＋ 严重药害，作物生长受阻，作物产量和质量损失严重。

（2）调查施药区有益生物（蜘蛛）的数量变化，分析对天敌的影响。

1.5.2 防效调查

施药前和施药后 1d、4d、7d，每小区采用 5 点取样共查 25 穴，调查活虫数、稻田蜘蛛虫量，7d 加查白叶数，药后 15d 加查蜘蛛残虫数，计算杀虫效果、保叶效果及对天敌的杀伤率。

$$\text{保叶效果}=\left(1-\frac{\text{处理区药后卷叶率}\times\text{对照区药前卷叶率}}{\text{处理区药前卷叶率}\times\text{对照区药后卷叶率}}\right)\times 100\%$$

$$\text{杀虫效果}=\left(1-\frac{\text{处理区药后残虫}\times\text{对照区虫药前虫量}}{\text{处理区药前虫量}\times\text{对照区药后虫量}}\right)\times 100\%$$

$$\text{天敌的杀伤率}=\left(1-\frac{\text{处理区药后天敌数量}\times\text{对照区药前天敌数量}}{\text{处理区药前天敌数量}\times\text{对照区药后天敌数量}}\right)\times 100\%$$

2 结果与分析

2.1 安全性

2.1.1 对作物的安全性

药后观察，各药剂处理区均未见明显药害现象。

2.1.2 对天敌（蜘蛛）的安全性

药前调查，各处理区蜘蛛数量为百穴 60～120 头，药后调查，各处理区和对照区的蜘蛛数量均有所下降。药后 1d、4d、7d、15d 调查博达 75g/666.7m^2 对稻田蜘蛛的杀伤率都在 5% 以下，对稻田蜘蛛的影响较小。博达 100g/666.7m^2 药后 1d、4d、7d 对稻田蜘蛛的杀伤率在 20% 左右，药后 15d 对蜘蛛的杀伤率为 11.76%，与锐星、阿维苏的杀伤率相仿。博达 125g/666.7m^2 药后对稻田蜘蛛的杀伤率相对较高，药后 1d 为 36.75%，药后 4d 为 34.52%，药后 7d 为 30.53%，药后 15d 为 22.35%。卷螟清对稻田蜘蛛的影响最大，药后 7d 的杀伤率在 80% 以上，药后 15d 也在 60% 左右（表 1）。

表 1 博达对稻田蜘蛛的杀伤作用

处理（g、ml/666.7m²）		药前	药后 1d		药后 4d		药后 7d		药后 15d	
		虫量（头/百穴）	虫量（头/百穴）	杀伤率（%）	虫量（头/百穴）	杀伤率（%）	虫量（头/百穴）	杀伤率（%）	虫量（头/百穴）	杀伤率（%）
博达	75	47	27	5.21	29	3.04	26	3.92	23	5.01
博达	100	55	24	28.00	28	20.00	25	21.05	25	11.76
博达	125	60	23	36.75	25	34.52	24	30.53	24	22.35
锐星	100	53	21	34.62	27	19.95	24	21.35	24	12.10
卷螟清	100	46	7	74.89	6	79.50	4	84.90	10	57.80
阿维苏	120	45	21	23.00	18	37.14	17	34.39	21	9.41
清水对照		33	20		21		19		17	

2.2 杀虫效果

由于用药时，田间稻纵卷叶螟处于低龄若虫期，田间只有零星束叶，因此药前和药后1d稻纵卷叶螟虫量和卷叶数均未能调查。药后4d调查，田间出现少量束叶，卷螟清的效果最好为91.67%，其次为锐星和阿维苏，防效为75%，博达的防效为60%~70%。药后7d调查，博达125g/666.7m^2、锐星100 g/666.7m^{2}的防效明显上升，均为92.31%，其次为博达100g/666.7m^2，防效为88.46%，博达75g/666.7m^{2}防效最低（表2）。

2.3 保叶效果

药后7d调查，对照区的卷叶数明显增加，卷叶率为3.5%，各药剂处理区的卷叶率均在1%以下，其中博达125g/666.7m^{2}的效果最好，为87.3%，其次为卷螟清，保叶效果为84.13%，博达100g/666.7m^{2}与锐星100 g/666.7m^{2}的效果相当，均为82.54%，博达75g/666.7m^{2}的保叶效果为71.43%（表2）。

表 2 博达防治稻纵卷叶螟田间试验效果

处理（g、ml/666.7m²）		药后 4d		药后 7d			
		残虫数（头/百穴）	防效（%）	残虫数（头/百穴）	防效（%）	束叶率（%）	防效（%）
博达	75	5	58.33	8	69.23	1.00	71.43
博达	100	4	66.67	3	88.46	0.61	82.54
博达	125	4	66.67	2	92.31	0.44	87.30
锐星	100	3	75.00	2	92.31	0.61	82.54
卷螟清	100	1	91.67	4	84.62	0.56	84.13
阿维苏	120	3	75.00	5	80.77	0.72	79.43
清水对照		12	—	26	—	3.50	—

3 小结与讨论

3.1 从本试验中可以看出，扬州绿源生物化工有限公司生产的博达对作物无药害现象，对作物比较安全。博达100g/666.7m^{2}对稻纵卷叶螟具有较好的防治效果，药后7d对稻纵卷叶螟的杀虫效果在85%以上，保叶效果在80%以上，对稻田蜘蛛的安全性相对较好，药后15d对稻田蜘蛛的杀伤率在10%左右，卷螟清药后15d对稻田蜘蛛的杀伤率在60%左右，博达100g比卷螟清低50个百分点左右。

3.2　本实验可以清晰地看出在生产上使用博达有利于无公害农业的发展，在本地区可作为大面积防治药剂加以推广应用，由于博达是速效性药剂，可掌握在卵孵高峰期用药，确保防治效果。

参考文献

[1] 蔡国梁．稻纵卷叶螟连年大发生的原因及防治对策［J］．中国稻米，2006（2）：29.
[2] 程勤海，陆志杰，董伟明等．32%毒死蜱EC防治稻纵卷叶螟杀虫及保叶效果初探［J］．安徽农学通报，2008（2）：19.
[3] 农药田间药效试验准则册（一）［M］．北京：中国标准出版社，2000：5～8.

2009年灰飞虱发生成因及防治措施浅析

杨呈芹，陈金宏，邵耕耘，陈宝玉，马秀凤，张雅东

（宝应县植保植检站，225800）

摘　要： 2009年灰飞虱冬后基数低，发育进度推迟，越冬代、一代转化率高，秧田迁移峰明显，虫量高，一代灰飞虱大发生，究其原因，是天气条件、种植方式、农事活动等因素综合作用的结果。根据相关因素综合分析，预计一代、二代灰飞虱重发的趋势将持续一段时间，由其接（传）毒引发的水稻病毒病流行威胁大，在防治上要坚持“预防为主、综合防治”的植保方针，协调运用抗病品种、适时迟播、合理肥水运筹等农业措施，狠抓适时用药，以秧田、大田前期防治为重点，推广应用高效、低毒农药，治虫控病，切断毒链。

关键词： 灰飞虱；发生成因；防治措施

2009年宝应县灰飞虱，特别是一代灰飞虱仍为大发生，尤其秧田虫量是2005年以来最高的一年，6月上旬调查，秧田高峰日平均虫量为104.23万头/666.7m^2，高的达246万头，虫口密度明显高于2007年、2008年同期。在总结、回顾近来灰飞虱发生、防治情况的基础上，笔者对2009年灰飞虱的发生原因进行了初步分析，并提出了综合防治措施，以期能有效控制条纹叶枯病、黑条矮缩病等病毒病的发生与危害。

1　发生特点

1.1　冬后基数低，发育进度推迟，越冬代、一代转化率高

2009年麦田灰飞虱冬后基数低，发生期迟。越冬代成虫3月下旬开始羽化，羽化高峰

在4月上旬，一代若虫4月底开始孵化，孵化高峰为5月上旬，一代成虫5月中旬末开始羽化，5月27日进入羽化盛期，较2008年迟2~3d。3月30日普查，越冬代每666.7m^2有虫0万~0.84万头，平均0.29万头，列2005年以来最低的一年。5月25日普查，麦田虫量8.88万~30.84万头/666.7m^2，平均20.67万头，列2005年以来的第4位，略高于2005年（2005年5月14~16日在麦田全面实行了敌敌畏熏蒸，虫量得到有效控制），但越冬代、一代转化率高（表1）。

表1　2005—2009年麦田灰飞虱虫口密度

年度（年）	越冬代峰期虫量（万头/666.7m^2）	一代峰期虫量（万头/666.7m^2）	越冬代、一代转化倍数
2005	1.37	15.3	—
2006	1.99	43.7	22
2007	0.94	24.04	25.6
2008	1.55	41.47	26.8
2009	0.29	20.67	71.3

1.2　秧田迁移峰明显，虫量高

一代成虫灯下峰期明显，射阳点6月4日当日虫量为3万头，山阳点6月7日当日虫量为2.3万头。系统调查，5月29日至6月8日旱育秧出现明显的迁移高峰，与大面积小麦收割期相吻合。2009年6月4日调查，秧田虫量14.52万~246万头/666.7m^2，平均104.23万头，列2005年以来的第1位（表2）。

表2　2005—2009年秧田灰飞虱虫口密度

年度（年）	迁移峰期（月/日）	峰期最高虫量（万头/666.7m^2）
2005	5/29~6/7	26.74
2006	5/31~6/7	26.1
2007	5/25~6/5	53.6
2008	5/24~6/8	63.45
2009	5/29~6/8	104.23

2　成因分析

2.1　天气条件

2008年冬季平均气温4.35℃，低于2007年，列2005年以来的第2位，累计降雨72.4mm，低于2006年、2008年、2005年，列2005年以来第4位，冬季温暖少雨，-5℃以下的低温持续时间仅1d，2009年3~5月份平均气温15.66℃，低于2007年、2008年，列2005年以来的第3位，累计降雨183.7mm，列2005年以来第1位，暖冬及春季偏高气温使灰飞虱的越冬存活率提高、发育加速[1]；春季温度回升慢以及雨水较多导致一代发生期推迟，麦田湿度大，小麦长势嫩绿，利于灰飞虱产卵、孵化，越冬代、一代转化率提高（表3）。

表 3 2005—2009 年冬、春天气情况

年度（年）	冬季（上年 12 月至翌年 2 月）		春季（3～5 月）	
	平均气温（℃）	降雨（mm）	平均气温（℃）	降雨（mm）
2005	2.87	95.9	15.49	149.8
2006	2.93	125.7	15.41	125.8
2007	5.24	68	16.51	175.4
2008	3.11	106.6	16.03	160.6
2009	4.35	72.4	15.66	183.7

2.2 种植方式

随着良种补贴等惠农政策的全面实施，小麦种植面积呈扩大趋势，近年来，宝应县年种植面积稳定在 5 万 hm^2左右，加之小麦种植方式的多样化导致小麦收获时间推迟为灰飞虱安全越冬提供了适宜场所[2]；推广应用机插秧等轻简栽培措施，秧池面积锐减，由以前的近 6 666.7hm^2减少为不足 666.7hm^2，秧田一代成虫迁移相对集中，单位面积承载虫量加大；而直播稻等种植模式面积的扩大使得水稻生育期明显推迟，有利于灰飞虱秋季在水稻上繁殖，利于越冬基数的积累（表 4）。

表 4 2005—2009 年小麦种植面积、秧田面积及稻田基数

年度（年）	小麦种植面积（hm^2）	秧田面积（hm^2）	9 月底 10 月初稻田基数（头/百穴）
2005	38 568.6	4 666.9	53.7
2006	40 002	2 666.8	32.5
2007	52 336	800.04	32
2008	50 549.2	466.7	109.3
2009	49 842.5	566.7	88.7

2.3 农事活动

麦田灰飞虱防治对压低灰飞虱虫口基数、减少灰飞虱向秧田迁入数量有重要作用[3]，2009 年麦田未开展专题防治，只在小麦穗期病虫防治时兼治为主，从而有利于种群积累，加之种植方式多样化导致小麦收割推迟与秸秆全面禁烧，以及农户在防除杂草时往往只注重防除田内杂草而忽视了沟、渠、圩、路等四边杂草，增加了灰飞虱生存的适宜环境。5 月 25 日调查麦田一代成虫羽化率为 12.85%，列 2005 年以来同期调查最高的一年，外迁虫源量增加。

2.4 灰飞虱抗药性增强

多年来的连续、长期、集中用药，灰飞虱抗药性明显上升，解毒代谢增强和靶标敏感性下降[4]，防治难度加大。

3 小结

3.1 发生趋势

2009 年灰飞虱重发，特别是一代灰飞虱发生期推迟，秧田大发生，是天气、种植模

式、农事活动等综合作用的结果。由于“温室效应”的影响，冬季逐渐变暖；小麦种植面积短期内不会有大的变动，而稻作方式日趋复杂，轻简栽培面积有增无减，秧田面积仍呈下降趋势；麦田专项防治成本高，效果难以保证，应用面积小，难度大，预计灰飞虱，尤其一代、二代灰飞虱重发的趋势将持续一段时间，由其接（传）毒引发的水稻病毒病流行威胁大。

3.2 防治策略及措施

3.2.1 防治策略

针对灰飞虱重发，其接毒传播引起的条纹叶枯病、黑条矮缩病流行威胁大的特点，在防治上要坚持“预防为主、综合防治”的植保方针，协调运用抗病品种、适时迟播、合理肥水运筹等农业措施，努力创造利于稻、麦生长而不利于病虫发生的田间小气候，同时狠抓适时用药，以秧田、大田前期防治为重点，推广应用高效、低毒农药，治虫控病，切断毒链，减轻病毒病的发生、危害。

3.2.2 农业防治

切忌稻麦、麦稻连续套种；水稻秧苗尽量做到适期迟播，避免与灰飞虱集中危害，传毒期相一致；科学施肥、营养协调、浅水勤灌、健身栽培。

3.2.3 物理防治

采用防虫网或者无纺布覆盖，阻断灰飞虱进入秧田传毒、产卵。

3.2.4 化学防治

重点抓好秧田及大田期灰飞虱防治，防治适期分别为麦田一代若虫发生高峰期、秧田一代成虫迁移高峰期及大田二代、三代若虫发生盛期。麦田在 5 月上、中旬用药；秧田在秧苗露青后（旱育秧揭膜后）即时用药，视虫情及水稻品种决定用药次数及防治间隔期；移栽大田在活棵后及时用好第一交药，直播田现青后及时用药，隔 7 ~ 10d 再用一交药。防治药剂选用吡蚜酮、毒死蜱、噻·异等高效低毒药剂。

参考文献

[1] 刘向东，瞿保平，刘慈明．灰飞虱种群爆发成灾原因剖析［J］．昆虫知识，2006（2）：43.

[2] 梅爱中，邰德良，仲凤翔等．灰飞虱致灾特点及防治对策［J］．植物医生，2009（2）：22.

[3] 陶献国，徐品凡，莫炳荣等．麦田防治灰飞虱药剂筛选试验初报［J］．上海农业科技，2007（6）：110.

[4] 林有伟，张晓梅，沈晋良．亚洲稻区灰飞虱抗药性研究进展［J］．昆虫知识，2005（1）：42.

其他病虫

莲藕腐败病的发生特点及防治技术初探

邵耕耘，杨呈芹，陈宝玉

（宝应县植保植检站，225800）

摘　要： 莲藕腐败病主要危害莲藕地下茎部，施药难以直接到达病部，防治较为困难，是莲藕生产上的一大顽症，病害病原物为镰刀菌，病害发生主要与品种抗病性差、连作、种藕和大田未消毒或消毒不到位、施肥不当等有关。病害防治应采取选用抗性品种、轮作换茬、合理密植、土壤消毒及适时用药等综合措施。

关键词： 莲藕；腐败病；发病规律；防治措施

莲藕是宝应县传统的经济作物，也是宝应县农业的主要出口创汇产业。近年来，随着农业结构调整的逐步深入，莲藕种植面积不断扩大，年种植面积在0.67万hm^2左右。莲藕由于多年连作，腐败病已成为莲藕的主要病害之一。笔者经过多年调查不同类型田发病情况及当时的气候条件，已初步弄清了莲藕腐败病的发生特点与防治技术。

1　发病症状

莲藕腐败病主要危害莲藕地下茎部，地上部叶片和叶柄及引起并发症状。一般5月中旬开始发病，6月下旬至7月上、中旬为发病盛期。7月下旬后病情减轻。8月中旬开始发病的植株可能长出新的浮叶和立叶。病株早期叶色较淡，叶缘干枯变褐，似失水状，向下卷曲，最后整片叶干枯变褐、死亡。叶片从第1片立叶起逐渐向新叶蔓延。地下茎表面早期无明显症状，仅中心维管束色泽变淡褐色，以后变色部分逐渐扩展蔓延，并可由种藕延及当年新生的地下茎。严重时，病茎被害部呈褐色至紫褐色不规则斑，腐败不堪食用。发病严重时，全田一片枯黄，似火烧状，产量严重降低，莲藕品质下降。

2　发病规律

调查表明，莲藕腐败病病原由镰刀菌［*Fusarium oxysporum Schl. f.* sp. Nelumbicola（Nis. &Wat.）Bocth］引起，以菌丝体、厚垣孢子和分生孢子附着在病部留在土中或种藕上越冬。病菌大多从地下茎伤口、吸收根和生长点侵入，蔓延至维管束，破坏植株的输导组织，从而导致叶片失水枯萎死亡。一般耕作层浅的老藕区及连作田容易发病，若遇连绵阴雨、日照不足或暴风雨频繁，易诱发病害；藕田土壤通透性差、酸性重、污水入田或水温高于35℃、食根金花虫为害猖獗或施用未腐热的有机肥、偏施过量氮肥等易发此病。

3 发病原因

3.1 品种抗病性差

梧州野藕、崇莲一号、西川村、利川藕等对腐败病抗病力不强。据宝应荷藕研究所观测，在相同条件下荷藕不同的品种发生腐败病病叶率也大不相同。较感病品种（梧州野藕）的平均病叶率达30%，而较抗病品种（鄂莲五号）的只有10%左右。

3.2 连作田多

宝应县莲藕种植面积较大，轮作的面积较少，病残体和病原在土壤中数量庞大，导致该病逐年加重。据宝应县植保站调查，荷藕连作2年的发病率为2%～8%，连作5年的为30%以上，而连作10年的高达80%以上。

3.3 种藕和大田未消毒或消毒不到位

种藕消毒不彻底或土壤消毒石灰用量不足，发病重。

3.4 施肥不当

如施用没有腐熟透的有机肥作基肥、生长过程中偏施过量氮肥，发病重。据宝应县土肥站试验，单施氮肥的发病率比混施氮、磷、钾复合肥的发病率要高得多，且发病早。

3.5 温度、降雨

6月下旬至7月上、中旬气温和泥温在21～28℃有利于发病，结藕期阴雨多、日照不足，病害重。

3.6 虫害危害造成伤口

食根金花虫等地下害虫为害造成伤口，有利于病菌从伤口侵入危害，发病也很严重。

3.7 污水入田、酸性重

由于种藕田地势大都比较低洼，下雨以后，污水较易流到田内，造成污染。

3.8 田藕比湖藕发病重

在宝应县射阳湖镇调查发现湖塘莲藕发生腐败病较轻，而田栽莲藕腐败病发生较重，可能由于湖塘水位较深淤泥较厚，泥土温度较低，不利于病害发生。

4 防治措施

4.1 筛选丰产、优良、抗病的品种

选种原产宝应县的大紫红、美人红，鄂莲四号，鄂莲五号，武植二号，太空莲2号和洪湖红莲等。

4.2 轮作换茬，适期种植

间隔2～3年轮作换茬1次。以隔年水旱轮作为好，水旱轮作可净化土壤，调剂土壤养分，改善土壤结构，减少病源积累。实践证明，谷雨至立夏为莲藕的栽种最佳时期。过早，水温和地温低，发芽慢，藕苗长不旺；过晚，种苗过大，缓苗时间长，栽植时易碰

伤，同时生长期缩短，影响品质和产量。

4.3 种藕、大田土壤消毒

选择藕节肥大、芽子茁壮、无病虫危害，并且具有本品种特征特性的莲藕作种藕。种植前用50%多菌灵或70%甲基托布津可湿性粉剂800倍液喷施，并用薄膜覆盖封24h闷种。移栽前，施石灰1 500kg/hm^{2}进行土壤消毒。

4.4 合理密植

栽种密度不能过大或过小，适宜的密度一般是行距2.5cm，株距一根靠一根，每公顷用种藕6 000~6 750kg。为便于栽植，池塘水不宜太深，一般保留10cm左右。其栽植方法有两种：一种是斜栽法，另一种是平栽法。种植时先挖长1~2m、宽13~16cm、深16~20cm的沟，然后将种藕尖端向下倾斜放入沟中，上面压盖10~13cm厚的池泥，以盖住芽为宜，盖泥时藕头稍深些，后把稍稍露水面，利用阳光提高泥温，促进生根发芽。如果采用平栽法，其走茎易跑出泥外，种苗容易因风吹而摇摆，所以种植后要经常检查，如飘出水面，需要重新种下。栽藕的方式，采用交互排列的方式，一行向南即藕尖向一个方向，顺行稍偏左右；另一行向北，南北两头，藕头均向池埂。

4.5 合理施肥，科学管水

移植前施足腐熟有机肥，注意氮、磷、钾配合施用，增施硅肥，促进植株生长，增强植株抗逆及抗病性。宜于定植后第25~30d、第55~60d分别施第一次、第二次追肥，每公顷每次追施腐熟粪肥22 500kg或尿素150~225kg。定植期至萌芽阶段水深宜为3~5cm，立叶抽生至开始封行宜为5~10cm，7~8月宜为10~20cm、9~10月宜为5~10cm。枯荷藕留地越冬时，水深不宜浅于3cm。

4.6 清除病残体，防治虫害

生长期间，发现病株及时拔除，采藕时将病残组织彻底清除，集中带出田外烧毁。对地下害虫，如食根金花虫，每667m^{2}用15%乐斯本GR 960~1 300g拌细土均匀撒施。

4.7 药剂防治

发病初期，用50%多菌灵，或75%百菌清，或70%甲基托布津可湿性粉剂500倍液喷雾防治，同时可用50%多菌灵加75%百菌清可湿性粉剂按每公顷7.5kg拌细土450kg，堆焖3~4h后，田间保持浅水层施入。两种方法可同时进行，间隔5~7d后再喷施1次，能有效控制腐败病的传播与蔓延。

参考文献

[1] 顾茂才，俞春涛．特色莲藕［M］．南京：凤凰出版传媒集团，江苏科学技术出版社．2008：62~63.

莲藕食根金花虫的发生特点及防控技术

陈金宏[1]，邵耕耘[1]，杨呈芹[1]，马秀凤[1]，张雅东[1]，陈宝玉[1]，李鸿志[2]

（1. 宝应县植保植检站，225800；2. 宝应县柳堡镇农业技术推广服务中心，225800）

摘　要：莲藕食根金花虫是莲藕上的主要害虫，以幼虫蛀害根须、藕段等。一年发生1代，以幼虫越冬，6～7月为羽化盛期，7月上、中旬为成虫产卵盛期，7月下旬至8月上旬为卵孵盛期，幼虫入水钻入土中食害藕节。10月上、中旬开始越冬。害虫防治应坚持综合治理，可通过采用轮作换茬、清除杂草等农业措施压低虫口基数，莲藕田放养泥鳅、黄鳝等进行生物控制，4月中、下旬至5月上旬用乐斯本等药剂进行化学防治可控制害虫发生、危害。

关键词：莲藕；食根金花虫；发生特点；控制技术

莲藕是宝应县传统的经济作物，也是宝应县农业的主要出口创汇产业。近年来，随着农业结构的调整，莲藕种植面积不断扩大，年种植面积在0.67万hm^2左右。宝应县莲藕以深水藕为主，多为连作。莲藕食根金花虫（*Donacia Provosti Facimaire*）为莲藕上的主要害虫，以幼虫蛀害根须、藕段等，一般年份可造成减产10%～20%，而该虫适时有效防控已成为提高莲藕产量及品质的重要保障措施。

1　发生特点

1.1　形态特征

莲藕食根金花虫属鞘翅目叶甲科，俗称地蛆。成虫是一种绿褐色有金属光泽的小甲虫，体长约6mm。腹部有厚密的银白色绒毛；触角各节端部黑褐色，基部黄褐色；前胸背板近四方形；翅鞘具刻点成平行纵沟，翅端平截，腹部末端稍露出翅外，各足腿节有蓝绿色光泽，后足腿节近端部有1齿状刺。卵长1mm，长椭圆形，稍扁平，表面光滑。初产时乳白色，孵化前变为淡黄色。卵常20～30粒聚产成块，排成数行，卵块上面覆白色透明的胶状物质。幼虫长9～11mm，白色蛆状，头小，胸腹部肥大，稍弯曲。胸足3对，无腹足，尾端有一对褐色爪状尾钩。蛹长约8mm，白色，藏在红褐色的胶质薄茧内。一边固定在寄主根部，初时茧无色透明，进而由黄转红，羽化时呈黑褐色。

1.2　发生特点

莲藕食根金花虫一年发生1代，以幼虫在积水不干的田块和莲藕根须、藕节间越冬（0～5cm土层未发现，5～10cm土层零星发现，10～20cm土层分布最多，20～25cm土层分布较多，25～30cm土层零星发现）。翌年4月下旬至5月上旬越冬幼虫开始危害，5～6月间开始化蛹、羽化，6～7月为羽化盛期，7月上、中旬为成虫产卵盛期，7月下旬至8月上旬为卵孵盛期，孵化后，幼虫入水钻入土中食害藕节。10月上、中旬开始越冬。

成虫在土中羽化后，即向上爬，浮出水面，1～2d后交配。交配1～2d后开始产卵，卵主要产在藕塘中眼子菜叶被面，其次是荷叶、鸭舌草等叶面上。成虫行动活泼，受惊动既能贴水面飞遁，也能潜水而逃。成虫寿命 8 ~ 9d，卵期 6 ~ 9d，孵化最适温度 20 ~ 27°C，以下午 14 ~ 18 时孵化最多。老熟幼虫在藕根部土中化蛹，化蛹前幼虫分泌乳白色黏液包围体躯，经 1d 黏液硬化，形成胶质薄茧而化蛹其中，蛹历期 15 ~ 17d。

莲藕食根金花虫一般 5 月初开始危害莲藕，主要以幼虫潜入泥中，用尾端小钩插入莲藕地下茎幼嫩部固定身体，再用口器将地下茎咬成小孔取食。幼虫只取食幼嫩部位，并随地下茎生长而向前转移，在其端部危害。严重时，一条地下茎上有几十条幼虫，枝被害率达 100%，单枝虫孔 7 ~ 15 个，甚至数十个。地下茎受害后，根部发黑，造成地上部分立叶细小、发黄，长势衰退，荷叶不能正常开展，由叶缘向中部逐渐枯死，全株形成一条枯死的立叶带，藕变细小。受危害的植株，生长缓慢，一般可造成减产 15% ~ 20%，重者全株枯死。由于地下茎损伤，严重影响莲藕的加工与出口创汇。

莲藕食根金花虫主要发生在长期积水的沤水田、低洼田、池塘、湖荡中的莲藕田中，一般浅水藕发生轻。另外，眼子菜、鸭舌草多的藕塘，虫量多，受害重；眼子菜少的田块发生轻。搁田晒塘对幼虫发生不利，土壤含水量低于 10%，7d 后幼虫仅存活 3.3%，而土壤含水量在 20% 以上，幼虫则能长期存活，故常年积水和排水不良的低洼田、烂泥田有利害虫的发生，危害重。

2 防控技术

坚持以“农业防治、生物防治为主，化学防治为辅”的综合防治策略。

2.1 农业措施

一是水旱轮作，莲藕食根金花虫发生严重的田块，改种一两年旱作，或冬季排干田间积水，深耕冻垡，杀灭幼虫；二是及时清除田间杂草，在莲藕生长前期，人工拔除杂草，集中带出田外或踩入水中肥田，减少杂草的发生数量，特别是眼子菜、鸭舌草等，减少莲藕食根金花虫的取食及产卵场所，恶化害虫生存环境，减少卵量，压低虫口基数。也可在莲藕栽后 7 ~ 10d（一般 4 月中、下旬），每 666.7m^2施 50% 扑草净 WP100g，药土法或喷雾法将药剂均匀施于田中，施药时田间保持 3 ~ 5cm 浅水层，并保水 5 ~ 7d；三是改良土壤，种栽藕时，早春每 666.7m^2施石灰 20 ~ 30kg，中和土壤酸性，既能防治病害，增强植株的抗病性，又能防治越冬代食根金花虫的幼虫；有条件的地方，可每 666.7m^2施茶籽饼 15 ~ 20kg，对防治早春出蛰活动的食根金花虫的幼虫效果较好。

2.2 生物防治

发展养鸭，保护青蛙；鸭子、青蛙对食根金花虫的幼虫非常喜食，移栽前，结合耕耖，放鸭到藕田啄食；推广应用藕田套养技术，在莲藕田放养泥鳅、黄鳝等，取食莲藕食根金花虫，以达到控制虫量，减轻危害的目的，在提高藕田经济效益的同时，也保护了藕田的生态环境。

2.3 化学防治

莲藕食根金花虫的化学防治以往多使用高毒农药，结果造成了天敌及有益生物被杀伤、农药残留超标、污染环境等后果。几年来经过药剂筛选试验，选出了一些高效、低毒、低残留的农药品种，如毒死蜱（乐斯本）等，并进行了示范推广。具体方法是在莲藕发芽之前，即 4 月中、下旬至 5 月上旬，每 $667m^2$ 用 15% 乐斯本 GR 960 ~ 1 300g 拌细土 670 ~ 1 000g，均匀撒施。

·参·考·文·献·

[1] 刁春友，朱叶芹，于淦军等. 农作物主要病虫害预测预报与防治［M］. 南京：凤凰出版传媒集团，江苏科学技术出版社，2006：264 ~ 267.

[2] 陆自强，祝树德. 蔬菜害虫测报与防治新技术［M］. 南京：江苏科学技术出版社，1992：348 ~ 351.

[3] 顾茂才，俞春涛. 特色莲藕［M］. 南京：凤凰出版传媒集团，江苏科学技术出版社，2008：67 ~ 68.

乐斯本防治莲藕食根金花虫药效试验

马秀凤[1]，陈金宏[1]，邵耕耘[1]，张雅东[1]，杨呈芹[1]，李鸿志[2]，王长新[2]

（1. 宝应县植保植检站，225800；2. 宝应县柳堡镇农业服务中心，225800）

摘　要： 田间药效试验结果表明，乐斯本不同剂型、不同药量对莲藕食根金花虫的防治效果不同。15% 乐斯本颗粒剂 960g/$667m^2$ 对莲藕食根金花虫的防治效果明显优于与其有效剂量相同的 48% 乐斯本乳油 300ml/$667m^2$。在大面积生产时，可选用 15% 乐斯本颗粒剂。

关键词： 莲藕；食根金花虫；乐斯本；药效试验

食根金花虫（*Donacia Provosti Facimaire*），俗称地蛆，是莲藕上的主要害虫，属鞘翅目叶甲科，成虫绿褐色、有金属光泽，幼虫白色、蛆状。主要以幼虫危害莲藕茎节和不定根，被害处出现黑褐色斑点，随后引起根部发黑腐烂，成虫和初孵幼虫还啃食莲叶，造成缺刻或空洞。由于幼虫能在水中长期存活，所以常年积水和排水不良的低洼田、沤水地、池塘、湖荡中的莲藕受害重。枝被害率达 100%，枝虫孔数达 7 ~ 15 孔，一般年份可造成减产 10% ~ 20%，严重影响莲藕的产量、品质及加工出口。目前化学防治仍是防治食根金花虫的主要措施。以前常用药剂主要有甲拌磷、甲基异柳磷和克百威（呋喃丹）等。20 世纪 90 年代以后，随着这些农药的大规模应用而产生的生态、环境问题越来越突出，由于它们的高毒、高残留、高抗药性等缺点，被国家列为禁用农药，已不适应无公害农产品生产的需求。辛硫磷在国内也是较早应用于防治地下害虫，但辛硫磷见光易分解，若使用不当，防效难以保证。为明确新型农药乐斯本对该害虫的控制作用，笔者进行了乐斯本防治莲藕食根金花虫的田间药效试验。

1 材料与方法

1.1 供试药剂

48%乐斯本乳油，美国陶氏益农公司生产；15%乐斯本颗粒剂，美国陶氏益农公司生产。

1.2 处理与设置

本试验共设5个处理，具体如下：①48%乐斯本乳油200ml/667m^2；②48%乐斯本乳油300ml/667m^2；③48%乐斯本乳油400ml/667m^2；④15%乐斯本颗粒剂960g/667m^2；⑤空白对照。

试验在柳堡镇莲藕田进行，土壤为黏土，肥力中等，品种为大紫红，属连作藕田。小区面积133.4m^2，小区间筑埂隔水，重复3次，随机区组排列。乐斯本乳油用药方法为毒土法，每小区按设计药量拌细土3kg均匀撒施。乐斯本颗粒剂直接撒施。

1.3 调查内容及方法

①安全性观察：药后30d、60d目测各处理区叶色、长势等，观察有无药害现象发生。按药害分级方法记录每小区的药害情况，以－、＋、＋＋、＋＋＋、＋＋＋＋表示。

药害分级方法：

－　无药害；

＋　轻度药害，不影响作物正常生长；

＋＋　中度药害，可复原，不会造成作物减产；

＋＋＋　重度药害，影响作物正常生长，对作物产量和质量造成一定程度的损失；

＋＋＋＋　严重药害，作物生长受阻，作物产量和质量损失严重。

②防效调查：淘藕时，每小区取10枝藕，记录被害枝数及各枝虫孔数，分别计算枝防效、虫孔防效。

$$\text{枝被害率} = \frac{\text{被害枝数}}{\text{调查总枝数}} \times 100\%$$

$$\text{防治效果} = \frac{\text{对照区被害枝} - \text{处理区被害枝}}{\text{对照区被害枝}} \times 100\%$$

$$\text{防虫效果} = \frac{\text{对照区虫孔数} - \text{处理区虫孔数}}{\text{对照区虫孔数}} \times 100\%$$

2 结果与分析

2.1 安全性观察

药后30d、60d分别观察各处理区莲藕的叶色、长势等，各处理小区的莲藕叶色、长势与对照区无明显的差异，未发现明显的药害现象。

2.2 防治效果

15%乐斯本颗粒剂960g/667m^{2}防治效果最好，虫孔防效、枝防效分别为90.71%、75.31%；其次为48%乐斯本乳油400ml/667m^2，虫孔防效和枝防效分别为81.74%、73.96%；48%乐斯本乳油随剂量降低，防效下降明显，300ml/667m^{2}虫孔防效和枝防效为

80.02%、69.14%；200ml/667m²为53.47%、59.77%（表1）。

表1　不同药剂防治莲藕食根金花虫的效果

处理（ml、g/667m²）		枝防效		虫孔防效	
		枝被害率（%）	防效（%）	虫孔数量（孔/枝）	防效（%）
48%乐斯本	200	24.14	59.77	5.38	53.47
48%乐斯本	300	18.52	69.14	2.31	80.02
48%乐斯本	400	15.63	73.96	2.11	81.74
15%乐斯本	960	14.81	75.31	1.08	90.71
空白对照		60	—	11.56	—

3　小结与讨论

试验结果初步表明，乐斯本不同剂型、不同药量对莲藕食根金花虫的防治效果不同。15%乐斯本颗粒剂960g/667m²对莲藕食根金花虫的防治效果明显优于与其有效成分含量相同的48%乐斯本乳油300ml/667m²，这与剂型有关，用药时，田间均建立了水层，15%乐斯本颗粒剂的载体具有独特的蜂窝状结构，与土壤接触的表面积大大增加，具有一定的缓释作用，持效期长，且易与土壤有机质结合，淋溶性低，有利于药剂的沉降，便于药效的发挥。在大面积生产时，应选用15%乐斯本颗粒剂来防治莲藕食根金花虫。

参 考 文 献

[1] 农药田间药效试验准则册（二）[M]. 北京：中国标准出版社，2004：109~113.

大棚草莓白粉病的发生规律与防治技术初报

马秀凤[1]，陈金宏[1]，邵耕耘[1]，张雅东[1]，昌群凤[2]

（1. 宝应县植保植检站，225800；2. 宝应县安宜镇农业服务中心，225800）

摘　要：通过对大棚草莓白粉病的发生特点及影响因素的调查分析，了解了该病害与温湿度、品种及栽培管理的关系，并提出了一套棚室草莓白粉病的综合防治技术。在病害防治上必须坚持“预防为主，全程控制”的策略，通过实施农业、生态、药剂等综合配套措施，才能取得良好的效果。

关键词：草莓；白粉病；发生；防治

随着农业种植结构调整的不断深入，大棚草莓在宝应县的种植面积呈扩大趋势。由于连年种植，加上品种、高湿环境条件的影响，大棚草莓病害的发生日趋严重，特别是白粉病已成为常发性病害，一般减产10%~20%，重的达50%以上，甚至绝收，严重影响草莓的产量和品质。近年来，笔者就草莓白粉病的发生特点及防治方法进行了调查研究。从近几年调查的情况看，重发年份大棚发病率达100%，病株率、病叶率、病果率平均分别为28.4%、22.7%、15.4%。

1 发病特点

草莓白粉病始见期在10月下旬至11月上旬，危害严重期在12月至翌年2月。病害早期仅在发病中心病株叶片上产生大小不等的病斑，随后叶背上形成白色粉状物，即病菌的分生孢子。随着病情加重，白粉布满整个叶片，叶缘上卷呈汤匙状，叶片逐渐枯黄；花蕾、花瓣受害时呈紫红色，不能开放或开花不正常；果实受害时，果面覆盖白色粉状物，幼果失去光泽、硬化，青果停止膨大，呈瘦长形，着色变差，严重影响浆果质量。病情重时，除叶片外，叶柄、花、花梗及果实均能发病，造成幼果停止发育、干枯；果实上形成一层白色粉状物，失去食用价值；严重时使整个植株死亡。

2 侵染循环

草莓白粉病的病原为 *Sphaerotheca aphanis*（Wallr）Braun，属子囊菌亚门真菌。该病菌以分生孢子和菌丝体在寄主上一代接一代地完成周年的循环侵染。当环境适宜时（空气相对湿度大，温度20~25℃），病菌的分生孢子随气流传播到寄主叶片上，然后萌发产生芽管和吸器侵入危害。病菌分生孢子在生长季节中繁殖迅速，5~7d后形成新的分生孢子飞散传播进行再侵染。病害在整个生长季节不断重复发生、扩散蔓延。病害初期仅在中心病株上产生病斑，后通过分生孢子向四周扩散，直至全棚植株发病。

3 影响因素

3.1 发病与温度、湿度的关系

草莓白粉病为低温高湿型病害，发病适宜温度为15~25℃，低于5℃、高于30℃均不发病。分生孢子发生和侵染适宜温度为20℃左右，相对湿度90%以上。病害发生要求的最低湿度为40%，湿度越大，越利于病害发生，当相对湿度80%以上，病害极易暴发流行。在深秋至早春如遇连阴雨、雾、雪等少日照天气，温度低，相对湿度大时有利于孢子的不断产生，反复侵染，病害发生重，2002年、2004年出现了以上天气，造成了病害大流行。

3.2 发病与品种的关系

不同品种间病害发生差异较大。适合本地棚栽的草莓品种有明宝、益香、丰香等，其中明宝、益香较抗病，发病较轻，而丰香极易感病，遇适宜环境条件病害便可暴发流行。

3.3 发病与栽培管理的关系

大棚连作草莓发病早且重，病害始见期比新建棚地提早约1个月。前者始病期多在10月中旬，后者在11月中旬才出现发病中心。施肥与病害关系密切，偏施氮肥，草莓生长旺盛，叶面大而嫩绿易患白粉病；适期、适量施氮肥，增施磷钾肥的则发病较轻。

4 防治方法

棚室草莓白粉病的防治必须坚持“预防为主，全程控制”的策略，通过实施农业、药剂等综合配套措施，才能取得良好的效果。

4.1 农业防治

4.1.1 选用抗病品种

可选用明宝、益香等较抗病的品种，尽量不选用丰香等感病品种。

4.1.2 实行轮作换茬

重病田可进行水旱轮作。轮作的作物以十字花科蔬菜、豆类为宜，茄科作物与草莓有共同的病害不宜作为轮作作物。

4.1.3 清洁田园

草莓收获后及时清理、焚烧病残体；定植前清除田间各种杂草；生长期间应及时摘除病叶、病果、老叶，并带出棚外集中烧毁或深埋，避免病菌随雨水和气流进行再侵染，减少菌源基数。

4.1.4 加强栽培管理

移栽前草莓田要深耕翻土，并进行大棚、土壤、移栽苗等消毒，以减少初菌源；覆地膜前应除草，以减少杂草作为白粉病中间寄主的作用；培育壮苗，适时移栽；合理密植，保证适宜株、行距；搞好大棚通风换气，雨后注意及时排水，降低田间湿度；合理施肥，基肥以腐熟有机肥、磷、钾肥为主，追肥以氮、磷、钾复合肥为主，忌偏施重施氮肥，提高植株抗病性；科学用水，雨后注意排水，降低田间湿度，减少病原菌侵染。现蕾后及果实膨大期、收获高峰期应特别注意水的管理，最好利用膜下滴灌法，切忌漫灌；改革栽培制度，实行一年一栽制。

4.2 生态防治

调控棚室温、湿度能有效的控制白粉病的发生。首先要采用双行起垄移栽与全膜覆盖技术，有利提高地温，缩小与棚室的温差，减少结露，增强光照。其次是建立滴灌或膜下浇水的设施，若无膜下浇水设施，应科学用水，切勿漫灌，以“宁干勿湿”为原则。应加强通风降低棚内相对湿度。棚内理想的相对湿度，开花坐果期为60%左右，果实膨大期为70%左右。

4.3 药剂防治

4.3.1 适期用药

防治草莓白粉病要坚持预防为主、全程控制，从苗期抓起，在草莓匍匐茎分株繁苗期及时拔除弱苗、病苗，并用药预防 2～3 次；定植后要重点对发病中心株及周围植株进行防治，连续防治 2～3 次，间隔期 7～10d。

4.3.2 对症下药

可选用 25% 粉锈宁可湿性粉剂 2 000 倍液、75% 百菌清可湿性粉剂 600 倍液、10% 世高水分散颗粒剂 1 000～1 500 倍液、12.5% 腈菌唑乳油 1 500～2 000 倍液、50% 退菌特可湿性粉剂 800 倍液、50% 多硫悬乳剂 500～600 倍液、4% 农抗 120 水剂 600～800 倍液。连阴雨天气用药，可选用百菌清烟熏剂。

4.3.3 科学用药

喷药要均匀周到，叶面、叶背均要喷到，并要注意防治药剂的交替使用，以防产生抗药性。

4.3.4 安全用药

要选用安全、高效、低毒药剂防治，大棚草莓，特别在扣棚后对药剂非常敏感，各种药剂要按低限浓度喷施，同时不得与其他药剂、微肥混用，避免产生药害；开花期一般不用药，否则易产生畸形果；果实膨大期至采收期应选用无公害的生物农药进行防治；严格执行农药的安全间隔期，一般采收前7d应停止用药，控制农药残留。

不同棉铃虫性诱剂诱集效果评价

徐金妹[1]，陈海新[1]，张国林[1]，温学政[2]

（1. 高邮市植保植检站，225600；2. 高邮市横泾镇农业服务中心，225600）

摘　要：本文通过2009年在二代、三代棉铃虫发生期间，采用不同性诱剂及方法诱集，并与常规杨树枝把诱蛾法进行比较分析，结果表明宁波纽康生物技术有限公司生产的毛细管性诱剂诱芯，用水盆诱捕器法诱集效果最好，可在棉铃虫监测上推广应用。

关键词：棉铃虫；性诱剂

性诱剂为人工合成的昆虫外信息激素，已应用于棉铃虫测报上，为验证不同棉铃虫性诱剂及方法的诱集效果，改进棉铃虫测报技术、降低劳动强度提供依据，2009年笔者在江苏省高邮市开展了诱集观测试验。

1　材料与方法

1.1　供试材料

橡皮头性诱剂诱芯（宁波纽康生物技术有限公司生产提供）；
毛细管性诱剂诱芯（宁波纽康生物技术有限公司生产提供）；
橡皮头性诱剂诱芯（中国科学院动物研究所生产提供）；
杨树枝把（自制）。

1.2　试验地基本情况

试验设在高邮市横泾镇温姚村棉田，面积16 667.8m^2。麦—棉两熟，棉花品种为苏棉1号，6月5日营养钵移栽，长势较好，7月下旬至9月上旬为二代、三代棉铃虫发生时期。

1.3　试验处理与方法

1.3.1　试验处理

处理1：水盆诱捕器（宁波纽康生物技术有限公司生产提供）。水盆为塑料制品，盆口内直径20cm，底部直径18.5cm，盆内注入0.2%洗衣粉水，水面离盆口约2cm，盆口固定一枚橡皮头性诱剂诱芯（宁波纽康生物技术有限公司生产提供），诱芯凹面向下，距盆内水面约1cm。

处理2：水盆诱捕器（宁波纽康生物技术有限公司生产提供），盆口固定一枚橡皮头性诱剂诱芯（中国科学院动物研究所生产提供），诱芯凹面向下，距盆内水面约1cm。

处理3：水盆诱捕器（宁波纽康生物技术有限公司生产提供），盆口固定一枚毛细管性诱剂诱芯（宁波纽康生物技术有限公司生产提供），诱芯按"S"形嵌入诱芯杆的凹槽中，诱芯距盆内水面约1cm。

处理4：蛾类通用型诱捕器（宁波纽康生物技术有限公司生产提供，诱捕器为塑料制品，高22～23.5cm，外径10～12cm，连接接虫袋口外径3.8～4.2cm；配塑料喇叭口，螺纹匹配诱捕器主体螺口，螺口部分高1.5cm，底口直径9.5～10.5cm，高5～6cm；进虫口数量为8孔；另附有漏斗和诱芯杆），毛细管性诱剂诱芯（宁波纽康生物技术有限公司生产提供）按"S"形嵌入诱芯杆的凹槽中。

处理5：常规杨树枝把。

1.3.2 田间分布与实施

5个处理，安排在同一典型连片种植棉田生态区域内进行，处理1～4各放置3个诱捕器，相距50m呈正三角形放置，每个诱捕器与田边距离5m，放置高度约高于棉株10～20cm。各处理安排在相邻田块内，每处理面积3 333.5m^2。诱芯20d更换一次，做到及时补水、清理虫体。7月19日安装。

1.4 试验调查

7月19日至9月10日，二代、三代棉铃虫成虫发生期，逐日记录诱获数量，统一于上午10：00前调查，记录棉铃虫性诱情况。常规监测工具的使用和记载方法按害虫测报技术规范执行。

2 结果与分析

2.1 作物生育期和气候条件对诱捕效果的影响

从7月19日开始诱蛾，此时棉花处于花铃期，从整个诱蛾效果看作物生育期对诱蛾效果无影响（图1）。

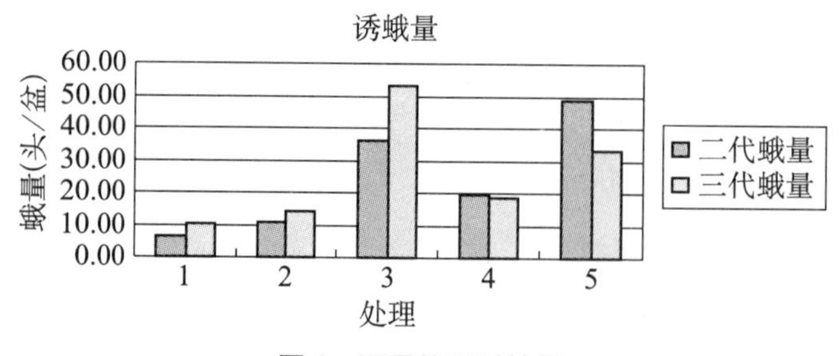

图1 不同处理诱蛾量

7月22日天气阴，7月23日有雨，7月24日阴到多云。从表1可见，7月23日，处理1和处理3蛾量高于7月22日，雨水对处理1、处理3诱蛾效果无明显影响；处理2、处理4、处理5诱蛾量都相对7月22日减少，处理2诱蛾量为0，减少最为明显，雨水对处理2、处理4、处理5诱蛾效果有明显影响。

表1　不同处理不同时间诱蛾量情况表

处理	诱蛾量（头/盆）		
	7月22日	7月23日	7月24日
处理1	0.67	1.33	1.67
处理2	0.67	0	1
处理3	1.67	3.67	4.33
处理4	4	2	4
处理5	8	3	14

2.2　性诱捕器间的诱集效果

二代诱蛾量，处理1、处理2、处理3、处理4分别为6.33头/盆、10.7头/盆、36.3头/盆、19.3头/盆，按诱蛾量大小分为：处理3 > 处理4 > 处理2 > 处理1。三代诱蛾量，处理1、处理2、处理3、处理4分别为10.3头/盆、14头/盆、53头/盆、18.7头/盆，按诱蛾量大小分为：处理3 > 处理4 > 处理2 > 处理1。从二代、三代诱蛾量看处理3为诱蛾量最多，效果最好。

二代蛾峰次，杨树枝把诱蛾，始盛、高峰、盛末日期分别为7/21、7/24、7/28，三代卵始盛、高峰、盛末日期分别为7/20、7/24、7/29;，三代蛾峰次日期分别为8/19、8/22、8/28，四代卵始盛、高峰、盛末日期分别为8/20、8/23、8/30，诱测准确性较高，性诱各处理吻合性较好的为处理3，二代诱蛾，始盛、高峰、盛末日期分别为7/20、7/23～24、7/30，三代诱蛾，始盛、高峰、盛末分别为8/19、8/22、8/29，发生期和杨树把相吻合，其次为处理4较好，其他处理略差于处理3、处理4（表2）。

表2　各处理棉铃虫发生情况统计表　　单位：头/盆、头/10把

代次	处理	始盛		高峰		盛末		备注
		发生期（月/日）	当日发生量	发生期（月/日）	当日发生量	发生期（月/日）	当日发生量	全代发生量
二代成虫	1	7/20	1	7/23～24	1.33～1.67	7/25	0.33	6.33
	2	7/21	1	7/25	1.33	7/30	1.67	10.7
	3	7/20	1	7/23～24	3.67～4.33	7/30	5	36.3
	4	7/20	1	7/22～24	4	7/30	1.33	19.3
	5	7/21	2	7/24	14	7/28	3	49
三代成虫	1	8/21	0.67	8/26	1.67	8/29	1.33	10.3
	2	8/20	1	8/21～22	1.67～2.33	8/28	0.33	14
	3	8/19	2.67	8/21～22	5.67～7.67	8/29	4.33	53
	4	8/20	2.33	8/22	3.67	8/27	0.67	18.7
	5	8/19	3	8/22	4	8/29	2	33
三代卵		7/20	4	7/22～24	16～10	7/29	4	66
四代卵		8/20	8	8/23	12	8/30	8	58

性价比，农村田头杨树较少，杨树枝把需要人工从杨树上割枝条，割下后还需晾干扎成枝把才能用，7d左右需更换一次，每天套把时间长，费工、费时、费力。性诱剂只需

每天捞蛾，诱芯 20d 更换一次，水盆做到及时补水即可，省时、省力、省工。从操作性能上看性诱好于杨树枝把诱蛾。

3 小结与讨论

根据各处理性诱剂诱蛾综合效果分析，处理 3 诱测准确率高，其次为处理 4。即用宁波纽康生物技术有限公司生产毛细管性诱剂诱芯，采用水盆诱捕器和蛾类通用型诱捕器，诱集效果都十分理想，省时、省力、省工，在棉铃虫监测上具有推广应用价值。

斜纹夜蛾在经济作物上暴发原因及防治技术

晏海明

（高邮市植保站，225600）

摘　要： 本文分析了 2009 年斜纹夜蛾在高邮市经济作物上暴发危害原因，提出了综合治理的防治对策。

关键词： 斜纹夜蛾；经济作物；暴发原因；防治技术

斜纹夜蛾（*Prodenia litura*），属鳞翅目，夜蛾科。又称莲纹夜蛾。该虫食性很杂，能为害蔬菜、油菜、棉花等多种经济作物，2009 年斜纹夜蛾在高邮市经济作物大豆上发生十分严重，为历史少见。据 9 月 3 ~5 日（三代幼虫发生盛期）在该市三垛镇、卸甲镇等地区调查，20 块黑大豆田，百株幼虫量为 50 ~680 头，平均为 320. 8 头，最高的一株达到 1 000多头。有卵田达 65. 6%，百株卵量为 10 ~50 块，平均为 28. 9 块。全市共 20 个乡（镇）均普遍发生，发生面积为 3. 89 万 hm^2。发生程度为中等偏重，局部大发生。

1 发生特点及危害表现

斜纹夜蛾在高邮年发生 4 ~5 代，初来虫源为南方迁入，以第 3 代为主害代（时间在 8 月底至 9 月中旬），世代重叠。成虫白天隐藏在杂草、土缝或植株枝叶茂密处，日落后开始活动，晚间进行产卵、取食，以 20 ~24 时活动最盛。卵多产在叶片背面，每只雌蛾能产 3 ~5 个卵块，每块有卵 100 ~200 粒左右。幼虫共 6 龄，具有假死性，低龄幼虫还有聚集危害的特点，随着虫龄增加逐渐扩散危害。

斜纹夜蛾幼虫为害大豆等经济作物，初孵幼虫群集在卵块附近取食，2 龄后分散为害，3 龄前幼虫仅啮食叶肉，剩下表皮和叶脉，呈窗纱状；4 龄后幼虫进入暴食期，作物叶片被危害后，先形成缺刻，严重时全株叶片被吃光，仅留叶脉和茎秆，植株逐渐枯死。除为害叶片外，还为害植株的嫩茎、花器和幼果。

2 大发生原因分析

2.1 丰富的营养条件是造成暴发的主要因素

随着农业结构的调整力度加大，高邮市提出了压粮扩经为主要内容的种植结构方案。1999 年粮食作物与经济作物面积比为 7∶3，2000 年后粮食作物与经济作物面积比为 6∶4，经济作物面积扩大到了 2.67 万 hm^2，品种主要有油菜、棉花、大豆、蔬菜、薄荷等，这些作物寄主均有利于斜纹夜蛾发生危害。加上其幼虫成活率高，生长发育快，成虫产卵量多，由于经济作物种植面积扩大，斜纹夜蛾适生寄主范围增加，为其营造了丰富的食料环境，从而造成 2009 年斜纹夜蛾在高邮市暴发危害。

2.2 有利的气候条件，促进其迁入、繁殖生长

2009 年 4 ~5 月份（成虫迁入期）降雨日较常年多，对成虫迁入本地有利，6 月、7 月份在蔬菜等经济作物上幼虫发生量较往年高。斜纹夜蛾是喜温性害虫，最适宜的温、湿度条件为：温度 28 ~30℃，相对湿度 75% ~85%。7 ~9 月为 2 ~3 代发生时期，2009 年 7 月、8 月、9 月三个月平均温度分别为 25.5℃、28.8℃、22.7℃，7 月比常年低 1.86℃，8 月、9 月分别比常年高 1.72℃、0.3℃。7 月、8 月、9 月三个月降雨量分别为 172.9mm、131.6mm、136.2mm，分别比常年少 48.7mm、8.7mm，多 57.1mm；期间超过 50mm 以上降雨日有 1 ~2 次，比常年少 1 ~2 次（表 1）。斜纹夜蛾发生期间的气候特点是一个典型的高温、干旱、少暴风雨天气，有利于其发生。

表 1 2009 年 7 月、8 月、9 月三个月气候情况表

月份（月）	平均温度（℃）	常年温度（℃）		降雨量（mm）	常年降雨量（mm）	
		平均	比常年（℃）		平均	比常年（mm）
7 月	25.5	27.36	-1.86	172.9	221.6	-48.7
8 月	28.8	27.08	+1.72	131.6	140.3	-8.7
9 月	22.7	22.4	+0.3	136.2	79.1	+57.1

2.3 防治工作不到位

近几年，斜纹夜蛾在高邮市的发生呈零星状态，主要是在蔬菜等经济作物上发生，群众未引起高度重视，对其发生特点还不了解，也没有掌握其防治技术，难以抓住防治时期；而且其食性杂，寄主多，世代重叠，加之蔬菜、大豆等经济作物生长茂盛，叶片多，这些因素都给防治工作带来了困难。从而导致 2009 年 8 ~9 月间在黑大豆田暴发危害。

3 防治方法

针对斜纹夜蛾发生特点，必须采取综合治理的防治对策，加强虫情监测，充分发挥农业措施的控制作用，化学防治要采取治前控后，掌握在初孵幼虫期突击用药。具体措施如下。

3.1 诱杀成虫。利用成虫趋光性，在成虫发生盛期田间设置黑光灯。也可用糖、醋、酒诱杀成虫，糖、醋、酒、水的比例为 3∶4∶1∶2。

3.2 结合田间其他农事活动摘除卵块和初孵幼虫的叶片，对于大龄幼虫也可人工捕杀。

3.3 药剂防治。斜纹夜蛾发生具有世代重叠现象，而幼虫 3 龄后进入暴食阶段，耐药

性强，因此，防治时期应为卵孵高峰期，消灭在暴食期以前。据2009年观察，不同的农药类型防治效果不同，9月3日（斜纹夜蛾卵孵初期）用药，药后3d调查，杀虫效果为：每667m^{2}用90%晶体敌百虫100g，防效为58.6%；用5%抑太保乳油33ml，防效为85.9%。这表明，酰基脲类药剂的防效较好。同时，用药时间上观察，在下午15时以后用药，其防效好于上午用药。

不同品种棉花对斜纹夜蛾种群增长的影响

杨进，刘学儒，秦玉金，丁涛

（扬州市植保植检站，225000）

摘　要： 通过组建两种抗虫棉（国抗22、SGK321）及其亲本棉（泗棉3号、石远321）上斜纹夜蛾实验种群生命表和自然种群生命表，结果表明，取食转基因棉的实验种群趋势指数$I_{实}$值第2代与第1代之间呈上升趋势，而其亲本棉$I_{实}$值却有所下降，说明转基因抗虫棉对斜纹夜蛾实验种群增长不但没有抑制作用，可能还有利于种群的增长；在不同品种棉花上自然种群趋势指数$I_{自}$值都大于1，表明转基因抗虫棉未能控制住斜纹夜蛾自然种群增长；同时发现影响斜纹夜蛾自然种群的关键虫期是1～2龄期，通过进一步分析其影响因子，发现影响斜纹夜蛾种群增长的首要因子是失踪、雨水冲刷，其次是被捕食，最后是病菌感染和蛹期的死亡。

关键词： 棉花品种；斜纹夜蛾；种群生命表；作用因子

Effects of the population of *Podoptera litura* on different cotton varieties

Yang Jin, Liu Xueru, Qin Yujin , Ding Tao

(Plant Protection and Quarantine Station of Yangzhou, yangzhou 225000)

Abstract: By constructed life table of laboratory population and natural population of *Podoptera litura* on two transgenic cotton varieties (GK22, SGK321) and two conventional cotton varieties (SM3, SY321). we found, the index of life table of laboratory population trend (I) of the 2nd generation on transgenic cotton were higher than the 1st generation, but conventional cotton were on the contrary. It is showed that transgenic cotton not only had no resistance, but also beneficial to population increase of P. *Litura*. The index of natural population trend (I) on different cotton varieties all larger than 1, it is showed that transgenic cotton did not control the natural population of P. *Litura*. By analyzing the important factors of population control further, we found that the key stage of the P. *litura* was 1st to 2nd instar larvae, the major control factors of population control on different types of cotton fields were loss and wash away, the second control factors of population control were predated, the third control factors were virosis and natural death of pupa.

Key words: cotton varieties; *Podoptera litura*; life table of population; control factors

随着20世纪90年代后期棉花种植品种的多元化和蔬菜作物设施栽培的推广，斜纹夜蛾、甜菜夜蛾等原先在蔬菜等作物上常发性的害虫开始向棉田转移，且呈现为害加重的趋势。生命表是研究昆虫种群的一种有效方法，在室内可以利用生命表来分析不同寄主、食料或不同温度、湿度条件对害虫实验种群增长的影响，在大田可以组建自然种群生命表分析雨水、天敌捕食以及寄生对害虫种群的影响[1,2]。本研究通过组建不同品种棉花上的斜纹夜蛾实验种群生命表和自然种群生命表，分析了不同品种棉花对斜纹夜蛾种群动态的影响以及自然条件下各种因子对该种群数量的控制作用。

1 材料与方法

1.1 供试虫源

斜纹夜蛾，由北京农业科学院提供，已在室内用人工饲料[3]饲养数代。

1.2 供试棉花品种

转Bt基因棉国抗22及其亲本泗棉3号，来源于北京农业科学院、转双价基因棉SGK321及其亲本石远321，来自江苏省农业科学院植保所。

1.3 试验条件

室内试验温度为（26±1）℃、L∶D=14∶10、湿度75%～80%。试验所用棉花叶片为棉花现蕾期后的叶片。

大田试验在扬州大学实验农牧场试验田中进行。4个棉花品种种植面积均为400m²，育苗移栽，常规管理，整个试验期间未使用任何化学农药。

1.4 实验种群生命表的组建

以人工饲料连续饲养多代的成虫所产卵同一天初孵幼虫作为供试虫源，摘取不同品种现蕾期棉花植株顶端展开的第4张、第5张叶片，带回实验室，叶柄用脱脂棉保湿，置于培养皿中，每个品种棉花总计接虫数200头，待幼虫2龄时，置于罐头瓶中，每瓶10头，4龄时每瓶5头，5龄时每瓶3头，每天观察1次，整个幼虫生活期内定期更换叶片，保证叶片的新鲜，及时清理排泄物，记录取食不同品种棉花各龄期幼虫存活率、化蛹虫数，羽化数、成虫的雌雄比，取每个品种棉花上刚羽化出的健康成虫转移到罐头瓶中配对（1♀和1♂/每罐）饲养，各配25对，罐头瓶口用吸水纸和纱网封口，内放打字蜡纸供成虫产卵和栖息用。成虫用5%的蜂蜜水液饲养并每日更换，每日记录成虫的产卵量及成虫的死亡时间，至成虫全部死亡止。连续饲养两代，组建连续世代的实验种群生命表。参照张孝羲（2000）、曾铃（2003）、吕利华（2003）、韩兰芝（2003）等人[4~7]的方法并加以改进。

1.5 自然种群生命表的组建

在棉花幼苗移栽后，用1.6m×1.8m×2.0m的全封闭的纱网罩笼罩在田间（确保罩笼内没有寄生性天敌和捕食性天敌），每个品种棉花的田块内固定两个罩笼，每个罩笼内6株棉花。自然种群生命表的组建参照夏敬源（2000）、庞雄飞（2002）、杨益众（2002）、吕利华（2003）等人[2,6,8,9]的方法并加以改进。分别对4个品种棉田采用分期接虫、分期回收法，各种处理如下：

卵：每个处理区接初产卵块两块（每块300粒±50粒左右），于孵化前回收，统计残余卵数，待卵孵化后，检查孵化虫数及未孵化卵死亡原因。在回收卵的同时继续对各处理区接两块卵（每块300粒±50粒左右），让其自然孵化。每天调查一次，并于2龄后定期检查各处理区内幼虫残留数，并回收残留的幼虫，室内单杯饲养，定期更换食料，记载死亡数、死亡原因，直至幼虫死亡或化蛹羽化止。同时，于各处理区罩笼内接初产卵块两块（每块300粒±50粒左右），于卵即将孵化前回收，并再接入两块卵（每块300粒±50粒左右），在田间回收2龄末期幼虫的同时检查罩笼内2龄幼虫剩存数。以此校正自然控制区的卵量与幼虫数。

幼虫：每个处理田块分别接入3龄、4龄、5龄、6龄幼虫各60头，每天调查1次，并于各虫龄末期详细检查各处理区内各龄幼虫残留数，所得幼虫带回室内单杯饲养，定期更换食料，检查死亡数、死亡原因，直到各龄幼虫化蛹羽化止。同时检查各处理区罩笼内幼虫剩存数，以此校正自然控制区内所查的幼虫数。

蛹与成虫（辅助试验）：用1.6m×1.8m×2.0m的全封闭的纱网罩笼罩在一空地上（与地面接触处用玻璃隔开，确保笼内土表5cm厚度与笼外土表隔开），重复4个，在地表分别接入6龄末老熟幼虫50头，任其自然入土化蛹，并于羽化后回收各笼中成虫，统计羽化数，取平均值。作为斜纹夜蛾田间化蛹羽化的存活数。

田间斜纹夜蛾1龄幼虫基数确定：回收卵室内孵化率与田间接卵量相乘即得。

每天清晨或傍晚去田间调查，且调查时不但查挂牌棉株，也同时扩查挂牌棉株行（株）的外2行（株）及田间杂草。

1.6 数据统计与分析

数据分析采用DPS软件进行。

$$死亡率（\%）=\frac{起始接虫量-存活虫量}{起始接虫量}\times 100 \quad \cdots\cdots（1）$$

$$种群趋势指数\ I=S_E S_{L1} S_{L2} S_{L3} S_{L4} S_{L5} S_{L6} S_p P_♀ FP_F\ [\sum(P_{fd})(S_{Aa})^d] \quad \cdots\cdots（2）$$

成虫期参数 $P=P_♀ FP_F\ [\sum(P_{fd})(S_{Aa})^d]$，$\sum P_{fd}(S_{Aa})^d$为成虫逐日产卵概率与成虫逐日存活率乘积之和 ……（3）

式（2）中S_{L1}、S_{L2}、S_{L3}、S_{L4}、S_{L5}、S_{L6}、S_P分别代表1龄到蛹的存活率，式（2）、式（3）中$P_♀$为雌性比率，P_{fd}为成虫逐日产卵概率，$(S_{Aa})^d$为成虫逐日存活率，d为成虫羽化后天数，S_E为卵的实际孵化率，F设定的标准卵量，P_F达标卵量概率。大田种群成虫期参数值以各棉花品种上的第一代斜纹夜蛾实验种群成虫期参数值替代。

斜纹夜蛾的种群控制指数 $IPC = \frac{I'}{I}$，排除作用控制指数 $EIPC_i = \frac{1}{Si}$ ……… (4)

式 (4) 中 Si 为各个虫期的存活率。

2 结果与分析

2.1 斜纹夜蛾的实验种群

2.1.1 不同棉花品种上斜纹夜蛾的实验种群趋势指数分析

表1 不同棉花品种上斜纹夜蛾第1代实验种群生命表（江苏扬州，2007）

Table 1 Life table of laboratory population of the 1st generation on different cotton varieties (Jiangsu Yangzhou, 2007)

虫期 stage	泗棉3号（SM3）			国抗22（GK22）			石远321（SY321）			SGK321		
	L_x	d_x	S_x	L_x	d_x	S_x	L_x	d_x	S_x	L_x	d_x	S_x
卵 egg	100	1	0.990 0	100	1	0.990 0	100	1	0.990 0	100	1	0.990 0
1龄 1st instar larvae	99	11	0.888 9	99	24	0.767 7	99	14	0.858 6	99	22	0.7778
2龄 2nd instar larvae	88	0	1.000 0	76	0	1.000 0	85	0	1.000 0	77	0	1.000 0
3龄 3rd instar larvae	88	0	1.000 0	76	0	1.000 0	85	0	1.000 0	77	0	1.000 0
4龄 4th instar larvae	88	0	1.000 0	76	0	1.000 0	85	0	1.000 0	77	0	1.000 0
5龄 5th instar larvae	88	0	1.000 0	76	0	1.000 0	85	0	1.000 0	77	0	1.000 0
6龄 6th instar larvae	88	5	0.943 2	76	8	0.894 7	85	3	0.964 7	77	6	0.922 1
蛹 Pupa	83	9	0.891 6	68	12	0.823 5	82	10	0.878 0	71	12	0.831 0
成虫 Adult	74			56			72			59		
雌性概率（P♀） Rate of female		0.472 2			0.426 3			0.461 6			0.426 5	
标准卵量（F） Maximum fecundity		1 500			1 500			1 500			1 500	
达标卵量概率（PF） The proportion of F that can be acheieved by the females		0.941 4			0.8620			0.9821			0.6768	
种群趋势指数（I） Index of Population trend		835.50			552.09			947.66			588.83	

注：L_x：各龄期开始时虫量；d_x：各龄期间的死亡数；S_x：各龄期的存活率。

Note: The L_x means insect amounts that every age expects when state begins, the d_x means every age expects the state death number, and the S_x means every instar state survival rate.

表 2 不同棉花品种上斜纹夜蛾第 2 代实验种群生命表（江苏扬州，2007）

Table 2 Life table of laboratory population of the 2nd generation on different cotton varieties (Jiangsu Yangzhou, 2007)

虫期 stage	泗棉 3 号（SM3）			国抗 22（GK22）			石远 321（SY321）			SGK321		
	L_x	d_x	S_x	L_x	d_x	S_x	L_x	d_x	S_x	L_x	d_x	S_x
卵 egg	100	1	0.990 0	100	1	0.990 0	100	1	0.990 0	100	1	0.990 0
1 龄 1st instar larvae	99	8	0.919 2	99	4	0.959 6	99	7	0.929 3	99	6	0.939 4
2 龄 2nd instar larvae	91	0	1.000 0	95	0	1.000 0	92	0	1.000 0	93	0	1.000 0
3 龄 3rd instar larvae	91	0	1.000 0	95	0	1.000 0	92	0	1.000 0	93	0	1.000 0
4 龄 4th instar larvae	91	0	1.000 0	95	0	1.000 0	92	0	1.000 0	93	0	1.000 0
5 龄 5th instar larvae	91	0	1.000 0	95	0	1.000 0	92	0	1.000 0	93	0	1.000 0
6 龄 6th instar larvae	91	25	0.725 3	95	14	0.852 6	92	13	0.869 6	93	2	0.978 5
蛹 Pupa	66	6	0.909 1	81	13	0.839 5	80	1	0.987 5	91	5	0.945 1
成虫 Adult	60			68			79			86		
雌性概率（P♀）Rate of female			0.466 7		0.468 8			0.468 4		0.569 8		
标准卵量（F）Maximum fecundity			1 500		1 500			1 500		1 500		
达标卵量概率（PF）The proportion of F that can be acheieved by the females			0.936 7		1.018			0.806		0.753 3		
种群趋势指数（I）Index of Population trend			767.62		816.64			788.48		641.88		

注：L_x：各龄期开始时虫量；d_x：各龄期间的死亡数；S_x：各龄期的存活率。

Note: The L_x means insect amounts that every age expects when state begins, the d_x means every age expects the state death number, and the S_x means every instar state survival rate.

实验结果（表 1、表 2）表明，取食这 4 个棉花品种后斜纹夜蛾连续两代实验种群趋势指数 I 值都远远大于 1，表明种群呈增长趋势。结合表 1 和表 2，发现取食转 *Bt* 基因棉国抗 22 和转双价基因棉 SGK321 的种群趋势指数 I 值第二代分别为 816.64 和 641.88，与第一代的 552.09 和 588.83 之间呈上升趋势，而其亲本棉种群趋势指数 I 值第二代分别为 767.62 和 788.48，与第一代的 835.50 和 947.66 相比却有所下降，可以看出斜纹夜蛾能较快适应转基因棉。

2.1.2 斜纹夜蛾实验种群的存活曲线

经统计计算，绘制了不同品种棉叶饲养后斜纹夜蛾第 1 代、第 2 代各虫期存活率柱形图（图 1、图 2）。从两图中可以看出，斜纹夜蛾取食转基因棉各龄期存活率与取食常规棉间差异不大，斜纹夜蛾在卵期的存活率均为 99%；在 2～5 龄期存活率均达到 100%；图 1 看出，第 1 代斜纹夜蛾 1 龄存活率最低，且整体趋势是取食转基因棉的存活率略低于其亲本常规棉；而从图 2 中可以看出，第 2 代斜纹夜蛾 1 龄存活率均明显高于第 1 代，取食两个转基因棉的 6 龄幼虫存活率分别为 0.852 6 和 0.978 5，均高于其亲本品种的0.725 3 和 0.869 6，而蛹期却相反，转基因的分别为 0.839 5 和 0.945 1，亲本分别为 0.909 1 和 0.987 5。总的说明，在室内饲养条件下，转基因棉对第 1 代斜纹夜蛾抗性效果不显著，而对第 2 代斜纹夜蛾完全没有抗性效果。

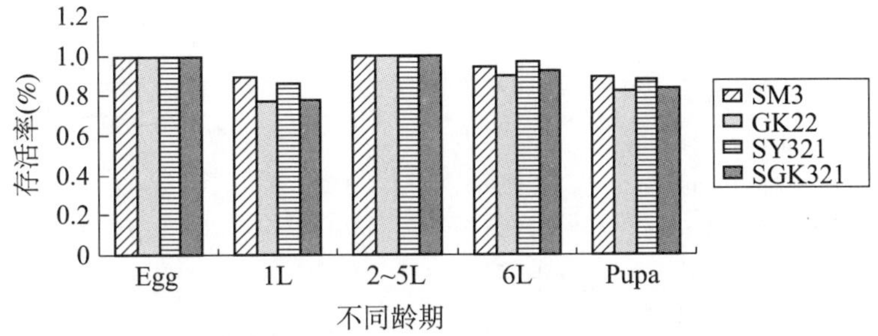

图 1 第 1 代斜纹夜蛾实验种群各虫期存活率柱形图（江苏扬州，2007）

Fig. 1 Survival rate of the 1st laboratory generation in Yangzhou, 2007

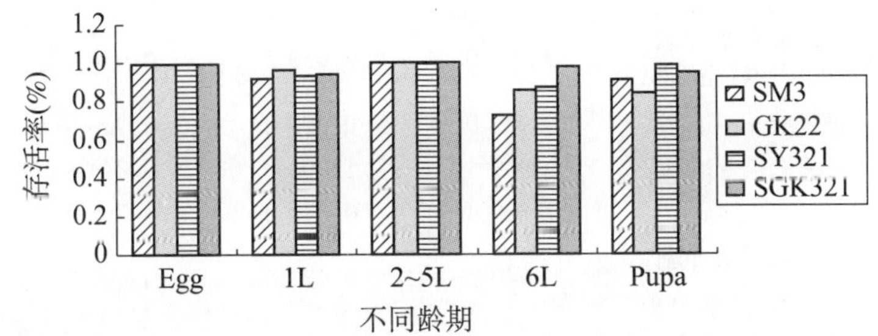

图 2 第 2 代斜纹夜蛾实验种群各虫期存活率柱形图（江苏扬州，2007）

Fig. 2 Survival rate of the 2nd laboratory generation in Yangzhou, 2007

2.2 斜纹夜蛾的自然种群

2.2.1 不同棉花品种棉田斜纹夜蛾的自然种群趋势指数分析

通过罩笼接虫、田间接虫和系统调查及室内饲养，组建了不同品种棉花棉田斜纹夜蛾自然种群生命表（表 3）。结果显示，转 *Bt* 基因棉国抗 22、转双价基因棉 SGK321 棉田的自然种群趋势指数 I 值分别是 1.74 和 1.85，均低于亲本棉泗棉 3 号和石远 321 棉田的自然种群趋势指数 I 值 1.84 和 2.74，但 4 个棉田的自然种群趋势指数 I 值都大于 1，说明斜纹夜蛾自然种群在这 4 个棉花品种上呈上升趋势，转基因抗虫棉对斜纹夜蛾自然种群有控制作用，但作用不是很大，未能控制住自然种群的增长。

表 3　不同棉花品种棉田斜纹夜蛾自然种群生命表（江苏扬州，2007）

Table 3　Life table of natural population in different types of cotton fields (Jiangsu Yangzhou, 2007)

发育阶段 X Stage	死亡因子 d_xF Factors of death	各虫期存活率 S_x Survival rate of every stage			
		泗棉 3 号 SM3	国抗 22GK22	石远 321SY321	SGK321
卵 Egg	雨水冲刷 Wash away	1.000 0	1.000 0	1.000 0	1.000 0
	被捕食 Predated	1.000 0	1.000 0	1.000 0	1.000 0
	被寄生 Parasitized	1.000 0	1.000 0	1.000 0	1.000 0
	不孵化 Unhatching	0.928 1	0.911 6	0.904 3	0.905 3
	合计 Total	0.928 1	0.911 6	0.904 3	0.905 3
1 ~2 龄幼虫 1st to 2nd instar larvae	失踪和雨水冲刷 Loss and Wash away	0.115 0	0.117 6	0.108 7	0.127 8
	被捕食 Predated	0.183 1	0.171 9	0.258 2	0.207 9
	病菌感染 Virosis	0.966 7	0.943 8	0.933 3	0.866 7
	合计 Total	0.020 4	0.019 1	0.026 2	0.023 0
3 龄幼虫 3rd instar larvae	失踪和雨水冲刷 Loss and Wash away	0.560 0	0.800 0	0.650 0	0.950 0
	被捕食 Predated	0.909 1	0.755 0	0.923 1	0.578 9
	病菌感染 Virosis	0.928 6	0.901 7	0.939 4	0.842 1
	合计 Total	0.472 7	0.544 6	0.563 7	0.463 1
4 龄幼虫 4th instar larvae	失踪和雨水冲刷 Loss and Wash away	0.940 0	0.972 3	0.921 5	0.956 2
	被捕食 Predated	0.962 7	0.913 8	0.943 6	0.914 2
	病菌感染 Virosis	0.963 5	0.972 2	1.000 0	0.982 4
	合计 Total	0.871 9	0.863 8	0.869 5	0.858 8
5 龄幼虫 5th instar larvae	失踪和雨水冲刷 Loss and Wash away	0.900 0	0.933 3	0.936 2	0.933 3
	被捕食 Predated	0.983 0	0.900 0	0.900 0	0.954 5
	病菌感染 Virosis	0.937 5	1.000 0	0.944 4	1.000 0
	合计 Total	0.829 4	0.840 0	0.795 7	0.890 8
6 龄幼虫 6th instar larvae	失踪和雨水冲刷 Loss and Wash away	0.940 0	0.920 0	0.977 5	0.957 1
	被捕食 Predated	0.947 6	0.973 5	0.953 1	0.922 8
	病菌感染 Virosis	0.818 2	0.917 5	0.714 3	0.909 1
	合计 Total	0.728 8	0.821 7	0.665 5	0.802 9
蛹 Pupa	病菌感染或自然死亡 Virosis or natural death	0.733 3	0.733 3	0.733 3	0.733 3
	成虫期参数 Parameter of adult	533.10	420.29	607.59	425.62
	种群趋势指数 (I) Index of population trend	1.84	1.74	2.74	1.85

2.2.2　影响斜纹夜蛾自然种群增长的作用因子分析

从表 4、表 5 的结果可以看出，对斜纹夜蛾的自然种群增长作用影响最大的是失踪和雨水冲刷；其次是被捕食；最后是病菌感染和蛹期的死亡；而卵的不孵化影响作用极小，寄生致死作用的影响几乎没有。研究还发现，转 *Bt* 基因棉国抗 22、转双价基因棉 SGK321

棉田被捕食的排除作用控制指数 EIPC 值分别为 9. 623 2 和 10. 319 6，都高于其亲本棉的 6. 699 2 和 5. 183 6，而失踪和雨水冲刷的排除作用控制指数 $EIPC_x$ 值分别为 12. 732 9 和 9. 642 8，均比其亲本的 19. 524 8 和 16. 782 8 小，这可能与转基因棉比常规棉生长茂盛、雨水冲刷的作用比较小有关。

表 4　不同棉花品种棉田斜纹夜蛾的自然种群排除作用控制指数（江苏扬州，2007）

Table 4　EIPC of natural population in different types of cotton fields（Jiangsu Yangzhou，2007）

发育阶段 X Stage	死亡因子 d_xF Cause of death	排除作用控制指数 EIPC　The exclusion index of population control			
		泗棉 3 号 SM3	国抗 22GK22	石远 321SY321	SGK321
卵 Egg	被捕食 Predated	1. 000 0	1. 000 0	1. 000 0	1. 000 0
	被寄生 Parasitized	1. 000 0	1. 000 0	1. 000 0	1. 000 0
	雨水冲刷 Wash away	1. 000 0	1. 000 0	1. 000 0	1. 000 0
	不孵化 Unhatching	1. 077 5	1. 097 0	1. 105 8	1. 104 6
1 ~ 2 龄幼虫 1st to 2nd instar larvae	被捕食 Predated	5. 461 5	5. 817 3	3. 873 0	4. 810 0
	病菌感染 Virosis	1. 034 4	1. 059 5	1. 071 5	1. 153 8
	失踪和雨水冲刷 Loss and Wash away	8. 695 7	8. 503 4	9. 199 6	7. 824 7
3 龄幼虫 3rd instar larvae	被捕食 Predated	1. 100 0	1. 324 5	1. 083 3	1. 727 4
	病菌感染 Virosis	1. 076 9	1. 109 0	1. 064 5	1. 187 5
	失踪和雨水冲刷 Loss and Wash away	1. 785 7	1. 250 0	1. 538 5	1. 052 6
4 龄幼虫 4th instar larvae	被捕食 Predated	1. 038 7	1. 094 3	1. 059 8	1. 093 9
	病菌感染 Virosis	1. 037 9	1. 028 6	1. 000 0	1. 017 9
	失踪和雨水冲刷 Loss and Wash away	1. 063 8	1. 028 5	1. 085 2	1. 045 8
5 龄幼虫 5th instar larvae	被捕食 Predated	1. 017 3	1. 111 1	1. 111 1	1. 047 7
	病菌感染 Virosis	1. 066 7	1. 000 0	1. 058 9	1. 000 0
	失踪和雨水冲刷 Loss and Wash away	1. 111 1	1. 071 5	1. 068 1	1. 071 5
6 龄幼虫 6th instar larvae	被捕食 Predated	1. 055 3	1. 027 2	1. 049 2	1. 083 7
	病菌感染 Virosis	1. 222 2	1. 089 9	1. 400 0	1. 100 0
	失踪和雨水冲刷 Loss and Wash away	1. 063 8	1. 087 0	1. 023 0	1. 044 8
蛹 Pupa	病菌感染或自然死亡 Virosis or natural death	1. 363 7	1. 363 7	1. 363 7	1. 363 7

表 5　各类棉田自然因子对斜纹夜蛾种群的排除作用控制指数（江苏扬州，2007）

Table 5　$EIPC_x$ of various natural factors on *Prodenia litura*（Jiangsu Yangzhou，2007）

作用因子 Factors	排除作用控制指数 $EIPC_x$　The exclusion index of population control			
	泗棉 3 号 SM3	国抗 22GK22	石远 321SY321	SGK321
被捕食 Predated	6. 699 2	9. 623 2	5. 183 6	10. 319 6
被寄生 Parasitized	1. 000 0	1. 000 0	1. 000 0	1. 000 0
病菌感染 Virosis	1. 507 3	1. 317 2	1. 690 9	1. 534 1

续表

作用因子 Factors	排除作用控制指数 $EIPC_x$ The exclusion index of population control			
	泗棉 3 号 SM3	国抗 22GK22	石远 321SY321	SGK321
失踪和雨水冲刷 Loss and Wash away	19.524 8	12.732 9	16.782 8	9.642 8
卵不孵化 Unhatching	1.077 5	1.097 0	1.105 8	1.104 6
蛹病菌感染或自然死亡 Virosis or natural death	1.363 7	1.363 7	1.363 7	1.363 7

2.2.3 斜纹夜蛾的自然种群存活曲线

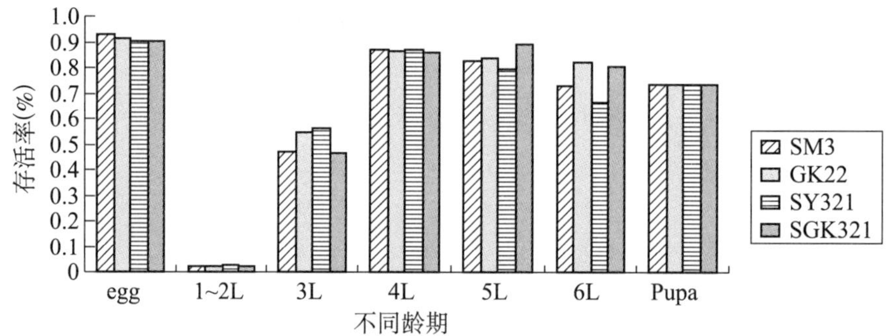

图 3 斜纹夜蛾自然种群各虫期存活率柱形图（江苏扬州，2007）

Fig. 3 survival of the natural population in Yangzhou, 2007

经统计计算，绘制了不同品种棉田斜纹夜蛾各虫期存活率（图 3）。从图中看出，4 个品种棉田斜纹夜蛾均在 1 ~2 龄幼虫期存活率最低（1.9% ~2.6%），其次是 3 龄幼虫期（46.3% ~56.4%）。以卵期存活率最高（90.5% ~92.8%）。这说明影响斜纹夜蛾自然种群消长的关键虫期是 1 ~3 龄幼虫期。结果还指出，斜纹夜蛾 5 龄幼虫在转基因棉田的存活率分别为 0.840 0 和 0.890 8，6 龄幼虫在转基因棉田的存活率分别为 0.821 7 和 0.802 9，均高于其亲本棉田的 0.829 4 和 0.795 7、0.728 8 和 0.665 5，说明在自然情况下，转基因棉比其亲本棉更有利于斜纹夜蛾高龄幼虫的生长发育。

3 讨论

3.1 通过组建不同棉花品种上斜纹夜蛾室内连续两代种群生命表，结果发现，取食转 *Bt* 基因棉国抗 22 及亲本泗棉 3 号和转双价基因棉 SGK321 及亲本石远 321 的连续两个世代种群趋势指数 I 值都远远大于 1，种群呈增长趋势；同时发现取食转 *Bt* 基因棉国抗 22 和转双价基因棉 SGK321 的种群趋势指数 I 值第 2 代与第 1 代之间呈上升趋势，而其对照亲本棉种群趋势指数却有所下降。表明室内饲养转基因抗虫棉对斜纹夜蛾种群增长不但没有起到控制作用，而且还有利于种群的增长，这与前人研究结果相一致[10,11]。取食不同品种棉花后第 1 代、第 2 代斜纹夜蛾实验种群存活率柱形图指出，斜纹夜蛾取食转基因棉各龄期存活率与取食常规棉间差异不大。这表明在室内饲养条件下，转基因抗虫棉对斜纹夜蛾几乎没有抗性。

3.2 斜纹夜蛾在不同棉花品种棉田自然种群研究结果表明，转 *Bt* 基因棉国抗 22、转双价基因棉 SGK321 棉田的自然种群趋势指数 I 值分别是 1.74、1.85，均低于亲本棉泗棉

3 号和石远 321 棉田的自然种群趋势指数 I 值 1.84 和 2.74，但 4 个棉田的自然种群趋势指数 I 值都大于 1，说明斜纹夜蛾自然种群在这 4 个棉花品种上呈上升趋势，转基因抗虫棉对斜纹夜蛾自然种群有控制作用，但作用不是很大，未能控制住自然种群的增长，这与前人的报道一致[11~13]。通过排除作用控制指数分析发现，影响斜纹夜蛾自然种群增长的关键虫期都是 1~2 龄幼虫期，其排除作用控制指数值都远远大于其他各虫期排除作用控制指数值；各品种棉田影响斜纹夜蛾种群增长最重要的因子是失踪和雨水冲刷，这可能是受当年夏季多风雨的气候条件影响较大，其次是被捕食，最后是病菌感染和蛹期的死亡。通过绘制斜纹夜蛾自然种群各虫期存活率柱形图，发现影响斜纹夜蛾自然种群消长的关键虫期是 1~3 龄幼虫期，转基因棉比其亲本棉更有利于斜纹夜蛾高龄幼虫的生长发育。

3.3 大田试验结果还显示，转 *Bt* 基因棉国抗 22、转双价基因棉 SGK321 棉田被捕食的排除作用控制指数都大于其对照亲本棉，说明转基因棉田捕食性天敌种群数量也许高于其亲本棉，这与前人的一些研究结果相吻合[11,14,15]；而国抗 22 和 SGK321 棉田失踪和雨水冲刷的排除作用控制指数均比其对照小，这可能与转基因棉比常规棉生长茂盛、雨水冲刷的作用比较小有关；整个试验期间，无论是斜纹夜蛾的实验种群还是自然种群，均未发现被寄生现象。这可能与试验棉田所处的地理位置、周围农作物分布以及当时的气候条件等有关，也可能与棉田这种特殊的生境有关。

参考文献

[1] Keinmeesuke P, Vattanatangum. A, Sarnthoy B, *et al.* Life table of diamondback moth and its egg parasite Trichogrammatoidea bactrae in Thailand. In; Talekar N S ed. Management of diamondback moth and other crucifer pests: Proceedings of the second international workshop. Taiwan: *Asian Vegetable Research and Development Center*, 1992: 309~315.

[2] 夏敬源，王春义，崔素贞．不同类型棉田棉铃虫自然种群生命表比较研究［J］．棉花学报，2000，12（6）：281~287.

[3] 朱丽梅，倪钰萍，曹晓宇等．斜纹夜蛾的人工饲养技术［J］．昆虫知识，2001，38（3）：227~228.

[4] 张孝羲．昆虫生态及预测预报［M］．北京：中国农业出版社，2000：160~173.

[5] 曾玲，周荣，崔志新等．寄主植物对椰心叶甲生长发育的影响［J］．华南农业大学学报（自然科学版），2003，24（4）：37~39.

[6] 吕利华，何余容，庞雄飞．十字花科蔬菜对小菜蛾实验种群的影响［J］．应用生态学报，2003，14（10）：1 732~1 734.

[7] 韩兰芝，翟保平，张孝羲．不同温度下的甜菜夜蛾实验种群生命表研究［J］．昆虫学报，2003，46（2）：184~189.

[8] 庞雄飞．害虫种群的生态控制——种群生灭过程控制研究方法［M］．高等教育出版社，2002.

[9] 杨益众，陆宴辉，薛文杰等．转基因棉田棉蚜种群动态及相关影响因子分析［J］．昆虫学报，2006，49（1）：80~85.

[10] 黄东林，刘汉勤，蒋思霞．转双价基因抗虫棉对斜纹夜蛾实验种群的影响［J］．植物保护学报，2006，33（1）：1~5.

[11] 余月书，康晓霞，陆宴辉等．转 *Bt* 基因棉对斜纹夜蛾种群增长的影响［J］．江苏农业学报，2004，20（3）：169～172.

[12] 郭建英，董亮，万方浩．取食转 *Bt* 基因棉对斜纹夜蛾幼虫存活的影响［J］．中国生物防治，2003，19（4）：145～148.

[13] 曾竹生，张献国，姚忠武．抗虫棉对棉花主要害虫的抗性调查［J］．江西植保，2004，27（2）：52～53.

[14] 崔金杰，夏敬源．转 *Bt* 基因棉对天敌种群动态的影响［J］．棉花学报，1999，11（2）：84～91.

[15] 马艳．转基因抗虫棉生物安全研究进展［J］．棉花学报，2003，15（1）：59～64.

不同品种棉花对斜纹夜蛾生长发育、营养指标及三种解毒酶活性的影响

杨进，沈琴堂，丁涛，秦玉金

（扬州市植保植检站，225002）

摘　要：通过测定两种抗虫棉（国抗 22、SGK321）及其亲本棉（泗棉 3 号、石远 321）对斜纹夜蛾生长发育及对 4 龄幼虫营养指标的影响，结果表明，转基因抗虫棉相对于其亲本棉来说更有利于斜纹夜蛾的生长发育。同时测定取食不同品种棉花后斜纹夜蛾体内羧酸酯酶、谷胱甘肽-S-转移酶（GST）和多功能氧化酶（MFO）3 种解毒酶活性，结果发现，取食转基因抗虫棉的斜纹夜蛾 3 龄幼虫体内这 3 种解毒酶活性与其对照品种间均无显著差异，表明转基因抗虫棉对斜纹夜蛾体内这 3 种解毒酶活性未产生明显影响，这从生理上说明转基因抗虫棉对斜纹夜蛾也没有抗性。

关键词：棉花品种；斜纹夜蛾；营养指标；生长发育；解毒酶

The effects of different cotton varieties on the nutrition and development and the activity of detoxification enzyme of *Prodenia litura* (Fabricius)

Yang Jin, Shen Qintang, Ding Tao, Qin Yujin

(Plant Protection and Quarantine Station of yangzhou, Yangzhou 225000)

Abstract: By studying the influences on the growth and development of larvae of P. *Litura* and analyzing the influences on the nutritional indices of the forth instar larvae of P. *litura* on two transgenic cotton varieties (GK22, SGK321) and two conventional cotton varieties (SM3, SY321). It showed that it had advantageous in nutritional indices of the larvae of P. litura when feeding on the transgenic cotton. By detecting effects of different cotton varieties on three detoxification enzyme α-naphthylacetate esterase, glutathione-S-transferase (GST) and mixed function oxidase (MFO) of P. *litura*, we found that after feeding with four cotton varieties, the activities of three detoxification enzyme in the third instar larvae of P. *litura* had no significant differences among transgenic cotton and conventional cotton. It showed that influences on three detoxification enzyme of the larvae of P. *litura* when feeding on transgenic cotton and conventional cotton was no significant. All in all, this experiment demonstrated that the transgenic cotton didn't have resistance on P. *litura*.

Key words: cotton varieties; *Prodeni litura*; nutritional indices; growth and development; detoxification enzyme

斜纹夜蛾 *Prodenia litura*（Fabricius）又名莲纹夜蛾，属鳞翅目，夜蛾科，为世界性分布的多食性害虫，在我国各地均有分布，尤以长江流域受害较重。受害农作物主要有棉花、烟草、薯类、豆类、桑、瓜类、蔬菜等 99 科 290 多种植物[1]。随着 20 世纪 90 年代后期棉花品种种植的多元化和蔬菜作物设施栽培的推广，斜纹夜蛾等原先在蔬菜作物上常发性的害虫开始向棉田转移，常造成棉花叶片的百孔千疮，严重影响了棉花的产量与品质[2]。

羧酸酯酶、谷胱甘肽-S-转移酶和多功能氧化酶是害虫体内重要的解毒酶系，在对外源化合物的解毒代谢和杀虫剂的抗性机制中起着重要作用。已有研究表明寄主植物所含的次生物质对植食性昆虫体内的解毒酶具有诱导作用[3~5]，而解毒酶活性的提高是害虫产生代谢抗性的重要因素。转基因抗虫棉主要用来防治棉铃虫 *Helicoverpa armigera*（Hübner）等鳞翅目昆虫，但是对斜纹夜蛾却没有好的毒杀作用[6]。不同转基因棉花品种对斜纹夜蛾体内解毒酶活性的影响尚未见报道。因此，作者选用近几年在长江淮河流域棉区大面积种植的转双价（*Bt* + *CpTI*）基因棉 SGK321 及其亲本石远 321 和转 *Bt* 基因棉国抗 22 及其亲本泗棉 3 号等 4 种棉花室内饲养斜纹夜蛾，探讨转基因棉对斜纹夜蛾体内解毒酶活性的影响。

1 材料与方法

1.1 供试虫源

斜纹夜蛾，由北京农业科学院提供，已在室内用人工饲料（朱丽梅等[7]）饲养数代。

1.2 供试棉花品种与种植

转双价基因棉 SGK321 及其对照石远 321，来源于北京农业科学院、转 *Bt* 基因棉国抗 22 及其亲本泗棉 3 号，来自江苏农业科学院植保研究所。4 个棉花品种均播种于扬州大学农牧场试验田内，育苗移栽，常规管理，每个品种种植400m^2。整个试验期间未使用任何化学农药。试验所用材料为棉花现蕾期的叶片。

1.3 斜纹夜蛾幼虫营养指标的测定

营养指标测定参照朱俊洪等[8]。每处理选取刚蜕皮的斜纹夜蛾6龄幼虫10头，称其鲜重，分别饲喂定量的不同品种的棉花叶片。24h后取出剩余食物，将幼虫饥饿6h排空粪便后，称其鲜重。而后将幼虫、粪便及剩余棉花叶片在80℃下烘干至恒重，再分别称其干重。重复3次。测定各品种棉花叶片的干湿比，饲后幼虫干湿比，以推算饲喂前棉花叶片和幼虫的干重。依据下述公式计算各营养指标：

$$幼虫相对生长率 = G/(B \times T),$$

$$幼虫相对取食量 = I/(B \times T),$$

$$食物利用率(\%) = G/I \times 100,$$

$$食物转化率(\%) = G/(I - F) \times 100,$$

$$近似消化率(\%) = (I - F)/I \times 100。$$

式中：G为虫体增重（即G=饲后幼虫干重-饲前幼虫干重）；I为幼虫的取食量（即I=饲前棉花叶片干重-饲后棉花叶片干重）；F为排泄物（粪便）干重；B为实验期间幼虫的平均体重［即B=（饲前幼虫干重+饲后幼虫干重）/2］；T为试验天数。

1.4 斜纹夜蛾生长发育的观察

在室内平均温度（27.5±1）℃、相对湿度80.0%±5.0%条件下进行。分别采摘石远321、SGK321、泗棉3号、国抗22现蕾期植株顶端展开的第4张、第5张叶片带回室内，叶柄以湿棉花球包裹，置于直径15cm的培养皿中，将产卵后的斜纹夜蛾初孵幼虫各100头接到各品种棉花叶片上，每天观察1次，并及时更换新鲜叶片，清理排泄物。幼虫进入6龄1d后将其转移至装有约3cm厚沙壤土（含水量为10%～15%）的纸盒（25.0cm×15.0cm×12.0cm）中，每盒10头，让其入土化蛹。幼虫入土3d后将蛹取出，用千分之一天平称其蛹重。记载斜纹夜蛾幼虫发育历期、存活情况及蛹重等。

1.5 解毒酶活力测定

1.5.1 酶液的提取

从大田中采摘各品种棉花现蕾期植株顶端展开的第4张、第5张新鲜叶片，叶柄用脱脂棉保湿，饲养斜纹夜蛾初孵幼虫各100头，并及时更换棉花叶片。至3龄幼虫时取出，置玻璃匀浆器中，按每头0.25ml加入磷酸缓冲液（pH值7.0）冰浴匀浆，匀浆液在4℃中10 000r/min离心10min，上清液用做酶源。试验均重复3次，在752型Spectrum紫外可见分光光度计上测定酶活力。

1.5.2 α-NA羧酸酯酶活性测定

以α-乙酸萘酯为底物。在试管中加入5ml磷酸缓冲液（4×10^{-2}mol/L，pH值7.0）稀释的含α-乙酸萘酯（3×10^{-4} mol/L）溶液，置25℃下平衡5min，加入酶液1ml立即摇匀计时，35℃恒温水浴中反应30min，立即加入显示剂1ml（1%固蓝B盐溶液与5%十二烷基硫酸钠溶液以2∶5混合），半小时后，待颜色稳定，在分光光度计上测OD_{600}值，对照以1ml磷酸缓冲液（4×10^{-2}mol/L，pH值7.0）代替酶液。用α-萘酚制作标准曲线。

参照 Van Aspere[9]。

1.5.3 谷胱甘肽-S-转移酶（GST）活性测定

参照 Rauch 等方法[10]，有改进。取 0.05mlCDNB（0.1mol/L 的 1-氯-3，4-二硝基苯）。3ml，pH 值 8.0，0.1mol/L 的磷酸缓冲液，0.75ml，30μmol/L 的谷胱甘肽，0.2ml 酶液于（26±1）℃下反应 30min，350nm 下测定光密度值，对照以 0.2ml 磷酸缓冲液（pH 值 8.0，0.1mol/L）代替酶液。以 ΔOD·（mgPr·min）$^{-1}$表示酶活性。

1.5.4 多功能氧化酶（MFO）活性测定

反应体系含 1ml 酶液、1ml 还原性辅酶Ⅱ（NADPH）（含 2.5mg/10ml，pH 值 7.8 缓冲液配制）、0.1ml 52.5mmol/L 对硝基苯甲醚（丙酮配制）和 0.9ml 磷酸缓冲液。置 37℃ 气浴摇床中振荡 30min，加 1ml 1mol/LHCl 终止反应后，加入 5ml 氯仿摇匀提取。在氯仿层移取 3ml 到另一试管内，加入 3ml 0.5mol/LNaOH 萃取，取水相 2ml 于比色皿中，752 型紫外可见分光光度计上于 415nm 处测定 OD 值，以清水做对照。用对硝基苯酚制作标准曲线。参照 Hansen 等方法[11]，并加以改进。

1.5.5 蛋白质含量的测定

采用考马斯亮蓝结合法测定蛋白质浓度（Bradford，1976）[12]，以牛血清蛋白（BSA）为标准蛋白。用于比较酶的活性。

1.6 数据统计与分析

数据分析采用 DPS v7.05 统计软件，LSD 法进行多重比较。

2 结果与分析

2.1 不同棉花品种对斜纹夜蛾幼虫的营养效应

试验结果表明（表 1），斜纹夜蛾取食转基因抗虫棉国抗 22 和 SGK321 棉花叶片后，其相对取食量、食物利用率、食物转化率、近似消化率、相对代谢率与其对照品种间差异不显著。但是相对生长率（0.86、0.83）都显著高于对照品种（0.76、0.75）。

表 1 2006 年不同棉花品种对斜纹夜蛾 4 龄幼虫营养指标的影响

地点：扬州市

发育阶段	棉花品种	营养指标					
		相对取食量	食物利用率（%）	食物转化率（%）	近似消化率（%）	相对代谢率	相对生长率
4 龄	泗棉 3 号	7.08±2.31 A	11.2±4.3 A	16.2±4.7 A	66.0±13.3 A	4.01±1.04 A	0.76±0.08 B
	国抗 22	6.68±1.97 A	13.0±2.7 A	17.6±5.1 A	66.3±14.4 A	3.56±0.97 A	0.86±0.09 A
	石远 321	7.24±2.27 A	11.4±3.2 A	16.5±5.1 A	68.9±12.1 A	4.17±1.13 A	0.75±0.09 B
	SGK321	6.68±2.03 A	12.3±4.6 A	17.8±4.2 A	70.3±15.3 A	3.41±1.21 A	0.83±0.14 A

注：字母代表差异显著性，字母相同表示差异不显著，下同。

2.2 不同品种棉花对斜纹夜蛾生长发育的影响

2.2.1 幼虫发育历期

结果表明，斜纹夜蛾幼虫取食 4 个不同品种的棉花叶片后，对其发育历期影响不大。统计分析表明它们之间不存在显著差异，如表 2 所示。

表 2　2007 年不同品种棉花对斜纹夜蛾幼虫生长发育的影响

地点：扬州市

棉花品种	测定项目				
	幼虫总历期（d）	1~3 龄幼虫存活率（%）	4~6 龄幼虫存活率（%）	幼虫总存活率（%）	蛹重（mg）
泗棉 3 号	18.09 ±1.32 A	92.0	72.5	66.7	312.2 ±15.7 C
国抗 22	17.91 ±0.91 A	96.0	85.3	81.9	337.3 ±15.5 B
石远 321	18.54 ±0.97 A	92.9	87.0	80.8	334.5 ±12.8 B
SGK321	17.23 ±1.12 A	94.0	97.9	92.0	393.1 ±9.4 A

2.2.2　幼虫存活率

从表 2 可以看出，取食两种转基因棉花叶片后斜纹夜蛾幼虫的总存活率（81.9%，92.0%）都显著高于其对照品种（66.7%，80.8%），同时发现取食转基因棉花叶片后斜纹夜蛾幼虫在低龄和高龄阶段的存活率都都要比对照品种高。

2.2.3　蛹重

结果表明（表2），取食转基因棉后，斜纹夜蛾的蛹重要明显高于其对照亲本。以国抗 22 和泗棉 3 号为例，其蛹重分别为 337.3mg、312.2mg，差异达显著水平，取食转双价基因棉 SGK321 的蛹重（393.1mg）也比取食其对照石远 321 的蛹重（334.5mg）要高。

2.3　斜纹夜蛾取食不同品种棉花后对体内 3 种解毒酶活性的影响

从表 3 可以看出，取食两种转基因棉花叶片后其幼虫体内的 α-NA 羧酸酯酶、谷胱甘肽-S-转移酶和多功能氧化酶的活性与它们的亲本棉之间虽有差异，但差异均不显著。表明转基因抗虫棉对斜纹夜蛾体内这 3 种解毒酶活性影响不太明显。

表 3　2007 年不同品种棉花对斜纹夜蛾 3 种解毒酶活性的影响

地点：扬州市

酶活性 / 品种	α-NA 羧酸酯酶活性 μmol·[L·mg (Pr)·min]$^{-1}$	谷胱甘肽-S-转移酶活性 ΔOD·(mgPr·min)$^{-1}$	多功能氧化酶酶活性 μmol·(mg·30min)$^{-1}$
石远 321	3.39 ±0.62 A	8.90 ±0.68 A	1.60 ±0.10 A
SGK321	3.79 ±0.34 A	9.29 ±0.45 A	1.40 ±0.06 AB
泗棉 3	4.12 ±0.46 AB	9.70 ±0.13 A	1.23 ±0.13 BC
国抗 22	4.78 ±0.32 B	9.33 ±0.43 A	1.06 ±0.14 C

3　讨论

本研究结果指出，取食转 *Bt* 基因棉国抗 22 和转双价基因棉 SGK321 后，斜纹夜蛾 4 龄幼虫的相对取食量、食物利用率、食物转化率、近似消化率、相对代谢率与其对照品种间差异不显著，但相对生长率都显著高于对照品种，同时发现取食不同转基因抗虫棉后斜纹夜蛾蛹重和幼虫存活率都显著高于其对照品种，表明这两种转基因抗虫棉相对于其亲本棉来说更有利于斜纹夜蛾的生长发育。转基因抗虫棉主要是防治棉铃虫等鳞翅目昆虫，对斜纹夜蛾无抗性。本研究结果与前人的研究结论基本一致[13,14]，有些学者甚至发现斜纹夜蛾在转基因棉田有为害加重的趋势[15]。为此，生产上应加强棉田斜纹夜蛾种群动态的监测，并逐步建立防范该害虫暴发的应急机制。

本研究发现，取食转 *Bt* 基因棉国抗 22 和转双价基因棉 SGK321 棉花叶片后其幼虫体内的 α-NA 羧酸酯酶、谷胱甘肽-S-转移酶和多功能氧化酶的活性与它们的亲本棉泗棉 3 号和石远 321 之间差异均不显著，表明转基因抗虫棉对斜纹夜蛾体内这 3 种解毒酶活性影响不明显，这从生理上也说明转基因抗虫棉对斜纹夜蛾没有抗性。本研究仅测定了转基因棉对斜纹夜蛾幼虫体内 3 种解毒酶活性的影响。而转基因抗虫棉对斜纹夜蛾没有任何毒杀作用，有可能与昆虫体内其他多种酶系（如中肠蛋白酶、保护酶等）的共同作用有关，这还有待于广泛研究。

参考文献

[1] 谢建军，胡美英，许再福．斜纹夜蛾的天敌及其生物防治［J］．昆虫天敌，1999，21（2）：82～92.

[2] 杨进，孙云，杨益众．棉田斜纹夜蛾的发生动态及其影响因素浅析［J］．中国棉花，2006，33（10）：23～24.

[3] Brattsten L B. Cytochrome P-450 involvement in the interactions between plant terpenes and insect herbivores. In：ACS Symposium Series：1983，208.

[4] Terriere L C. Induction of detoxication enzymes in insects［J］．Ann Rev Entomol，1984，29：71～88.

[5] Riskallah M R，Dauterman W C，Hodgson E. Host plant induction of microsomal monooxygenase activity in relation to diazinon metabolism and toxicity in larvae of the tobacco budworm，*Heliothis virescens*（F.）［J］．Pestic Biochem Physiol，1986，25：233～247.

[6] 郭建英，董亮，万方浩．取食转 *Bt* 基因棉对斜纹夜蛾幼虫存活的影响［J］．中国生物防治，2003，19（4）：145～148.

[7] 朱丽梅，倪钰萍，曹晓宇等．斜纹夜蛾的人工饲养技术［J］．昆虫知识，2001，38（3）：227～228.

[8] 朱俊洪，张方平，任洪刚．四种食料植物对斜纹夜蛾生长发育及营养指标的影响［J］．昆虫知识，2005，42（6）：643～646.

[9] Van Aspere K. A study of bousefly esterases by means of a sensitive coloretric method. J. *Insect Physiol.* 1962，8：401～406.

[10] Rauch N，Nauen R. Charactwerization and molecular cloning of a glutathione-S- transferase from the whitefly *Bemisia tabaci*（Hemiptera：Aleyrodidae）. J. *Insect Biochem Mol Biot*，2004，34：321～329.

[11] Hansen L G，Hodgson E. Biochemical characteristics of insect microsomes：*N*-and *O*-demethylation. *Biochem Pharmacol*，1971，20（7）：1 569～1 578.

[12] Bradford M M，A rapid and sensitive method for the quantification of microgram quantities of protein using the principle of protein-dyebinding. Anal. *Biochem.*，1976，72：248～254.

[13] 曾竹生，张献国，姚忠武．抗虫棉对棉花主要害虫的抗性调查［J］．江西植保，2004，27（2）：52～53.

[14] 黄东林，刘汉勤，蒋思霞．转双价基因抗虫棉对斜纹夜蛾实验种群的影响 [J]. 植物保护学报，2006，33 (1)：1~5.

[15] 余月书，康晓霞，陆宴辉等．转 *Bt* 基因棉对斜纹夜蛾种群增长的影响 [J]. 江苏农业学报．2004，20 (3)：169~172.

斜纹夜蛾对茚虫威的抗性机制

董红刚

（扬州市邗江区植保植检站，225009）

摘　要：以斜纹夜蛾对茚虫威相对敏感种群和抗性倍数为 15.63 倍的抗性选育种群为材料，通过解毒酶活性测定与钠离子通道基因片段的克隆、测序，研究了斜纹夜蛾对茚虫威的抗性机制。结果表明，与相对敏感种群相比，抗性种群酯酶活性提高了 2.27 倍，但抗性和敏感种群谷胱甘肽-S-转移酶和多功能氧化酶 O-脱甲基活性无显著差异；3 龄幼虫酯酶活性随着抗性指数的上升而逐渐提高；从相对敏感和抗性斜纹夜蛾种群 3 龄幼虫基因组 DNA 中扩增出位于钠离子通道 IIS5-IIS6 的 341bp DNA 片段；与相对敏感种群相比，茚虫威抗性种群钠离子通道基因没有发生突变。

关键词：斜纹夜蛾；茚虫威；抗性机制；酯酶；钠离子通道

Resistance mechanisms of *Spodoptera litura* to indoxacarb

Dong Honggang

(Plant Protection Station of Hanjiang District, Yangzhou 225009)

Abstract: The resistance mechanisms of indoxacarb-selected population of common cutworm, *Spodoptera litura* (Fabricius), with resistance ratio of 15.63, were investigated by enzyme assays of esterases (ESTs), glutathione S-transferases (GSTs) and microsomal multifunctional oxidase (MFO) and cloning and sequencing of sodium channel gene. The results showed that the activity of ESTs increased by 2.27-fold compared with the susceptible population, while the activities of MFO and GSTs had no significant difference. Positive correlation was observed between ESTs activity in 3rd larvae of every selected generation and resistance ratio. DNA fragments of 341 bp in length in the IIS5 - IIS6 region of sodium channel *para*-orthologous gene were amplified and sequenced in both resistant and susceptible population, no sodium channel mutation was found in the resistant population compared with the susceptible population.

Key words: *Spodoptera litura*; indoxacarb; resistance mechanisms; esterase; sodium channel

随着农药工业的发展，一些高效、低毒、低残留的杀虫剂新品种相继被开发成功，并逐渐应用于生产实践以取代高毒、高残留杀虫剂和抗药性严重的杀虫剂品种。然而，任何一种新型杀虫剂都有产生抗性的可能性。

新型高效杀虫剂茚虫威（Indoxacarb）是第一个商品化的噁二嗪类杀虫剂，也是目前替代有机磷和拟除虫菊酯类杀虫剂防治鳞翅目害虫的理想品种[1,2]。神经毒理学研究结果表明，茚虫威在昆虫体内转化为N－去甲氧羰基代谢物 DCJW，并作用于失活态钠离子通道，破坏神经冲动传递，导致靶标害虫运动失调、停止取食、麻痹并最终死亡[3]。尽管茚虫威具有独特的作用机制，但通过抗性监测已发现，与敏感种群（ROTH）相比，马来西亚的一个小菜蛾 *Plutella xylostella* 田间种群已经对茚虫威产生了 330 倍的抗性[4]。在室内茚虫威抗性选育试验中，仅仅经过 3 代选育，从野外采集的家蝇 *Musca domestica* 对茚虫威的抗性就已超过 118 倍[5]。马来西亚的一个小菜蛾田间种群经过 6 代抗性选育，对茚虫威抗性提高了 90 倍，与敏感种群（Lab-UK）相比，抗性选育种群对茚虫威的抗性达到了 2 594倍[6]。这些研究表明，昆虫具有对茚虫威产生高水平抗性的风险。

斜纹夜蛾 *Spodoptera litura*（Fabricius）是一种世界性分布的重要农业害虫，大量化学农药的频繁使用，使斜纹夜蛾已经对包括有机氯、有机磷、氨基甲酸酯、拟除虫菊酯和苏云金杆菌在内的多种杀虫剂产生了抗性[7]。鉴于目前国内外尚无从生化水平上对茚虫威抗性机制进行研究的报道，作者以斜纹夜蛾作为研究材料，在抗性选育基础上，对斜纹夜蛾相对敏感种群和茚虫威抗性种群 3 龄幼虫酯酶、谷胱甘肽-S-转移酶和多功能氧化酶活性进行了比较和分析，并对茚虫威抗性和相对敏感斜纹夜蛾钠离子通道基因片段进行了克隆和序列分析。

1 材料与方法

1.1 供试斜纹夜蛾

斜纹夜蛾相对敏感种群于 2004 年采自河北省廊坊，室内未接触任何杀虫剂，在光照培养箱（27℃、湿度 70%～80%、L ： D＝16 ： 8）中连续饲养至 2009 年。经过 10 代 6 次抗性选育得到茚虫威抗性斜纹夜蛾种群，与选育前相比，斜纹夜蛾对茚虫威的敏感性降低了 15.63 倍。

1.2 主要试剂与仪器

生物化学试剂：甲萘酚（化学纯），上海同方精细化工有限公司；α-乙酸萘酯（化学纯），上海试剂一厂；固蓝 B 盐（化学纯），国药集团化学试剂有限公司；2，4－二硝基氯苯（CDNB，化学纯），上海生工生物工程技术服务有限公司；还原型谷胱甘肽（GSH），第二军医大学政翔试剂化学研究所；对硝基苯酚（分析纯），加拿大 Bio Basic Inc. 公司；对硝基苯甲醚（分析纯），美国 AIfa Aesar 公司；还原型辅酶Ⅱ（NADPH），加拿大 Bio Basic Inc. 公司进口分装；牛血清蛋白，上海蓝季科技发展有限公司；考马斯亮蓝 G250，上海化学试剂采购供应站。

分子生物学试剂：UNIQ-10 柱式动物基因组 DNA 提取试剂盒、Taq DNA 聚合酶、dNTPs（10 mmol/L），均为上海生工生物工程技术服务有限公司提供；PGEM-T Easy Vector、T_4 DNA 连接酶，均为 Promega 公司产品。

PCR 扩增仪为 PTC100，美国 MJ Research 公司。

1.3 生化测定

1.3.1 酯酶活性测定

参照 Harold 等[8]方法。抗性和敏感种群各取 3 头斜纹夜蛾幼虫于 1 ml 0.1mol/L 磷酸缓冲液（pH 值 =7.5）中冰浴匀浆，匀浆液于12 000g、4℃离心 15min，上清液做酶液备用，平行重复 3 次。将 27mg 固蓝 B 盐溶解于 45ml 0.1mol/L 磷酸缓冲液（pH 值 =7.0），加入 100μl α-乙酸萘酯（0.113mol/L，溶于 50% 丙酮），滤纸过滤作为底物溶液。反应体系含 4ml 底物溶液和 20μl 匀浆液，于 25℃水浴反应 30min，待颜色稳定后在 722N 可见分光光度计上于 595nm 测吸光值。对照以 20μl 磷酸缓冲液（0.1mol/L、pH 值 =7.5）代替酶液。以 μmol/mg pro. min 表示酶活性。

1.3.2 谷胱甘肽-S-转移酶活性的测定

参照 Scharf 等[9]方法。酶液制备同 1.3.1。配制 63mmol/L CDNB 甲醇溶液作为 CDNB 储存液，配制含 15mmol/L 还原型谷胱甘肽的 0.1mol/L 磷酸缓冲液（pH 值 =6.5）作为 CDNB 分析液。反应体系为 20μl 酶液加 3.22ml CDNB 分析液和 160μl CDNB 储存液，25℃水浴 30min，在 722N 可见分光光度计上于 334 nm 测 OD 值。以 ΔOD/mgpro. min 表示酶活性。

1.3.3 多功能氧化酶 O-脱甲基活性的测定

参照 Shang 等[10]方法。抗性和敏感种群各取 3 头斜纹夜蛾幼虫于 1.5ml 磷酸缓冲液（0.1mol/L、pH 值 =7.8）中充分匀浆，经玻璃棉过滤后，10 000g、4℃离心 15min，上清液作酶液备用，平行重复 3 次。反应体系含 1ml 酶液、1ml NADPH（0.25mg/ml，缓冲液配制）、0.1ml 52.5mmol/L 对硝基苯甲醚（丙酮配制）和 0.9ml 磷酸缓冲液。置 37℃气浴摇床中振荡 30min，加 1ml 1mol/L HCl 终止反应后，加入 5ml 氯仿摇匀抽提。在氯仿层移取 3ml 到另一试管内，加入 3ml 0.5mol/L NaOH 萃取，取水相 2ml 于比色皿中，在 722N 可见分光光度计上于 400nm 处测定 OD 值。以 nmol/mg pro. min 表示酶活性。

1.3.4 蛋白质含量测定

参照 Bradford[11]考马斯亮蓝 G-250 法。

1.4 钠离子通道基因片段克隆

1.4.1 引物设计

根据已报道斜纹夜蛾钠离子通道基因 cDNA 片段序列[12]，设计特异性上游引物 5'-ATTACGTAGACCGTTTCCCG-3' 和下游引物 5'-TCTCGTTGTCAGCGGTTGGT-3'。

1.4.2 PCR 扩增

参照 UNIQ-10 柱式动物基因组 DNA 提取试剂盒的方法，提取斜纹夜蛾 3 龄幼虫基因组 DNA。25μl PCR 反应体系中含：17.5μl ddH_2O、2.5μl 10 × reaction buffer、2μl 25 mmol/L $MgCl_2$、0.5μl 10mmol/L dNTP、0.5μl 10 μmol/L 上/下游引物、1μl 10 × *Taq* DNA 聚

合酶、1μl gDNA 模板。PCR 扩增条件为 94℃ 预变性 5min；94℃ 变性 30s，60～51℃（每个循环降低 1℃）退火 30s，72℃ 延伸 1min，循环 10 次；94℃ 变性 30s，50℃ 退火 30s，72℃ 延伸 1min，循环 25 次；72℃ 延伸 10min。

1.4.3 克隆和测序

PCR 产物经基因纯化试剂盒纯化后，克隆于 pGEM-T easy vector 上，送上海生工生物工程技术服务有限公司用通用引物进行序列测定。

2 结果与分析

2.1 解毒酶活性比较

以 3 龄幼虫整体匀浆为酶液，分别以对硝基苯甲醚、α-乙酸萘酯和 CDNB 为底物，测定和比较了抗性和敏感种群酯酶、谷胱甘肽-S-转移酶和多功能氧化酶 O-脱甲基活性（表 1）。从表 1 可以看出，茚虫威抗性种群的酯酶活性明显高于敏感种群，分别为 17.51μmol/mg pro. min 和 7.71μmol/mg pro. min，且差异显著，表明酯酶与斜纹夜蛾对茚虫威的抗性有关。抗性种群和敏感种群的多功能氧化酶 O-脱甲基活性和谷胱甘肽-S-转移酶活性均无显著性差异，表明斜纹夜蛾对茚虫威的抗药性与谷胱甘肽-S-转移酶没有关系。

表 1 斜纹夜蛾抗性和敏感种群酯酶、多功能氧化酶和谷胱甘肽-S-转移酶活性

Table 1 Activities of esterase, microsomal multifunctional oxidase and glutathione-S-transferases in resistant and susceptible populations of *Spodoptera litura*

种群 Population	酯酶 Esterase		多功能氧化酶 Microsomal multifunctional oxidase		谷胱甘肽-S-转移酶 Glutathione-S-transferases	
	活性 Activity (Mean ± SE) (μmol/mg pro. min)	比值 Ratio	活性 Activity (Mean ± SE) (nmol/mg pro. min)	比值 Ratio	活性 Activity (Mean ± SE) (ΔOD/mg pro. min)	比值 Ratio
敏感种群 Susceptible population	7.71 ±1.65 A	1.00	2.53 ±0.77 A	1.00	2.63 ±0.26 A	1.00
抗性种群 Resistant population	17.51 ±1.84 B	2.27	2.52 ±0.88 A	1.00	2.47 ±0.25 A	0.94

注：同列内相同字母表示经 LSD 多重比较后差异不显著（$P<0.05$）。表 2 同。

Note: Means followed by same letters indicate no significant difference at $P<0.05$ level by LSD' s multiple range test. The same for the Table 2.

2.2 不同世代幼虫体内酯酶活性的变化

结果显示，酯酶活性与抗性指数密切相关，抗性指数越高，酯酶活性就越大。其中 F_3～F_5代由于客观原因，未能进行抗性选育，导致 F_6代的抗性指数相对 F_2代有所下降，而 F_6代的酯酶活性也小于 F_2代（表 2）。这进一步说明在斜纹夜蛾对茚虫威的抗性进化和发展过程中，酯酶起着十分重要的作用。

表 2 不同选育世代斜纹夜蛾酯酶活性比较

Table 2 The comparison of esterase activities in different selection generations of *Spodoptera litura*

世代 Generation	抗性指数 Resistance ratio	酯酶活性 Esterase activity (Mean ± SE) (μmol/mg pro. min)	比值 Ratio
F_0	1.00	(7.71 ±1.65) D	1.00
F_1	2.97	(9.44 ±0.51) CD	1.22
F_2	6.95	(14.11 ±0.41) B	1.83
F_6	3.07	(9.67 ±0.71) C	1.25
F_7	6.38	(13.57 ±0.61) B	1.76
F_8	10.88	(16.56 ±0.40) A	2.15
F_9	15.63	(17.51 ±1.84) A	2.27

2.3 钠离子通道基因 *IIS5* ~ *IIS6* 片段序列分析

对斜纹夜蛾钠离子通道基因 341bp*IIS5* ~ *IIS6* 片段序列分析表明，斜纹夜蛾相对敏感和抗性种群核甘酸和编码氨基酸序列完全相同（图 1）。在对应于与多种昆虫击倒抗性相关的钠离子通道 *IIS6 Leu* 的突变位点上，两个种群都没有发现 *Leu* 突变。此外，在编码对应家蝇钠离子通道 *Vssc*1 *IIS6* 1017*Leu* 的第 1 和第 2 个核甘酸之间，斜纹夜蛾相对敏感和抗性种群都发现 1 个长为 74 bp 的内含子。

```
1   ATTACGTAGACCGTTTCCCGGACGGTGACCTCCCGCGATGGAATTTCACGGATTTCATGCACAGTTTCATGATTG
       Y  V  D  R  F  P  D  G  D  L  P  R  W  N  F  T  D  F  M  H  S  F  M  I
76  TATTCCGAGTGCTCTGCGGAGAATGGATTGAGAGTATGTGGGACTGTATGTTGGTCGGAGACGTATCTTGTATAC
    V  F  R  V  L  C  G  E  W  I  E  S  M  W  D  C  M  L  V  G  D  V  S  C  I
151 CATTCTTCCTGGCTACAGTCGTCATTGGCAATCTTGTGGTACgtatctccaaaaaataatataccaacataaact
    P  F  F  L  A  T  V  V  I  G  N  L  V  V
226 tcaagtcaacacattggctaaacaaatcatatttcaggtacTCAACCTCTTCTTGGCCCTGTTACTGTCCAATTT
                                              L  N  L  F  L  A  L  L  S  N  F
301 TGGTTCATCGAGTTTATCAACACCAACCGCTGACAACGAGA
      G  S  S  L  S  T  P  T  A  D  N  E
```

图 1 斜纹夜蛾钠离子通道基因 *IIS5* ~ *IIS6* 片段核甘酸和编码氨基酸序列

Fig. 1 Nucleotide and deduced amino acid sequences of the sodium channel gene *IIS5* ~ *IIS6* fragment amplified from *Spodoptera litura*

注：击倒抗性相关 *IIS6 Leu* 突变位点以黑体表示。Note: The *Kdr*-associated *II S6* Leu mutation is in bold face.

3 讨论

抗性机制的研究是害虫抗性治理的基础，目前关于茚虫威抗性机制的报道还只局限于家蝇和小菜蛾两种昆虫。增效试验表明，家蝇对茚虫威的抗性可以部分被多功能氧化酶抑制剂氧化胡椒基丁醚（PBO）克服，但增效剂脱叶磷（DEF）和顺丁烯二酸二乙酯（DEM）对抗性没有影响，表明家蝇对茚虫威的抗性与多功能氧化酶相关，而与酯酶和谷胱苷肽-S-转移酶无关[5]。然而对茚虫威抗性小菜蛾种群（Indoxa-SEL）的增效试验却发现，一种酯酶特异性抑制剂对抗性小菜蛾的增效倍数达到 117 倍，表明小菜蛾对茚虫威的抗性与酯酶相关[6]。这两个研究初步表明，不同昆虫对茚虫威的抗性机制可能存在差异。本研究对茚虫威抗性和相对敏感斜纹夜蛾种群 3 龄幼虫解毒酶活性进行了比较和分析，发现抗性种群和敏感种群的谷胱甘肽-S-转移酶和多功能氧化酶 O-脱甲基活性均无显著性差异，但与敏感种群相比，抗性种群酯酶活性提高了 2.27 倍，且差异显著，这表明斜纹夜蛾对茚虫威的抗性与酯酶相关。而对选育期间各代斜纹夜蛾 3 龄幼虫酯酶活性的测定结果表明，抗性指数越高，酯酶活性也越大，进一步证实了酯酶在斜纹夜蛾对茚虫威抗性进化和发展过程中的重要作用。另一方面，由于多功能氧化酶具有底物多样性，能催化羟基化、环氧化、脱烷基等多种反应，而本研究只是测定了其 O-脱甲基活性，因此并不排除多功能氧化酶也参与斜纹夜蛾对茚虫威抗性的可能性。

酯酶是昆虫体内一类能催化酯键水解的重要代谢酶。对茚虫威的毒理学研究发现，茚虫威在昆虫体内首先被酯酶活化代谢为 N-去甲氧羰基代谢物 DCWJ，并且活化代谢速率与其杀虫活性和选择性相关[3]。关于酯酶在斜纹夜蛾抗药性中的作用已有报道。通过增效试验发现，斜纹夜蛾对有机磷类杀虫剂的抗性与酯酶和谷胱甘肽-S-转移酶相关[13]。Huang 等[12]也证实了斜纹夜蛾对有机磷、氨基甲酸酯和拟除虫菊酯类杀虫剂的抗性与酯酶相关。本研究发现，斜纹夜蛾对茚虫威的抗性与酯酶相关，表明酯酶不仅参与茚虫威的活化代谢，而且在茚虫威的解毒代谢中也具有重要作用。基因组学研究已经发现，在昆虫基因组中存在多个编码酯酶的基因，如在黑腹果蝇 *Drosophila melanogaster* 中有 36 个酯酶基因，在冈比亚按蚊 *Anopheles gambiae* 中有 51 个酯酶基因[14]，因此可以推测，在斜纹夜蛾中不同的酯酶分别参与了茚虫威的活化与解毒代谢过程。

点突变而产生的杀虫剂靶标分子的结构变化（靶标抗性）是昆虫对杀虫剂产生抗性的一个重要机制。目前关于钠离子通道与抗药性关系的研究主要集中于对拟除虫菊酯类杀虫剂产生击倒抗性的昆虫。对 7 个目 12 种昆虫，即双翅目：家蝇、角蝇 *Haematobia irritans*、冈比亚按蚊、淡色库蚊 *Cluex pipiens* 和致倦库蚊 *Culex quinquefasciatus*；蜚蠊目：德国小蠊 *Blattella germanica*；鳞翅目：小菜蛾和苹果蠹蛾 *Cydia pomonella*；同翅目：桃蚜 *Myzus persicae*；鞘翅目：马铃薯甲虫 *Leptinotarsa decemlineata*；缨翅目：西花蓟马 *Frankliniella occidentalis*；蚤目：猫栉首蚤 *Ctenocephalides felis* 的研究发现，钠离子通道 *IIS*6 跨膜片段上的单氨基酸突变（*Leu* 到 *Phe*）与击倒抗性相关[15]。对烟芽夜蛾 *Heliothis virescens* 的 *para* 同源基因 *hscp* 的克隆测序发现，相应位点的 *Leu* 到 *His* 突变与其对拟除虫菊酯类杀虫剂的抗性相关[16]。另外，还发现相应位点的 *Leu* 到 *Ser* 突变与淡色库蚊和冈比亚按蚊对拟除虫菊酯类杀虫剂的抗性相关[17,18]。

新型杀虫剂茚虫威的商业化，标志新一代以钠离子通道为靶标的杀虫剂成功诞生。鉴于茚虫威同样作用于钠离子通道，并且目前国内尚无有关茚虫威靶标抗性机制的研究报道，本研究分别从相对敏感和抗性斜纹夜蛾种群基因组 DNA 中扩增出了位于钠离子通道 *IIS*5 ~ *IIS*6 的 341bp DNA 片段。序列分析结果表明，与相对敏感种群相比，抗性种群斜纹夜蛾钠离子通道基因没有发生突变，这可能是由于所选育出的抗性种群对茚虫威的抗性基因频率较低，但也有可能是钠离子通道其他区域发生了与茚虫威抗性相关的突变。在家蝇、烟芽夜蛾和小菜蛾上已经证实了位于钠离子通道 *IIS*6 的 L1014F、位于 *IIS*6 的 V410M、位于 *IIS*4-5 细胞内片段接头处的 M918T 和位于 *IIS*5 的 T929I 等 4 个与击倒抗性相关的突变[19~21]。有关茚虫威靶标抗性的分子机制还有待进一步研究。

·参·考·文·献·

[1] Wing K D, Sacher M, Kagaya Y, *et al.* Bioactivation and mode of action of the oxadiazine indoxacarb in insects. Crop Protection, 2000, 19 (8/10): 537 ~ 545.

[2] 丁宁，孟庆伟，赵伟杰等．嗯二嗪类杀虫剂茚虫威的研究进展 [J]．农药学学报，2005, 7 (2): 97 ~ 103.

[3] Silver K, Soderlund D M. Action of pyrazoline-type insecticides at neuronal target sites. Pesticide Biochemistry and Physiology, 2005, 81 (2): 136 ~ 143.

[4] Sayyed A H, Wright D J. Fipronil resistance in the diamondback moth (Lepidoptera: Plutellidae): inheritance and number of genes involved. Journal of Economic Entomology, 2004, 97 (6): 2 043 ~ 2 050.

[5] Shono T, Zhang L, Scott J G. Indoxacarb resistance in the house fly, *Musca domestica.* Pesticide Biochemistry and Physiology, 2004, 80 (2): 106 ~ 112.

[6] Sayyed A H, Wright D J. Genetics and evidence for an esterase-associated mechanism of resistance to indoxacarb in a field population of diamondback moth (Lepidoptera: Plutellidae). Pest Management Science, 2006, 62 (11): 1 045 ~ 1 051.

[7] 周晓梅，黄炳球．斜纹夜蛾抗药性及其防治对策的研究进展 [J]．昆虫知识，2002, 39 (2): 98 ~ 102.

[8] Harold J A, Ottea J A. Toxicological significance of enzyme activities in Profenofos-resistant tobacco budworms, *Heliothis virescens* (F.). Pesticide Biochemistry and Physiology, 1997, 58 (1): 23 ~ 33.

[9] Scharf M E, Neal J J, Bennett G W. Changes of insecticide resistance levels and detoxication enzymes following insecticide selection in the german cockroach, *Blattella germanica* (L). Pesticide Biochemistry and Physiology, 1998, 59 (2): 67 ~ 79.

[10] Shang C, Soderlund D M. Monooxygenase activity of tobacco budworm (*Heliothis virescens* F.) larvae: tissue distribution and optimal assay conditions for the gut activity. Comparative Biochemistry and Physiology, 1984, 79 (3): 407 ~ 411.

[11] Bradford M M. A rapid and sensitive method for quantitation of microgram quantities of protein utilizing the principle of protein-dye binding. Analytical Biochemistry, 1976, 72 (1/2): 248 ~ 254.

[12] Huang S J, Han Z J. Mechanisms for multiple resistances in field populations of common cutworm, *Spodoptera litura* (Fabricius) in China. Pesticide Biochemistry and Physiology, 2007, 87 (1): 14 ~ 22.

[13] Armes N J, Wightman J A, Jadhav D R, *et al.* Status of insecticide resistance in *Spodoptera litura* in Andhra Pradesh, India. Pesticide Science, 1997, 50 (3): 240 ~ 248.

[14] Ranson H, Claudianos C, Ortelli F, *et al.* Evolution of supergene families associated with insecticide resistance. Science, 2002, 298 (5591): 179 ~ 181.

[15] Soderlund D M, Knipple D C. The molecular biology of knockdown resistance to pyrethroid insecticides. Insect Biochemistry and Molecular Biology, 2003, 33 (6): 563 ~ 577.

[16] Park Y, Taylor M F. A novel mutation L 1029H in sodium channel gene *hscp* associated with pyrethroid resistance form *Heliothis virescens* (Lepidoptera: Noctuidae). Insect Biochemistry and Molecular Biology, 1997, 27 (1): 9~13.

[17] Martinez-Torres D, Foster S P, Field L M, *et al.* A sodium channel point mutation is associated with resistance to DDT and pyrethroid insecticides in the peach-potato aphid *Myzus persicae* (Sulzer) (Hemiptera: Aphididae). Insect Molecular Biology, 1999, 8 (3): 339~346.

[18] Ranson H, Jensen B, Vulule J M, *et al.* Identification of a point mutation in the voltage-gated sodium channel gene of Kenyan *Anopheles gambiae* associated with resistance to DDT and pyrethroids. Insect Molecular Biology, 2000, 9 (5): 491~497.

[19] Williamson M S, Martinez-Torres D, Hick C A, *et al.* Identification of mutations in the housefly *para*-type sodium channel gene associated with knockdown resistance (*kdr*) to pyrethroid insecticides. Molecular and General Genetics, 1996, 252 (1/2): 51~60.

[20] Park Y, Taylor M F J, Feyereisen R. A valine421 to methionine mutation in *IIS6* of the *hscp* voltage-gated sodium channel associated with pyrethroid resistance in *Heliothis virescens* F. Biochemical and Biophysical Research Communications, 1997, 239 (3): 688~691.

[21] Schuler T H, Martinez-Torres D, Thompson A J, *et al.* Toxicological, electrophysiological and molecular characterization of knockdown resistance to pyrethroid insecticides in the diamondback moth, *Plutella xylostella* (L.). Pesticide Biochemistry and Physiology, 1998, 59 (3): 169~182.

斜纹夜蛾对茚虫威的抗药性汰选及交互抗性测定

董红刚

（扬州市邗江区植保植检站，225009）

摘　要： 为评估茚虫威抗性风险，在室内进行了斜纹夜蛾对茚虫威的抗性选育和交互抗性测定。经过10代6次室内抗性选育，获得了斜纹夜蛾对茚虫威抗性种群，与选育前相比，斜纹夜蛾对茚虫威的敏感性降低了15.63倍。抗性风险评估结果表明，斜纹夜蛾具有对茚虫威产生高水平抗性的风险。交互抗性测定发现，辛硫磷、高效氯氰菊酯和氟虫腈对茚虫威抗性种群的LC_{50}值分别是同源对照种群的1.53倍、2.42倍和1.53倍，溴虫腈和灭多威对茚虫威抗性种群的LC_{50}值分别是同源对照种群的0.78倍和0.96倍，表明茚虫威抗性种群对这几种杀虫剂没有表现出交互抗性。

关键词： 斜纹夜蛾；茚虫威；抗性选育；现实遗传力；交互抗性

Selection for indoxacarb resistance in *Spodoptera litura* and investigation on cross-resistance in the selected population

Dong Honggang

(Plant Protection Station of Hanjiang District, Yangzhou 225009)

Abstract: The common cutworm, *Spodoptera litura* (Fabricius), was a worldwide-distributed agricultural pest. Indoxacarb was an ideal candidate to substitute organophosphate and pyrethroid insecticides. To evaluate the resistance risk of *S. litura* to indoxacarb, resistance selection was conducted in the laboratory, and cross-resistance of indoxacarb-resistant *S. litura* population was investigated. After selection with indoxacarb 6 times during 10 generations, a resistant population of *S. litura* was achieved with resistance ratio of 15.63 compared with unselected parent population, suggesting that *S. litura* had high potential to develop resistance to indoxacarb, as was confirmed by resistance risk assessment. Bioassay showed that the LC_{50} values of phoxim, betacypermethrin, fipronil were 1.53, 2.42 and 1.53 folds higher in resistant population than that in unselected parent population, respectively, while the LC_{50} values of chlorfennapyr and methomyl were 0.78 and 0.96 folds lower in resistant population than that in unselected parent population, suggesting that indoxacarb-resistant *S. litura* had little cross-resistance to these tested insecticides.

Key words: *Spodoptera litura*; indoxacarb; resistance selection; realized heritability; cross-resistance

斜纹夜蛾 *Spodoptera litura* (Fabricius) 属鳞翅目夜蛾科，是一种世界性分布的重要农业害虫，每年可发生多代，繁殖力强，易暴发成灾。目前对斜纹夜蛾的防治仍以使用化学农药为主，而大量化学农药的频繁使用导致斜纹夜蛾对多种杀虫剂普遍产生了抗药性[1]。吴世昌等[2]采用浸渍法测定上海地区斜纹夜蛾对拟除虫菊酯和有机磷的抗性，结果表明斜纹夜蛾对氯氰菊酯、溴氰菊酯和氰戊菊酯的抗性分别为43.9倍、90.5倍和171.9倍，对敌敌畏、乙酰甲胺磷的抗性分别为29.7倍和33.6倍。黄水金等[3]测定了江西南昌地区斜纹夜蛾种群对多类常用药剂的抗性，结果表明，斜纹夜蛾对拟除虫菊酯类杀虫剂溴氰菊酯和三氟氯氰菊酯产生了高水平的抗性，抗性倍数分别为231倍和78倍；对有机磷类杀虫剂辛硫磷和丙溴磷以及氨基甲酸酯类杀虫剂灭多威产生了中等水平的抗性，抗性倍数分别为35倍、23倍和30倍。Huang&Han[4]研究发现，江苏省南京市和安徽省合县两个斜纹夜蛾田间种群（NJF和HXF）对拟除虫菊酯类杀虫剂表现为高水平抗性（抗性倍数为63～530)，对有机磷和氨基甲酸酯类杀虫剂表现为低到中等水平抗性（抗性倍数为5.7～26)。Ahmad等[5]研究发现，与敏感品系（Lab-PK）相比，巴基斯坦Multan地区斜纹夜蛾田间种群对溴氰菊酯、氯氰菊酯、丙溴磷、毒死蜱和三唑磷的抗性分别达到9倍、5倍、41

倍、52倍和9倍。

随着农药环境和害虫抗药性问题的日趋突出，一些对环境和非靶标生物高度安全的新型高效杀虫剂相继被开发成功。但从预防性抗性治理角度出发，这些新型杀虫剂在推广应用于生产实践之前，需要明确其抗性风险和交互抗性。茚虫威是由美国杜邦公司于20世纪末开发成功的新型噁二嗪类高效杀虫剂，神经毒理学研究表明，茚虫威具有独特的作用机制，主要作为阻断剂作用于失活态钠离子通道，导致害虫运动失调、停止取食、麻痹并最终死亡[6,7]。目前，茚虫威已在美国、澳大利亚、中国等国作为"降低风险产品"登记注册，成为替代有机磷和拟除虫菊酯类杀虫剂防治鳞翅目害虫的理想品种，并在害虫综合防治和抗药性治理中发挥越来越重要的作用[8,9]。张纯胄等[10]研究表明，施用15%茚虫威悬浮剂3 500～4 500倍液后6d对斜纹夜蛾田间药效高达93%～94%，且残效期长。本研究用茚虫威对斜纹夜蛾进行了抗性选育，并根据斜纹夜蛾对茚虫威的抗性现实遗传力，进行抗性风险评估，在此基础上测定茚虫威抗性斜纹夜蛾种群对辛硫磷、高效氯氰菊酯、氟虫腈、溴虫腈和灭多威等5种杀虫剂的交互抗性。

1 材料与方法

1.1 材料

供试斜纹夜蛾：斜纹夜蛾同源对照种群于2004年采自河北省廊坊，室内未接触任何杀虫剂，在光照培养箱（27℃、湿度70%～80%、L：D=16：8）中用人工饲料连续饲养至今。

供试药剂：15%茚虫威（Indoxacarb）悬浮剂，美国杜邦公司；10%溴虫腈（Chlorfennapyr）悬浮剂，德国巴斯夫公司；5%氟虫腈（Fipronil）悬浮剂，德国拜耳公司；40%辛硫磷（Phoxim）乳油，江苏宝灵化工股份有限公司；10%高效氯氰菊酯（Beta-cypermethrin）乳油，江苏扬农化工股份有限公司；90%灭多威（Methomyl）可溶性粉剂，美国杜邦公司。

1.2 方法

1.2.1 生物测定方法

抗性选育过程中采用饲料浸毒法进行生物测定。将人工饲料切成大小约2cm^2、厚约2 mm的薄片，将其浸渍于不同浓度的药剂稀释液中，10s后取出，自然晾干，放入直径9cm的培养皿中，接入大小一致的3龄幼虫。每处理重复3次，每重复10头试虫，48h后换未浸药人工饲料喂养，72h后检查死亡虫数，以解剖针刺后幼虫个体不能正常反应为死亡。另设清水浸渍的人工饲料为对照。

交互抗性测定采用浸叶法。从田间采得未施任何农药的棉花叶片，置于不同浓度的药剂稀释液中，浸渍10s后取出，自然晾干，放入直径9cm的培养皿中，接入大小一致的斜纹夜蛾3龄幼虫，置于光照培养箱内饲养。每处理重复3次，每重复10头试虫，48h后检查死亡虫数。

1.2.2 抗性种群的选育

通过饲料浸毒法对同源对照种群进行茚虫威抗性选育。根据生物测定结果，以杀死种群约40%～70%的浓度浸渍人工饲料，自然晾干后喂养已挑选好的斜纹夜蛾3龄幼虫，选育基数为850～2 500头，48h后换正常未浸药人工饲料继续喂养，72h后取出死亡幼虫，将存活的个体饲养至成虫，直至产卵。

1.2.3　抗性现实遗传力估算

根据 Tabashnik[11] 方法估算现实遗传力，$h^2=R/S$，其中，选择反应 R 表示筛选子代与筛选前整个亲代间的平均表现型差异，计算公式为 $R=$（筛选第 n 代后 LC_{50} 的对数值 - 筛选前亲代 LC_{50} 的对数值）$/n$；选择差异 S 表示筛选的亲本与整个亲本代间的平均表现型差异，计算公式为 $S=i\delta p$，式中选择强度 i 根据公式 $i=1.583-0.0193336P+0.0000428P^2+3.65194/P$（$10<P<80$）（$P=100-$平均校正死亡率）计算而得，表现型标准差 δp 是筛选过程中第一代和最后一代毒力回归线斜率的平均值的倒数。

1.2.4　抗性风险评估

根据 $R=$（筛选第 n 代后 LC_{50} 的对数值 - 筛选前亲代 LC_{50} 的对数值）$/n$，可得 $R=\log$（终 LC_{50}/ 初 LC_{50}）$/n$，当用药剂筛选产生 100 倍抗性（即终 LC_{50}/初 $LC_{50}=100$）时，所需筛选代数 $G=2/R=2/(h^2 S)$。由于抗性发展速率与选择强度相关，可根据现实遗传力 h^2 和选择差异 S 预测不同选择强度（50% ~99%）条件下，抗性增加 100 倍所需的代数。

1.2.5　数据分析

LC_{50} 及其 95% 置信区间和斜率及其标准误差的计算以及毒力回归方程真实性的卡方（χ^2）检验均使用 DPS 软件。

2　结果与分析

2.1　抗性选育

在 40% ~70% 死亡率的选择压力下，经过 10 代 6 次抗性选育，LC_{50} 由选育前的 1.20mg/L 上升到 18.76mg/L，抗性达 15.63 倍（表 1）。其中 F_3 ~F_5 代由于成虫交配率低，雌虫产卵量少，造成幼虫基数不足，未能进行抗性选育，导致 F_6 代的抗性指数相对 F_2 代有所下降。

表 1　斜纹夜蛾对茚虫威抗性种群的选育

Table 1　Resistance selection of *Spodoptera litura* to indoxacarb

世代 Generation	LC_{50}（95% CL）(mg/L)	斜率（标准误差）Slope ± SE	卡方值 χ^2	选择压力（%）Selection pressure	抗性指数 Resistance ratio
F_0	1.20（1.02 ~1.42）	3.39 ±0.10	2.82	70.68	1.00
F_1	3.56（2.82 ~4.49）	2.36 ±0.42	5.29	47.14	2.97
F_2	8.34（6.31 ~11.01）	1.98 ±1.18	0.41	45.30	6.95
F_3	—	—		—	—
F_4	—	—		—	—
F_5	—	—		—	—
F_6	3.68（2.88 ~4.70）	2.21 ±0.46	2.82	58.46	3.07
F_7	7.66（5.97 ~9.83）	2.18 ±0.98	2.47	44.22	6.38
F_8	13.05（10.02 ~17.01）	1.97 ±1.76	0.34	53.21	10.88
F_9	18.76（14.12 ~24.92）	2.05 ±2.72	2.08	—	15.63

注：抗性指数 = 抗性选育后 LC_{50} 值/抗性选育前 LC_{50} 值。Note: Resistance ratio-LC_{50} after selection/LC_{50} before selection.

2.2 斜纹夜蛾对茚虫威的抗性现实遗传力

根据茚虫威筛选前后的 LC_{50}、毒力回归线斜率和筛选压力计算出选择反应 R 为 0.1325，筛选过程中选择强度 i 为 0.8499，表现型标准差 δp 为 0.3681，选择差异 S 为 0.3128。参照 Tabashnik[11] 域性状分析方法，估算出斜纹夜蛾对茚虫威的抗性现实遗传力 h^2 为 0.4117，高于 Sayyed&Wright[12] 报道的小菜蛾 *Plutella xylostella* 对茚虫威的抗性现实遗传力（0.18），表明本研究中斜纹夜蛾同源对照种群对茚虫威的抗性具有较高的加性遗传方差。

2.3 斜纹夜蛾对茚虫威抗性发展速率预测

根据抗性现实遗传力，预测不同选择压力下斜纹夜蛾对茚虫威抗性提高 100 倍所需的代数。结果显示，斜纹夜蛾的抗性发展速率随茚虫威选择压力的提高而加快，当死亡率为 80% ~90% 时，斜纹夜蛾对茚虫威抗性增长 100 倍仅需 8 ~ 10 代（图 1）。

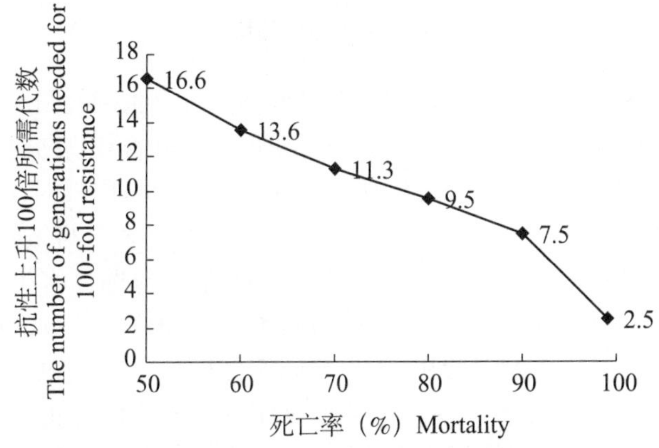

图 1 不同选择压力下斜纹夜蛾对茚虫威抗性发展速率

Fig. 1 Resistance development prediction of *Spodoptera litura* to indoxacarb under different selection pressure

2.4 交互抗性

分别测定辛硫磷、高效氯氰菊酯、氟虫腈、溴虫腈和灭多威对斜纹夜蛾同源对照种群和茚虫威抗性种群的 LC_{50} 值。与同源对照种群相比，辛硫磷、高效氯氰菊酯和氟虫腈对抗性种群的 LC_{50} 值分别是同源对照种群的 1.53 倍、2.42 倍和 1.53 倍，而溴虫腈和灭多威的 LC_{50} 值分别是同源对照种群的 0.78 倍和 0.96 倍（表 2）。由此可见，茚虫威抗性种群对这几种杀虫剂没有产生明显的交互抗性。

表 2 茚虫威抗性种群对几种杀虫剂的交互抗性

Table 2 Cross-resistance of the indoxacarb-resistant *Spodoptera litura* population to several insecticides

药剂 Insecticide	同源对照种群的 LC_{50}（95% CL）(mg/L) LC_{50} of unselected parent population	抗性种群的 LC_{50}（95% CL）(mg/L) LC_{50} of resistant population	抗性指数 RR
辛硫磷 Phoxim	24.40（14.57 ~ 40.87）	37.40（23.45 ~ 59.66）	1.53

续表

药剂 Insecticide	同源对照种群的 LC_{50}（95% CL）（mg/L） LC_{50} of unselected parent population	抗性种群的 LC_{50}（95% CL）（mg/L） LC_{50} of resistant population	抗性指数 RR
高效氯氰菊酯 Beta-cypermethrin	117.45（90.69～152.11）	283.96（207.48～388.62）	2.42
氟虫腈 Fipronil	36.01（25.04～51.79）	54.96（42.58～70.92）	1.53
溴虫腈 Chlorfennapyr	11.41（8.37～15.56）	8.85（6.77～11.57）	0.78
灭多威 Methomyl	53.13（38.26～73.77）	51.11（38.29～68.20）	0.96

3 讨论

在研究杀虫剂抗药性时，为避免田间防治过程中多种杀虫剂对目标昆虫的共同选择以及昆虫迁飞对种群基因库的影响，经常需要通过室内抗性选育获得抗性种群，并在此基础上对抗性风险、交互抗性和抗性机制等问题进行探讨。目前国内外对茚虫威抗性选育的报道还只局限于家蝇 *Musca Domestica* 和小菜蛾。Shono 等[13]报道，与敏感品系相比，经过 3 代选育，从野外采集的家蝇对茚虫威的抗性超过 118 倍，与选育前相比，抗性提高 9.09 倍。Sayyed&Wright[12]对马来西亚一个小菜蛾田间种群（CH3）进行的茚虫威抗性选育研究发现，经过 6 代选育，小菜蛾对茚虫威抗性提高了 3.18 倍，与敏感品系相比，对茚虫威的抗性达2 594倍。进一步分析发现，小菜蛾对茚虫威的抗性现实遗传力为 0.18，抗性上升 10 倍大约需要 11 代。本研究用茚虫威对斜纹夜蛾进行了 10 代 6 次抗性选育，与选育前相比，斜纹夜蛾对茚虫威敏感性降低了 15.63 倍，表明在室内人为控制条件下，斜纹夜蛾能够很快对茚虫威产生中等水平抗性。在此基础上进行的抗性风险评估分析表明，斜纹夜蛾对茚虫威的抗性遗传力为 0.4117，高于小菜蛾对茚虫威的抗性遗传力[12]，也高于二化螟 *Chilo suppressalis* 对杀螟硫磷、棉铃虫 *Helicoverpa armigera* 对拟除虫菊酯类杀虫剂、甜菜夜蛾 *Spodoptera exigua* 对虫酰肼以及小菜蛾对丁烯氟虫腈的抗性遗传力[14～17]。进一步分析发现，在 80% ～90% 选择压力下，每代用茚虫威防治一次，斜纹夜蛾抗性上升 100 倍仅需要 8～10 代，因此斜纹夜蛾具有对茚虫威产生高水平抗性的风险。尽管相对于人为控制条件下的室内选育，田间条件下影响抗性发展的因素较多，如抗性个体的迁出和敏感个体的迁入对抗性基因频率的影响，交替、轮换用药对选择压力的影响等，导致田间实际抗性遗传力可能比室内抗性选育估计的抗性遗传力低，但室内抗性风险评估的结果仍然可以作为田间抗性预报的参考。目前已有报道表明，与 2001 年基线相比，2003 年小菜蛾夏威夷种群对茚虫威已产生了高水平的抗性[18]。因此有必要在斜纹夜蛾对茚虫威尚未产生抗性或在抗性发展的早期阶段，制定相应的预防性抗性治理策略，尽可能限制茚虫威的使用次数。

害虫对某种杀虫剂产生抗性后，对其他没有使用过的杀虫剂产生的交互抗性已成为化学防治中的一个重要问题。交互抗性不仅严重威胁新型杀虫剂的推广、应用，还会影响交替、轮换用药等抗性治理措施的有效性和可行性，因此明确交互抗性谱是抗性治理的前提和基础。Ahmad 等[19]报道对拟除虫菊酯、有机磷和氨基甲酸酯等常规杀虫剂产生高水平抗性的9个巴基斯坦棉铃虫田间种群对茚虫威没有产生交互抗性。Yu 等[20]对草地贪夜蛾 *Spodoptera frugiperda* 的研究发现，尽管与实验室敏感品系相比，采自北佛罗里达玉米田的两个草地贪夜蛾田间种群对甲萘威的抗性分别为626 倍和1 159倍，对甲基对硫磷的抗性分别为30 倍和39 倍，但对茚虫威均未产生交互抗性。Shono 等[13]报道茚虫威抗性品系家蝇对多杀菌素、氟虫腈、氟氯氰菊酯、溴虫腈、乐果、杀虫畏和灭多威的交互抗性分别为4.1 倍、0.45 倍、4.4 倍、0.73 倍、1.0 倍、10 倍和 1.0 倍。Sayyed&Wright[12]研究也发现，茚虫威抗性品系小菜蛾对氟虫腈、多杀菌素、溴氰菊酯没有产生交互抗性。本研究结果显示，与同源对照种群相比，对茚虫威产生 15.63 倍抗性的斜纹夜蛾选育种群对辛硫磷、高效氯氰菊酯、氟虫腈、溴虫腈和灭多威的抗性指数分别为 1.53、2.42、1.53、0.78 和0.96，表明茚虫威抗性种群对这5 种杀虫剂均未产生明显的交互抗性，这与国外的研究结果一致。因此，茚虫威与辛硫磷、高效氯氰菊酯、氟虫腈、溴虫腈和灭多威等杀虫剂之间的轮用可能是斜纹夜蛾抗性治理的一种有效策略。

参考文献

[1] 周晓梅，黄炳球．斜纹夜蛾抗药性及其防治对策的研究进展［J］．昆虫知识，2002，39（2）：98～102.

[2] 吴世昌，顾言真，王冬生．斜纹夜蛾的抗药性及其防治［J］．上海农业学报，1995，11（2）：39～43.

[3] 黄水金，李伟红，江金林．南昌地区斜纹夜蛾种群的抗性水平及与两种解毒酶的关系［J］．江西农业学报，2007，19（4）：53～55.

[4] Huang S J, Han Z J. Mechanisms for multiple resistances in field populations of common cutworm, *Spodoptera litura* (Fabricius) in China. Pesticide Biochemistry and Physiology, 2007, 87 (1): 14～22.

[5] Ahmad M, Sayyed A H, Crickmore N, *et al.* Genetics and mechanism of resistance to deltamethrin in a field population of *Spodoptera litura* (Lepidoptera: Noctuidae). Pest Management Science, 2007, 63: 1 002～1 010.

[6] Silver K S, Soderlund D M. Action of pyrazoline-type insecticides at neuronal target sites. Pesticide Biochemistry and Physiology, 2005, 81 (2): 136～143.

[7] Wing K D, Sacher M, Kagaya Y, *et al.* Bioactivation and mode of action of the oxadiazine indoxacarb in insects. Crop Protection, 2000, 19 (8/10): 537～545.

[8] 刘长令．新型高效杀虫剂茚虫威［J］．农药，2003，42（2）：42～44.

[9] 丁宁，孟庆伟，赵伟杰等．噁二嗪类杀虫剂茚虫威的研究进展．农药学学报，2005，7（2）：97～103.

[10] 张纯胄，林定鹏，王诚等．“安打”对小菜蛾、斜纹夜蛾的毒力及药效试验［J］．华东昆虫学报，2003，12（1）：101～104.

[11] Tabashnik B E. Resistance risk assessment: realized heritability of resistance to *Bacillus thuringiensis* in diamondback moth (Lepidoptera: Plutellidae), tobacco budworm (Lepidoptera: Noctuidae), and Colorado potato beetle (Coleoptera: Chrysomelidae). Journal of Eco-

nomic Entomology, 1992, 85 (5): 1 551 ~ 1 559.

[12] Sayyed A H, Wright D J. Genetics and evidence for an esterase-associated mechanism of resistance to indoxacarb in a field population of diamondback moth (Lepidoptera: Plutellidae). Pest Management Science, 2006, 62 (11): 1 045 ~ 1 051.

[13] Shono T, Zhang L, Scott J G. Indoxacarb resistance in the house fly, *Musca. domestica.* Pesticide Biochemistry and Physiology, 2004, 80 (2): 106 ~ 112.

[14] 韩启发，庄佩君，唐振华等．抗杀螟硫磷二化螟的抗性遗传力研究 [J]．昆虫学报，1995, 38 (4): 402 ~ 406.

[15] 茹李军，范贤林，卢美光等．棉铃虫对拟除虫菊酯类杀虫剂抗性遗传力的分析 [J]．植物保护学报，1997, 24 (4): 356 ~ 360.

[16] 贾变桃，沈晋良，刘永杰等．甜菜夜蛾对虫酰肼的抗药性监测及抗性风险评估 [J]．棉花学报，2006, 18 (3): 164 ~ 169.

[17] 牛洪涛，罗万春，宗建平等．小菜蛾对丁烯氟虫腈的抗性遗传力及风险评估 [J]．植物保护学报，2008, 35 (2): 165 ~ 168.

[18] Zhao J Z, Collins H L, Li Y X, *et al.* Monitoring of diamondback moth (Lepidoptera: Plutellidae) resistance to spinosad, indoxacarb, and emamectin benzoate. Journal of Economic Entomology, 2006, 99 (1): 176 ~ 181.

[19] Ahmad M, Arif M I, Ahmad Z. Susceptibility of *Helicoverpa armigera* (Lepidoptera: Noctuidae) to new chemistries in Pakistan. Crop Protection, 2003, 22 (3): 539 ~ 544.

[20] Yu S J, McCord E J. Lack of cross-resistance to indoxacarb in insecticide-resistant *Spodoptera frugiperda* (Lepidoptera: Noctuidae) and *Plutella xylostella* (Lepidoptera: Yponomeutidae). Pest Management Science, 2007, 63 (1): 63 ~ 67.

美洲斑潜蝇寄主种群遗传分化研究

王莉萍

（江都市植保植检站，225200）

摘　要： 本研究对美洲斑潜蝇 *Liriomyza sativae* Blanchard 不同寄主种群的线粒体 DNA 细胞色素氧化酶Ⅰ（mtDNA-COⅠ）部分序列与核糖体 DNA 内转录间隔区Ⅰ（rDNA-ITSⅠ）全序列进行了测序，并分析了美洲斑潜蝇不同寄主种群之间的遗传分化情况。从 mtDNA-COⅠ分子水平上对美洲斑潜蝇 5 个寄主种群间的遗传关系的初步研究表明，这 5 个寄主种群间已存在一定程度的遗传分化，但分化的程度还比较低；遗传差异主要发生在寄主种群内，而且寄主种群间的差异主要是由各种群间单倍型发生频率的差异引起的。从 rDNA-ITSⅠ分子水平上对美洲斑潜蝇寄主种群间的遗传关系的初步研究表明，美洲斑潜蝇各寄主种群间的相似性极高，其不同寄主种群间的遗传分化趋势与其对不同寄主的嗜好程度相吻合。

关键词：美洲斑潜蝇；寄主种群；mtDNA-COⅠ；rDNA ITSⅠ；遗传分化

Genetic differentiation of host populations of *Liriomyza sativae* Blanchard

Wang Liping

(Plant Protection and Quarantine Station of Jiangdu, Jiangdu 225200)

Abstract: In this study, partial sequences of the mitochondrial COⅠ gene and the ribosomal ITSI gene of 5 host-populations of *Liriomyza sativae* Blanchard were sequenced and the differentiation among the host-populations of *L. sativae* were analysed. Analysis of the mtDNA-COⅠ gene demonstrated that low genetic variation among the five host-populations sampled, that most variation occurred within populations and inter-population variation was due to different haplotype frequencies occurring among different geographic populations. Analysis of the rDNA-ITSⅠ gene demonstrated that the identity of the five host-population was very high and the trends of differentiation of host- populations of *L. sativae* were consistent with the hobby to hosts.

Key words: *Liriomyza sativae*; geographical populations; mtDNA-COⅠ; rDNA ITSⅠ; genetic differentiation

美洲斑潜蝇 *Liriomyza sativae* Blanchard 隶属于双翅目 Diptera、潜蝇科 Agromyzidae、植潜蝇亚科 Phytomyzidae。美洲斑潜蝇具有繁殖力强，发育周期短，寄主范围广等特点，故可在较短的时间暴发成灾，许多国家将其列为重要的检疫性害虫[1]。自 1993 年底在海南省发现该虫以来[2]，我国目前已有 29 个省、自治区和直辖市发现该虫的分布，并对瓜果蔬菜、烟草、棉花等经济作物和花卉造成严重危害，已成为我国农业生产上的一个突出问题[3~5]。

在寄主选择作用和胁迫作用下，昆虫的食性会发生转变而引起遗传性改变，进而形成不同的寄主种群分化，这在多食性植食昆虫的物种分化中起着关键性作用。美洲斑潜蝇是典型的多食性植食昆虫，寄主范围广泛，并且已有相关报道证实了不同寄主植物对美洲斑潜蝇种群参数的影响存在显著差异[6]。因此，我们尝试从分子水平验证其不同寄主种群之间是否已经存在遗传分化。用于种下遗传分化研究的技术有很多，新的方法也在不断的出现，国内外已有报道应用 RAPD-PCR、PCR、RFLP-PCR 等分子生物学技术对斑潜蝇的一些种类进行过种下遗传分化和近缘种的鉴定研究[7~10]。我们选择了 mtDNA 细胞色素氧化酶Ⅰ（mtDNA-COⅠ）与 rDNA 内转录间隔区Ⅰ（rDNA-ITSⅠ）两个基因片段，对其进行测序，以此来分析美洲斑潜蝇不同寄主种群之间的遗传分化情况。

1 材料与方法

1.1 供试虫源

从扬州市郊区田间的番茄、豇豆、青菜、莴苣、棉花上采集受潜叶蝇危害的叶片，带回在室内自然条件下饲养，待成虫羽化并经鉴定确认为美洲斑潜蝇后，在相应寄主上饲养数代（番茄18代、豇豆18代、青菜18代、莴苣20代、棉花6代），建立5个寄主系。成虫羽化后，将活虫分装于消过毒的微量离心管中，加入无水乙醇，迅速置-70℃冰箱保存待用。选三叶草斑潜蝇（*Liriomyza trifolii*）和南美斑潜蝇（*Liriomyza huidobrensis*）作为外群。

1.2 总DNA提取及PCR扩增

DNA提取按照温硕洋和何晓芳[11]的痕量DNA模板制备方法，并稍作改动。具体步骤如下：取美洲斑潜蝇成虫（用无水乙醇浸泡过）1头，用TE（pH值8.0）浸泡1~2h，以回软组织和去除其他化学物质对PCR的影响。待吸干水分后，将样品放入0.2ml离心管中，加入10μl的研磨缓冲液（50mM NaCl，10Mm Tris-HCl pH值8.0，1mM EDTA，200μg/ml ProteinK），用烧融后的枪头将样品彻底研磨，用30μl研磨缓冲液清洗枪头，研磨液在56℃恒温器中消化1~2h，消化后的产物在95℃保温1min，使蛋白酶K变性，2 000~3 000r/min离心30s沉淀残渣，上清液作为做PCR的模板或保存在-20℃冰箱中备用。

1.2.1 mtDNA细胞色素氧化酶I（CO I）

扩增引物是C1-J-2183（5’-CAACATTTATTTTGATTTTTTGG-3’）和TL2-N-3014（5’-TCCATTGCACTAATCTGCCATATTA-3’）。PCR反应体系（50μl）包括以下试剂：10×buffer（含Mg^{2+}）5μl，dNTPs（2.5 mM）2μl，正反引物（20pM）各2μl，Taq酶0.4μl（5U/μl），模板DNA 2.0μl，加灭菌双蒸水至50μl。PCR步骤如下：95℃预变性4min；进行35个循环包括95℃变性1min，52.5℃退火50s，72℃延伸90s；继续72℃延伸10min，以ddH_2O代替模板作空白对照。PCR在BIORAD My Cycler™ thermal cycler上进行。PCR粗产物的纯化及测序委托上海生工生物工程技术服务有限公司完成。

1.2.2 rDNA内转录间隔区I（ITS I）

扩增引物参照温硕洋等[11]的18SF（5’-GAAGTAAAAGTCGTAACAAGG-3’）和5.8SR（5’-GTCCTGCAGTTCACACGATG-3’）。PCR反应体系（25μl）包括以下试剂：10×buffer（不含Mg^{2+}）2.5μl，dNTPs（2.5 mM）2μl，正反引物（10pM）各1.0μl，Taq酶0.3μl（5U/μl），Mg^{2+}（25mM）1.5μl，模板DNA1.0μl，加灭菌双蒸水至25μl。PCR步骤如下：94℃预变性3min；进行30个循环包括94℃变性1min，55℃退火45s，72℃延伸1min；继续72℃延伸7min，以ddH_2O代替模板作空白对照。PCR粗产物的纯化及测序委托上海生工生物工程技术服务有限公司完成。

1.3 DNA序列数据处理

用Clustal X 1.83程序对获得的两个基因片段序列进行对位排列，用MEGA3.1对上述序列进行碱基含量和多态位点分析，选取Kimura-2-Parameter双参数模型，采用邻近距离法（Neighbor joining，NJ）和UPGMA法构建系统进化树来推演系统发生关系，同时用

Bootstrap1000 检验分子系统树中各分支的置信度。对于 CO Ⅰ 基因，应用 Arliquin3.1 中的 AMOVA 分析方法估算寄主种群亚分化水平指数（F-statistics，F_{ST}）及其种群间基因流程度，以进一步揭示各种群的分化程度。

2 结果与分析

2.1 mtDNA 细胞色素氧化酶 Ⅰ （CO Ⅰ） 序列分析

PCR 产物经纯化、测序、比较，最终得到长度为 784bp 的 mtDNA-CO Ⅰ 基因序列，共发现 5 个变异位点，占所测序列的 0.638%，在变异位点中未发现任何碱基的颠换、插入和缺失，全部是碱基的转换。番茄和豇豆种群各有 5 个变异位点，青菜、莴苣和棉花种群各有 4 个变异位点（表 1）。变异位点全部发生在密码子的第一位点，其中有 4 个变异位点导致了氨基酸的改变。序列中 A + T（70.2%）含量远远高于 G + C（29.8%）含量，与其他斑潜蝇种类 mtDNA-CO Ⅰ 的碱基组成特点基本一致。

表 1 美洲斑潜蝇各寄主种群中单倍型的分布（频率）和序列变异位点

Table 1 Haplotype distribution (frequencies) and sequence variable sites of *L. sativae*

单倍型 Haplotype	种群及所含单倍型个体数 Populations and individuals with haplotypes	变异位点（Variable sites）					Genebank 登录号
		43	130	340	376	457	
A (0.050)	番茄（1）豇豆（1）青菜（0）莴苣（0）棉花（0）	T	A	G	T	C	DQ911139
B (0.125)	番茄（1）豇豆（1）青菜（1）莴苣（2）棉花（0）	C	—	—	—	—	DQ911140
C (0.200)	番茄（2）豇豆（1）青菜（2）莴苣（1）棉花（2）	—	—	—	C	—	DQ911141
D (0.425)	番茄（3）豇豆（3）青菜（3）莴苣（4）棉花（4）	—	G	A	—	T	DQ911142
E (0.200)	番茄（1）豇豆（2）青菜（2）莴苣（1）棉花（2）	—	—	A	—	T	DQ911143

在所分析的美洲斑潜蝇 40 个个体中，共发现 5 种单倍型，占个体总数的 12.50%。单倍型 C、D 和 E 为共享单倍型，其中单倍型 D 在 4 个种群中所占的比率最高可达 50%，最低也在 35% 以上；单倍型 A、B 至少为 2 个种群共享；没有独享单倍型。

计算机模拟提出了一个判定外群权重的简单方法，即找出样品中最古老的单倍型，并且将其作为其他单倍型的外群。这些外群的权重比单倍型的发生频率更接近真实的进化时间，是一种普遍使用的计算相对进化时间的方法。我们用 TCS 软件分析后发现，单倍型 E 是最古老的单倍型，并且在构建单倍型进化树的时候可以作为其他单倍型的外群（图 1）。

以番茄斑潜蝇和南美斑潜蝇为外群种，构建美洲斑潜蝇 5 种单倍型的 NJ（邻接法），系统树上各分支上的数值为经1 000次 Bootstrap 后的置信度（图 2）。5 种单倍型形成的拓扑结构分为 2 个簇群，其中，单倍型 D 和 E 分别以 79% 的置信度构成一个聚类簇，单倍型 A、B、C 分别以 79% 的置信度构成另一个聚类簇。

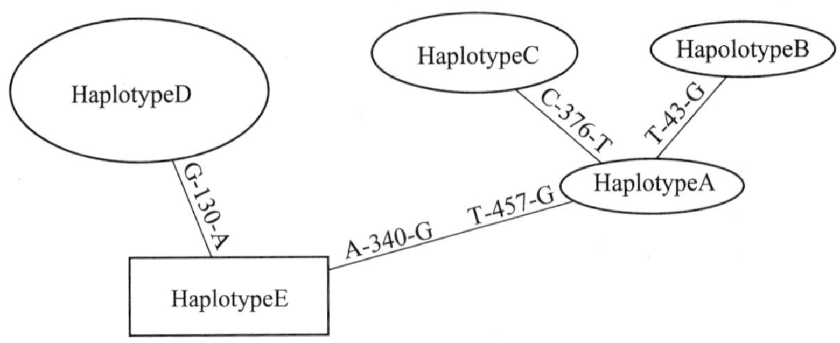

图 1　美洲斑潜蝇不同寄主种群 mtDNA-CO I 序列的嵌套进化树

最古老的单倍型用方框表示，其他单倍型用椭圆表示。方框和椭圆的大小表示单倍型的发生频率。每种单倍型所对应的寄主种群序列如表 1 所示。

Fig. 1　TCS network for the Nested Clade Analysis of different host-populations of *L. sativae* based on mtDNA-CO I

The haplotype with the highest outgroup probability is displayed as a square, while other haplotypes are displayed as ovals. The size of the square or oval corresponds to the haplotype frequency. The non-unique sequence types corresponding to each haplotype are shown in table 1.

美洲斑潜蝇 5 个寄主种群 40 个样本的分子变异分析（AMOVA）表明，美洲斑潜蝇种群间的遗传差异主要发生在寄主种群内，占 80.0%，而寄主种群间只有 20.0%。从实验结果来看，美洲斑潜蝇各寄主种群间的遗传分化并不明显，Fst 为 0.20（$P<0.01$），种间差异主要是由各种群的单倍型发生频率的差异引起（表 2）。

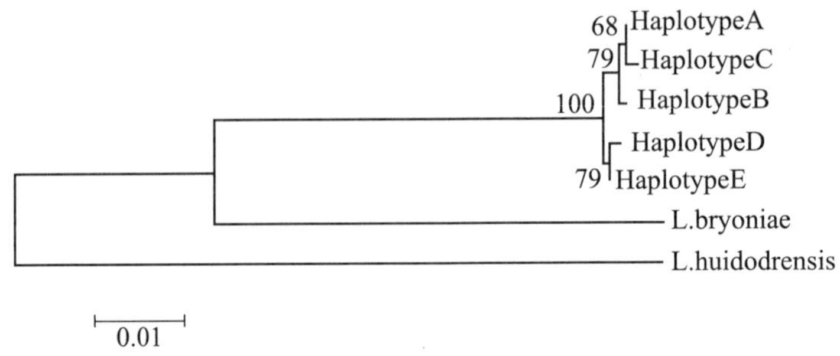

图 2　利用 NJ 法构建的美洲斑潜蝇 mtDNA-CO I 单倍型间的系统树

Fig. 2　Neighbor-joining tree described among host haplotypes of *L. sativae* from mtDNA-CO I sequences by MEGA3. 1 software

表 2　美洲斑潜蝇 5 个寄主种群 40 个样本 mtDAN-CO I 分子变异分析（AMOVA）

Table 2　Analysis of molecular variance（AMOVA）of mitochondrial DNA for 40 individuals in 5 populations

变异来源 Source of variation	自由度 df	方差分量 Variance components	变异百分比 % of variation	*Fst*
种群间 Among populations	4	0.100	20.00	0.20
种群内 Within populations	35	0.400	80.00	
总计 Total	39	0.500	100	

5 个美洲斑潜蝇寄主种群间的 Fst 值和基因流动分析结果如表 3 所示。各种群间的 Fst

值为0.143~0.268（$P>0.05$），说明几个寄主种群间的遗传变异都比较小。不同寄主种群间的基因流动由 Nm 值表示。一般地，当 $Nm>4$，表明种群间的基因交流比较充分；若 $Nm<1$，则表明种群可能由于遗传漂变而发生了分化[12]。5个寄主种群间的基因流动值均介于1和4之间，表明了美洲斑潜蝇5个种群间既存在着一定数量的基因交流，也存在一定程度的遗传分化。

表3 美洲斑潜蝇5个寄主种群 mtDAN-CO Ⅰ 的 Fst 值和基因流

Table 3 Fst value and genetic flow of mitochondrial DNA among 5 host populations of *L. sativae*

	Tomato	Cowpea	Greengrocery	Lettuce	Cotton
Tomato	—	2.997	2.606	2.051	1.836
Cowpea	0.143	—	2.606	2.051	1.836
Greengrocery	0.161	0.161	—	1.836	1.366
Lettuce	0.196	0.196	0.214	—	1.655
Cotton	0.214	0.214	0.268	0.232	—

注：对角线以上为群体间的 Nm 值，对角线以下为群体间的 Fst 值（The figures above the diagonal are Nm and below the diagonal are Fst）。

2.2 rDNA 内转录间隔区Ⅰ（ITSⅠ）序列分析

测序结果经比较、剪切后得到5条303bp 的 rDNA-ITSⅠ完整序列，GeneBank 登录号为 EF152325-EF152329。共发现3个变异位点，占所测序列的0.99%，包括2个碱基的转换和1个碱基的颠换。序列中 A+T（85.0%）含量远远高于 G+C（15.0%）含量，与其他3种斑潜蝇种类 rDNA-ITSⅠ的碱基组成特点基本一致（平均碱基含量 A+T 为85.1%，G+C 为14.9%）。

以三叶草斑潜蝇为外群，用 MEGA 软件基于 Kimura 2-parameter 算法，对美洲斑潜蝇不同寄主种群 ITSⅠ序列之间进行遗传差异分析（表4）。从表中可以看出，美洲斑潜蝇不同寄主种群之间的 ITSⅠ序列遗传距离很小，都在0.007以下，其中豇豆种群与番茄种群之间的遗传距离为0.000。用 MEGA 软件基于 NJ 法构建美洲斑潜蝇不同寄主种群间的系统发育树（图3），从图中可以看出，美洲斑潜蝇不同寄主种群之间亲缘关系很近，其中番茄种群与豇豆种群，青菜种群与莴苣种群分别聚在一起后又聚为一簇，而棉花种群则单独为另一簇，并且各分支上的置信度均不高。

表4 美洲斑潜蝇不同寄主种群间基于 rDNA-ITSⅠ*的遗传分歧和相似性

Table 4 Identity and diversity of host populations of *L. sativae* based on rDNA-ITSI by DNAStar software

	Tomato	Cowpea	Lettuce	Greengrocery	Cotton	*L. trifolli*
Tomato	—	0.000	0.004	0.005	0.004	0.026
Cowpea	0.000	—	0.004	0.005	0.004	0.026
Lettuce	0.004	0.004	—	0.004	0.005	0.027
Greengrocery	0.007	0.007	0.004	—	0.006	0.026
Cotton	0.004	0.004	0.007	0.011	—	0.026
L. trifolli	0.159	0.159	0.164	0.160	0.159	—

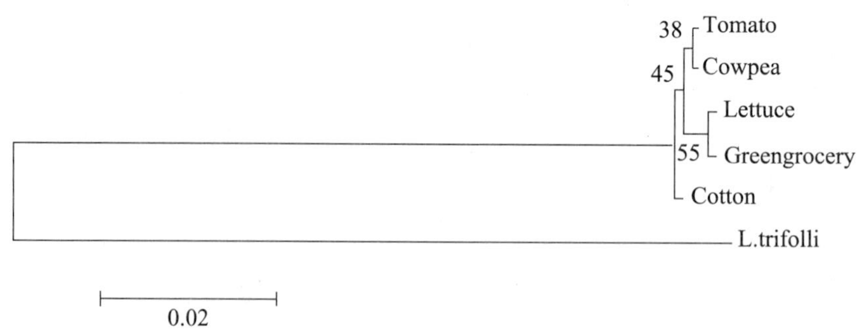

图3 利用NJ法构建的美洲斑潜蝇不同寄主种群间的系统树

Fig. 3 Neighbor-joining tree of host populations of *L. sativae* based on rDNA-ITS Ⅰ by MEGA3. 1 software

3 讨论

从mtDNA-COⅠ分子水平上对美洲斑潜蝇5个寄主种群间的遗传关系的初步研究表明，这5个寄主种群间已存在一定程度的遗传分化，但分化的程度还比较低。根据AMOVA分析结果可以看出，美洲斑潜蝇5个寄主种群间的遗传结构差异并不明显，遗传差异主要发生在寄主种群内，而且寄主种群间的差异主要是由各种群间单倍型发生频率的差异引起的。

在所分析的美洲斑潜蝇40个个体中，共发现5种单倍型，其中单倍型C、D、E是5个寄主种群的共享单倍型，而单倍型A只为2个种群所拥有，表明了各寄主种群间既存在着一定数量的基因交流，也存在一定程度的遗传分化。在3个共享单倍型中，单倍型D在各寄主种群中的平均发生频率为42.5%，最高可达50%，说明单倍型D是这5个寄主种群的优势单倍型，也是一种较为稳定的、能够适应环境选择的单倍型。

在发现的5种单倍型中，番茄种群与豇豆种群各拥有5种单倍型，青菜种群与莴苣种群各拥有4种单倍型，而棉花种群只拥有3种单倍型。通常，进入新区的种群数量较少，其所拥有的基因数量也应该少于原产地种群的基因数量[13]。同样，在同一个地区，新寄主上的种群数量相对较少，其所拥有的基因数量也应该少于原先寄主上种群的基因数量。因此，如果仅从上述5个寄主种群单倍型发生频率来看，棉花种群很可能是从其他几种寄主种群所在的蔬菜田迁移扩散去的。上述5个寄主种群单倍型发生频率仅为我们提供了一个方面的信息，但要完全解释美洲斑潜蝇在各寄主间迁移扩散的规律，还需要对各单倍型成因加以进一步分析，并增加各寄主种群的研究样品数。

从rDNA-ITSⅠ分子水平上对美洲斑潜蝇寄主种群间的遗传关系的初步研究表明，美洲斑潜蝇各寄主种群间的遗传距离很小，均在0.007以下。从基于NJ法构建的美洲斑潜蝇不同寄主种群间的系统发育树来看，棉花种群与其他寄主种群间的亲缘关系最远，并且，番茄与豇豆作为美洲斑潜蝇的最适宜寄主[14]，其两个种群聚在一起，而青菜和莴苣作为美洲斑潜蝇的较适宜寄主[14]，其两个种群也聚在一起。据此我们推测，美洲斑潜蝇不同寄主种群间遗传分化的趋势很可能与其对不同寄主的嗜好程度相吻合。

在Ehrlich和Raven[15]提出昆虫与植物协同进化理论以后的40多年里，已在几个昆虫大目中发现了同域物种分化的实例。对于植食性昆虫，植物不仅为其提供食物，而且还影响着昆虫的生殖活动和发育的物候特征，因此植食性昆虫的食性改变可能是造成其种下分化的一个重要原因[16]。本研究从 mtDNA-CO Ⅰ 及 rDNA-ITS Ⅰ 分子水平上也验证了，美洲斑潜蝇不同寄主种群间存在着一定的遗传分化，只是分化程度还比较低。为了能更加全面地掌握美洲斑潜蝇各寄主种群间的关系，在下一步研究中，需要延长各种群之间寄主隔离的时间，增加各种群个体的研究数量，增加所选分子标记的测序长度，以获得更多而有效的遗传信息。

参·考·文·献

[1] Deeming J C, 1992. Liriomyza sativae Blanchard (Diptera: Agromyzidae) established in the Old World. *Tropical Pest Managemen*, 38 (2): 218 ~ 219.

[2] Kang L, 1996. Ecology and sustainable control of serpentine leafminers. Beijing: Science Press. [康乐, 1996. 斑潜蝇的生态学与持续控制. 北京: 科学出版社.]

[3] Chen B, Zhao Y X, Kang L, 2002. Mechanisms of invasion and adaptation and managements trategies of alien leafminers. *Zoological Research*, 23 (2): 155 ~ 160. [陈兵, 赵云鲜, 康乐, 2002. 外来斑潜蝇入侵和适应机理及管理对策. 动物学研究, 23 (2): 155 ~ 160.]

[4] Wang J, Shi B C, Gong Y J, Liao D, Lu H, 1999. Plant items of *Liriomyza sativae*. *Beijing Agricultural Sciences*, 17 (1): 37 ~ 39. [王军, 石宝才, 宫亚军, 廖度, 宋婧, 路虹, 1999. 美洲斑潜蝇寄主植物调查名录. 北京农业科学, 17 (1): 37 ~ 39.]

[5] Lei Z R, Wang Y, 2005. *Liriomyza sativae*. In: Wan FH, Zheng X, Guo JY eds. Biology and management of invasive alien species in agriculture and forestry. Beijing: Science Press. 177 ~ 205. [雷仲仁, 王音, 2005. 美洲斑潜蝇. 见: 万方浩, 郑小波, 郭建英 主编. 重要农林外来入侵物种的生物学与控制. 北京: 科学出版社. 177 ~ 205.]

[6] Pang B P, Cheng J A, Huang E Y, Bao Z S. Effects of different host plants on population parameters of *Liriomyza sativae*. *Plant Protection*, 2005, 31 (2): 26 ~ 28. [庞保平, 程家安, 黄恩友, 鲍祖胜. 不同寄主植物对美洲斑潜蝇种群参数的影响. 植物保护, 2005, 31 (2): 26 ~ 28.]

[7] Qiu Y Z, Wu W Z, Xiao X F. Application of RAPD-PCR in the quickly determining of six kind of leafminers *Liriomyza* spp. (Diptera: Agromyzidae). *Chinese Insects*, 2000, 20 (4): 293 ~ 309. [邱一中, 吴文哲, 萧旭峰等. RAPD-PCR 在六种斑潜蝇 (*Liriomyza* spp.) (双翅目: 潜蝇科) 快速鉴定技术之应用. 中华昆虫, 2000, 20 (4): 293 ~ 309.]

[8] Morgan D J W, Reitz R S, Atkinson P W, *et al.* The resolution of Californian population of *Liriomyza huidobrensis* and *Liromyza trifolii* (Diptera: Agromyzidae) using PCR. *Heredity*, 2000, 85 (1): 53 ~ 61.

[9] Scheffer S J. Molecular evidence of cryptic species within the *Liriomyza huidobrensis* (Diptera: Agromyzidae). *J. Econ. Eentomol.*, 2000, 93 (4): 1 146 ~ 1 151.

[10] Scheffer S J, Lewis M L. Two nuclear genes confirm mitochondrial evidence of cryptic species within *Liriomyza huidobrensis* (Diptera: Agromyzidae). *Ann. Entomol. Soci. Am.*, 2001, (5): 648 ~ 653.

[11] Wen S Y, He X F, 2003. A method of rapid preparation of trace-DNA templates of insects

for PCR. *Entomological Knowledge*, 40 (3): 276~279. [温硕洋, 何晓芳, 2003. 一种适用于昆虫痕量DNA模板制备的方法. 昆虫知识, 40 (3): 276~279.]

[12] Su B, Fu Y X , Wang Y X , *et al* . 2001. Genetic diversity and population history of the red panda as inferred from mitochondrial DNA sequence variations. *Mol Biol Evol* , 18 (6): 70~76.

[13] 朱振华, 叶辉, 张智英. 云南四个瓜实蝇地理种群的遗传关系分析 [J]. 应用生态学报, 2005, 16 (10): 1 889~1 892.

[14] 王莉萍, 杜予州, 何娅婷, 张顺琦, 2006. 美洲斑潜蝇发生动态及寄主适合性研究. 科学研究月刊.

[15] Ehrlich, T. and P. H. Raven, 1964. Butterflies and plant: a study in coevolution. Evolution, 18: 586~608.

[16] Qin J D, 1987. Relationship of Insects and Plants. Beijing: Science Press. 227 pp. [钦俊德, 1987. 昆虫与植物的关系: 论昆虫与植物的相互作用及其演化. 北京: 科学出版社.]

美洲斑潜蝇发生动态及寄主适合性研究

王莉萍

(江都市植保植检站, 225200)

摘　要: 2004—2005年对扬州地区露地蔬菜上的美洲斑潜蝇寄主种类及危害程度进行了调查, 采用五点取样法共查到美洲斑潜蝇的蔬菜寄主7科27种, 主要分布在茄科、豆科、葫芦科和十字花科等蔬菜上, 其中以番茄、豇豆、四季豆、丝瓜、青菜等受害最为严重。根据不同蔬菜上的美洲斑潜蝇发生危害动态分析了美洲斑潜蝇在自然条件下对寄主的选择性。用适合性指数 P 表示寄主适合性程度 $P=(I\times L)/100$, 将美洲斑潜蝇的寄主分为4种类型: 最适宜寄主、适宜寄主、较适宜寄主和次要寄主。

关键词: 美洲斑潜蝇; 寄主植物; 寄主适合性; 种群动态

Population dynamics and host suitability of *Liriomyza sativae* (Blanchard)

Wang Liping

(Plant Protection and Quarantine Station of Jiangdu, Jiangdu 225200)

Abstract: The host plant species and the harm extent of *Liriomyza sativae* (Blanchard) on outdoor vegetables preliminarily were investigated from the year 2004 to 2005 in

Yangzhou. By the method of 5 sampling points, there are 27 species of plants that belong to 7 families as hosts of *L. sativae*, in which Solanaceae, Laguminosae, Cucurbitaceae and Cruciferae are the main families. It occurs seriously on tomato, cowpea, kidney bean, sponge gourd, greengrocery and so on. According to the population dynamics of *L. sativae* on the outdoor vegetables, the host selectivity of *L. sativae* was analyzed under natural condition in this paper. The aptness index P indicates the fitting extent of *L. sativae* to its hosts: $P = (I \times L)/100$ and its hosts can be divided into four types: the most fitting host, fitting host, preferable host and secondary host.

Key words: *Liriomyza sativae*; host plants; host suitability; population dynamics

美洲斑潜蝇 *Liriomyza sativae*（Blanchard）又名苜蓿斑潜蝇、美甜斑潜蝇、蔬菜斑潜蝇、蛇形斑潜蝇、甘蓝斑潜蝇，隶属双翅目 Diptera、潜蝇科 Agromyzidae、植潜蝇亚科 Phytomyzinae、斑潜蝇属 *Liriomyza*，具有生活隐蔽，繁殖力强，寄主范围广，防治困难等特点，已成为我国蔬菜、花卉、瓜果上的重要害虫，国内外对其已有不少研究报道[1~8]。扬州地区为害蔬菜的潜叶蝇有 6 种，其中美洲斑潜蝇为优势种之一，对本地区蔬菜危害最严重[1]。随着耕作制度的改革，蔬菜面积和保护地面积不断扩大以及蔬菜种类不断增加，为美洲斑潜蝇提供了优越的越冬场所和充足的食料，使该虫为害日趋严重。扬州地区位于江苏中部，处于江苏南北过渡地带，研究扬州地区美洲斑潜蝇对探明潜叶蝇类害虫在全省的发生为害规律具有重要意义[9]。为了查清扬州地区美洲斑潜蝇的发生危害情况，探讨有效防治方法，2004—2005 年笔者对扬州郊区露地蔬菜上美洲斑潜蝇的寄主种类、发生危害情况和种群动态进行了系统调查，并对其寄主适合性进行分析。

1 材料与方法

1.1 寄主植物及危害程度调查

调查在扬州郊区的露地蔬菜田和棉花田进行。若发现叶片上有潜叶蝇潜道存在时，采下该叶片带回实验室用透明塑料袋扎好，直至成虫羽化，在解剖镜下对成虫进行鉴定，若为美洲斑潜蝇，则记录该植物为其寄主植物，寄主植物鉴定到种。美洲斑潜蝇危害程度调查采用五点取样法，每点查 3 株寄主。高的寄主每株选上、中、下部叶片各 2 张，矮的每株选老叶、嫩叶各 3 张，取 30 ~ 40 张叶片，带回实验室统计虫量。危害程度按单位叶面积上的虫量（头/10cm^2）分为 4 级，1 级 <1，2 级 1 ~ 5，3 级 5 ~ 10，4 级 >10，分别记作 +，+ +，+ + +和+ + + +。

1.2 美洲斑潜蝇在不同蔬菜上的发生动态

调查从露地蔬菜上发现蔬菜美洲斑潜蝇开始，直至没有美洲斑潜蝇危害结束。选取几种主要蔬菜，每 4 ~ 5d 调查一次，调查方法同 1.1；分别记录每叶幼虫数量和叶片面积，计算每平方厘米上的虫量，作出这几种蔬菜的发生动态图。

1.3 美洲斑潜蝇对不同寄主的适合度分析

用选择系数 I 反映美洲斑潜蝇在不同寄主植物上的选择强度：$I = N/M$。M 为在某种寄主植物上调查的总次数，N 为在某种寄主植物上查到美洲斑潜蝇的次数。由于不同寄主植物的叶面积差异较大，将抽查所得到的美洲斑潜蝇幼虫密度数据，相对统一到以单位面积来衡量，以比较美洲斑潜蝇在不同寄主植物上的种群密度。用 L 表示某一寄主单位叶面积（$100cm^2$）抽样查得的最高幼虫量。寄主植物的潜在适合程度与其选择系数（I）、单位叶面积最高幼虫量（L）密切相关。用适合性指数 P 表示寄主适合性程度：$P=(I\times L)/100$。显然，P 与 I、L 成正相关，寄主的 I、L 值越大，其对美洲斑潜蝇的适合度也越高，据此可测定寄主适合性程度。根据江苏省扬州地区查到的所有寄主的 P 值算平均数得 X，$P>1$ 的为最适宜寄主，P 在 $X\sim1$ 之间的为适宜寄主，P 在 $0.1\sim X$ 之间的为较适宜寄主，$P<0.1$ 的为次要寄主，分别记作＊＊＊＊，＊＊＊，＊＊和＊。

2 结果与分析

2.1 寄主植物及危害程度调查

2004—2005 年对扬州地区露地蔬菜进行了普查，共查到美洲斑潜蝇的蔬菜寄主植物 7 科、27 种（变种），结果如表 1 所示。从表 1 可以看出，美洲斑潜蝇的危害主要分布在豆科、葫芦科、茄科寄主植物上。但对这几个科蔬菜的危害程度也有差别，豆科上的发生量最大，葫芦科次之，茄科最少。在这几个科蔬菜中，美洲斑潜蝇对豇豆、四季豆、番茄、丝瓜等寄主最为嗜好，主要表现在田间虫量相差较大。

表 1 美洲斑潜蝇的寄主植物名录及危害程度

Table 1 Host plants and the harm extent of *Liriomyza sativae* Blanchard

	寄主 Host	危害程度 Harm extent
葫芦科 Cucurbitaceae	瓠瓜 *Lagenaria siceraria*（Molina）Standl.	+ + +
	西葫芦 *Cucurbita pepo* L.	+ +
	黄瓜 *Cucumis sativus* L.	+ +
	丝瓜 *Luffa cylindrica*（L.）Roem.	+ + + +
	冬瓜 *Benincasa hispida*（Thunb.）Cogn.	+ +
十字花科 Cruciferae	青菜 *Brassica campestris* ssp. *Chinensis*（L.）*Makino*（*B. chinensis* L.）	+ + +
	萝卜 *Raphanus sativus* L.	+ +
	花椰菜 *Brassica oleracea* var. *botrytis* L.	+ +
	大白菜 *B. campestris* spp. *chinensis* var. *pekinensis*（Lour.）Olsson	+ + +
	小白菜 *B. campestris* spp. *Chinensis* var. *communis* Tsen et Lee	+ + +
	雪里蕻 *B. juncea* var. *multiceps* Tsen et Lee	+
	结球甘蓝 *B. oleracea* var. *capitata* L.	+
菊科 Compositae	莴苣 *Lactuca sativa* L.	+ +
	生菜 *Chrysanthemum coronarium* L.	+ +
	茼蒿 *Chrysanthemum coronarium* L.	+ + +
茄科 Solanaceae	茄子 *Solanum melongena* L.	+ +
	番茄 *Lycopericon esculentum* M.	+ + + +
	辣椒 *Capsicum annuum* L.	+
伞形花科 Umbelliferae	芹菜 *Apium graveoleus* L.	+
	芫荽 *Coriandrum Sativum* L.	+

续表

	寄主 Host	危害程度 Harm extent
豆科 Laguminosae	四季豆 *Phaseolus aureus* var.	+ + + +
	豇豆 *Vigna unguiculata* ssp. *sesquipedalis*（L.）Verd	+ + + +
	豌豆 *Pisum sativum* L.	+
	蚕豆 *V icia f aba* L.	+
	扁豆 *Dolichos lablab* L.	+ + +
	菜豆 *Phaseolus vulgaris* L.	+ + +
旋花科 Convolvulaceae	蕹菜 *Ipomoea aquatica* F.	+
锦葵科 Malvaceae	棉花 *gossypium hirsutum* L.	+

注：表中符号表示发生程度：+ + + + 严重；+ + +较严重；+ +中等；+ 轻。

2.2 美洲斑潜蝇在露地蔬菜上发生动态比较

2.2.1 在不同科蔬菜上的发生动态比较

从美洲斑潜蝇主要危害的葫芦科、菊科、豆科、茄科、十字花科和伞形花科中分别选取一种寄主（丝瓜/葫芦科、生菜/菊科、豇豆/豆科、番茄/茄科、青菜/十字花科、芹菜/伞形花科）进行发生动态的比较（图 1）。从图 1 可以看出，美洲斑潜蝇在丝瓜、豇豆和番茄上危害最为严重，丝瓜在 7 月下旬出现 1 次高峰期，虫量最高可达 17 头/叶之多，番茄和豇豆在 9 月上旬同时出现 1 次高锋期，最高虫量分别为 8 头/叶和 9 头/叶；生菜和青菜生育期较短，虫量分别从 6 月初和 6 月中旬开始上升，每一茬采收前都会有一次高峰；而芹菜上美洲斑潜蝇发生最轻，虫量一直处于较低水平。依据平均单位叶面积虫量（头/cm^2），美洲斑潜蝇在这几个科中危害程度依次为：茄科 > 豆科 > 葫芦科 > 十字花科 > 菊科 > 伞形花科（图 2）。结合图 1 和图 2 可以看出，丝瓜上的每叶虫量虽然远大于番茄和豇豆，但由于丝瓜叶面积比番茄和豇豆大得多，所以单位叶面积上的虫量反而小。

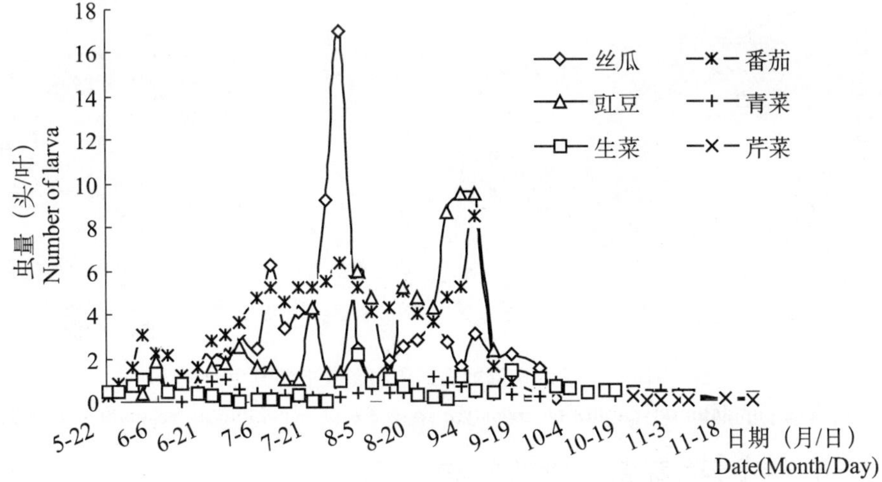

图 1　2005 年美洲斑潜蝇在不同科蔬菜上的发生动态

Fig. 1　The population dynamics of *Liriomyza sativae* on different families vegetables（2005）

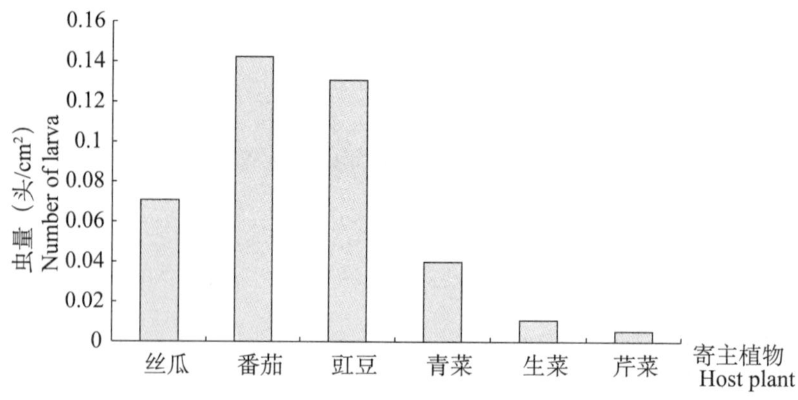

图 2　2005 年美洲斑潜蝇在不同科蔬菜上的选择差异

Fig. 2　The host selection of *Liriomyza sativae* on different families vegetables（2005）

2.2.2　在同科不同种蔬菜上的发生动态比较

选取葫芦科 4 种寄主植物（瓠瓜、丝瓜、黄瓜、冬瓜）来比较美洲斑潜蝇在同科不同种蔬菜上的选择性差异。由于这几种寄主的叶面积比较相近，所以按每叶计算虫量。从调查结果可以看出，美洲斑潜蝇对瓠瓜、丝瓜、黄瓜、冬瓜有明显的选择差异。瓠瓜和丝瓜上的虫量最多分别可达 18 头/叶和 17 头/叶之多，而冬瓜和黄瓜分别只有 7 头/叶和 6 头/叶。瓠瓜由于种植时间较其他寄主早，是美洲斑潜蝇早期为害的对象，受害较严重。待其他寄主相继种植后，美洲斑潜蝇转移为害其他寄主，瓠瓜上虫量大大减少。6 月初随着气温的升高，丝瓜、黄瓜和冬瓜上的虫量逐渐增加，但因梅雨天气虫量上升幅度均不大。7 月下旬至 8 月上旬，天气晴朗，气温较高，虫量猛增，出现发生高峰期。随后又出现连续降雨天气，虫量稳步下降（图 3）。

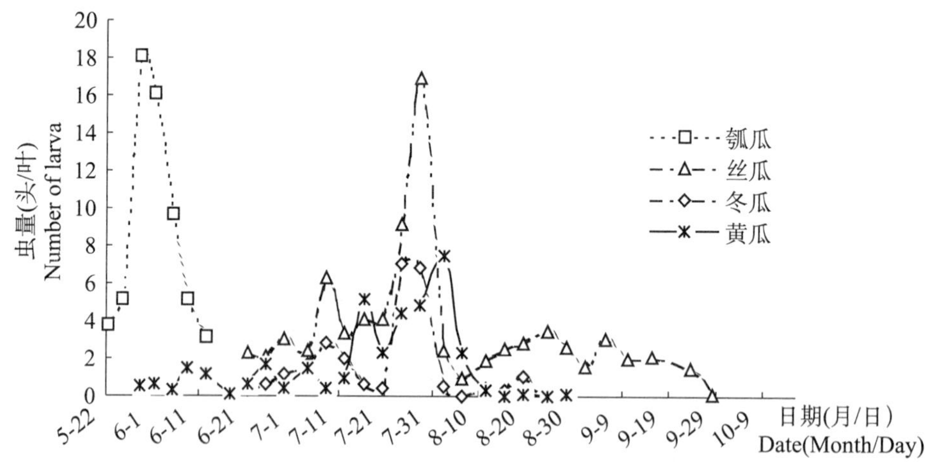

图 3　2005 年美洲斑潜蝇在葫芦科蔬菜上的发生动态

Fig. 3　The population dynamics of *Liriomyza sativae* on Cucurbitaceae vegetables（2005）

2.2.3　不同年份同种蔬菜上发生动态比较

2004 年与 2005 年美洲斑潜蝇在豇豆上的发生动态如图 4 所示。从图 4 可以看出，2004 年美洲斑潜蝇在豇豆上的危害明显比 2005 年严重，2004 年最大虫量可达 17 头/叶，而2005年仅9头/叶。6月初到7月中旬，由于梅雨天气对蛹和成虫的影响，两年的虫量基本一致，危害均比较轻。2004年梅雨季节过后，美洲斑潜蝇的数量开始稳步上升，分别于8月中旬和9月中旬出现2次发生高峰期。而2005年7月下旬美洲斑潜蝇数量开始上升后，于8月中旬又遇到连续降雨天气，虫量明显下降，直到9月初虫量又开始上升，并达到最高峰，但明显比2004年的高峰都小。可见，连续降雨对美洲斑潜蝇的生长发育极为不利。

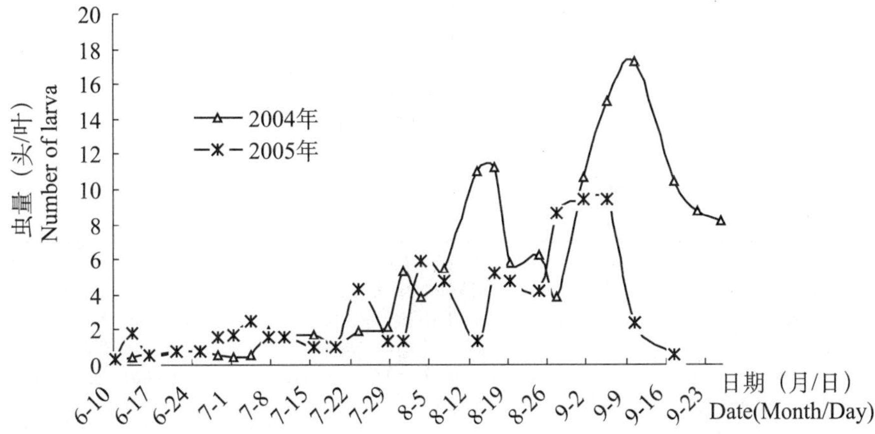

图4　不同年份美洲斑潜蝇在豇豆上的发生动态

Fig. 4　The population dynamics of *Liriomyza sativae* in the year of 2004 and 2005

2.3　美洲斑潜蝇对不同寄主的适合度

2005年对美洲斑潜蝇发生期间的系统调查中，查到美洲斑潜蝇的日频次率为100%，即每个调查日都能在一些寄主植物上抽样查到美洲斑潜蝇，但对所选17种寄主植物查出的频次率变动范围为10%～100%，这在一定程度上反映了美洲斑潜蝇在不同寄主植物上的选择强度。根据江苏省扬州地区查到的所有寄主的 P 值算得平均数为0.55，然后将美洲斑潜蝇寄主划分为4种类型（表2）。其中豇豆、番茄等为最适宜寄主，$P>1$；瓠瓜、丝瓜、青菜、茼蒿、四季豆等为适宜寄主，P 介于0.55～1之间；黄瓜、冬瓜、莴苣、生菜、茄子等为较适宜寄主，P 介于0.1～0.55之间；而萝卜、雪里蕻、芹菜、芫荽、蕹菜等为次要寄主，$P<0.1$。在自然界，美洲斑潜蝇在适宜寄主上可达到较高的种群数量水平，而在次要寄主上种群密度常常处于较低水平。

表2　美洲斑潜蝇对寄主的适合度

Table 2　Host suitability of *Liriomyza sativae*

寄主 Host	调查总次数 M	查到该虫 次数 N	最高幼 虫量 L	选择系数 I	适合性 指数 P	适合度 Fitness
1	9	7	188	0.778	0.809	* * *
2	22	21	40	0.955	0.477	* *
3	23	23	80	1.000	0.800	* * *
4	17	12	80	0.706	0.565	* * *
5	8	6	13	0.750	0.098	*
6	17	17	33	1.000	0.333	* *
7	6	4	14	0.667	0.093	*

续表

寄主 Host	调查总次数 M	查到该虫次数 N	最高幼虫量 L	选择系数 I	适合性指数 P	适合度 Fitness
8	18	7	32	0.389	0.498	* *
9	8	2	12	0.250	0.750	* * *
10	35	32	53	0.914	0.487	* *
11	28	26	36	0.929	0.102	* *
12	7	7	9	1.000	0.090	*
13	10	1	19	0.100	0.019	*
14	21	21	90	1.000	0.900	* * *
15	26	26	159	1.000	1.590	* * * *
16	30	30	176	1.000	1.760	* * * *
17	7	1	13	0.143	0.019	*

注：1：瓠瓜 *Lagenaria siceraria* (Molina) Standl.；2：黄瓜 *Cucumis sativus* L.；3：丝瓜 *Luffa cylindrica* (L.) Roem.；4：青菜 *Brassica campestris* ssp. *chinensis* (L.) Makino (*B. chinensis* L.)；5：萝卜 *Raphanus sativus* L.；6：冬瓜 *Benincasa hispida* (Thunb.) Cogn.；7：雪里蕻 *B. juncea* var. *multiceps* Tsen et Lee；8：莴苣 *Lactuca sativa* L.；9：茼蒿 *Chrysanthemum coronarium* L.；10：皱叶生菜 *Lactuca Sativa* var. crispa.；11：茄子 *Solanum melongena* L.；12：芹菜 *Apium graveoleus* L.；13：芫荽 *Coriandrum Sativum* L.；14：四季豆 *Phaseolus aureus* var.；15：豇豆 *Vigna unguiculata* ssp. *sesquipedalis* (L.) Verd；16：番茄 *Lycopericon esculentum* M.；17：蕹菜 *Ipomoea aquatica* F.。

3 讨论

从露地蔬菜潜叶蝇发生消长的系统调查看，8 月中旬到 10 月上旬是美洲斑潜蝇发生危害最严重阶段。所调查的几十种蔬菜中有二十几种蔬菜上有美洲斑潜蝇危害，其中有 4 种危害程度达到“++++”级标准。往年在扬州地区美洲斑潜蝇不取食旋花科的蕹菜，而现在在蕹菜上也发现了有美洲斑潜蝇危害。据此作者推测，美洲斑潜蝇具有较强的寄主适应能力，在寄主胁迫的情况下，可以迅速扩大寄主范围，并能很快适应新寄主。这也是要加强美洲斑潜蝇防治力度的一个重要原因。

美洲斑潜蝇尽管具有多食性，但对不同寄主植物的选择性和适合度存在着明显的差异。并且，有资料表明美洲斑潜蝇具有一定的近距离迁移扩散能力，在最适温度下其平均最大飞行距离可达 0.95km[10]。那么，田间前茬寄主收获后，成虫可以转向继茬寄主或临近的嗜好寄主上继续为害，因此，在蔬菜田布局上要尽量避免嗜好寄主的集中连片种植，并且在蔬菜换茬时，要销毁前茬寄主的残茬，避免残茬上幼虫和蛹羽化后的转株危害，压低虫口基数。

通过比较不同年份美洲斑潜蝇在豇豆上的发生动态，可以看出，连续降雨对美洲斑潜蝇的生长发育不利。雨水对出叶老熟幼虫和蛹有一定的冲刷作用，并且长时间水浸会大大降低出叶老熟幼虫及蛹的存活率。出叶老熟幼虫水浸 16h 将全部死亡；蛹的不同发育阶段对水的抗逆能力不同，当连续水浸时数长达 72h，不同发育阶段蛹的死亡率均达 100%[11]。因此，2005 年夏季雨水多是导致美洲斑潜蝇发生量不如 2004 年高的一个重要原因，并且可以用水浸的方法来压低美洲斑潜蝇种群数量。

扬州常年在 11 月底前后会有一次冷空气侵入，大部分露地蔬菜上的潜叶蝇会随低温的到来而死亡。美洲斑潜蝇在扬州及以北地区冬季不能越冬，但在双膜覆盖的保护地内可以越冬，春季危害保护地内蔬菜，但 4 月份揭膜后大田很难查到，到 6 月份始现，7 月份以后突发，虫量大，危害猖獗[1]。因此，冬季保护地可通过适当推迟盖膜来压低越冬虫源基数，减轻对大棚蔬菜的危害，降低翌年蔬菜潜叶蝇的发生危害。

·参·考·文·献·

[1] 张桂芬，朱伟旗，刘春辉. 寄主植物对美洲斑潜蝇各虫态发育历期的影响 [J]. 植物保护学报，1997，25 (1)：11 ~ 14.

[2] 陈艳，赵景玮，范青海. 温度对美洲斑潜蝇发育、存活和繁殖的影响 [J]. 应用生态学报，1999，10 (6)：710 ~ 712.

[3] 何金英，邓望喜，杨石城等. 美洲斑潜蝇实验种群生命表的研究 [J]. 昆虫学报，1999，42 (3)：291 ~ 296.

[4] 戴小华，尤民生，傅丽君. 氮、磷、钾对美洲斑潜蝇寄主选择性的影响 [J]. 昆虫学报，2002，45 (1)：145 ~ 147.

[5] Carolina J C H, Johnson H M W. Host plant preference of *Liriomyza sativae* (Diptera: Agromyzidae) population infesting green onion in Hawaii. *Environ. Entomol.*, 1992, 21 (5): 1 097 ~ 1 102.

[6] Petitt F L, David O W. Intraspecific competition among same-aged larvae of *Liriomyza sativae* (Diptera: Agromyzidae) in lima bean primary leaves. *Environ. Entomol.*, 1992, 21 (1): 136 ~ 140.

[7] Petitt F L, David D O. Laboratory rearing and life history of *Liriomyza sativae* (Diptera: Agromyzidae) on lima bean. *Environ. Entomol.*, 1994, 23 (6): 1 416 ~ 1 421.

[8] Zhao Y X, Kang L. Cold tolerance of the leaf miner *Liriomyza sativae* (Diptera: Agromyzidae). *J. Appl. Entomol.*, 2000, 124 (2 ~ 3): 185 ~ 189.

[9] 陈丽芳，陈国庆，周福才等. 扬州地区蔬菜潜叶蝇发生规律的研究 [J]. 江苏农业研究，1999，20 (4)：24 ~ 28.

[10] 雷仲仁，王音，黄冬如，程登发. 美洲斑潜蝇在不同温度下的飞行能力 [J]. 昆虫学报，2002，45 (3)：413 ~ 415.

[11] 吴佳教，曾玲，梁广文. 水浸对美洲斑潜蝇存活率的影响 [J]. 植物检疫，2000，14 (10)：3 ~ 5.

近年来农田杂草发生加重的原因浅析及防除工作思考

刘学儒，秦玉金，丁涛，杨进

（扬州市植保植检站，225002）

摘　要： 本文简要地从栽培方式的变化、技术指导不力、长期使用单一除草剂及“四边”杂草发生重等方面分析了近年来农田杂草发生加重的原因，并对科学合理除草提出了几点思考，即要坚持农业防除为基础，化学防除为重点的综合防除，要选择对路除草剂及适当的除草方式，健全农技服务体系，建立田间杂草档案，开展植保专业化防除。

关键词： 杂草；重发原因；杂草档案；专业化防除

20 世纪 90 年代，江苏省重点抓了稻田、麦田无草害工程，农田杂草危害得到了有效控制。近年来因栽培方式的变化、基层技术服务体系的弱化等原因导致农田杂草问题日益突出，无论是麦田还是水稻田，如 2009 年扬州市夏熟油菜田冬前草害达标面积为 1.76 万 hm^2，占油菜面积的 51.1%；冬后草害达标面积为 1.44 万 hm^2，占油菜面积的 41.7%。秋季杂草密度平均为 27.8 万株/667m^2，春季平均为 35.4 万株/667m^2；秋熟水稻田草害达标面积为 17.33 万 hm^2，占水稻面积的 84.4%；据邗江市植保站 7 月 20 日调查，直播稻田杂草密度为 0.9 万～200 万株/667m^2，平均 31.7 万株/667m^2，麦套稻田杂草密度为 1.1 万～300 万株/667m^2，平均 32.5 万株/667m^2；全市平均杂草密度是水稻植株密度的 0.5～2 倍，高的达 10～100 倍。杂草防除工作已成为农事操作过程中的一大难题。现就当前农田草害加重的原因作简要分析，并对防治对策提出几点思考。

1　近年来农田杂草加重的原因

1.1　栽培方式的变化

一是栽培方式的变化导致杂草发生程度加重；近年来扬州市直播稻等轻简栽培方式不推自广，种植面积迅速扩大，2008 年直播稻面积达 9.33 万 hm^2，2009 年政府大力控制，直播稻种植面积仍有 6.67 万 hm^2。直播稻田由于无水层或水层较浅，因此，对杂草的控制作用较弱，利于杂草生长为害，特别是杂草出草期长、生长旺盛，具有数量和种类多、适应能力强等方面的优势。据江都市植保站 2009 年 7 月中旬调查，直播稻田杂草密度 1.12 万～12.5 万株/ 667m^2，平均 3.13 万株/ 667m^2，移栽稻田杂草密度 0.02 万～2.5 万株/667m^2，平均 0.21 万株/ 667m^2，直播稻田杂草密度是移栽稻田杂草密度的 14.9 倍。特别是直播稻、麦套稻等轻简栽培面积扩大后杂草稻发生面积逐年增加，全市2007年、2008年、2009年发生面积分别为4.25万hm^2、5.37万hm^2和7.35万hm^2。二是栽培方式的变化导致草相变化，防效降低，草害加重。扬州市移栽水稻田杂草以稗草、异型莎草、矮慈姑等为主，而直播水稻田杂草以稗草、千金子、醴肠、异型莎草、鸭舌草等为主，特别是千金子发生较重[1]，常规用于移栽水稻田的除草剂二氯喹啉酸、苄・乙等对千金子效果均不好，部分直播稻田的旱田杂草马唐、李氏禾等发生较重，而缺乏有效安全的防除药剂。

1.2 技术指导力度下降

随着乡镇农业推广体系改革，种植业农技人员大幅度减员缩编，加之工作人员工资报酬、事业经费严重不足，乡级原本的服务体系不得不承担着经营创收与农技推广双重压力，致使相当数量乡镇出现了推广工作围绕着经营转，农技人员围绕着创收转，农技员无力搞服务的状况，杂草的草相不清、药剂品种老化、技术措施单一，影响农田杂草的控制效果。

1.3 长期使用单一除草剂

部分地区由于长期使用单一除草剂，使次要杂草上升为主要杂草，如在扬州市的丘陵山区，氯甲磺隆及其复配剂已有10多年的使用历史，麦田硬草、罔草、棒头草、早熟禾，野老鹳草、泽漆等上升明显，有些田块成为主要杂草，近年来因氯甲磺隆对后茬作物药害日益明显而限制使用，但氯甲磺隆价格廉且有长期的使用习惯，现在仍有部分农民在使用，致使田间除草效果不理想，草害严重。骠马是防除麦田看麦娘、野燕麦等禾本科杂草的一种理想药剂，且安全性、稳定性好，至20世纪90年代初大面积推广应用以来，已有近20年的历史，造成杂草的抗性产生，引起草相的变化，表现为除草剂的使用量已由原来的40~50ml/667m^2上升为60~80ml/667m^2，高的达100~150ml/667m^2，同时，硬草、棒头草、日本看麦娘上升明显，稻田大量长期使用丁・恶、二氯・苄、二氯喹啉酸造成了千金子的发生程度的上升[2]。

1.4 “四边”杂草发生重，防除不到位

近年来由于依赖化学肥料，农民利用田边杂草沤制绿肥逐渐减少以及农村耕牛的逐渐消失，田埂边、沟边、路边、渠边“四边”杂草种类多、危害重，既有禾本科杂草，也有阔叶杂草；既有一年生杂草，也有多年生杂草；既易扩散到田间危害作物，又是多种病虫害的桥梁寄主。但“四边”地区属公共部分，农民不愿意花人力物力进行防除，而政府也缺少公共投入，防除工作不力。“四边”杂草逐渐向田间扩散蔓延，如空心莲子草、游草等。

2 杂草防除工作的几点思考

2.1 坚持科学的防除对策

要坚持农业防除为基础，化学防除为重点的防除策略。农田除草首先要充分利用农业措施来控草，如精选种子，筛除杂草籽；麦油轮作，或麦油与其他作物轮作[3]；清洁田园，清理田边沟边杂草，减少杂草来源，压低基数；培育壮苗，以苗压草等。不能过度使用化学除草剂，因为除草剂有其自身的缺陷，一是使用不当容易产生药害；二是选择性，

农民很难做到对症下药；三是除草谱有限，在作物生长期间选择性除草剂不能防除掉农田的所有杂草，如果农田杂草种类多，需要几种除草剂复配使用，势必增加防除成本。

2.2 选择对路除草剂及适当的除草方式

一是要做到分类指导，选择对路药剂。二是要治早治小，能封闭土壤处理的不茎叶处理，如直播稻田在条件适宜的情况下采取土壤封闭处理效果要好于杂草出苗后茎叶处理；如小麦田秋季除草，此时杂草幼苗组织幼嫩，抗药力弱，麦苗覆盖度小，杂草触药面大，易被杀死，除草效果要好于春除的效果。三是交替轮换使用除草剂，避免长期使用单一种类的除草剂，造成杂草抗药性的产生或次要杂草上升。

2.3 健全农技服务体系，建立田间杂草档案

杂草幼苗期很难识别草相种类，而等到杂草长大后防除效果又不理想。通过建立杂草田间草相档案可做到对杂草除早除小。要改变当前杂草测报工作完全依赖县级植保部门的现状，适当增加基层乡镇村级植保专业人员，并经常对他们进行业务培训，加强对本地区农田杂草草相跟踪调查，建立杂草草相档案，为翌年或下季杂草防除选择对路药剂提供依据。

2.4 开展植保专业化防除

对杂草做到有效防除，通过一家一户的指导或培训农民，工作量大，且效果不佳，因为农民的素质千差万别，防除技术又复杂多变；如果利用植保专业队防除，只要对防治机手进行培训或由植保专业合作社专业技术人员在防除前对田间杂草草相进行调查后，指导机手开展防除，定能提高防除效果。

参考文献

[1] 秦玉金，焦骏森，鞠国钢等．旱直播水稻田出草规律及防除技术初探［J］．杂草科学，2006，2：20～23.

[2] 刘学儒，秦玉金，胡荣利．扬州市稻田草相特点及化除技术［J］．安徽农业科学，2002，30（1）：79～81，83.

[3] 陈克才，胡根生，钱良玉等．沿江圩区农田草相的变化及杂草综防策略［J］．安徽农业科学，2004，32（2）：285～286，315.

苏中地区油菜田杂草发生特点与防治技术

焦骏森[1]，蔡建华[1]，张友明[1]，戴思金[2]，胡永康[3]，韩小明[4]

（1. 江都市植保站，225200；2. 江都市大桥镇农技站，225211；
3. 江都市郭村镇农技站，225239；4. 江都市丁沟镇农技站，225235）

摘 要：江都市地处苏中地区，油菜是该地区主要油料作物，栽培方式直播、移栽并

存，杂草种类多、密度高、危害重。为此，近年来作者进行了油菜田杂草种类普查、综防技术探讨、新药剂示范推广，较好控制了油菜田草害。

关键词： 油菜田；杂草；发生特点；综防技术

油菜是江都市主要油料作物，一般以稻茬油为主，直播和移栽两种栽培方式。危害油菜的众多有害生物中，杂草不仅直接与油菜争光、争肥、争水，影响油菜生长，而且还能形成有利于病害发生的田间小气候，降低油菜的抗逆性，从而加重病害流行。一般因草害造成油菜减产10% ~20%。为此，近年来作者进行了油菜田杂草种类调查，发生规律观察、综防技术探讨和新药剂试验示范推广等一系列工作。

1 杂草种类与主要群落

通过近几年的调查，江都市油菜田杂草共计查见的有21种，分属10科。分别是禾本科的日本看麦娘、硬草、棒头草、罔草、野燕麦、早熟禾、看麦娘；石竹科的牛繁缕、繁缕、簇生卷耳；茜草科的猪殃殃；十字花科的荠菜、碎米荠：豆科的大巢菜：菊科的稻槎菜、泥糊菜、刺耳菜；玄参科的婆婆纳；大戟科的泽漆；牻牛儿苗科的野老鹳草；紫草科的附地草。主要草群有：硬草—牛繁缕；日本看麦娘—牛繁缕—猪殃殃；硬草—日本看麦娘—牛繁缕；牛繁缕—荠菜—猪殃殃；棒头草—大巢菜—荠菜；硬草—罔草—棒头草等。主要优势杂草为硬草、日本看麦娘、棒头草、牛繁缕、荠菜、猪殃殃，其相对多度分别为61.2、55.9、31.3、60.1、45.1、36.2；田间出现频率分别为89.5%、88.3%、45.5%、95.1%、67.1%、73.8%；平均每平方米株数分别为649.5株、595.1株、224.9株、415.5株、381.1株、291.7株。

2 各种油菜田杂草发生特点

2.1 耕翻移栽油菜

前茬稻田断水后出生的杂草，经翻耕后第一批出生的杂草基本被消灭（一般达95%），耕翻移栽的油菜田杂草出生因翻耕作业而相应推迟，一般在移栽后5d出草，10 ~20d为翻耕油菜田出草第一高峰，第二年早春还有一个小的出草高峰，一般冬前出草量占总出草量的70%左右，冬后出草量占30%左右。相对其他种植方式出草迟，数量少，危害较轻。

2.2 稻板免耕直播油菜

稻板免耕直播油菜一般在10月上、中旬，掌握在土壤湿度大、气温高时播种，十分有利于杂草发生，而油菜苗期生长缓慢且稀播空间大，杂草群体竞争力强于油菜。油菜进入开盘期，才开始出现对杂草的抑制现象。因此归纳起来，稻板免耕直播油菜杂草发生具有出草早（播种前已出草）、密度高（一般是耕翻移栽田的5 ~10倍）、群体大（是油菜苗的20倍以上）、竞争力强、危害重的特点（杂草问题是稻板免耕直播油菜成败的关键）。

2.3 稻板免耕移栽油菜

2.3.1 早

前茬稻田断水后，杂草即开始出生，在油菜移栽前，已形成第一个出草高峰。在油菜移栽后灌水促活棵后，表土层未出土的杂草种子也随萌发出土，形成第二个出草高峰。草量显著多于翻耕油菜田。

2.3.2 齐

稻板免耕移栽油菜田杂草的发生主要来源于表土层，加上油菜移栽活棵阶段土壤湿度大，十分有利于土壤深层次杂草种子萌发，从而出草整齐，高峰明显，这一段时间出草量占总出草量的90%以上。

2.3.3 重

由于杂草发生早而整齐，因而群体竞争力强。在杂草基数相等条件下，杂草对油菜的危害免耕油菜田要重于翻耕油菜田，一般重20%左右。

3 油菜田杂草综合治理技术

油菜田杂草防除的方法很多，但各种方法都存在一定的不足，因此必须以“优化油菜生长环境，控制杂草危害”为目标，因地制宜地组合应用农业的，机械的和化学的防除措施，以实现综合治理草害的目的。

3.1 农业防除

适用于油菜田的农业防除措施，主要有轮作换茬（麦—油轮茬近两年轮茬率达90%以上）、施用腐熟的有机肥、清洁田园（四边杂草防除率达85%以上），适时早播，培育壮苗，提高移栽质量，施足随根肥，增施磷、钾肥，合理密植，保湿诱杀杂草等，2006—2008年应用面积达2万hm^2，控制草害效果达45%左右。

3.2 机械防除

浅耕灭茬、秋季深耕和耙地等土壤耕作措施，对防除杂草具有明显的效果，而移栽油菜田空行中可进行人工锄草，即可以改善土壤通透性，同时也可以大量清理土壤草籽量，降低发生基数，冬前冬后各中耕锄草一次基本控制草害。人工除草面积近3年来达3.3万hm^2。

3.3 化学防除

3.3.1 翻耕油菜田

（1）土壤处理。在油菜移栽前按每666.7m^2对水50kg喷药。近几年主要试验示范如下配方：

36%广灭灵20~25ml/666.7m^2加50%乙草胺乳油75ml/666.7m^2。对看麦娘、日本看麦娘等禾本科杂草防效可达90%以上；对牛繁缕、荠菜、猪殃殃等阔叶杂草防效高达90%以上。

50%乙草胺乳油100~120ml/666.7m^2，对禾本科杂草防效可达90%左右；对牛繁缕、荠菜等小籽粒阔叶杂草防效可达80%左右。

72%都尔乳油100ml/666.7m^2，对禾本科及阔叶杂草防效根据试验均可达到90%左右。

40%乙·果乳油100~120ml/666.7m^2，对禾本科和小籽粒牛繁缕、荠菜等阔叶杂草防效可达85%左右。

（2）茎叶处理。在油菜移栽后，杂草基本出齐后，杂草3叶期左右，按每666.7m^2对水 50kg 细喷雾。近几年来进行如下配方的试验，示范推广。

防除禾本科杂草：用 10.8% 高效盖草能乳油 30ml/666.7m^2；或 5% 精禾草克乳油 70ml/666.7m^2；或 15% 精稳杀得乳油 60 ~ 70ml/666.7m^2；或 5% 高效盖草灵乳油 60 ~ 70ml/666.7m^2。对油菜田除早熟禾以外的禾本科杂草防效高达 95% 左右。近几年应用推广这类茎叶除草剂达 2 万 hm^2。

防除阔叶杂草：用 50% 高特克 40 ~ 50ml/666.7m^2；或用 30% 好实多、油菜除等品种 50 ~ 60ml/666.7m^2。对油菜田阔叶杂草防效一般可达 75% ~ 85%。近几年应用推广这类茎叶除草剂达 1 万 hm^2。

防除禾本科和阔叶杂草混生田：用 17.5% 双草除乳油 100 ~ 120ml/666.7m^2；或将上述防除禾本科杂草加上防除阔叶杂草的药剂混用。对油菜各类杂草防效试验田可达 90% ~ 95%，大面积一般可达 85% 左右。近几年应用推广面积达 1 万 hm^2。

3.3.2 稻板免耕移栽油菜

（1）化学灭茬。在作物收割后油菜移栽前按每 666.7m^2 对水 50kg 喷雾防除已出杂草。用 10% 草甘膦水剂 500ml/666.7m^2；或 41% 农达水剂 100 ~ 150ml/666.7m^2；或 20% 克无踪水剂 100 ~ 150ml/666.7m^2；或 30% 飞达可溶性粉剂 200 ~ 250g/666.7m^2，对出生的杂草防效高达 98% 以上。

（2）土壤处理。在移栽前或移栽后 5d 内，用 20% 敌草胺乳油 250ml/666.7m^2；或 50% 乙草胺乳油 100ml/666.7m^2，或用 40% 乙·果乳油 100 ~ 120ml/666.7m^2 对水 50kg 喷雾，对未出生的禾本科杂草和牛繁缕、荠菜等小籽粒阔叶杂草有 80% ~ 85% 防除效果。

（3）茎叶处理。主攻中后期杂草，药剂配方同移栽油菜田茎叶处理。

3.3.3 翻耕直播油菜

化学防除原则上先用土壤封闭处理（用 50% 乙草胺乳油 100ml/666.7m^2，或用 40% 乙·果乳油 100ml/666.7m^2；或用 20% 敌草胺乳油 200ml/666.7m^2），后视草情选用茎叶处理两次施药技术，药剂配方参照移栽油菜田茎叶处理。

3.3.4 稻板免耕直播油菜

根据这类田块杂草发生特点，化除上采用 10% 草甘膦 500ml/666.7m^2 或 41% 农达 200ml/666.7m^2 或 20% 克无踪 200ml/666.7m^2 加 50% 乙草胺乳油 100ml/666.7m^2 进行化学灭茬和土壤封闭处理，后视草情选用相应茎叶处理剂的两次施药技术。茎叶处理配方参照耕翻田茎叶处理。

麦套稻、直播稻田杂草稻的发生与防治

朱凤生，陈海新，谢加飞

（高邮市植保植检站，225600）

摘　要：随着耕作制度的变化和栽培新技术的推广，直播稻田和套播稻田面积越来越大，杂草稻的发生又有抬头。由于麦茬直播稻田和套播稻田不翻耕，杂草稻一旦形成将危害多年，其数量将呈几何数上升，严重影响直播稻、麦套稻的产量和品质。本文分析了麦茬套、直播稻田杂草稻暴发原因，危害特性；提出了合理耕作布局、控制种源等综防措施。

关键词： 麦套稻；直播稻；杂草稻；暴发原因；危害特性；防除措施

高邮市地处里下河地区，2008 年水稻种植面积 5.57 万 hm^2，其中手栽秧、机插秧、抛秧田 3 万 hm^2、直播稻田 2 万 hm^2、麦套稻田 0.57 万 hm^2。20 世纪 90 年代，该市为精耕细作，杂草稻几乎灭绝，近年来，随着耕作制度的变化和栽培新技术的推广，直播稻田和套播稻田面积越来越大，杂草稻的发生又有抬头。由于麦茬直播稻田和套播稻田不翻耕，杂草稻一旦形成危害，其数量将呈几何数上升。

1 发生概况

高邮市麦茬直播稻田从 2005 年的 0.087 万 hm^2，到 2008 年的 2 万 hm^2，水稻轻简栽培面积的不断扩大，使杂草稻的危害日益严重。据 2008 年普查，全市发生面积 3.07 万 hm^2，已占水稻面积的 48.3%，受害较重的有 0.69 万 hm^2，占水稻面积的 1.24%。为害损失2 820t。如龙虬镇陈庄村 16 组 9.3hm^2 亩麦茬直播稻田，杂草稻密度平均达 368.9 株/666.7m^2（扬花期），杂草稻密度为 0～13 000株/666.7m^2（分蘖期）。其中一户（陈大发）自留种（镇稻 99）、杂草稻高达 12 086 株/666.7m^2。另外不同种植方式对杂草稻发生影响较大，据高邮市植保站 2008 年 7 月 2 日全市普查（水稻分蘖期）总的趋势是：麦套稻（3 360 株/666.7m^2）＞直播稻（3 273 株/666.7m^2）＞水直播（618 株/666.7m^2）＞机插秧（28 株/666.7m^2）＞移栽稻（未查见）。

2 暴发危害的原因

杂草稻适应性强，易于形成群体优势。杂草稻有极强的繁殖能力和自身调节群体密度的能力，在低密度下能通过分蘖来提高繁殖系数，迅速布满全田。且目前发生的杂草稻是一种具有顽强生命力的新的生态型，耐寒耐旱又耐湿，种子在麦田浅层保存一个生长季仍能发芽危害。其出草生长发育和成熟均与水稻同步（比水稻略早），幼草酷似水稻，良莠难分。因此，一经传入即可利用当地的生态真空形成群体优势。

2.1 耕作布局变化，有利于加重危害

从 2002 年麦套稻田扩大种植面积，到 2005 年以来水稻轻简栽培面积不断扩大形成小麦与中稻连作（占 70%）的格局，都利于杂草稻繁殖蔓延（杂草稻早熟易落粒，成熟种子大量落入土壤，第二年条件适宜时萌发成苗，形成恶性循环）。随着稻麦免、少耕技术的推广应用，土壤耕翻次数明显减少，耕翻深度也越来越浅，使掉落在田间的极少量种子能够生存繁衍，而麦套稻田和直播稻田给杂草稻提供了适宜的环境，使杂草稻的出苗率和成活率大大提高。因此，耕作布局的变化是导致杂草稻暴发成灾的重要原因。

2.2 人为传播，有利于扩散蔓延

杂草稻种子除靠施肥、流水传播外，人为的调种、农机器具携带等均能造成大面积循环侵染，特别是串换稻种时夹杂传入一般难以避免。而跨区机械作业和种子调运过程中混入的极少量杂草稻种子，是杂草稻远距离传播的主要途径。如龙虬镇陈庄村 16 组一农户于 2002 年引入杂草稻，2005 年扩展到 3.2hm^2，2008 年全组 9.3hm^2 水稻田均遭受不同程度危害。

2.3 出苗早，出草期长，难以彻底拔除

杂草稻由于在田间越冬，经过了恶劣环境的锻炼，在麦田后期田间湿润或大田正常水稻播种窨水时，其吸水能力强，能很快萌发出苗，一般比正常播种的稻谷出苗早 3～5d。另外杂草稻种子散落在不同的耕作层内，上层出苗早而快，深层出苗慢而长，给防除工作带来一定难度。据调查，自然分布于麦田 10cm 耕作层杂草稻种子，在水稻套播后 5d 内出草的占 67.7%，有近 10% 在水稻未套播前就陆续出土。加之稻田失管或形成危害前忽视防治，最终导致猖獗危害。由于杂草稻在形态和生理上都与栽培稻比较相似，因此杂草稻的防除目前缺乏有效的化学除草剂，杂草稻逐步成为优势杂草群落。

3 发生与危害特性

3.1 种子越冬场所与出草率

不同越冬条件下的出草率：2007—2008 年分别在周巷、龙虬两镇进行室内常温干种保存和模拟麦田不同深度越冬实验。从试验结果看，目前该市发生的杂草稻生态型种子，在常温条件和模拟麦田条件下，均能正常越冬发芽出草。以干燥条件下保存，出草快而整齐，播后 4d 出草率达到 73.3%，5d 出齐，最终出草率为 76.7%。在模拟麦田条件下，出草率较低，出草速度慢。种子分布深度越深，出草越慢。在各深度处理间，以 5cm、10cm 处理出草率最高，分别为 64.9% 和 67.7%（表 1）。

表 1　杂草稻种子不同越冬场所的出草率（%）

处理	5 月 25 日 播后 2d	5 月 26 日 播后 3d	5 月 27 日 播后 4d	5 月 28 日 播后 5d
麦田 5cm 保存	7.8	36.1	63.9	64.9
麦田 10cm 保存	9.3	37.4	66.7	67.7
麦田 15cm 保存	7.9	17.8	55.5	59.4
麦田 20cm 保存	3.5	14.9	44.3	46.8
室内常温干保存	13.0	56.7	73.3	76.7

杂草稻种子在稻田的分布与出草率：杂草稻种子在稻田 20cm 深的耕作层中均有分布，其中以 5～10cm 最多，约占 1/3。分布在稻田各个深度的杂草稻种子均能发芽出草。0～15cm 内的种子出草率为 31.6%～41.2%，15～20cm 内的出草率较低，仅为 10.0%（表 2），趋势与模拟试验一致。杂草稻种子在麦田中保存 6 个月，仍有 1/2 以上的种子能出草，足以证明杂草稻具有顽强的生命力和高度的适应性，是造成在稻田暴发的主要原因。

表 2　麦田杂草稻种子分布与出草率

土层深度（cm）	种子数（粒）	各层分布（%）	出草率（%）			
			5 月 25 日	5 月 26 日	5 月 27 日	5 月 28 日
0 ~ 20	2 718	100	5.3	16.2	31.8	34.8
0 ~ 5	681	25.2	6.6	18.4	31.6	38.2
5 ~ 10	918	33.8	5.9	19.6	41.2	40.2
10 ~ 15	756	27.8	6.0	15.5	36.9	
15 ~ 20	360	13.2	0	5.0	10.0	

3.2　种子成熟度与出草率的关系

2007 年秋在周巷、龙虬两镇选早播麦套稻田（5 月 23 日）和直播稻田（6 月 3 日）水稻田，从 9 月 15 日起每隔 3d 随机取样采收不同成熟度的杂草稻种子，每期 100 粒，重复 3 次，室内保存，于翌年 5 月 23 日播于 5cm 的土层中，观察出草率。

结果看出，早播麦套、直播稻稻田 9 月 15 日、18 日采收的杂草稻种子出草率分别为 1.0% 和 3.3%。两类稻田 9 月 20 日、23 日、26 日采收的种子最终出草率分别为 60.7% ~ 61.7%、72.7% ~81.7%、91.7% ~94.0%。结果表明杂草稻种子成熟度前期差异大，后期基本一致。各期采收的种子多数在播后 5 ~ 10d 出草结束，成熟度高的出草早而整齐，个别种子迟至播后 15d 方出草。综上所述，可以认为杂草稻种子成熟临界期（以能正常出草为准）。

3.3　生育特性观察

2007 年在龙虬镇采收的杂草稻种子于 2008 年 6 月 3 日（与直播稻同步）分别播入土中，每期处理 300 粒种子，始草后各定 10 株，5d 一次记载生育情况。

观察结果表明，不同播期的杂草稻种子分别于播后 2 ~ 3d 始草，出草高峰在播后 5 ~ 7d，播后 15d 前后出草结束。6 月下旬进入分蘖盛期，最高分蘖期出现在 7 月 15 日前后，最高茎蘖数达 28.4 个。总叶片数为 15.8 张。平均株高 105.4 ~ 109.7cm，最高 123cm。杂草稻平均穗长 22.03cm，每穗总粒数平均为 149.7 粒，千粒重为 22.16g，9 月 15 ~ 20 日齐穗，9 月 20 ~ 27 日成熟。

3.4　杂草稻密度与产量损失

选择上年杂草稻发生较重的稻田，预留 200 ~ 333hm^2，保持自然稻草群落（不除草）。于水稻齐穗后（扬花期）5 ~ 7d 按杂草稻发生密度分 5 级标立样方，每样方 10m^2，重复 3 ~ 10 次，计数样方内杂草稻穗数和水稻穗数，成熟时测产或割方称实产，计算损失率。5 级分级以 10m^2 内杂草稻穗数为标准：（1） 1 ~ 5；（2） 5 ~ 10；（3） 10 ~ 20；（4） 20 ~ 30；（5） 30 以上。

试验结果，2008 年在龙虬割样方称实产统计，无草对照实收水稻折 583.28kg/666.7m^2，1 ~ 5 级草害平均损失率分布为 1.68%、11.76%、20.00%、44.31%、58.52%、63.85%、71.08%。结果表明，一般水稻长势差的田，杂草稻生长高大粗壮，造成的损失较大。反之，水稻长势好、密度高，杂草稻相对细弱。还有在杂草稻高密度下，其种内个体间亦发生竞争而相互制约，其造成的损失则不会按实际发生密度的数学比例增长。

4 杂草稻的综合防除措施

由于杂草稻在形态上和生理上都与栽培稻比较相似，限制了选择性化学除草剂的有效性，因而杂草稻的防治还缺乏有效的化学除草剂和配套技术。我们应采取综合防治方法，有效控制杂草稻的蔓延和危害。

4.1 杂草稻发生较轻的田块要尽早进行人工拔除，在目前无有效化除方法的情况下，采用人工去除是最直接有效的办法。但应立足于早，充分利用苗期至抽穗前田间易识别的有利时机，可结合田间除草一并进行；在去除田间杂草稻的同时，对于田埂、沟渠边的杂株也应一并去除。

4.2 杂草稻发生比较严重的田块，改变稻作方式：对麦套稻、直播稻田，应及时改用抛栽稻、移栽稻或机插稻等栽培方式，控制杂草稻的发生。若仍进行直播，应采取先耕翻后直播的方式，以控制杂草稻的发生和蔓延；在上茬收获后必须进行耕翻，耕翻深度在12cm以上，把地表的杂草稻种子深翻，创造不利于杂草稻生长的环境条件。对杂草稻发生特别严重的田块，建议改种其他经济作物。

4.3 控制种源，严防种子带杂，从源头上控制杂草稻的发生和传播。种子生产经营单位和种子管理部门要加强种子生产、销售流程质量控制，防止杂草稻随种子直接流向农田，以控制杂草稻的发生和为害。

参考文献

[1] 扬杰，仲维功等．江苏省扬中杂草稻生物学特性初步研究［J］．杂草科学，2007，(3)：13～15.

[2] 孟英，魏永海等．寒地禾鲁生稻发生原因及防御对策［J］．黑龙江农业科学，2005，(2)：55～56.

[3] 仲维功，杨杰等．江苏扬中“杂草稻”的籼粳分类［J］．江苏农业学报，2006，(3)：238～242.

[4] 王金宝，肖跃成等．麦套稻田杂稻发生特点及控制技术［J］．中国稻米，2005，(3)：30～31.

[5] 孙敬东，肖跃成等．中粳稻田杂草稻发生特点及控制技术初探［J］．杂草科学，2005，(2)：21～23.

麦草全量机械还田直播稻田稗草防除技术

徐蕾[1]，李群[1]，耿跃[1]，谈华[2]，黄静[2]，刘纯荣[2]，韦成凤[2]

(1. 扬州市邗江区植保植检站，225009；2. 扬州市邗江区头桥农技站，225108)

摘　要：研究了几种除草剂在麦草全量机械还田直播稻田不同施用时间、不同剂量对禾本科杂草的控制效果，探讨了除草剂在直播稻田的使用技术。
关键词：直播稻田；除草剂；应用技术

近年来水稻生产围绕优质高效、省工节本、生态持续的总目标，大面积推广小苗抛秧、机插秧、麦套稻，手插秧处于快速消失中。随着农村劳动力的大量转移，直播稻已成为农民不断自发应用的一种新型栽培方式，但直播稻田杂草发生种类多、数量大、发生期长、危害重，一般会减产20% ~50% ，严重田块形成草荒。为了探讨直播稻田杂草防除技术，结合扬州市邗江区近几年来大力推广的多形式轻简稻作技术中的麦草全量还田直播稻技术，我们进行了麦草全量还田直播稻田禾本科杂草的防除试验。

1 材料与方法

1.1 供试药剂

供试除草剂有25g/L稻杰悬浮剂（美国陶氏益农公司生产）、10%千金EC（美国陶氏益农公司生产）、50%杀稗王WP（江苏新沂中凯农用化工有限公司生产）。

1.2 试验设计

试验设计11个处理：（1）25g/L稻杰40ml/667m^2；（2）25g/L稻杰60ml/667m^2；（3）25g/L稻杰80ml/667m^2；（4）25g/L稻杰100ml/667m^2；（5）50%杀稗王50g/667m^2；（6）50%杀稗王60g/667m^2；（7）10%千金60 ml/667m^2，以上于6月27日施药；（8）25 g/L稻杰60 ml/667m^2，于7月13日施药；（9）25g/L稻杰60 ml/667m^2；（10）25g/L稻杰80 ml/667m^2，以上于7月27日施药；（11）清水（CK）。

1.3 试验概况

试验设计在扬州市邗江区头桥镇红平村二队，试验田于6月2日播种，水稻品种为武香粳14，稻作方式为麦草全量还田旋耕后直播，土质为壤土，pH值7.4，有机质含量2.5%。处理1 ~7用药时秧苗3.5叶，株高9.5cm，无分蘖。稗草叶龄2.5叶。处理8用药时水稻叶龄7.5叶。稗草6.5叶，分蘖8.7个/株，株高54 cm。处理9 ~10用药时水稻叶龄10.5叶。稗草分蘖13.8个/株，株高71cm。小区面积33.3m^2，重复3次，随机区组排列。小区间筑埂间隔，单独灌排水。喷液量50kg/667m^2，细喷雾，施药前1d排干田水，隔天复水正常管理。

1.4 调查方法

药后14d内连续观察对秧苗的安全性。第一次施药后15d、30d调查杂草残株，药后45d调查杂草残株与鲜重，每小区调查0.22m^2。

2 结果与分析

2.1 对秧苗的安全性

据药后14d内连续观察，各药剂处理均未发现对秧苗有明显的药害症状，表明25g/L稻杰40 ~100ml/667m^2、10%千金60ml/667m^2、50%杀稗王50 ~60g/667m^{2}对秧苗安全。

2.2 除草效果

2.2.1 不同剂量的除草效果

药后15d，25g/L稻杰40～100ml/667m²、50%杀稗王50～60g/667m²对稗草株防效达96%以上。稻杰、杀稗王在设计用量范围内，随用量增加对稗草的株防效提高，但增幅不明显。

药后30d，25g/L稻杰40～100ml/667m²、50%杀稗王50～60g/667m²对稗草的株防效均在90%以上，并随用量增加防效提高。

药后45d，所有处理的株防效均有下降。25g/L稻杰80～100ml/667m²、50%杀稗王60g/667m²防效为93.2%～96.7%，25g/L稻杰40～60ml/667m²、50%杀稗王50g/667m²防效为79.1%～87.7%。25g/L稻杰40～100ml/667m²对稗草的鲜重防效为88.2%～97.3%。稻杰、杀稗王随用量增加，株防效和鲜重防效均提高（表1）。从试验结果可以看出，田间草量一般的田块，可选用25g/L稻杰60～80ml/667m²，草量较大田块需选用25g/L稻杰80～100ml/667m²，50%杀稗王用量50g/667m²即可。

表1 稻杰不同用量对稗草的防效

处理	药后15d		药后30d		药后45d			
	株数（株/0.22m²）	防效（%）	株数（株/0.22m²）	防效（%）	株数（株/0.22m²）	株防效（%）	鲜重（g/0.22m²）	鲜重防效（%）
25g/L稻杰40ml/667m²	2	96.7	7.7	91.8	35.7	79.1	120.9	88.2
25g/L稻杰60ml/667m²	1.3	97.8	2.3	97.5	22	87.1	67.3	93.4
25g/L稻杰80ml/667m²	1	98.4	0.7	99.3	11.7	93.2	34.8	96.6
25g/L稻杰100ml/667m²	0	100	0	100	11	93.5	27.4	97.3
50%杀稗王50g/667m²	1	98.4	1.3	98.6	19.3	88.7	63.3	93.8
50%杀稗王60g/667m²	0	100	0	100	5.7	96.7	20.4	98
CK	60.7	—	93.3	—	—	—	—	—

注：施药时间为6月27日。

2.2.2 不同药剂的除草效果

25g/L稻杰60ml/667m²、50%杀稗王50 g/667m²、10%千金60ml/667m²，药后15d对稗草的株防效分别为97.8%、98.4%、85.2%；药后30 d对稗草的株防效分别为97.5%、98.6%、86.8%；药后45d对稗草的株防效分别为87.1%、88.7%、69.9%，对稗草的鲜重防效分别为93.4%、93.8%、78.7%。稻杰与杀稗王防效的均好于千金（表2）。

表2 不同药剂对稗草的防效

处理	药后15d		药后30d		药后45d			
	株数（株/0.22m²）	防效（%）	株数（株/0.22m²）	防效（%）	株数（株/0.22m²）	株防效（%）	鲜重（g/0.22m²）	鲜重防效（%）
25g/L稻杰60 ml/667m²	1.3	97.8	2.3	97.5	22	87.1	67.3	93.4
50%杀稗王50 g/667m²	1	98.4	1.3	98.6	19.3	88.7	63.3	93.8
10%千金60 ml/667m²	9	85.2	12.3	86.6	52.7	69.9	217.8	78.7
CK	60.7	—	93.3	—	170.3	—	1 021.6	—

注：施药时间为6月27日。

2.2.3 不同用药时间的除草效果

25g/L 稻杰 60ml/667m^2 于 6 月 27 日施药，药后 15d 对稗草的株防效为 97.8%。于 7 月 13 日施药，药后 15d 对稗草的株防效为 61.4%。于 7 月 27 日施药，药后 15d 对稗草的株防效为 32.3%。

25g/L 稻杰 60ml/667m^2，于 6 月 27 日施药，药后 30d 对稗草的株防效为 97.5%。于 7 月 13 日施药，药后 30d 对稗草的株防效为 69.1%。25g/L 稻杰 60ml/667m^2，于 6 月 27 日施药，药后 45d 对稗草的鲜重防效为 93.4%。于 7 月 13 日施药，药后 30d 对稗草的鲜重防效为 84.5%。于 7 月 27 日施药，药后 15d 对稗草的鲜重防效为 66.4%（表 3）。

表 3　稻杰不同施药时间对稗草的防效　单位：株/0.22m^2，g/0.22m^2

施药时间（月/日）	处理	药后15d				药后30d				药后45d			
		株数	株防效(%)	鲜重	鲜重防效(%)	株数	株防效(%)	鲜重	鲜重防效(%)	株数	株防效(%)	鲜重	鲜重防效(%)
6/27	25 g/L 稻杰 60 ml/667m^2	1.3	97.8			2.3	97.5			22	87.1	67.3	93.4
	CK	60.7	—			93.3	—			170.3	—	1 021.6	—
7/13	25 g/L 稻杰 60 ml/667m^2	36.0	61.4			52.7	69.1	158.3	84.5				
	CK	93.3	—			170.3	—	1 021.6	—				
7/27	25 g/L 稻杰 60 ml/667m^2	115.3	32.3	343.7	66.4								
	CK	170.3	—	1021.6	—								

从试验结果可以看出，同一药剂不同用药时间随用药时间推迟，株防效和鲜重防效明显下降。

3 小结

3.1 安全性

稻杰、杀稗王、千金防除稻田稗草效果好，对水稻安全。

3.2 用药量

稗草 3～5 叶期，宜选用稻杰和杀稗王，用量以 25g/L 稻杰 60ml/667m^2、50% 杀稗王 50g/667m^2 为宜。在部分贻误防治适期的大龄稗草为主的田块，25g/L 稻杰用量要增加到 80～100ml/667m^2，并辅以人工除草，可以较好地控制稗草的危害。

3.3 经济效益

稗草较小时，选用杀稗王较为经济。

30%丙·苄EC防除直播稻田杂草药效试验

邵耕耘，陈金宏，杨呈芹，马秀凤，张雅东

（宝应县植保植检站，225800）

摘　要：直播稻田杂草发生种类多、数量大，药剂防除是经济、有效的措施，选择高效安全药剂是关键。本药效试验结果表明，30%丙·苄对直播稻田的杂草具有较好效果，每666.7m^2用30%丙·苄120ml，药后45d，对禾本科草（稗草）的防效在75%左右，对阔叶草的效果在80%以上，对莎草的防效在90%以上，与42%新野110ml效果相当。在实际生产中应用30%丙·苄EC防除直播田杂草，采用土壤封杀，每666.7m^2药量以120ml为宜，对稗草发生重的田块，可在稗草出苗后进行补治。

关键词：丙·苄；直播稻；杂草防除

直播稻在播种方式上主要有旱直播、水直播两种，因其操作简便，群众自发应用积极性高，近年来宝应县直播稻田种植面积不断扩大，目前约占全县水稻种植面积的40%左右。直播稻杂草发生种类多，出草期长，出草峰多，密度高，危害重，不及时防除，可造成严重减产，甚至绝收。由于部分群众对直播稻杂草发生危害性认识不足，防控措施不够到位，特别是土壤封杀不及时，封杀效果不够理想，导致部分田块杂草重发，甚至出现了“草荒”，对水稻生产的安全构成了严重威胁。适时有效地防除直播稻田杂草是直播稻生产的关键技术，土壤封杀是除草的关键措施之一，直接关系到防控效果的好坏，而药剂对路与否则是基础。30%丙·苄EC是江苏丰山集团研制生产的直播稻田新型除草剂，为明确其对直播稻的安全性及除草效果，便于指导大面积生产，我们于2008年进行了30%丙·苄EC防除直播稻田杂草试验。

1　材料与方法

1.1　试验概况

试验地点选择在宝应县山阳镇沿湖村，稻作方式为直播稻。土壤类型为潮黄土，土质为沙土，pH值8，有机质含量2.0%，肥力一般，前茬小麦。供试水稻品种为武育粳3号，6月21日撒播，田间杂草主要有莎草、稗草、鲤肠、陌上菜等，用药时秧苗、杂草均未出。

1.2　供试药剂

30%丙·苄（江苏丰山集团提供）；42%新野（江苏苏科农化生产，市售）。

1.3　试验设计

本试验共设4个处理，3次重复，小区面积25m^2，随机排列。具体为处理1：30%丙·苄100ml/666.7m^2；处理2：30%丙·苄120ml/666.7m^2；处理3：42%新野110ml/666.7m^2；处理4：空白对照。

1.4 试验方法

本试验于2008年6月25日施药，各小区按每666.7m^{2}对水50kg，采用手动喷雾器均匀喷雾，施药时天气阴，无风。

1.5 调查方法

1.5.1 安全性调查

出苗后，观察各小区出苗情况（叶色、株高等），是否有药害。

药害分级方法：

1级：水稻生长正常，无任何受害症状；

2级：水稻轻微药害，药害少于10%；

3级：水稻中等药害，以后能恢复，不影响产量；

4级：水稻药害较重，难以恢复，造成减产；

5级：水稻药害严重，不能恢复，造成明显减产或绝产。

1.5.2 防效调查

每小区定3点，每点0.11m^2，药后15d、30d、45d分别调查各小区草种、草量，计算防除效果。

2 结果与分析

2.1 安全性

药后观察，各小区出苗均正常，叶色、株高表现正常，未见明显药害现象。

2.2 防除效果

2.2.1 对禾本科杂草的防除效果

试验田中的禾本科杂草以稗草为主，药后15d调查，42%新野110ml/666.7m^{2}的效果最好，株防效为58.06%，30%丙·苄120ml/666.7m^2、100ml/666.7m^{2}的株防效分别为54.84%、32.26%；药后30d调查，30%丙·苄120ml/666.7m^{2}的防效最好为56.41%，其次为42%新野110ml/666.7m^2，株防效为43.59%；药后45d，由于各小区稗草发生很不平均，定点区域不能反映整个小区的实际情况，因此，表中数据为整个小区的稗草数量，从调查情况看，30%丙·苄120ml/666.7m^{2}的效果最好，株防效、鲜重防效分别为75.17%、69.04%，其次为42%新野110ml/666.7m^2，株防效、鲜重防效分别为65.21%、60.50%，30%丙·苄100ml/666.7m^{2}的最低，株防效、鲜重防效分别为56.27%、52.53%（表1）。

表1 2008年30%丙·苄防除直播稻田禾本科杂草的效果

地点：宝应县

处理（ml/666.7m^2）	药后15d		药后30d		药后45d			
	株数	株防效（%）	株数	株防效（%）	株数	株防效（%）	鲜重（g）	鲜重防效（%）
30%丙·苄100	21	32.26	28	28.21	1 018	56.27	2 165	52.53
30%丙·苄120	14	54.84	17	56.41	578	75.17	1 412	69.04
42%新野110	13	58.06	22	43.59	810	65.21	1 801.6	60.50
CK	31	—	39	—	2 328	—	4 560.5	—

2.2.2 对阔叶草的防除效果

试验田中的阔叶草主要为鲤肠、陌上菜等，药后15d调查，各药剂处理对阔叶草均有较好的防除效果，株防效在95%以上；药后30d调查，防效有所下降，42%新野110ml/666.7m^{2}最好，株防效为91.65%，30%丙·苄120ml/666.7m^2、100ml/666.7m^{2}的株防效分别为88.5%、83.16%；药后45d，防效最好的是30%丙·苄120ml/666.7m^2，株防效、鲜重防效分别为83.27%、90.52%，其次是42%新野110ml/666.7m^2，30%丙·苄100ml/666.7m^{2}的防效最低，株防效、鲜重防效分别为67.34%、76.31%（表2）。

表2 2008年30%丙·苄防除直播稻田阔叶草的效果

地点：宝应县

处理（ml/666.7m^2）	药后15d		药后30d		药后45d			
	株数	株防效（%）	株数	株防效（%）	株数	株防效（%）	鲜重（g）	鲜重防效（%）
30%丙·苄100	15	97.94	347	83.16	535	67.34	78.5	76.31
30%丙·苄120	11	98.49	237	88.50	274	83.27	31.4	90.52
42%新野110	38	94.78	172	91.65	246	84.98	46.1	86.09
CK	728	—	2 060	—	1 638	—	331.3	—

2.2.3 对莎草的防除效果

药后15d调查，各药剂处理对莎草均有较好的防除效果，株防效均在95%以上；药后30d调查，各处理区仍有较高的防效，30%丙·苄120ml/666.7m^{2}和42%新野110ml /666.7m^{2}的防效在95%以上，30%丙·苄100ml/666.7m^{2}防效最低，为90.79%；药后45d，30%丙·苄120ml/666.7m^{2}和42%新野110ml /666.7m^{2}的防效较好，株防效、鲜重防效均在90%以上，30%丙·苄100ml/666.7m^{2}的防效有较大下降，株防效、鲜重防效分别为71.42%、75.49%（表3）。

表3 2008年30%丙·苄防除直播稻田莎草的效果

地点：宝应县

处理（ml/666.7m^2）	药后15d		药后30d		药后45d			
	株数	株防效（%）	株数	株防效（%）	株数	株防效（%）	鲜重（g）	鲜重防效（%）
30%丙·苄100	55	93.50	109	90.79	353	71.42	197.3	75.49
30%丙·苄120	19	97.75	45	96.20	96	92.23	65.3	91.89
42%新野110	3	99.65	10	99.16	47	96.19	43.1	94.65
CK	846	—	1 184	—	1 235	—	805	—

3 小结

从本试验结果看，30%丙·苄对直播稻田的杂草具有较好的封闭效果，每666.7m^{2}用30%丙·苄120ml与42%新野110ml效果相当，药后45d，对禾本科草（稗草）的防效在

75%左右，对阔叶草的效果在80%以上，对莎草的防效在90%以上。在实际生产中30%丙·苄EC应采用土壤封杀，每666.7m^{2}药量以120ml为宜，对于稗草发生重的田块，可在稗草出苗后进行补治。

参·考·文·献

[1] 农药田间药效试验准则册（一）[M]. 北京：中国标准出版社，2000：165～169.

[2] 刁春友，朱叶芹，于淦军等. 农作物主要病虫害预测预报与防治 [M]. 南京：凤凰出版传媒集团，江苏科学技术出版社，2006：320～324.

不同药剂防除冬小麦田杂草试验

张友明[1]，凌发妹[2]，姚开文[1]，焦骏森[1]，莫婷[1]，郭亚军[1]

（1. 江都市农技推广中心，225200；2. 江都市丁沟镇农技农机服务中心，225235）

摘　要： 7.5%啶磺草胺WG（优先）、3.6%二磺·甲碘隆WG（阔世玛）对冬小麦田禾本科杂草、阔叶杂草均有很好防除效果；15%炔草酸WP（麦极）对禾本科杂草有很好防除效果。

关键词： 除草剂；冬小麦杂草；防效试验

冬小麦是江都市主要粮食作物，常年种植面积3万hm^{2}以上，由于长期单一施用除草剂，田间杂草产生抗性、草相发生变化，除草效果明显下降，为了探索新的除草药剂，提高除草效果，笔者于2008年春季在江苏省江都市进行了此项试验。

1　材料和方法

1.1　供试药剂

7.5%啶磺草胺WG（优先）（美国陶氏益农公司）；15%炔草酸WP（麦极）（先正达投资有限公司）；3.6%二磺·甲碘隆WG（阔世玛）（拜耳作物科学公司）；6.9%精噁唑禾草灵SC（骠马）（拜耳作物科学公司）；200g/L氯氟吡氧乙酸EC（使它隆）（美国陶氏益农公司）。

1.2　试验处理

处理1：7.5%优先187.5g/hm^2；处理2：15%麦极WP600g/hm^2；处理3：3.6%阔世玛WG450g/hm^2；处理4：6.9%骠马SC 1500g/hm^2；处理5：200g/L使它隆EC600g/hm^2；处理6：清水对照（CK）。

1.3　试验概况

试验设在江都市丁沟镇，前茬水稻。土质轻黏，pH值7.4，有机质含量2.52%。小区面积20 m^2，重复3次。小麦品种扬麦11号，2007年11月3日播种，麦苗长势较好。2008年2月20日用药，方法采用手提式喷雾器均匀喷雾，用药液量450kg/hm^2。此时麦苗5～6叶期，禾本科杂草3～4叶期，双子叶杂草3～4叶期。

1.4 调查内容和方法

1.4.1 小麦安全性观察

药后7d、15d、30d观察试验各处理小麦生长情况。

1.4.2 药效调查

第一次药后25d调查杂草种类、枝数，因禾本科杂草较小，未能分种类，方法每小区定4点，每点0.11m^2。第二次药后60d调查，方法每小区定4点，每点0.11m^2，取回室内计各处理杂草种类、枝数，并称鲜草重（去根）。计算杂草枝防效和鲜重防效。

2 结果与分析

2.1 对冬小麦的安全性

药后7d观察，3.6%二磺·甲碘隆WG处理麦苗有较轻矮化现象，7.5%啶磺草胺WG处理麦苗叶片有轻微退色现象，其他处理麦苗生长正常。药后15d观察，3.6%二磺·甲碘隆WG处理麦苗仍有较轻矮化现象，7.5%啶磺草胺WG处理麦苗叶片基本正常。药后30d观察，所有处理麦苗生长均正常。

2.2 对杂草的防除效果

2.2.1 药后25d枝防效

7.5%啶磺草胺WG、3.6%二磺·甲碘隆WG、15%炔草酸WP对禾本科防效大于75%，好于6.9%精噁唑禾草灵SC（小于70%）；200g/L氯氟吡氧乙酸EC、3.6%二磺·甲碘隆WG对阔叶草猪殃殃的防效大于70%，好于7.5%啶磺草胺WG、15%炔草酸WP（小于50%）；7.5%啶磺草胺WG、3.6%二磺·甲碘隆WG对阔叶草荠菜防效大于75%，好于200g/L氯氟吡氧乙酸EC、15%炔草酸WP（小于75%）；200g/L氯氟吡氧乙酸EC、7.5%啶磺草胺WG对阔叶草繁缕防效大于75%，好于3.6%二磺·甲碘隆WG、15%炔草酸WP（小于40%）（表1）。

表1 药后25d不同处理对冬小麦田杂草的枝防除效果

处理	禾本科	阔叶草		
		猪殃殃	荠菜	繁缕
优先	79.78	47.77	96.34	78.65
麦极	76.03	45.86	53.66	39.33
阔世玛	79.03	71.97	86.59	35.96
骠马	69.66	—	—	—
使它隆	—	82.17	73.17	92.13

2.2.2 药后60d枝、鲜重防效

7.5%啶磺草胺WG、3.6%二磺·甲碘隆WG、15%炔草酸WP对禾本科防效都较好，

大于95%。6.9%精噁唑禾草灵SC对看麦娘大于90%，好于对硬草的防效（小于90%）。对阔叶草猪殃殃的防效，200g/L氯氟吡氧乙酸EC、3.6%二磺·甲碘隆WG防效最好，大于90%；7.5%啶磺草胺WG一般，枝防效61.49%、鲜重防效82.51%；15%炔草酸WP较差，枝防效、鲜重防效均小于35%。对阔叶草荠菜的防效，7.5%啶磺草胺WG、3.6%二磺·甲碘隆WG防效较好，都高于90%；200g/L氯氟吡氧乙酸EC、15%炔草酸WP较差，都低于50%。对阔叶草繁缕的防效，200g/L氯氟吡氧乙酸EC、7.5%啶磺草胺WG、3.6%二磺·甲碘隆WG防效较好，都达100%；15%炔草酸WP较差，枝防效、鲜重防效均小于45%（表2、表3）。

表2　药后60d不同处理对冬小麦田杂草的枝防除效果

处理	禾本科		阔叶草		
	看麦娘	硬草	猪殃殃	荠菜	繁缕
优先	100	100	61.49	100	100
麦极	97.16	100	33.11	48.00	34.85
阔世玛	100	100	91.89	92.00	100
骠马	94.32	88.89	—	—	—
使它隆	—	—	100	20.80	100

表3　药后60d不同处理对冬小麦田杂草的鲜重防除效果

处理	禾本科		阔叶草		
	看麦娘	硬草	猪殃殃	荠菜	繁缕
优先	100	100	82.51	100	100
麦极	97.69	100	33.46	40.02	43.94
阔世玛	100	100	95.48	92.17	100
骠马	94.07	88.86	—	—	—
使它隆	—	—	100	26.94	100

3　小结与讨论

3.1　对冬小麦，3.6%阔世玛处理麦苗有较轻矮化现象，7.5%优先处理麦苗叶片有轻微退色现象，但15d后能恢复。

3.2　3.6%二磺·甲碘隆WG、7.5%啶磺草胺WG、15%炔草酸WP对冬小麦田禾本科杂草看麦娘、硬草均有较好防效，优于6.9%精噁唑禾草灵SC；3.6%二磺·甲碘隆WG、7.5%啶磺草胺WG对阔叶杂草猪殃殃、荠菜、繁缕也有较好防除效果，对荠菜防除效果优于200g/L氯氟吡氧乙酸EC。

3.3　3.6%二磺·甲碘隆WG、7.5%啶磺草胺WG对冬小麦的安全性，有待今后进一步试验。

不同药剂防除直播稻田杂草试验

张友明[1]，凌发妹[2]，姚开文[1]，焦骏森[1]，史晓利[1]，刘维红[1]

（1. 江都市农技推广中心，225200；2. 江都市丁沟镇农技农机服务中心，225235）

摘　要：新马歇特、丙草胺、施田普加苄嘧磺隆和噁草·丁草胺、苄嘧·丙草胺对直播稻田禾本科杂草千金子、稗草和阔叶杂草鳢肠、耳叶水苋，以及莎草科异型莎草、日照飘拂草均有很好防除效果。对直播水稻安全性差异较大。

关键词：除草剂；直播稻；杂草；防效试验

近几年来直播稻面积逐年扩大，但其杂草发生较重，为了探索不同药剂在直播稻田杂草防除效果及对水稻的安全性，为其在直播稻田推广提供依据，笔者于 2008 年 7 月在江苏省江都市进行了此项试验。

1　材料和方法

1.1　供试药剂

600g/L 丁草胺 EC（新马歇特）（美国孟山都公司）；36%噁草·丁草胺 EC（江苏植物调节剂中心农药厂）；35%苄嘧·丙草胺 WP（江苏省扬州市苏灵农药化工有限公司）；330g/L 二甲戊灵 EC（施田普）（江苏龙灯化学有限公司）；300g/L 丙草胺 EC（扫弗特）（瑞士先正达作物保护有限公司）；300g/L 丙草胺 EC（江苏东宝农药化工有限公司）；10%苄嘧磺隆 WP（江苏东宝农药化工有限公司）。

1.2　试验处理

处理 1：新马歇特 1 800ml/hm^2 + 苄嘧磺隆 300g/hm^2；处理 2：噁草·丁草胺 2 250ml/hm^2 + 苄嘧磺隆 300g/hm^2；处理 3：苄嘧·丙草胺 1 200g/hm^2；处理 4：施田普 2 250 ml/hm^2；处理 5：扫弗特 1 800ml/hm^2 + 苄嘧磺隆 300g/hm^2；处理 6：丙草胺 EC1 800ml/hm^2 + 苄嘧磺隆 300g/hm^2；处理 7：清水对照（CK）。

1.3　试验概况

试验设在江都市丁沟镇，前茬小麦。土质轻黏，pH 值 7.6，有机质含量 2.42%。小区面积 20m^2，重复 4 次。小区间筑小埂隔离防止窜水。水稻品种淮稻 5 号，2008 年 6 月 9 日旱直播（不浸种），6 月 13 日用药，方法采用手压式喷雾器均匀喷雾，用药液量 450kg/hm^2。此时稻种、杂草种子萌芽期。栽培管理正常。药后 10d 均有降雨，降雨量达 150.4mm，田间有少量积水。

1.4　调查内容和方法

1.4.1　水稻安全性观察

药后 20d 调查各处理秧苗基本苗数量，方法每小区定 4 点，每点 0.11m^2，调查秧苗数量。

1.4.2 药效调查

药后20d调查杂草种类、枝数，因禾本科杂草较小，未能分种类，方法每小区定4点，每点0.11m²。药后40d调查，每小区定4点，每点0.11m²，取回室内计各处理杂草种类、枝数，并称鲜草重（去根），计算杂草枝防效和鲜重防效。

2 结果与分析

2.1 对出苗的影响

噁草·丁草胺对杂草基本苗影响最大，比对照减少30.72%，其次是苄嘧·丙草胺、扫弗特+苄嘧磺隆和二甲戊灵，比对照减少9.41%～16.05%；新马歇特+苄嘧磺隆和丙草胺+苄嘧磺隆比对照减少较少，为6.47%和2.15%。

2.2 对杂草的防除效果

2.2.1 药后20d枝防效

新马歇特+苄嘧磺隆和噁草·丁草胺对禾本科草、阔叶草、莎草防效较好，全草防效为95.23%～97.85%，其他处理防效略低，全草防效为93.38%～94.70%（表1）。

表1 药后20d不同药剂对直播稻田杂草的枝防除效果

处理	基本苗		禾本科		阔时草		莎草		全草	
	数量（株/0.11m²）	比CK±%	数量（株/0.11m²）	防效（%）	数量（株/0.11m²）	防效（%）	平均（株/0.11m²）	防效（%）	数量（株/0.11m²）	防效（%）
1	37.88	-6.47	0.50	98.39	0.75	98.05	0.75	96.58	2.00	97.85 aA
2	28.06	-30.72	1.50	94.70	1.25	96.83	1.75	94.33	4.50	95.23 abAB
3	35.06	-13.43	1.50	94.56	1.75	95.63	2.50	90.44	5.75	93.91 bAB
4	34.00	-16.05	2.00	93.34	2.75	92.69	1.25	94.87	6.00	93.68 bAB
5	36.69	-9.41	2.25	92.77	1.25	96.83	1.50	94.64	5.00	94.70 bAB
6	39.63	-2.15	2.00	93.38	2.25	93.72	2.00	91.95	6.25	93.38 bB
7	40.50		30.25		37.00		27.00		94.25	

注：1. 新马歇特1 800ml/hm² + 苄嘧磺隆300g/hm²；2. 噁草·丁草胺2 250ml/hm² + 苄嘧磺隆300g/hm²；3. 苄嘧·丙草胺1 200g/hm²；4. 施田普2 250ml/hm²；5. 扫弗特1 800ml/hm² + 苄嘧磺隆300g/hm²；6. 丙草胺EC 1 800ml/hm² + 苄嘧磺隆300g/hm²；7. 清水对照（CK）。下同。

2.2.2 药后40d防效

各处理40d对禾本科草、阔叶草、莎草各种杂草枝防效和鲜重防效除效果较好，均在防效90%以上；全草防效为93.38%～99.42%（表2、表3）。

表2 药后40d不同药剂对直播稻田杂草的枝防除效果

处理	禾本科				阔叶草				莎草			
	千金子		稗草		鳢肠		耳叶水苋		异型莎草		日照飘拂草	
	数量（株/0.11m²）	防效（%）	数量（株/0.11m²）	防效（%）	数量（株/0.11m²）	防效（%）	数量（株/0.11m²）	防效（%）	数量（株/0.11m²）	防效（%）	数量（株/0.11m²）	防效（%）
1	1.00	97.93	0.75	94.58	0.50	97.83	0.75	97.35	0.50	97.73	0.25	98.61 aA
2	2.25	95.06	0.75	94.58	0.75	96.36	1.50	94.69	0.75	95.40	0.50	97.22 aA
3	1.50	96.40	1.00	92.12	1.50	91.70	1.00	96.54	1.00	94.69	1.25	91.99 aA
4	2.00	95.29	1.50	88.37	1.25	93.17	1.67	95.73	1.00	95.27	0.75	95.30 aA
5	2.25	94.66	1.50	88.37	0.75	96.36	1.00	96.30	1.25	93.47	1.00	93.56 aA
6	2.00	95.21	1.00	92.50	1	93.80	1	96.54	1	95.50	1.00	93.38 aA
7	41.25		11.50		17.50		26.75		17.25		13.00	

表 3　药后 40d 不同药剂对直播稻田杂草的鲜重防除效果

处理	禾本科				阔叶草				莎草			
	千金子		稗草		鳢肠		耳叶水苋		异型莎草		日照飘拂草	
	数量（株/0.11m²）	防效（%）	数量（株/0.11m²）	防效（%）	数量（株/0.11m²）	防效（%）	数量（株/0.11m²）	防效（%）	数量（株/0.11m²）	防效（%）	数量（株/0.11m²）	防效（%）
1	1.95	99.29	1.88	96.92	0.98	98.11	0.55	97.84	0.78	99.03	0.13	99.42 aA
2	4.25	98.39	1.95	96.81	2.05	95.69	1.18	95.48	1.13	98.19	0.38	98.26 aA
3	2.95	98.79	2.15	96.15	3.70	91.27	0.78	97.07	1.90	97.35	1.05	94.55 aA
4	4.53	98.17	2.88	94.92	2.45	94.34	1.15	95.73	1.38	97.72	0.55	97.26 aA
5	5.00	97.93	3.35	94.11	1.40	97.15	0.93	96.31	2.48	96.45	0.68	96.49 aA
6	3.98	98.36	2.90	95.14	2.40	94.81	0.78	97.05	2.08	96.70	0.80	95.61 aA
7	239.4		50.7		41.25		24.70		64.73		15.78	

3　小结与讨论

3.1　药后遇连阴雨，田间有积水，噁草·丁草胺对直播稻出苗影响最大；苄嘧·丙草胺、扫弗特+苄嘧磺隆和二甲戊灵影响较大；新马歇特+苄嘧磺隆和丙草胺+苄嘧磺隆影响较小。但水稻补偿能力较强，后期对产量影响较小。

3.2　新马歇特+苄嘧磺隆、丙草胺+苄嘧磺隆影、苄嘧·丙草胺、扫弗特+苄嘧磺隆、二甲戊灵和噁草·丁草胺对直播稻田杂草防除效果较好，是理想的直播稻田播后芽前封闭除草药剂。但用药后在保持田间湿度情况下，不能有积水，确保对水稻的安全。

60g/L 五氟·氰氟草 OF 防除直播稻田杂草试验

张友明[1]，韩宝余[2]，郭亚军[1]，莫淳[1]，焦骏森[1]，史晓利[1]，刘维红[1]，姚开文[1]

（1. 江都市农技推广中心，225200；
2. 江都市宜陵镇农技农机服务中心，225225）

摘　要：60g/L 五氟·氰氟草 OF 对直播水稻很安全，对直播稻田禾本科杂草千金子、稗，阔叶杂草鳢肠、耳叶水苋，莎草科异型莎草、日照飘拂草均有很好防除效果。

关键词：五氟·氰氟草 OF；直播稻；杂草；防效

近几年来直播稻面积逐年扩大，但其杂草发生较重，为了探索美国陶氏益农公司生产的 60g/L 五氟·氰氟草 OF 在直播稻上的使用剂量、防除效果及安全性，为其在直播稻田推广提供依据，笔者于 2008 年 7 月在江苏省江都市进行了此项试验。

1 材料和方法

1.1 供试药剂

60g/L 五氟·氰氟草 OF（稻喜）（美国陶氏益农公司）；25g/L 五氟磺草胺（稻杰）OF（美国陶氏益农公司）；100g/L 氰氟草酯 EC（千金）（美国陶氏益农公司）。

1.2 试验处理

处理 1～4：60g/L 五氟·氰氟草 OF 分别 1 000ml/hm^2、1 500ml/hm^2、2 000ml/hm^2、3 000ml/hm^2；处理 5：25g/L 五氟磺草胺 600 ml/hm^2 +100g/L 氯氟草酯 EC 750 ml/hm^2；处理 6：25g/L 五氟磺草胺 600 ml/hm^2；处理 7：100g/L 氯氟草酯 EC 750 ml/hm^2；处理 8：清水对照（CK）。

1.3 试验概况

试验设在江都市宜陵镇，前茬小麦。土质轻黏，pH 值 7.6，有机质含量 2.42%。试验面积每小区 20m^2，重复 4 次。小区间筑小埂防止窜水。水稻品种淮稻 5 号，2008 年 6 月 13 日播种，秧苗长势较好。2008 年 7 月 3 日用药，方法采用手提式喷雾器均匀喷雾，用药液量 450kg/hm^2。此时秧苗 5～6 叶期，禾本科杂草 3～4 叶期，双子杂草 3～4 叶期。

1.4 调查内容和方法

1.4.1 水稻安全性观察

药后 7d、15d、30d 观察试验各处理水稻生长情况。

1.4.2 药效调查

药后 25d 调查杂草种类、枝数，因禾本科杂草较小，未能分种类，方法每小区定 4 点，每点 0.11m^2。药后 40d 调查，每小区定 4 点，每点 0.11m^2，取回室内计各处理杂草种类、枝数，并称鲜草重（去根），计算杂草枝防效和鲜重防效。

2 结果与分析

2.1 对冬小麦的安全性

所有处理区秧苗生长正常，与对照区无差异。

2.2 对杂草的防除效果

2.2.1 药后 25d、40d 枝防效

60g/L 五氟·氰氟草 OF 1 000ml/hm^2 对阔叶杂草防效大于 90%，好于对禾本科杂草、莎草防除效果（小于 90%）；60g/L 五氟·氰氟草 OF 1 500～3 000ml/hm^2 对各种杂草防除效果都较好，防效均在 90% 以上（表 1、表 2）。

表 1　药后 25d 不同处理对直播稻田杂草的枝防除效果

处理	禾草	阔叶草	莎草	全草
	防效（%）	防效（%）	防效（%）	防效（%）
1	82.41	94.22	87.68	88.42 bA
2	100	98.29	100	99.20 aA
3	98.24	98.03	94.92	96.53 aA
4	93.55	96.85	94.2	99.77 aA
5	100	100	98.91	99.71 aA
6	22.02	100	100	77.51 cB
7	84	65.79	82.61	70.56 cB

注：1～4 分别为 60g/L 五氟·氰氟草 OF 1 000ml/hm²、1 500ml/hm²、2 000ml/hm²、3 000ml/hm²；5. 25g/L 五氟磺草胺 600 ml/hm² + 100g/L 氯氟草酯 EC 750 ml/hm²；6. 25g/L 五氟磺草胺 600 ml/hm²；7. 100g/L 氯氟草酯 EC 750 ml/hm²；8. 清水对照（CK）。

2.2.2　药后 40d 鲜重防效除

60g/L 五氟·氰氟草 OF 1 000ml/hm² 处理对禾本科杂草千金子防效为 88.96%。除此之外，60g/L 五氟·氰氟草 OF 1 000～3 000ml/hm² 各处理对各种杂草防除效果均在 90% 以上（表 3）。

表 2　药后 40d 不同处理对直播稻田杂草的枝防除效果

处理	禾本科（%）		阔叶草（%）		莎草（%）		全草（%）
	千金子	稗草	鳢肠	耳叶水苋	异型莎草	日照飘拂草	
1	84.70	82.29	97.12	100.00	87.99	89.44	90.14 Bbc
2	99.07	89.58	100.00	100.00	98.53	100.00	98.76 Aa
3	100.00	100.00	92.86	100.00	96.25	100.00	96.53 Aa
4	100.00	100.00	100.00	100.00	100.00	100.00	100 Aa
5	92.42	88.69	100.00	95.83	86.04	84.02	92.86 Bb
6	36.33	90.18	100.00	100.00	100.00	100.00	73.88 Dd
7	100.00	82.44	65.14	78.94	66.76	87.63	85.11 cC

表 3　药后 40d 不同处理对直播稻田杂草的鲜重防除效果

处理	禾本科（%）		阔叶草（%）		莎草（%）		全草（%）
	千金子	稗草	鳢肠	耳叶水苋	异型莎草	日照飘拂草	
1	88.96	92.9	95.22	100	93.09	95.71	91.39bB
2	100	100	100	100	97.79	100	99.79 aA
3	100	100	93.82	100	97.3	100	99.29 aA
4	100	100	100	100	100	100	100 aA
5	95.43	90.56	100	95.72	92.71	90.87	95.29 abAB
6	45.28	93.73	100	100	100	100	64.79 cC
7	100	89.65	71.29	78.56	69	91.97	91.97 bB

3　小结与讨论

3.1　60g/L 五氟·氰氟草 OF 对直播稻安全。

3.2　60g/L 五氟·氰氟草 OF 对直播稻田一年生禾本科杂草、阔叶杂草、莎草科杂草均有很好防除效果，60g/L 五氟·氰氟草 OF 推荐剂量为 1 500～2 000ml/hm²，在杂草 3～4 期使用。60g/L 五氟·氰氟草 OF 是理想的直播稻田除草药剂。

15%麦极 WP 防除麦田禾本科杂草药效试验

张雅东，邵耕耘，陈金宏，马秀凤，杨呈芹

（宝应县植保植检站，225800）

摘　要： 2007—2008 年，田间药效试验结果表明，15%麦极 WP 对麦田硬草有较好的防除效果，每666.7m²用 40g，药后 30d，对硬草的防效达 90%以上，药后 45d，鲜重防效在 98%以上，麦极 30g/666.7m²，防效略好于骠马 100ml/666.7m²。单用麦极以及与使它隆、二甲四氯混用均未见药害现象，对小麦比较安全。

关键词： 麦极；禾本科；杂草；安全性；防效

15%麦极 WP（炔草酯 Clodinafop—propargel）是由瑞士先正达公司开发的新型小麦田禾本科杂草高效茎叶处理除草剂，对麦田看麦娘、硬草、野燕麦、茵草、棒头草等禾本科杂草具有优良的防效。麦极含有新一代活性成分和先进安全剂，快速吸收，快速起效，耐雨水冲刷，耐干旱，在低温下表现稳定，适应复杂草相，对小麦及下茬安全。为验证 15%麦极 WP 防除麦田禾本科杂草的效果及对小麦的安全性，掌握其使用方法，笔者于 2007 年、2008 年进行了该药剂的试验示范。

1　材料与方法

1.1　试验地概况

试验地点位于宝应县山阳镇沿湖村，前茬水稻，土壤类型为潮黄土，土质为沙土，pH 值8，有机质含量2.0%，肥力一般。2007 年，供试小麦品种为扬麦 11，试验时小麦处于返青拔节期，田间杂草发生数量较大，田间杂草禾本科草主要为硬草，叶龄 7～8 叶。2008 年试验时小麦处于越冬期，供试小麦品种为扬麦 11，小麦叶龄 5～6 叶，硬草处于 3～4叶期。

1.2　供试药剂

15%麦极 WP（先正达公司提供），20%使它隆 EC（市售）、13%二甲四氯水剂（市售）、6.9%骠马 EC（市售）。

1.3　处理设计

2007 年试验共设 5 个处理，不设重复，大区面积 333.3 m²，随机排列。处理 1：15%

麦极 WP40g/666.7m^2；处理 2：15%麦极 WP 30g/666.7m^2；处理 3：15%麦极 WP40g + 20%使它隆 20ml + 13%二甲四氯 150ml/666.7m^2；处理 4：6.9%骠马 EC100ml/666.7 m^2；处理 5：空白对照。

2008 年试验共设 5 个处理，小区面积 100 m^2，4 次重复，随机排列。处理 1：15%麦极 WP 40g/666.7m^2；处理 2：15%麦极 WP 30g/666.7m^2；处理 3：6.9%骠马 EC 100ml/666.7m^2；处理 4：6.9%骠马 EC 80ml/666.7m^2；处理 5：空白对照。

1.4 试验方法

2007 年试验施药时间为 3 月 20 日，施药时天气晴，偏南微风、气温 15～16℃，各处理药剂按设计用药量对水 15kg，采用弥雾机均匀喷雾。2008 年试验施药时间为 1 月 17 日，施药时天气晴，偏南微风、气温 1～2℃，各处理药剂按设计用药量对水 15kg，采用手动喷雾器均匀喷雾。

1.5 调查方法

1.5.1 安全性

药后在考察杂草株防效的同时，观察各处理药剂对小麦的安全性。

药害分级方法：

1 级：水稻生长正常，无任何受害症状；

2 级：水稻轻微药害，药害少于 10%；

3 级：水稻中等药害，以后能恢复，不影响产量；

4 级：水稻药害较重，难以恢复，造成减产；

5 级：水稻药害严重，不能恢复，造成明显减产或绝产。

1.5.2 防效调查

2007 年试验每小区定 3 点，每点 0.11m^2，施药前调查各处理杂草基本苗数，药后 7d、30d、45d 分别调查杂草的株防效（分种类），最后一次加查鲜重防效。2008 年试验每小区各定 3 点，每点0.11 m^2，施药前调查各处理杂草基本苗数，药后 60d 调查杂草的株防效（分种类）。

2 结果与分析

2.1 安全性

2007 年、2008 年药后观察，各药剂处理区均未见明显的药害症状。

2.2 防效

2007 年试验结果（表 1）：药后 7d 调查，每 666.7m^2用 15%麦极 40g 防效最好，株防效为 55.16%，硬草叶片明显发黄，每 666.7m^2用 15%麦极 30g 和 6.9%骠马 100ml 防效在 40%左右，硬草叶片略有发黄；药后 30d 调查，各处理均有较好的防除效果，每 666.7m^2用 15%麦极 WP 40g 及与二甲四氯、使它隆混用的防效均在 90%以上，每 666.7m^2用 15%麦极 WP 30g、6.9%骠马 EC 100ml 的防效分别为 77.20%、77.54%；药后 45d 调查，每 666.7m^2用麦极 40g、麦极 40g + 使它隆 20ml + 二甲四氯 150ml 的防效最好，株防效达 95%以上，鲜重防效达 98%以上，每 666.7m^2用麦极 30g 株防效为 88.2%，鲜重防效为

97.35%，均高于6.9%骠马100ml/666.7m^{2}的效果，骠马100ml/666.7m^{2}株防效为83.77%，鲜重防效为96.03%。

表1 2007年15%麦极WP防除麦田禾本科草示范效果

地点：宝应县

处理（g、ml/666.7m^2）	药前调查（株）	药后7d株防效	药后30d株防效	药后45d	
				株防效	鲜重防效
麦极40	415	55.16%	90.78%	95.74%	98.22%
麦极30	245	43.97%	77.20%	88.20%	97.35%
骠马100	198	39.30%	77.54%	83.77%	96.03%
麦极40+使它隆20+二甲四氯150	157	43.65%	93.74%	6.93%	99.12%
CK（株、g/0.33 m^2）	482	790	932	300	182.69

2008年试验结果（表2）：药后60d调查，6.9%骠马EC 100ml/666.7m^{2}的防除效果最好，株防效为87.01%；其次为15%麦极WP 40g/666.7m^2，防效为85.43%，麦极30g/666.7m^{2}防效80.79%；骠马80 ml/666.7m^{2}防效最低，为78.55%。

表2 2008年15%麦极防除麦田杂草效果

地点：宝应县

处理（g、ml/666.7 m^2）	药前调查	药后60d	
	株数	株数	防效
麦极30	1 450	1 064	80.79%
麦极40	1 268	706	85.43%
骠马80	1 385	1 135	78.55%
骠马100	1 060	526	87.01%
CK（株/1.33 m^2）	997	3 809	—

3 小结

3.1 小麦是宝应县秋播的主要作物，年种植面积在4万hm^{2}以上，近年来，随着免少耕等轻简栽培模式的推广以及单一除草剂的大量应用，麦田草害发生逐年加重，部分地区麦田草相有所变化，硬草已上升为优势种，发生量大，增加了防除难度和防除成本，严重威胁小麦生产。为有效控制麦田硬草的发生与为害，迫切需要新型除草剂。从两年的试验示范结果看，先正达公司生产的15%麦极WP对麦田硬草具有较好的防除效果，每666.7m^{2}用40g，药后7d硬草表现明显的中毒症状，药后30d对硬草的防效达90%以上，药后45d，株防效达95%，鲜重防效在98%以上，药后60d对硬草的防效在85%以上。与骠马相比较，每666.7m^{2}用麦极40g与骠马100ml/666.7m^{2}效果相当，15%麦极WP 30g/666.7m^{2}与6.9%骠马80 ml/666.7m^{2}相当。麦极与使它隆、二甲四氯混用未见药害现象，可有效防除麦田单、双子叶杂草，对小麦比较安全。在实际生产中，每666.7 m^{2}麦极用量在30～40g为宜，硬草发生重时用40g/666.7m^2，单、双子叶杂草混生的田可与二甲四氯、使它隆混用，一并进行防除。

3.2 2007年试验时间为3月中旬，气温较高，有利于药效的发挥，杂草中毒症状表现较快。2008年试验时间为1月中旬，气温在1～2℃，使用麦极后，均未见明显药害，表明麦极在低温情况下对麦苗比较安全。

3.3 从这两年的试验结果来看，试验田杂草数量较大，虽然各个处理的防效达80%以上，但残余草量仍然较多，在农业生产中如果残草多，不利于麦极的推广应用。

·参·考·文·献·

[1] 农药田间药效试验准则册（一）[M]. 北京：中国标准出版社，2000：171～175.

施田补防除水稻旱直播稻田杂草的防效评价和应用前景

问才干，徐 冰，邵小英

（高邮市农业局，225600）

摘 要： 施田补是水稻专用封闭型除草剂，在水稻旱直播田有很好的应用前景。除草效果比较理想，对千金子 *Leptochloa chinensis*（*L. Nees*）有特效。技术关键是药后7d内要注意保湿，保护好药土层，就能充分发挥作用。

关键词： 施田补；旱直播稻；杂草；防效

随着高邮市水稻直播面积的不断扩大，封闭型除草剂（丁草胺系列）已在大面积生产中显得不足。它们施药时遇露籽水稻药害不断出现；药后遇连阴雨天气，会不断造成水稻僵苗死苗；药后遇暴雨畦面积水，还会造成全田毁灭重种的可能。在用大型拖拉机旋耕后直接播种的地区，丁草胺系列暴露的缺点更多。近年来，高邮市在水稻直播田积极推广应用了加拿大龙灯集团的施田补水稻专用型除草剂（二甲戊乐灵，下称施田补）。2007—2008年两年的应用表明，施田补除草效果较好。

1 水稻旱直播田出草规律

水稻旱直播田是一个特殊的环境，它同时具有旱田和水田的出草特性。杂草草相兼有旱田和水田双重特性，种类繁多，大部分旱田杂草在水稻田都得到充分的生长。稗草、看麦娘、莎草、牛毛草、鳢肠、马唐、牛筋草、狗尾草，在播种窨水后的第1～5d纷纷出土，第7～10d达到出草高峰；千金子发芽和出苗较迟，田间湿度比较高时，一般在稻种播后7～10d才萌芽和出苗。2008年由于连续阴雨，田块湿度较高，出草规律有所变化，有的田块在麦收之前，很多杂草就开始萌发，播种窨水后大量出苗，千金子出草期也相应提前，全年直播稻田草害比正常年份重。

2 施田补水稻专用型除草剂应用实况

2007 年，高邮市把施田补作为水稻直播田“一封”防除策略的除草剂，进行大面积推广。全市推广的乡镇达 12 个，主要有卸甲、周山、临泽、司徒、龙虬等乡镇，使用面积达 2 000hm^2。总体看，施田补防除效果比较好，对千金子的防效特好，其中 80% 的田块除草效果在 90% 左右，只有 10% 左右的田块除草效果在 60% 以下。调查发现，封闭期间土壤湿润的田块施田补除草效果好于其他类型的封闭型除草剂，干旱的田块防效则差于其他类型；及时补水的田块防效好于未及时补水的田块。除草效果好的田块，后期几乎没有千金子，即使前期杂草防效较差的田块，后期对千金子的防效也达到 90% 以上。2008 年，高邮市又推广应用施田补 2 000hm^2，由于田间湿度适宜，除草效果普遍比 2007 年好。

施田补进行“一封”后，如及时实施“二杀”，水稻直播田草害就能得到有效控制，不需要再实施“三补”。而其他类型除草剂则必须实施“三补”。而且施田补对水稻的安全性较高，使用施田补后，水稻苗后叶色深，秧苗健壮。

3 施田补与其他药剂比较

用药适期早迟对水稻直播田杂草防除效果影响较大；杂草出草早迟对药剂的封杀效果也有较大影响。

3.1 用药适期

施田补与丁草胺、丁恶乳油、新马歇特、马歇特等封闭型除草剂一样，也是封杀得愈早愈好。一般是播后上水，第二天排干田间积水，下田施药。如果播种与施药相隔时间过长，杂草出土后施药，防效明显变差。使用及时对杂草能起到很好的封杀效果。防效与杂草出土时间长短成正比关系，对已出土的杂草防效较差，而对出土较迟的千金子却有很好的效果。

3.2 田间湿度

田间湿度对封闭式除草剂的影响很大，不管哪种类型封闭式除草剂，都是随着田间湿度的增加，防效也明显的提高。但雨水的冲刷和不断补水，不同类型封闭式除草剂会表现出明显差异。施田补和丙草胺或丙苄系列，水溶性弱，它的药土层不易被破坏，药后遇有雨水或不停的补水，保持湿润，就能达到最佳的防效。2007 年临泽、龙虬等乡镇均属此类型，农民反映效果普遍较好。相反，药后遇干旱天气，不及时补水，畦面干白，防效则极差，卸甲、周山等乡镇的部分田块出现这种情况，农民反映“一封”防效普遍不及丁恶合剂。丁草胺系列和丁恶系列，水溶解性强，但不耐冲刷，药后遇有雨水或田干后补水，封闭药层会被破坏，药效明显降低；反而药后田面干旱，它的封闭效果非常好。2008 年由于连续阴雨，保湿条件好，施田补除草效果普遍较好。

3.3 整地质量

随着水稻直播田面积的扩大，整地质量明显下降。部分地区在麦茬后，既不清理残渣也不浅耕，直接播种，播后略加浅旋盖籽。部分乡镇的一些田块还残留着麦田原生态杂草，田面高低不平，既有麦田畦面的高脊梁，又有靠近沟边低洼地。这些情形对施田补防效影响极大；同一块田中防效也有明显差异，田间高的地方湿度低，药效无法得到发挥，防效差；低洼的地方湿度高，防效好，基本无草。另外，龙虬镇有部分田块畦面残留麦秸秆覆盖，直接影响了药剂与畦面的接触，降低了除草效果。

3.4 药械选择

在旱直播稻田使用封杀型除草剂，一般以手动背负式喷雾器施药为佳，弥雾机防效较差。2007 年大面调查结果显示，前者防效明显高于后者，前者都在 90% 以上，而后者只在 60% 左右。卸甲镇伯勤村一大户，种植了 5.73hm^2 旱直播水稻，畦面整理平整，田间湿度较高，但施用施田补后除草效果却只有 60% 左右，田头调查发现，周围农户田块用手动喷雾器施药，除草效果明显好于该承包大户的弥雾机防治效果。通过分析，一致认为弥雾机雾点较细，弥漫空气中，加上夏季气温高，很大一部分药液被挥发，而手动喷雾器雾点较粗，且喷药时雾滴直接对着地面，药液基本上被土壤表面吸收，有利于药土层的形成。2008 年因空气湿度大，日照少，药液不易挥发，两种药械防效没有明显差异。

3.5 剂量适中

施田补用量在 120～180ml/667m^2，防效与剂量成正比。但用量也不是越高越好，关键是浓度。适宜的浓度，才会出现较好的效果。卸甲镇龙奔村有部分农民反映，667m^2 用水 40kg 比 667m^2 用 20kg 水的田块除草效果差。在直播稻田，播种前，667m^2 用水 20kg，认真施药，均匀喷药，就能达到预想的除草效果；用水过多，既消耗人工，又消耗成本。

4 综合评价与应用前景

施田补是旱直播稻田对杂草防效较好的封闭式除草剂。它在药后雨水较多的情况下、在田间湿度高的田块、在自灌条件比较好的地区、在遇干旱能及时补水的田块值得推广。它对前期的稗草、看麦娘、莎草、牛毛草、鳢肠、马唐、牛筋草、狗尾草等都有很好防效，特别对千金子有较好的防效。两年来，高邮市用施田补作为“一封”的旱直播稻田，在水稻 3 叶期根据草情及时实施了“二补”，就有效地控制了杂草的为害。但是值得注意的是施田补在机灌区、水源不足的地区、封闭期内又遇干旱天气的情况下，要加大“二补”的力度，用 36%“二氯喹啉酸”加“苄嘧磺隆”合剂 80～100g/667m^2。稗草多的田块用 50% 的“二氯喹啉酸”70g/667m^{2}左右，才能有效控制杂草的为害。

优先防除冬小麦田禾本科杂草效果

张桥[1]，张春云[1]，糜俊[2]，张家琴[3]，秦吉洋[1]

（1. 仪征市植保植检站，211400；2. 仪征市大仪镇农服中心，211400；
3. 仪征市大仪农服中心，211400）

摘　要：7.5% 优先 WG 187.5～375g /hm^2 + 专用助剂 450ml/hm^2 冬前在小麦田禾本科

杂草2～4叶期施用，对看麦娘、日本看麦娘、硬草等禾本科杂草具有较好的防除效果，与6.9%骠马EW 1 500ml/ hm²效果相当，略优于3.6%阔世玛WG 450ml/hm² + 助剂1 200ml/hm²。在本试验条件下，优先对麦苗有一定药害表现，用药15d后叶色略有褪淡，叶片黄化，用药剂量增加药害加重；药后约60d症状逐步消失，对小麦后期产量无明显影响。

关键词： 优先；小麦田；禾本科杂草；防除效果

近年来随着单一除草剂的长期使用，麦田草相出现了明显变化，硬草、菵草、早熟禾等恶性杂草在仪征市沿江圩区部分麦田发生越来越为严重，防除难度加大。优先是美国陶氏益农公司开发的新型除草剂，为全面掌握该药剂对小麦田禾本科杂草尤其是硬草的防除效果和对小麦的安全性，2008年，笔者在冬小麦田进行了7.5%优先WG不同剂量防除禾本科杂草试验。

1 材料与方法

1.1 供试药剂

7.5%优先WG、助剂（美国陶氏益农公司生产）、6.9%骠马EW、3.6%阔世玛WG及助剂（德国拜耳作物科学有限公司生产）。

1.2 试验设计与方法

试验设6个处理，(1) 7.5%优先WG 187.5g/hm² + 专用助剂450ml/hm²；(2) 7.5%优先WG 281.25g/hm² + 专用助剂450ml/hm²；(3) 7.5%优先WG 375g/hm² + 专用助剂450ml/hm²；(4) 6.9%骠马EW 1 500ml/hm²；(5) 3.6%阔世玛WG 450ml/hm² + 专用助剂1 200ml/hm²；(6) 不施药（CK）。4次重复，随机排列，小区面积25m²，用水量450kg/hm²。

1.3 试验地情况与气象要素

试验地位于江苏省仪征市朴席镇隆觉村一农户责任田，面积667m²，前茬水稻，土质为沙底淤泥土，pH值7.5，有机质含量2.7%。小麦品种为宁麦9号，2008年11月3日播种（耕翻撒播），播前施农家肥1 800kg，复合肥30kg，腊肥用尿素25kg撒施，2月中旬又追返青施拔节肥10kg（尿素）。整个试验田麦苗长势平衡，生长良好。试验田草相禾本科分布均衡，以硬草为主，占95%以上，阔叶杂草以牛繁缕为主，田间分布不均匀。施药时禾本科杂草2～4叶，平均3.2叶，小麦4叶期左右。

天气状况：2008年12月12日上午施药，当日天气晴，偏南风3到4级，最高温度16℃，次晨最低温度7℃。试验期间最高温度26℃，最低温度-9℃，试验实施以后至测鲜重共历时123d，降水日37d，田间墒情良好。

1.4 药效调查

药前调查杂草基数，药后30d、60d、90d、120d调查药效，每小区定2点，每点0.11m²。药后120d加测鲜重，计算株防效和鲜重防效，并用DMRT法进行统计分析。

1.5 安全性调查

施药后7d、15d、30d、60d目测各处理区药害及恢复生长情况。并于药后30d随机抽取两个重复计18个小区，每小区取麦苗20株考察植株性状。后期实测产量并记录单位面积有效穗数、每穗粒数、计算理论产量，评估药害。

2 结果与分析

2.1 除草效果

2.1.1 中毒症状

药后7d，未见中毒；药后15d，空白对照区杂草生长有活力，处理区杂草基本停止生长，但杂草未见死亡。所有小区杂草叶尖均有0.2~0.5 cm的枯卷（低温所致）。处理区杂草均较空白对照叶色略有褪淡。

2.1.2 除草效果

药后30d，优先3个处理防效为39.61%~40.31%，用量增加防效提高，对照药剂骠马防效为38.21%，阔世玛防效为28.25%，各处理防效以优先高量最高，为40.31%；阔世玛为最低，各处理间防效差异不显著。

药后60d，优先3处理防效均在84.04%以上，对照药剂骠马防效为86.85%，优先各处理间、优先各处理与骠马间防效差异均不显著。阔世玛防效为75.07%，显著低于其余处理。

药后90d和药后120d，优先3处理区防效分别为96.17%~97.97%和99.35%~99.81%，与对照药剂防效（97.86%、99.96%）无显著差异，优先和骠马处理防效均显著高于阔世玛防效（90.09%、95.36%）。

鲜重防效：优先3个处理鲜重防效为99.59%~99.78%，防效优秀，对照药剂骠马防效为99.97%，阔世玛防效为97.43%，各处理间鲜重防效差异均不显著（表1）。

表1 2008—2009年优先防除冬小麦田禾本科杂草杂草（硬草）防效（%）及差异显著性

地点：仪征市

处理	药后30d	药后60d	药后90d	药后120d	鲜重
优先187.5g+助剂450ml	39.61 aA	84.04 aA	96.17aAB	99.35 aA	99.59 aA
优281.25g^2+助剂450ml	39.83 aA	84.48 aA	97.78 aA	99.62 aA	99.7 0aA
优先375g+助剂450ml	40.31 aA	84.71 aA	97.97 aA	99.81 aA	99.78 aA
骠马1 500 ml	38.21 aA	86.85 aA	97.86 aA	99.96 aA	99.97 aA
阔世450m+助剂1 200ml	28.25 aA	75.07 bA	90.09 bB	95.36 bB	97.43 aA
CK	300	480	625	829.25	662.5

注：每一处理4个重复，防效为4个重复的平均防效，表内株防效是以0.22m^{2}的株数计算的，鲜重防效是以0.22m^{2}的总草量计算的。

2.2 对小麦的安全性

药后7d，小麦生长未见异常。药后15~30d，处理区小麦较对照区叶色略有褪淡；

药后30d小麦植株性状考察，优先高量处理株高明显矮于对照，绿叶数、分蘖、鲜重也少于对照（表2）；药后60d，处理间小麦生长正常，药害基本消失；成熟期测产，由于空白对照区杂草密度高，生长量大，有效穗数极显著低于各处理试验区，每穗粒数也较各处理区有所减少，优先3剂量处理区理论产量高于空白对照区63.55%～92.14%（表3）。

表2　2008—2009年药后30d小麦植株性状考察表

地点：仪征市

处理	株高（cm）	绿叶（张）	分蘖（个）	鲜重（g/10株）
优先187.5+助剂450ml	15.60	8.10	2.60	7.00
优先281.25g+助剂450ml	16.00	8.10	2.90	8.00
优先375g+助剂450ml	12.95	5.40	1.90	4.00
骠马1 500 ml	9.70	9.20	2.80	4.00
阔世玛450ml+助剂1 200ml	4.80	8.80	3.10	7.80
CK	16.75	7.00	2.60	6.50

表3　2008—2009年小麦成熟期产量结构分析表

地点：仪征市

处理	有效穗（万穗/667m^2）	千粒（g）	每穗粒数（粒）	理论产量（kg）	增产幅度（%）
优先187.5g+助剂450ml	30.20 aA	33.09 aA	42.08 aA	420.12 aA	63.55
优先281.25g^2+助剂450ml	32.33 aA	34.35 aA	44.11 aA	493.54 aA	92.14
优先375g+助剂450ml	30.63 aA	34.04 aA	40.71 aA	428.07 aA	66.65
骠马1 500 ml	32.10 aA	2.94 aA	43.26 aA	458.46 aA	78.48
阔世玛450ml+助剂1 200ml	33.20 aA	5.29 aA	43.81 aA	511.73 aA	99.22
CK	19.23 bB	34.15 aA	39.34 aA	256.87 bB	0.00

3　小结与讨论

3.1　在杂草2～4叶期施用7.5%优先WG 187.5～375g/hm^2，对看麦娘、日本看麦娘、硬草等禾本科杂草具有较好的防除效果，尤其是对硬草的防效好，其速效性、持效性均与6.9%骠马EW 1 500ml/hm^{2}效果相当、略优于3.6%阔世玛WG 450ml/hm^2+助剂1 200ml/hm^2，是防除小麦田禾本科杂草的优秀除草剂。

3.2　7.5%优先WG对麦苗有一定的药害表现，主要为叶片变淡黄化，生长略受抑制，用量增加药害加重，但后期逐步恢复，对小麦产量无明显影响。

3.3　该试验田块禾本科杂草以硬草为主，对早熟禾、菵草等禾本科杂草的防除效果需进一步试验论证。

10%韩秋好 EC 防除直播稻田杂草试验

康晓霞，吴佳文，董红刚，徐蕾，耿跃

（扬州市邗江区植保植检站，225009）

摘　要：通过田间试验表明，10%韩秋好 70ml/666.7m^{2}对 3～4 叶期稗草 40d 鲜重防效和株防效分别为 96.83%和 97.11%；对 3～4 叶期千金子 40d 株防效和鲜重防效分别为 96.13%和 97.55%。10%韩秋好 80ml/666.7m^{2}对 5～6 叶期稗草和千金子的防效分别为 87.04%和 90.95%。

关键词：10%韩秋好；稗草；千金子；防效

1　材料与方法

1.1　供试材料

1.1.1　作物和栽培品种的选择

水稻品种为南粳 44，旱直播；试验地点选在邗江区沙头镇晨兴村。

1.1.2　试验药剂

10%韩秋好 EC（美国 FMC 公司）；2.5%稻杰 OD（陶氏益农中国有限公司）；100g/L 千金 SC（陶氏益农中国有限公司）；50%二氯喹啉酸 WP（江苏苏化集团新沂农化有限公司）；10%苄嘧磺隆 WP（安徽华星化工有限公司）。

1.2　试验设计

设 13 个处理小区（表 1），随机排列。小区面积 20m^2；重复 3 次，小区间筑埂隔离，单排单灌。

表 1　试验设计药量及处理方法

处理	药剂	有效量（g/hm^2）	商品量（g、ml/666.7m^2）	施用方法	施药时期
1	10%韩秋好	90	60	茎叶喷雾	3～4 叶期
2	10%韩秋好	105	70	茎叶喷雾	3～4 叶期
3	10%韩秋好	120	80	茎叶喷雾	3～4 叶期
4	千金＋稻杰	75＋225	50＋60	茎叶喷雾	3～4 叶期
5	稻杰	225	60	茎叶喷雾	3～4 叶期
6	二氯喹啉酸＋苄嘧磺隆	375＋30	50＋20	茎叶喷雾	3～4 叶期
7	10%韩秋好	90	60	茎叶喷雾	5～6 叶期
8	10%韩秋好	120	80	茎叶喷雾	5～6 叶期
9	10%韩秋好	150	100	茎叶喷雾	5～6 叶期
10	千金＋稻杰	300＋120	80＋80	茎叶喷雾	5～6 叶期
11	稻杰	300	80	茎叶喷雾	5～6 叶期
12	二氯喹啉酸＋苄嘧磺隆	375＋30	50＋20	茎叶喷雾	5～6 叶期
13	对照	—	—	—	

1.3 试验对象田情况

1.3.1 试验对象杂草的选择

稗草（*Echinochloa crusgalli*），千金子（*Leptochloa chinensis* ），莎草（*Juncellus serotinus*），矮慈姑（*Sagittaria pygmaea*），醴肠（*Eclipta prostrata*），鸭舌草（*Monochoria vaginalis*）等。

1.3.2 栽培条件

有机质含量4.15%，pH值7.57，土质为壤土；前茬作物为小麦，品种为扬麦16。

1.4 施药方法

将各小区所需用药量分别用电子天平（感量0.0001g）称取（液体用5ml注射器量取），在田间各小区单独施药。2009年7月1日施药一次，用药时稗草、千金子为3～4叶期。施药前排干田间存水，2d后复水。2009年7月13日施药一次，用药时稗草、千金子为5～6叶期。施药前排干田间积水，2d后复水。每666.7m^2对水45L均匀喷雾。

1.5 田间管理资料

本田水稻长势良好，杂草分布均匀。7月防治稻飞虱两次，每666.7m^2用25%星科90ml+2%宁南霉素100ml和25%钢剑50g+62%吡虫·杀单50g+11%纹肃60g。7月下旬、8月上旬防治病虫两次，每666.7m^2用25%钢剑50g+62%吡虫·杀单50g+11%纹肃60g和14.1%甲维·毒死蜱70ml+40%博特60g。

1.6 调查、记录和测量方法

1.6.1 杂草调查

每小区定3点，每点0.11m^2。分别在药后20d和40d调查。

2009-07-21，药后20d第一次调查防效（3～4叶期）；2009-08-02，药后20d第一次调查防效（5～6叶期）；2009-08-10，药后40d第二次调查株防效和鲜重防效（3～4叶期）；2009-08-22，药后40d第二次调查株防效和鲜重防效（5～6叶期）。

1.6.2 药效计算方法

药剂对杂草的防效按下列公式计算：

$$\text{株(鲜重)防效} = \frac{(\text{对照的株数或鲜重} - \text{处理的株数或鲜重})}{\text{对照的株数或鲜重}} \times 100\%$$

1.6.3 作物调查

在药后3d、7d、15d分别目测各药剂处理小区与对照小区中水稻的生长差异，如叶色、异常生长等。

2 结果与分析

2.1 施药20d后杂草株防效

药后20d调查发现，10%韩秋好处理3～4叶期处理对稗草的防效均达到100%，明显高于5～6叶期处理的效果；低浓度10%韩秋好60ml 3～4叶期处理对千金子的防效仅为

75.66%，明显低于其他处理。从表 2 可以看出，10%韩秋好对莎草和阔叶草的防效，无论是 3～4 叶期还是 5～6 叶期都很不理想，80ml/666.7$m^2$10%韩秋好对 3～4 叶期莎草的防效仅为 64.89%。

表 2　10%韩秋好防治直播稻田杂草的株防效（%）—施药后 20d

药剂处理	稗草		千金子		莎草		阔叶草	
	防效(%)	差异显著性	防效(%)	差异显著性	防效(%)	差异显著性	防效(%)	差异显著性
1	100	aA	75.66	bA	32.3	cdBC	12.25	cC
2	100	aA	100	aA	51.42	bcBC	41.26	bBC
3	100	aA	100	aA	64.89	bAB	40.96	bBC
4	100	aA	100	aA	100	aA	91.99	aA
5	100	aA	88.1	abA	97.06	aA	91.4	aA
6	94.44	aA	79.18	abA	100	aA	42.07	bBC
7	83.96	aA	91.54	abA	48.92	bcdBC	40.97	bBC
8	91.41	aA	90.77	abA	22.87	dC	56.54	bB
9	97.22	aA	100	aA	41.91	bcdBC	48.59	bB
10	83.33	aA	100	aA	98.46	aA	95.59	aA
11	83.33	aA	92.59	abA	100	aA	95.45	aA
12	80.56	aA	89.25	abA	85.78	aA	95.5	aA
CK	—	—	—	—	—	—	—	—

2.2　施药 40d 后杂草株防效和鲜重防效

药后 40d 调查，10%韩秋好 70ml/666.7m^2 和 80ml/666.7m^2 对 3～4 叶期稗草和千金子的株防效和鲜重防效较好，防效均达 95%以上，而对 5～6 叶期稗草和千金子防效不及3～4 叶期效果好，但仍能达 80%以上。但对莎草、阔叶草的株防效和鲜重防效都较差。其中 70ml/666.7m^2处理 3～4 叶期稗草和千金子株防效及鲜重防效与处理 4（千金＋稻杰配方）对稗草和千金子的防效相当，高于单用稻杰 60ml/666.7m^2对 3～4 叶期千金子的株防效和鲜重防效；与 5～6 叶期 10%韩秋好处理当用 100ml/666.7m^2的防效相近，均达 95%以上。10%韩秋好对 3～4 叶期莎草和阔叶草的防效明显低于处理 4、处理 5、处理 6 阔叶草和莎草的防效，与 10%韩秋好对 5～6 叶期莎草和阔叶草的防效基本相当（表 3、表 4）。

表 3　10%韩秋好防治直播稻田杂草的株防效（%）—施药后 40d

药剂处理	稗草		千金子		莎草		阔叶草	
	防效(%)	差异显著性	防效(%)	差异显著性	防效(%)	差异显著性	防效(%)	差异显著性
1	93.73	abAB	78.2	bB	36.91	cC	32.24	bcB
2	96.83	abAB	96.3	aAB	50.68	cBC	46.01	cB
3	100	aA	100	aA	68.3	bB	51.41	bB
4	100	aA	96.45	aAB	99.4	aA	92.22	aA
5	100	aA	84.87	abAB	97.47	aA	92.74	aA
6	88.36	abcAB	85.35	abAB	97.79	aA	93.28	aA
7	84.13	abcAB	84.84	abAB	34.17	cC	48.63	bcB
8	87.04	abcAB	90.95	abAB	46.74	cBC	48.23	bcB

续表

药剂处理	稗草		千金子		莎草		阔叶草	
	防效(%)	差异显著性	防效(%)	差异显著性	防效(%)	差异显著性	防效(%)	差异显著性
9	93.39	abAB	97.62	aAB	42.32	cC	47.79	bcB
10	85.13	cB	94.29	aAB	98.13	aA	97.1	aA
11	82.28	bcAB	91.51	abAB	99.51	aA	91.06	aA
12	85.45	abcAB	93.89	aAB	98.6	aA	95.09	aA
CK	—	—	—	—	—	—	—	—

表4　10%韩秋好防治直播稻田杂草的鲜重防效（%）—施药后40d

药剂处理	稗草		千金子		莎草		阔叶草	
	防效(%)	差异显著性	防效(%)	差异显著性	防效(%)	差异显著性	防效(%)	差异显著性
1	92.54	abA	77.69	cA	54.55	cC	20.25	cD
2	97.11	aA	97.55	abA	47.8	cC	34.71	cCD
3	100	aA	100	aA	77.61	bB	51.06	bBC
4	100	aA	96.97	abA	99.13	aA	90.81	aA
5	100	aA	87.96	abcA	96.3	aAB	93.6	aA
6	87.98	abA	83.4	bcA	96.11	aAB	93.03	aA
7	82.29	abAB	84.27	bcA	51.25	cC	56.07	bB
8	87.7	abA	89.54	abcA	43.63	cC	55.31	bB
9	92.09	abA	97.56	abA	54.57	cC	61.41	bB
10	76.07	bcAB	91.89	abcA	98.11	aA	97.68	aA
11	82.08	abAB	89.95	abcA	99.21	aA	93.9	aA
12	84.65	abAB	92.84	abcA	97.24	aAB	95.3	aA
CK	—	—	—	—	—	—	—	—

3　讨论

从上述试验结果来看，10%韩秋好处理3～4叶期稗草和千金子的防效明显高于5～6叶期稗草与千金子的防效。若田间单双子叶杂草混生时，建议与其他药剂混用，达到一次除草的目的。但从表2和表3可以看出，在对3～4叶期稗草和千金子防除只需70ml/666.7m^2与5～6叶期稗草和千金子用100ml/666.7m^2防除效果。建议在稗草、千金子3～4叶期推荐使用剂量为70ml/666.7m^2，使用方法为茎叶喷雾处理。

同时调查发现，药后3d、7d、15d，处理区水稻与对照组无异常，说明10%韩秋好对水稻相对安全。

480g/L 灭草松水剂防除直播稻田一年生阔叶杂草及莎草科杂草田间药效试验

董红刚，徐蕾，吴佳文，康晓霞，耿跃

（扬州市邗江区植保植检站，225009）

摘　要： 试验通过在直播田水稻苗后茎叶处理，发现安徽丰乐农化有限责任公司的480g/L 灭草松 AS 能有效防除直播水稻田一年生阔叶杂草及莎草科杂草，并对直播水稻生长安全。

关键词： 灭草松；阔叶杂草；莎草科杂草；直播稻

1　材料与方法

1.1　供试材料

1.1.1　作物和栽培品种的选择

直播水稻，品种为南粳 44。直播时间为：2008 年 6 月 7 日。

1.1.2　试验药剂

480g/L 灭草松水剂 AS（安），安徽丰乐农化有限责任公司；对照药剂：480g/L 灭草松 AS（江），江苏绿利来股份有限公司。

1.2　试验设计

设 7 个处理小区（表 1），随机排列。小区面积 20m^2，重复 4 次。小区间筑埂隔离，单排单灌。

表 1　供试药剂试验设计

处理号	药剂	施药剂量（制剂量 ml/667m^2）	有效成分量（g/hm^2）
1	480g/L 灭草松 AS（安）	100	720
2	480g/L 灭草松 AS（安）	150	1 080
3	480g/L 灭草松 AS（安）	200	1 440
4	480g/L 灭草松 AS（安）	300	2 160
5	480g/L 灭草松 AS（江）	150	1 080
6	清水对照（CK）	—	—
7	人工除草	—	—

1.3　试验对象田情况

1.3.1　试验对象杂草的选择

主要杂草有鸭舌草 *Monochoria vaginalis*、莎草 *Juncellus serotinus*、矮慈姑 *Sagittaria pygmaea*、另外还有醴肠 *Eclipta prostrata*。

1.3.2 栽培条件

有机质含量 2.5%，pH 值 7.4，土质为壤土。前茬作物为撒播小麦，品种为扬麦 11 号。

1.4 施药方法

按照设计用量吸取相应量的药液，进行对水（600L/hm^2）喷雾杂草茎叶，各小区单独取药、施药。用美谷牌 NT-16 型手动式喷雾器进行喷雾。于 2008 年 7 月 16 日上午喷药一次，用药时杂草 5 叶期左右。当日天气晴，平均气温为 30.1℃。

1.5 田间管理资料

7 月中旬施复合肥一次，水稻长势良好。7 月下旬施药两次，667m^2用 20% 甲维·毒死蜱 100g + 11% 纹肃 40g；667m^2用 32% 丙溴·氟铃脲 50ml + 40% 博特 40g。8 月上旬施药一次，667m^2用 48% 奉农 80ml + 25% 噻·异 40g + 20% 纹真清 45g。

人工除草小区用药前及药后 15d、30d 各进行一次拔草。

1.6 调查、记录和测量方法

1.6.1 杂草调查

每小区定 3 点，每点 0.25m^2。分别在药前、药后 15d、30d、45d 调查防效。2008-07-16，药前调查基数；2008-07-31，药后 15d 第一次调查防效；2008-08-14，药后 30d 第一次调查防效；2008-08-29，药后 45d 调查株防效和鲜重防效。

1.6.2 药效计算方法

依据《准则》（一）GB/T 17980.40—2000，药剂对杂草的防效按下列公式计算：

杂草减退率（%）=（1－处理后的杂草株数/处理前的杂草株数）×100

杂草株防效（%）=100×（处理的减退率－对照的减退率）/（100－对照的减退率）

杂草鲜重防效（%）=（1－处理区杂草的鲜重/对照区杂草的鲜重）×100

1.6.3 作物调查

药后 5d、10d 和 15d 分别目测水稻的生长状况。成熟期测产比较。

2 结果与分析

2.1 药后 15d 480g/L 灭草松 AS 对一年生阔叶杂草及莎草科杂草的防效

药后 15d，480g/L 灭草松 AS 对田间主要阔叶杂草及莎草科杂草已有很好的防效。480g/L 灭草松 AS 720～2160g a.i./hm^2用量下对莎草、鸭舌草、矮慈姑和总阔叶杂草（含莎草，下同）的平均株防效分别高达 85.77%～93.66%、83.25%～99.18%、66.36%～77.78%和 82.15%～87.20%，试验药剂的防效与对照药剂灭草松效果无显著差异（表 2）。

表 2　480g/L 灭草松 AS 防除直播稻田一年生阔叶草及莎草株防治效果（%）—施药后 15d

药剂	莎草		鸭舌草		矮慈姑		阔叶杂草	
处理号	防效(%)	差异显著性	防效(%)	差异显著性	防效(%)	差异显著性	防效(%)	差异显著性
1	90.17	aA	99.18	aA	66.36	aA	84.11	aA

续表

药剂处理号	莎草		鸭舌草		矮慈姑		阔叶杂草	
	防效(%)	差异显著性	防效(%)	差异显著性	防效(%)	差异显著性	防效(%)	差异显著性
2	85.77	aA	98.25	aA	77.78	aA	87.20	aA
3	93.04	aA	83.25	aA	70.52	aA	82.15	aA
4	93.66	aA	89.86	aA	70.13	aA	83.43	aA
5	60.66	aA	88.03	aA	63.75	aA	80.13	aA

2.2 药后 30d 480g/L 灭草松 AS 对一年生阔叶杂草及莎草科杂草的防效

药后 30d，480g/L 灭草松 AS 720 ~2 160g a. i. /hm^{2}对莎草、鸭舌草和总阔叶杂草的平均株防效分别为 80.76% ~98.10%、75.90% ~89.08% 和 58.67% ~69.64%，对莎草的防效高于对照药剂，对鸭舌草和总阔叶杂草的防效与对照药剂的无显著差异，试验药剂灭草松对矮慈姑的防效也与对照药剂无显著差异，但是药剂的株防效很低（表 3），主要是因为矮慈姑植株矮小，处于最底层，药剂除去其他阔叶杂草反而使其生长良好，防治效果低对照区则由于其他阔叶杂草生长旺盛而它生长不良乃至枯死。

表 3　480g/L 灭草松 AS 防除直播稻田一年生阔叶草及莎草株防治效果（%）—施药后 30d

药剂处理号	莎草		鸭舌草		矮慈姑		阔叶杂草	
	防效(%)	差异显著性	防效(%)	差异显著性	防效(%)	差异显著性	防效(%)	差异显著性
1	98.10	aA	75.9	aA	17.86	aA	68.9	aA
2	80.76	abAB	76.09	aA	33.92	aA	58.67	aA
3	85.26	abAB	85.01	aA	33.71	aA	69.64	aA
4	94.14	aAB	89.08	aA	27.79	aA	69.57	aA
5	67.45	aA	80.75	aA	41.05	aA	79.79	aA

2.3 药后 45d 480g/L 灭草松 AS 对一年生阔叶杂草及莎草科杂草的防效

药后 45d，清水对照小区由于鸭舌草等中上层阔叶杂草覆盖度大，而矮慈姑则是属于株型矮小的下层杂草，中上层杂草的覆盖造成田间下部郁闭，导致矮慈姑植株枯死，因此此时由于清水对照小区无此杂草而不能计算防效。480g/L 灭草松 AS 720 ~2 160g a. i. /hm^{2}对莎草、鸭舌草、总阔叶杂草的株防效分别为 77.46% ~88.04%、50.15% ~92.32%、64.89% ~81.71%，株防效均与对照药剂无显著差异（表 4）。

表 4　480g/L 灭草松 AS 防除直播稻田一年生阔叶草及莎草株防治效果（%）—施药后 45d

药剂处理号	莎草		鸭舌草		矮慈姑		阔叶杂草	
	防效(%)	差异显著性	防效(%)	差异显著性	防效(%)	差异显著性	防效(%)	差异显著性
1	83.2	aA	50.15	bA			64.89	aA
2	77.46	aA	80.09	abA			76.12	aA
3	88.04	aA	92.32	aA			81.71	aA
4	81.27	aA	86.06	aA			77.65	aA
5	50.41	aA	64.99	abA			66.48	aA

对杂草鲜重防效与株防效相似，试验药剂 720 ~ 2 160g a. i. /hm^{2}对莎草、鸭舌草、总阔叶杂草的鲜重防效分别为 71. 41% ~ 95. 49%、89. 21% ~ 97. 82%、76. 16% ~ 92. 39%，同样，鲜重防效与对照药剂无显著差异（表 5）。

表 5　480g/L 灭草松 AS 防除直播水稻田一年生阔叶草鲜重防治效果（%）—施药后 45d

药剂	莎草		鸭舌草		矮慈姑		阔叶杂草	
处理号	防效(%)	差异显著性	防效(%)	差异显著性	防效(%)	差异显著性	防效(%)	差异显著性
1	71. 41	aA	89. 21	aA			76. 16	aA
2	90. 17	aA	94. 24	aA			88. 05	aA
3	95. 49	aA	97. 82	aA			92. 39	aA
4	89. 94	aA	96. 3	aA			89. 53	aA
5	63. 51	aA	94. 03	aA			79. 40	aA

2. 4　对水稻的安全性

2. 4. 1　作物调查

药后 5d、10d 和 15d 分别通过目测调查，试验药剂处理的小区直播水稻生长正常，与对照无差异，药剂对直播水稻安全。

2. 4. 2　作物产量和质量

水稻收获前调查各处理小区的穗密度、穗粒数及千粒重，从而计算各处理小区的理论产量。结果表明，人工除草对照的产量最高，为 520. 76kg/667m^2，480g/L 灭草松 AS 720 ~ 2 160 g a. i. /hm^{2}处理的直播水稻产量与人工除草的无显著差异，且显著高于清水对照。直播水稻产量如表 6 所示。

表 6　不同处理水稻成熟期产量测定

处理号	理论产量（kg/667m^2）					差异显著性
	Ⅰ	Ⅱ	Ⅲ	Ⅳ	均值	
1	444. 81	482. 97	420. 87	371. 04	429. 92	aA
2	596. 83	571. 87	534. 01	364. 99	516. 92	aA
3	511. 02	588. 47	462. 2	416. 18	494. 47	aA
4	488. 4	436. 65	527. 9	372. 88	456. 46	aA
5	430. 22	483. 46	501. 41	517. 3	483. 09	aA
6（CK）	229. 86	220. 46	233. 73	255. 39	234. 86	bB
7（人工除草）	452. 29	432. 96	623. 87	573. 94	520. 76	aA

3　讨论

根据试验结果，安徽丰乐农化有限责任公司的 480g/L 灭草松 AS 在直播水稻苗后（杂草 4 ~ 5 叶）作茎叶处理能有效防除直播水稻田一年生阔叶杂草及莎草科杂草。该药剂 1 080 ~ 1 440 g a. i. /hm^2（制剂 150 ~ 200ml/667m^2）在直播水稻苗后用药，其中对莎草的最终株防效和鲜重防效分别达 77. 46% ~ 88. 04% 和 90. 17% ~ 95. 49%，对鸭舌草的株防效和鲜重防效分别达 80.09% ~92.32% 和 94.24% ~97.82%，对总阔叶杂草的则分别为 76.12% ~81.71% 和 88.05% ~92.39%。试验用量药剂对直播水稻生长安全。因此，此药剂可用于直播水稻田作茎叶处理防除一年生阔叶杂草及莎草科杂草。

旱直播稻田杂草发生特点及化除技术的推广应用

戴思金[1]，朱爱娣[1]，王小林[1]，曹小网[1]，
张正喜[1]，倪群[1]，韩小明[2]，焦骏森[3]

（1. 江都市大桥镇农业农机服务中心，225211；2. 江都市丁沟镇农技站，225235；
3. 江都市植保植检站，225200）

摘　要： 2005 年以来，江都市进行了旱直播水稻田杂草发生及防除技术的研究与推广，摸清了旱直播稻田杂草发生的特点，明确采用丁草胺加恶草灵、丙草胺（加安全剂）加苄黄隆等药剂配方在播后苗前封杀，是旱直播稻田杂草化除关键技术，药后 45d 内防效高达 90% 以上，并得到大面积推广应用。

关键词： 旱直播稻；杂草；发生特点；化学防除

旱直播水稻就是在麦收灭茬后直接将不催芽的稻种播于大田，然后盖种上水，待稻种吸足水分后排水出苗，是一种省工降本的轻型栽培稻作方式，在江都地区的水稻栽培中占有较大比重。随着劳动力转移和机械化的普及，旱直播水稻面积将会进一步扩大。由于旱直播水稻 2 叶期前，板面保持湿润不浸水，十分有利于各种杂草发生，表现为杂草出草早、种类多、数量大。杂草发生种类和数量显著高于人工移栽、抛栽、机栽稻田，也高于水直播稻田。杂草对水稻生产影响很大，极易形成草荒而绝收。为此笔者进行了旱直播稻田杂草种类调查和不同药剂配方在旱直播水稻播种后出苗前及苗后茎叶处理化除试验，并将化除技术大面积示范、推广应用，取得了理想的成效。

1　旱直播稻田杂草发生特点

1.1　杂草的种类及群落

据调查，旱直播稻田查见杂草有 12 科 30 种，其中以稗草、千金子、异型莎草、野荸荠、耳叶水苋、陌上菜、鸭舌草为优势种，严重威胁水稻产量。杂草群落主要有四类，一是以稗草 + 千金子为优势的杂草群落；二是以稗草 + 千金子 + 异型莎草为优势的杂草群落；三是以稗草 + 耳叶水苋 + 野荸荠 + 陌上菜为优势的杂草群落；四是稗草 + 鸭舌草为优势的杂草群落。随着旱直播年限的增加，草相趋于复杂。

1.2　杂草的出草特点

根据观察，旱直播稻田在播种后就窨水，窨水后 5d 开始出草，8d 禾本科杂草及阔叶

杂草开始进入第一出草高峰，窨水后20d左右禾本科杂草和阔叶杂草出草量开始下降。第一出草高峰出草量达570～971株/m^2，第一出草高峰期禾本科杂草（稗草和千金子）出草数量占禾本科杂草总出草数量的84.8%，阔叶杂草（陌上菜和耳叶水苋）出草数量占阔叶杂草总出草数量的83.3%，莎草（异型莎草）出草数量占莎草总出草数量的12.5%。窨水20d左右进入第二出草高峰，即稗草、千金子进入分蘖高峰，异型莎草、野荸荠等莎草进入第二出草高峰。

水稻生长期间田间杂草的自然竞争过程中，稗草的竞争力极强，其次是异型莎草、耳叶水苋、野荸荠，千金子在以上杂草存在的情况下，竞争优势不明显，其他中下层杂草无论数量上、生长量上竞争力均表现很弱。千金子在没有稗草和莎草的干扰下，分蘖力很强，生长迅速，危害极大。

2 旱直播稻田杂草的化除试验结果

2.1 播后苗前土壤处理

42%丁·恶EC 100ml/667m^2、120ml/667m^2；50%丁·异·苄WP 100g/667m^2、120g/667m^2；30%丙草胺·安全剂EC 90ml + 10%苄磺隆WP 20g/667m^2；50%丁草胺EC 120ml + 10%苄磺隆WP 20g/667m^{2}等于播种窨水后2d内按667m^{2}对水50kg均匀喷细雾。

2.1.1 对杂草的株防效

药后15d供试处理对各种杂草防除效果好，其中对莎草和阔叶草的防效为97.3%～100%；对禾本科杂草防效为98.2%～99.7%。药后30d各处理区莎草和阔叶杂草仍有很好控制效果，对禾本科杂草的防效，丁·恶100ml、120ml和丁·异·苄100g、120g四处理防效均在90.0%～94.2%，其余处理的防效在76.92%～89.62%。药后45d各处理区莎草和阔叶草均未见，对禾本科杂草的防效，丁草胺120ml + 苄磺隆20g等处理防效在84.9%～88.8%，其余处理的防效在91.4%～97.9%。

2.1.2 对杂草的鲜重防效

药后60d各药剂处理对旱直播稻田禾本科杂草的鲜重防效为47.94%～80.29%，其中千金子鲜重防效均达100%；对稗草鲜重防效为43.31%～78.53%。由于对照区禾本科杂草生长优势明显，不能反映对莎草、阔叶草的真实防效。

2.2 药剂对水稻的安全性

各药剂处理间秧苗基数差异不显著，在16.2～19.8株/0.11m^2，均显著高于对照区秧苗数量（12.5株/0.11 m^2），随着时间的推移，由于杂草的分蘖，竞争优势更加明显，对照区稻苗无分蘖，苗数在逐渐减少。表现供试各药剂处理对水稻安全。

2.3 苗后茎叶处理

36%二氯·苄WP 60g/667m^2、70g/667m^2；2.5%五氟磺草胺EC 60ml/667m^2、70ml/667m^2、80ml/667m^2，10%氟吡磺隆WP 25g/667m^2、30g/667m^{2}于稻苗2～3叶、稗草3～4叶，按667m^{2}对水50kg排水喷细雾。10%精噁唑禾草灵 + 氰氟草酯EC 30ml/667m^2、40ml/667m^2、50ml/667m^2、60ml/667m^2、70ml/667m^2、80ml/667m^2，10%氰氟草酯EC 60ml/667m^2、70ml/667m^2、80ml/667m^2，于稻苗6～7叶、千金子7～8叶，按667m^{2}对水

50kg 排水喷细雾。

2.3.1 二氯・苄、五氟磺草胺、氟吡磺隆在稻苗 2～3 叶施药对杂草株防效

供试各处理药后 15d 对稗草株防效为 86.1%～92.3%，处理间防效差异不显著，对千金子基本无防效；药后 30d 各处理对稗草株防效为 85.6%～90.0%，对千金子仍无防除效果，供试各药剂处理对稗草防效表现随着各药剂用量的增加防效在提高。

供试各处理对异型莎草药后 15d 株防效为 88.5%～93.8%，药后 30d 株防效为 92.3%～96.9%；对阔叶杂草药后 15d 株防效为 67.5%～86.8%，药后 30d 株防效为 64.1%～84.2%，供试各药剂处理对异型莎草、阔叶草防效随着各药剂用量的增加而增加。

2.3.2 氰氟草酯、精噁唑禾草灵＋氰氟草酯在稻苗 6～7 叶施药对千金子株防效

$667m^2$用 10% 氰氟草酯 60～80ml，对旱直播稻千金子株防效药后 30d 为 85.5%～96.7%，或 $667m^2$用 10% 精噁唑禾草灵＋氰氟草酯 EC 30～80ml，对旱直播稻田千金子株防效，药后 15d 为 79.2%～96.9%、药后 30d 为 54.5%～97.9%，表现随着用药量的增加防除效果增加。

2.3.3 药剂对水稻安全性

在稻苗 2～3 叶期 $667m^2$用 36% 二氯・苄 50g、60g 和 $667m^2$用 2.5% 五氟磺草胺 60～80ml 药后稻苗未出现枯死、畸型等生长不良现象，表现安全。

在稻苗 6～7 叶期 $667m^2$用 10% 精噁唑禾草灵＋氰氟草酯 30～80ml，药后 5d 稻苗叶片褪淡发黄；药后 10d 稻苗叶片发黄加重，生长减慢，高剂量区植株矮小；药后 15d 开始恢复生长；药后 20d 基本恢复正常生长，未出现死苗现象，药害表现程度随着精噁唑禾草灵＋氰氟草酯用量的增加而加重。

3 旱直播稻田杂草化学除草技术的示范推广

根据旱直播稻田杂草发生特点，我们进行了播种窨水后土壤封闭，以及出苗后茎叶处理等药剂试验，明确了以封为主、茎叶处理为补化除技术。

3.1 土壤封杀

在旱直播稻田杂草以稗草、千金子、异型莎草为优势种群情况下，可采用 42% 丁・恶 EC 120ml/$667m^2$，或 50% 丁・异・苄 WP 100～120g/$667m^2$，或 30% 丙草胺・安全剂 EC 100ml＋10% 苄磺隆 WP 20g/$667m^2$，或 50% 丁草胺 EC 120ml＋10% 苄磺隆 WP 20g/$667m^2$，在播种窨水后 2～3d，按 $667m^2$ 对水 50kg 均匀喷细雾。药后到秧苗 1 叶 1 心期田面不积水。保持湿润，一次用药可控制全生育期杂草的危害。近 3 年来我们示范推广应用上述除草剂配方防除旱直播稻田杂草 0.87 万 hm^2，只要按技术要求喷药，对稻苗出苗无影响，杂草总体防效均在 90% 以上。

3.2 茎叶补治

对未用土壤封闭药剂及未按技术要求用土壤封闭药的田块，可在第一杂草出草高峰后的秧苗 2～3 叶期，$667m^2$用 36% 二氯・苄 WP 50～60g，或用 2.5% 五氟磺草胺 EC 70～80ml，或用 10% 氟吡磺隆 WP 25～30g，对水 50kg 喷细雾，喷药时排干田间水，药后 36h

复水，并保水3~5d，对稗草、莎草和阔叶杂草均有90%左右防除效果。近三年来推广应用0.3万hm^2，对千金子多的田块，可掌握在千金子4~5叶期667m^2用10%氰氟草酯EC 80ml，对水50kg喷细雾，喷药时排干田间水，药后36h复水并保水3~5d，对千金子防效可达90%以上，3年来应用推广0.25万hm^2。对莎草和阔叶杂草多的田块，可掌握在水稻5叶后667m^2用13%二甲四氯水剂250~300ml，或用10%吡嘧磺隆WP 20g，对水50kg喷细雾，喷药前排干田面水，药后36h上水，并保水3~5d，对莎草、阔叶杂草防效可达85%以上，3年来应用推广0.2万hm^2。

麦套稻田杂草防除技术的探讨与应用

胡永康[1]，于文忠[1]，韩小明[2]，将卫明[3]，张正喜[3]，王小林[3]，周秋艳[4]，焦骏森[5]

(1. 江都市郭村农技站，225239；2. 江都市丁沟农技站，225235；3. 江都市大桥农技站，225211；4. 江都市浦头农技站，225200；5. 江都市植保植检站，225200)

摘　要： 麦套稻田杂草出草早、种类多、密度高、出草期长、危害重。采用“一封、二杀、三挑”的化除方法，即水稻套种后3d内用42%丁·恶120ml/667m^2等除草剂进行土壤封闭，在水稻3~4叶期667m^2用36%二氯·苄60~70g或用2.5%五氟磺草胺60~80ml或用10%氟吡磺隆25~30g喷雾进行二杀。水稻生长中后期视田间残留杂草情况，用氰氟草酯、二甲四氯等除草剂进行挑治（三挑），对水稻安全，增产效果好。

关键词： 麦套稻田；杂草；发生规律；化除技术

为了省工、降本，减轻劳动强度，提高水稻种植效益，近年来发展麦套稻栽培。但由于草害严重，影响了此项技术的推广速度。为此，笔者自2003—2005年对麦套稻田杂草发生特点及化除技术进行了调查研究，并应用到大面积生产中。

1　麦套稻田杂草发生规律

麦套稻是在前茬麦子收获前10~15d，先灌“跑马水”，然后将用营养土包衣好的露白稻谷直接撒播于麦田的一种种植方式。因该种植方式不打破原土层结构，与其他种植水稻的方式相比，杂草出草早、种类多、密度高、生态抑制作用小、危害重。

1.1　种类多

据2003—2004年8月上、中旬在江都市不同类型地区10个镇100块麦套稻田调查，共查见主要杂草有29种，分属13个科。一般田块有4~5种杂草混生为害（表1）。

表1　江都地区麦套稻田常见杂草

科名	杂草名称	发生频率	危害级别
苋科	空心莲子草	25	2
	莲子菜	10	1
毛茛科	石龙芮	5	1
千屈菜科	节节菜	60	2
	耳叶水苋	82	3
	水苋菜	35	2
玄参科	陌上菜	35	2
菊科	鳢肠	37	3
	狼巴草	15	1
泽泻科	泽泻	15	1
	矮慈菇	85	3
雨久花科	鸭舌草	70	3
眼子菜科	眼子菜	偶见	1
柳叶菜科	草龙	15	1
蓼科	两栖蓼	5	1
	水蓼	10	1
金鱼藻科	金鱼藻	55	1
莎草科	牛毛毡	85	1
	日照飘拂草	15	1
	聚穗莎草	10	1
	萤蔺	21	2
	碎米莎草	27	3
	扁穗莎草	13	1
	异型莎草	75	7
	野荸荠	25	3
禾本科	稗	100	15
	千金子	45	10
	双穗雀稗	21	3
	李氏禾	11	2

注：危害级别指未防除区杂草对产量损失测估，每级为损失产量5%。

1.2　出草早、出草期长

麦田套播洇水后，田间处于湿润状态，有利于马唐、旱稗等半旱生性杂草的萌发。一般第一次洇水后3～6d开始出草，比水稻出苗早5d左右。杂草萌发期长，整个出草期从5月下旬到8月下旬长达3个月。而移栽稻田出草期仅50d左右。一般麦收第一次上水后7d进入出草高峰期，前后长达30d，出草数量占总出草量的80%左右。不同杂草出草集中时段不同，禾本科稗草、千金子等，在播种后15～40d萌发。莎草科异型莎草等莎草在播种后15～55d萌发。阔叶杂草萌发最迟，在播种后20～50d萌发。麦套稻田有3个出草高峰，第一峰在播后30d，第二峰在播后40d，第三峰在播后50d，以第一峰为主峰。而移栽稻田仅有一次出草高峰，峰期在栽后10～20d。

1.3 密度高，生态抑制作用小，危害重

麦套稻田播种量仅为6kg/667m²左右，单位面积内的水稻种子数量远远低于杂草种子数，加之稻种用泥土包衣后直接撒播于麦田，其萌发条件差于草籽，杂草种子又具有很强的适应性，因而杂草萌发早、发生数量大、易形成草欺苗。在水稻分蘖期调查，麦套稻田杂草密度在900～2 500株/m²，是移栽稻田的5～10倍，是稻苗15～20倍。杂草生长速度比稻苗快，杂草一般4～5d出1张新叶，稻苗则需7d左右才能出1张新叶。以稗草为例，麦套稻田稗草株高一般达120cm左右，单株分蘖15～20个，每穴地上部鲜重达300g左右，比移栽稻田稗草分别增加35%、60%、300%。据测定，麦套稻田在不除草情况下，水稻一般减产4～5成，严重田块甚至绝收，主要表现在有效穗减少，结实率降低，千粒重下降（表2）。

表2 麦套稻田杂草对水稻产量结构的影响

年度	杂草密度（株/m²）	有效穗（万/hm²）	实粒数（粒/穗）	千粒重（g）	产量（kg/hm²）
2003	960	318.0	82.2	22.7	5 933.7
	0	410.5	101.2	24.6	10 219.5
2004	1 580	263.5	78.1	22.6	4 650.9
	0	420	101.5	24.5	10 444.4

1.4 麦套稻田杂草群落

江都稻区麦套稻田杂草群落主要有马唐—千金子—稗草—异型莎草—耳叶水苋—鳢肠，发生频率为50%左右；千金子—稗草—异型莎草—野荸荠—鳢肠，发生频率为35%左右；稗草—异型莎草—萤蔺—鸭舌草—矮慈姑—节节菜，发生频率为30%左右。

2 麦套稻田杂草化学除草技术

经过6年用丁·恶、丁·异·苄、苄磺隆、吡嘧磺隆等在水稻播种后1～3d内毒土法施药封闭（一封）；二氯·苄、五氟磺草胺、氟吡磺隆在麦收上水练苗后排水喷雾进行“二杀”；氰氟草酯、吡嘧磺隆、灭草松、二甲四氯在稻苗5叶后排水喷雾进行“三挑”。结果如下：

2.1 一封

（1）42%丁·恶EC 120ml/667m²，药后30d，对杂草株防效为86.8%，鲜草重防效为93.3%，对水稻安全，测产结果比对照增产32%，累计应用6 333hm²。

（2）50%异·丁·苄WP 120g/667m²，药后30d，对杂草株防效为86.5%，鲜草重防效为90.9%，对水稻安全，测产结果比对照增产25.9%，累计应用333.3hm²。

（3）50%丁草胺EC 120ml/667m²＋10%苄黄隆WP 30g/667m²，药后30d，对杂草株防效为88.5%，鲜草重防效为91.3%，对水稻安全，测产结果比对照增产24.4%，累计示范107hm²。

（4）20% 丙草 · 苄 WP 100g/667m²，药后 30d，对杂草株防效为 83.5%，鲜草重防效为 90.2%，对水稻安全，测产结果比对照增产 22.2%，累计示范 566.7hm²。

2.2　二杀

2.5% 五氟磺草胺油悬浮剂 60～80ml/667m²，或用 10% 氟吡磺隆 WP 25～30g，药后 45d 对杂草株防效为 80%～94.8%，鲜草重防效为 82.2%～95.4%，对水稻安全，测产结果比对照增产 31.8%～55.6%，累计示范应用 676.5hm²。36% 二氯 · 苄 WP 60g/667m²，药后 45d 对杂草株防效为 84.6%，鲜草重防效为 89.5%；70g/667m² 对杂草株防效为 90.4%，鲜草重防效为 94.1%，对水稻安全，比对照分别增产 31.6% 和 49.9%，累计应用推广 19 700hm²。

2.3　三挑

（1）对中后期莎草和阔叶杂草多的田块，用 13% 二甲四氯水剂 250～300ml/667m² 或 10% 吡嘧磺隆 WP 20g/667m²，或 48% 灭草松 150ml/667m²，药后 30d 对莎草和阔叶杂草株防效达 85% 以上，鲜重防效达 89.5% 以上，对水稻安全，可比对照增产 10.1%～13.5%，累计应用 2 333.3hm²。

（2）对中后期千金子多的田块，用 10% 氰氟草酯 EC 70ml/667m²，药后 30d 对千金子株防效可达 90.0%，鲜重防效达 90.6%，对水稻安全，比对照增产 17.5%，累计应用 1 768.5hm²；对千金子和稗草多的田块在水稻 6 叶后用 6.9% 精噁唑禾草灵 50ml/667m²，药后 30d 对大龄稗草、千金子株防效分别可达 85.7% 和 93.5%，鲜重防效分别可达 86.4% 和 93.8%，但药后 5～10d 稻苗有落黄现象，15d 后开始恢复，可比对照增产 11.5%，累计示范应用 633.3hm²。

3　麦套稻田化除对策

3.1　选择麦田杂草少的田块进行套种水稻。

3.2　对第一年改种麦套稻的田块，掌握在套种后的第 1～3d，田间保持高湿的情况下，用 42% 丁 · 恶 120ml/667m² 或 50% 丁 · 异 · 苄 100g/667m² 或 30% 丙草胺加安全剂 100ml 加 10% 苄磺隆 20g/667m² 或 50% 丁草胺 120ml/667m² + 10% 苄磺隆 20g/667m²，拌湿润细土（或细沙）30kg/667m² 撒施，施药后用绳在麦株上来回拉一拉，使药土完全落在土表，基本能控制草害。

3.3　对连续 2 年以上种植麦套稻的田块，因杂草种类多、密度高，应在搞好第一次土壤封闭的基础上，于麦子让茬后即水稻 3～4 叶期，用 36% 二氯 · 苄 50～60g/667m² 或 2.5% 五氟磺草胺 60～80ml/667m²，对水 50kg 喷雾进行"二杀"，到水稻生长中后期视田间残留杂草种类采用 10% 氰氟草酯、二甲四氯、灭草松、吡嘧磺隆进行挑治，有较好的防除效果。

50g/L 唑啉草酯·炔草酸（大能）防除小麦田硬草试验

韩小明[1]，姚开文[4]，胡永康[2]，朱爱娣[3]，倪群[3]，焦骏森[4]

（1. 江都市丁沟农技站，225235；2. 江都市郭村农技站，225239；
3. 江都市大桥农技站，225200；4. 江都市农技推广中心，225200）

摘　要：50g/L 唑啉草酯·炔草酸（大能）EC，系先正达公司最新开发的小麦田苗后茎叶处理除草剂，具有施药适期长，在麦苗高至 8 叶期喷药，对硬草均有很好防效；在供试处理用 50g/L 60～200ml/667m^2 对扬麦 15 等小麦无明显药害。综合防效、成本以 667m^2 用 50/L 大能冬前 80～90ml，早春 90～100ml 对水 40～50kg 喷细雾。

关键词：50g/L 大能；防除；小麦田硬草

50g/L 大能 EC 是先正达公司最新开发的小麦田苗后茎叶处理除草剂，为明确其杀草谱最佳用药量及其对小麦的安全性，为大面积推广应用提供科学依据。笔者于 2008—2009 年在江都市进行了 50g/L 大能 EC 不同剂量冬前与早春防除麦田杂草的试验。

1　材料与方法

1.1　供试药剂

1.1.1　50g/L 唑啉草酯·炔草酸（大能）EC，系先正达公司产品。

1.1.2　6.9% 精噁唑禾草灵（骠马）水乳剂，系拜耳公司产品。

1.2　试验处理

1.2.1　冬前喷药处理

处理 1～4：50g/L 大能 EC，666.7m^2 用 60ml、80ml、100ml、160ml；处理 5：6.9% 骠马水乳剂 80ml/666.7m^2；处理 6：空白对照（CK）。

1.2.2　早春喷药处理

处理 1～4：50g/L 大能 EC，666.7m^2 用 80ml、100ml、120ml、200ml；处理 5：6.9% 骠马水乳剂 100ml/666.7m^2；处理 6：空白对照（CK）。

1.3　试验小区面积、重复次数

各处理区面积冬前 30m^2、早春 25m^2，重复 4 次，随机区组排列。

1.4　试验田基本情况

试验选择在江都市大桥镇童兴村进行，供试田小麦品种为扬麦 15 号，浅旋撒播，前茬为旱直播水稻，当茬小麦 11 月 10 日播种。基肥 45% 复合肥 40kg/666.7m^2、尿素 20kg/666.7m^2，追肥尿素 10kg/666.7m^2。冬前 12 月 10 日按 666.7m^2 对水 40kg 喷药，喷药时小麦三叶期，禾本科硬草 1.5～2.5 叶，早春 3 月 8 日按 666.7m^2 对水 50kg 喷药，喷药时小麦 8 叶左右，禾本科硬草 3～5 个分蘖。每平方米禾本科硬草 225～945 株。pH 值 7.8，肥力中等。

1.5 调查时期及内容

药效、药害调查：冬前施药，在药后15d、30d、45d、60d、90d，早春施药，在药后15d、30d、45d、60d，采取目测与计数调查相结合调查各处理区除草效果及对麦苗的安全性。

1.6 喷药前5d和药后10d天气情况

2008年（冬前）：喷药前5d，日平均气温0.2～12.5℃，未降雨，施药当天未降雨，晴，风力3级左右，日平均温度14.1℃，药后10d仍未降雨，日平均温度为4.0～9.1℃。

2009年（春季）：喷药前5d，日平均温度2.2～7.1℃，降雨3.1mm，施药当天平均气温8.4℃，东风3～4级，药后10d，日平均温度7.1～18.3℃，雨日两天，降水14.4mm。

1.7 安全性

结合防效调查一并观察。成熟时进行割方测产。

2 试验结果

2.1 防除效果

2.1.1 药后15d

冬前施药区硬草未出现枯死症状，仅生长量受到控制；早春施药区硬草普遍叶色褪淡，植株变红、枯黄。

2.1.2 药后30d

冬前施药区硬草叶色褪淡，植株开始枯黄；早春施药区药后20d硬草就出现枯黄死亡，药后30d调查，50g/L大能EC 667m^2用80～200ml，对硬草株防效高达88.8%～96.9%，表现随着用药量增加防效在提高，但处理间防效差异不显著（表1）。

2.1.3 药后45d

冬前施药区，50g/L大能EC 667m^2用60～160ml，对硬草株防效为75.9%～93.6%；早春施药区，50g/L大能667m^2用80～200ml，对硬草株防效为94.1%～100%（表1）。

2.1.4 药后60d

冬前施药区，50g/L大能EC 667m^2用60～160ml，对硬草株防效为78.3%～94.4%；早春施药区，50g/L大能667m^2用80～200ml，对硬草鲜重防效为94.0%～100%。防效均表现随着用药量的增加而增加（表1）。

2.1.5 药后90d

冬前施药区，50g/L大能EC 667m^2用60～160ml，对硬草鲜重防效为81.2%～94.7%（表1）。

2.2 安全性

先正达公司生产的50g/L大能EC冬前667m^2用60～160ml，早春667m^2用80～200ml，药后分期调查观察，各处理区小麦未出现枯黄、死苗、畸形，表现生长正常。小麦成熟时取样测产，各药剂处理区均比空白对照区增产，增幅为32.3%～80.0%（表2）。

表 1　江都市大能 EC 防除小麦田硬草试验效果(%)

单位:株、g/0.22m²

处理(ml、g/667m²)		药后 45d		药后 60d		药后 90d	
		株	防效(%)	株	防效(%)	鲜重	防效(%)
冬前喷药(12/10)	大能 60	54.0	76.9	77.0	78.3	21.8	81.2
	大能 80	39.0	83.3	56.0	84.2	20.8	82.3
	大能 100	25.0	89.3	30.0	91.6	11.1	90.4
	大能 160	15.0	93.6	20.0	94.4	6.2	94.7
	骠马 80	47.0	79.9	62.0	82.5	20.0	82.8
	空白对照	234.0		355.0		116.0	

处理(ml、g/667m²)		药后 30d		药后 45d		药后 60d	
		株	防效(%)	株	防效(%)	鲜重	防效(%)
早春喷药(3/8)	大能 80	36	88.8	21	94.1	8.2	94.0
	大能 100	27	91.6	8	97.8	3.1	97.7
	大能 120	23	92.9	4	98.9	1.2	99.1
	大能 200	10	96.9	0	100	0	100
	骠马 100	87	73.0	92	74.3	38.2	72.1
	空白对照	322		358		137	

表 2　江都市大能 EC 防除小麦田硬草试验测产统计表

处理(ml、g/667m²)		产量(kg/m²)	折 667 m²(kg)	增产(%)	差异显著性 5%
冬前喷药(12/10)	大能 60	0.45	300.2	45.2	c
	大能 80	0.51	340.2	64.6	b
	大能 100	0.49	326.8	58.1	b
	大能 160	0.55	366.9	77.5	a
	骠马 80	0.41	273.5	32.3	d
	空白对照	0.31	206.7		

处理(ml、g/667m²)		产量(kg/m²)	折 667 m²(kg)	增产(%)	差异显著性 5%
早春喷药(3/8)	大能 80	0.48	320.2	60.0	c
	大能 100	0.50	333.5	66.7	bc
	大能 120	0.52	346.8	73.3	ab
	大能 200	0.54	360.2	80.0	a
	骠马 100	0.42	280.1	40.0	d
	空白对照	0.30	200.1		

3 小结与讨论

3.1 先正达公司生产的50g/L大能EC 667m^2用60～200ml在扬麦15号3叶期和8叶期对水40～50kg/667m^2喷雾，对供试扬麦15号小麦表现安全。各药剂处理区均比空白对照区增产。

3.2 先正达公司生产的50g/L大能EC在667m^2用60～200ml时对硬草防效随着用药量的增加而提高。

3.3 先正达公司生产的50g/L大能EC 667m^2用80ml、100ml处理对硬草的防效高于同期6.9%骠马80ml/666.7m^2、100ml/666.7m^2处理效果。

3.4 先正达公司生产的50g/L大能EC相等剂量在冬前和早春喷药对硬草防效最终差异不明显。

3.5 综合2009年试验结果，我们认为先正达公司生产的50g/L大能EC对供试小麦安全，对禾本科硬草有很好的防效，推荐剂量50g/L大能EC冬前667m^2用80～90ml对水40kg在禾本科杂草基本出齐后均匀喷细雾，或早春667m^2用90～100ml对水50kg，在禾本科硬草拔节前均匀喷细雾。

直播稻田除草剂药害形成的原因及预防

徐冰[1]，问才干[2]，袁其林[2]，刘平[2]

（1. 高邮市农林局，225600；2. 高邮市植保植检站，225600）

摘　要：直播稻田除草剂药害每年都会出现，只有找出药害形成的原因，并配套完整的预防技术，才能减少药害的产生，使直播水稻正常生长。

关键词：除草剂；药害；预防

随着直播稻田种植面积的不断扩大，除草剂造成的药害也不断出现。就江苏省高邮市而言，每年都有多起除草剂药害发生，面积多的年份达到100hm^2以上。水稻的苗期到分蘖末期，甚至到拔节期都有药害出现。这些药害的出现，严重地影响水稻秧苗生长，有的甚至是毁灭性的，可造成产量损失达50%以上，或是颗粒无收。

1 药害的种类及形成因素

1.1 土壤封闭型除草剂药害

1.1.1 直接伤害

丁草胺系列（丁草胺、马歇特等）和二甲戊乐灵（加拿大龙灯生产，施田补）等除草剂，对水稻的露籽会产生明显药害，主要表现在稻苗发芽时，破坏其生长点，根芽和叶芽停止生长，根芽枯缩，叶芽枯弯像鱼钩，以后逐渐死亡。

1.1.2 间接伤害

使用丁草胺系列除草剂进行土壤封闭的田块，苗期遇暴雨在畦面积水，雨水溶解了除草剂的有效成分，下渗到根部，会造成稻苗死亡。2008 年高邮市这类除草剂的药害就达 40hm^{2}左右，主要分布在汉留、卸甲、临泽、周山等镇。

1.1.3 僵苗不发

丁草胺系列对水稻的幼苗生长有明显的抑制作用，稻苗明显萎缩发僵，秧苗生长缓慢。特别是雨水充足的年份，虽然畦面不积水，但出现黄苗、僵苗现象。相对于旱年份要好一点。如果管理正常要 10～15d 才能恢复生长，分蘖生长推迟。

1.2 二氯喹啉酸药害

1.2.1 2 叶 1 心前用药

药后 15 d 开始，表现为秧苗叶色变深，从新生叶的叶鞘开始卷缩，叶尖顶部微展，形成“葱管状”，影响以后新生叶片的出生，以后的 2～3 片新生叶，要不断冲破葱管，新生出来的叶片不能正常地向上生长，而是东斜一片，西斜一片，长相难看，长出 2～3 片新叶后才能恢复正常生长。药害严重时新生叶片很难长出，甚至造成秧苗的死亡。

1.2.2 用药量过大

水稻 4 叶期一般推荐用 36% 二氯・苄 900g/hm^2，但由于草龄增大，有的田块用到 1 350～1 800g/hm^2，致使部分秧苗产生药害。这种药害一般在药后 10～15d 表现，形成“葱管状”，这时的叶色比前期略淡一点。葱管不易被新叶片冲破，药害持续时间较长，一般 15～20d，严重地影响后期生长。

1.2.3 药液浓度过大

用手动喷雾器施药，每桶装液量 20～30kg，每公顷用 30～45 桶水，药液浓度较低；而用弥雾机喷药一般只用水 150～225kg/hm^2，药液浓度过大。喷药后 10d，秧苗整体萎缩，秧苗处于停止生长状态，叶色变深，田间也同样出现“葱管状”。如不及时采取措施，秧苗不能恢复正常生长。

1.3 甲磺隆、绿磺隆残留造成直播稻田的药害

高邮市地处里下河地区，土壤多为黏性，对甲磺隆、绿磺隆降解慢，如果冬季雨水偏少，残留的药剂对多种双子叶作物和水稻产生药害。直播稻受害往往很重，产生药害的时间移栽大田在移栽后 20d 左右表现，直播稻田一般在秧苗的 4～5 叶期表现出药害症状。药害出现后，秧苗停止生长，根系开始萎缩、变粗，横向生长，根尖变粗、变锐，有刺手的感觉，根系变黄失去活力，此时，秧苗本身处于勉强活命状态，在田间有水时，要过 20d 后才能随着残留药物的降解而逐步恢复生长。恢复生长后的秧苗植株小，无分蘖，最后成穗率低，穗也很小，对产量的影响较大。

1.4 骠马产生的药害

由于直播稻田内兼有旱田和水田的杂草。特别是禾本科杂草，发生量大，种类多，防除困难。高邮市常用骠马防除禾本科杂草千金子和大龄稗草。骠马在稻田没有一整套的技术操作规程，每年都有不同程度的药害。

1.4.1 用药时期不准而造成的药害

2006年高邮市甸垛镇友好村一户农民，0.87hm^2稻田在秧苗6叶期以前使用骠马，秧苗对骠马没有耐药性，从而造成僵苗不发，叶片发黄，严重减产。

1.4.2 药量掌握不准而造成的药害

2008年龙虬镇白马村一农户在秧苗6叶期使用骠马750ml/hm^2，最大用量达到1 050ml/hm^2，也产生了明显的药害，叶片出现灼枯，心叶枯死，影响了后期的正常生长，最后穗型变小，结实率不高，对产量也有严重的影响。

1.4.3 操作不当而出现的药害

主要是重喷，人为加大了使用剂量。有的种粮大户，用弥雾机喷药，用水量少，药液浓度高，重喷现象更为严重。受害的秧苗叶片出现明显的灼伤斑，严重的整张叶片枯死，有的也出现心叶枯死。这种药害虽不是致命的，但也要很长一段时间才能恢复生长。

1.4.4 药后的水浆管理不到位致使药害加重

用骠马的田块，特别在天气比较闷热的干旱的季节，药前要排干田面水（积水易发生药害），药后24h上水保湿，若不上水，有可能产生药害。药后5d要放水醒根。

2 药害的预防

2.1 预防封闭型除草剂药害

2.1.1 选择对露籽伤害小的药剂

防止直接药害直播稻田由于受各种条件限制，播种时露籽往往是不可避免的，特别是大型拖拉机耕种且不盖籽的直播稻田，露籽更为严重。对此类型的田块，不能使用丁草胺系列除草剂，可选用丙苄系列除草剂进行土壤封闭处理。水稻播种后阴雨天气多的年份，直播稻田使用丙苄系列除草剂，既能达到良好的除草效果，对药害也能起到预防作用。

2.1.2 预防间接药害

正常年份田间保湿较好的情况下，使用二甲戊乐灵（施田补）、丁草胺加安全剂、丙苄系列（新马歇特）等封闭型除草剂，可以防止药害的发生，这三类除草剂对秧苗的间接伤害比丁·恶等要轻得多。主要是因为它们的溶解度低，在田间形成的药土层不易被破坏，遇雨水多的年份药液的下渗少，秧苗的根系不易受到伤害。

2.1.3 预防药害所造成的僵苗

正常年份播种后上的水要及时排出，施药时田间不要有积水。遇干旱年份，为了保湿上水漫田，要速灌速排，不要超过12h。雨水多的年份，为防止畦面积水，直播稻田一定要开好排水沟，留好平水缺，及时排干田水，保证畦面不积水，防止药液下渗，破坏根系活力，造成僵苗。搞好直播稻田的水系配套，也是预防苗期药害的重要措施。

2.2 二氯喹啉酸药害的预防

2.2.1 准确抓住秧苗的叶龄期

适期用药一般直播稻田叶龄比较难以掌握，秧龄参差不齐，稻田不可能统一在一个苗龄上。遇到这样的情况就要向后推移。直播稻田的二氯喹啉酸用药适期要放在长满3张叶片或在3叶1心期为宜。而由于草龄增大，施药量也要相应增加，一般用36%二氯·苄粉剂1 050～1 200g/hm^2为宜。

2.2.2 严格用药规程

不要随意加量使用二氯喹啉酸，只要严格用药规程，也会取得明显的效果，不能任意加大用药量。用药前要放干田水，让杂草整株露现出来，使其整株受药，药后24h上水，并保水3～5d，使药液被杂草充分吸收，杂草才能整株死亡，防效才能得到提高。一般用36%二氯·苄粉剂控制在1 050g/hm^{2}以内为宜。使用弥雾机喷药提高了药液浓度，要避免重喷。

2.2.3 采用有效措施减轻药害

近几年来，高邮市在二氯喹啉酸药害出现后，采用以下几种措施促进秧苗恢复生长，取得了良好的效果。一是在出现药害的田块中，用复合锌肥11.25～15.00kg/hm^{2}拌湿润细土撒施；二是喷施叶面肥；三是喷施叶面调节剂或药害解毒剂。一般喷施爱增美（丙酰芸苔素内酯）2包（10ml）或者使用奈安（除草剂安全添加剂）2袋（80g），喷雾后10～15d，卷叶虽不能完全放开，但新生叶片能生长良好，可以起到尽快消除药害，加快转化的作用。

2.3 麦田控制甲磺隆、绿磺隆用量

麦田的阔叶杂草草相愈来愈复杂，单一除草剂不能解决草害问题，商家和厂家都选择活性强的甲磺隆、绿磺隆作为复配剂推广，经年累积，带来后茬药害已成为农业生产上比较突出的问题。各地虽不断发文严禁使用甲磺隆及绿磺隆，但屡禁不绝。现只有控制用量，限制范围，限制用药季节来控制残留，控制药害。麦田冬前使用含甲磺隆、绿磺隆纯品不得超过15g/hm^2，春季一律不得使用。后茬种植经济作物和直播水稻的田块不得使用，防止药害产生。对于已产生药害的直播稻田，要坚持湿润灌溉，干湿交替，减少残留。同时做好适量追施速效肥或及时做好叶面肥的喷施，加速生态环境的转化，促进秧苗恢复生长。

2.4 掌握直播稻田骠马的正确使用方法，预防药害的发生

在直播稻田秧苗6叶期之前，要禁止使用精噁唑禾草灵（骠马）防除大龄稗草和千金子，否则秧苗会产生明显的药害，且不能恢复生长。到了6叶1心期，要严格控制使用量，一般用量应控制在450ml/hm^{2}以内，到7叶期至拔节前以600～750ml/hm^{2}为宜。用药时要放干田水，千万不要重喷，也不要因草害重而多喷。药后1d上水，保持田间湿润，防止药后植株受干旱水分蒸发过度而失水枯萎。3～5d后要放掉田水给秧苗的根系透气而增强活力。出现药害后，主要还是以水浆管理来调节，不要盲目用各种叶面肥来补救，如果管理及时，药害就能得控制，并逐渐恢复生长。

麦田除草剂冻药害的产生与预防

问才干，张熙，宋春梅

（高邮市植保植检站，225600）

摘　要：2008年江苏省高邮市小麦田大面积出现了冻药害，根据发生情况进行了调

查，分析了发生原因，提出了预防措施。

关键词：冻药害；异丙隆；寒潮

2008 年冬到 2009 年春，江苏省高邮市麦田出现不同程度的除草剂冻药害，对小麦生产造成了重大影响，表现最为突出的有异丙隆、扑草净等除草剂及其复配剂冻药害。

1 除草剂“冻药害”发生情况

2008 年冬季江苏省高邮市麦田冻药害主要以东南片、沿运（京杭运河）片为主，北部地区基本上没有出现。最先出现冻药害的是汉留、卸甲两乡，后来逐步扩展到三垛、龙虬、高邮等乡（镇），出现冻药害的麦田，麦苗一片枯黄，麦田基本上看不见绿色。全市发生面积大约在 $100hm^2$。

2 对冻药害的认识

冻药害发生后农民反响很大，都想讨个说法，它究竟是冻害还是药害。说药害，经销商不愿意，前几年都是用的这种除草剂，都没有出现过问题。而说冻害老百姓不愿意，凡是不用除草剂的麦田就没有冻害，农民为了能争取到赔偿就咬定是药害。在作了大量的调查研究后，得出了比较合理的结论，是用了除草剂的田块，在频繁寒潮和干旱相结合的情况下，导致了麦苗抗寒性下降，产生冻害的现象，称之为冻药害。

3 冻药害产生的原因

3.1 首先是药的原因

在很多地区麦田一直使用高渗异丙隆、苄磺异丙隆、乙・朴、绿磺异丙等除草剂。这些除草剂在冬前使用，对麦田的多种杂草都有良好的防除效果，特别在沙土地区，防除麦田禾本科杂草效果较好。施药后若遇寒潮就易出现冻药害，而且影响较大。虽然异丙隆的包装上注明了寒潮来临前不要用药。但农民用药往往只根据田间杂草发生情况，而很少根据天气预报，施药后强寒潮来临，麦苗抗逆性下降极易产生冻药害。

3.2 寒潮频繁是造成冻药害主要外因

2008 年冬季寒潮来得早、来得频繁，据统计从 11 月 20 日起至 1 月 20 日止，出现 5 次寒潮，分别在 12 月 5 ~ 7 日，14 ~ 15 日，18 ~ 19 日，21 ~ 25 日，12 月 30 日至 1 月 3 日，以后就一直处于低温状态。如此频繁的寒潮，不管什么时候使用上述除草剂，冻药害是难以避免的，只是轻重而已。

3.3 用药量愈大，浓度愈高，冻药害愈重

冻药害除了与寒潮强弱有很大的关系以外，与用药量及用药方法也有很大的关系。在卸甲、汉留、高邮、龙虬等乡（镇）调查中发现，凡是冻药害严重的田块，都加大了用药量，有的田块 50% 异丙隆加大到了 3 $450g/hm^2$ 以上，有的还加了精噁唑禾草灵一起用。这样的用药量对麦田禾本科杂草和部分阔叶杂草确有很好的防效，特别是在田间湿度大的沙土地区，基本上能做到用药 1 次，就能解决麦田草害问题。但 2008 年遇到强寒潮，加大

了用药量的麦田形成冻药害则无法避免。对水量不足，药液浓度过大，也是造成冻药害的原因之一。高邮镇有一个农户种了0.6hm^2小麦，按面积计算购买了异丙隆除草剂，对水300kg/hm^2喷雾，最后还有333m^2小麦田尚未喷药，药液所剩无几，为了把剩余的面积喷完，就将喷雾器加满水继续喷。结果是前面喷的小麦产生了严重冻药害，冬前麦苗地上部基本上全部冻死。而后面喷的田块，由于药液浓度过稀，除草效果很差，麦苗也没有受到伤害。说明用药浓度过高，麦苗产生冻药害的可能性加大。

4 麦田生态环境与冻药害的关系

4.1 药后愈干旱，冻药害愈重

2008年冬季干旱也是冻药害的一个重要原因。据调查，凡是田间湿度小，畦面比较干白的麦田冻药害严重。在同一块田中，潮湿的地方冻药害轻，麦苗地上部没冻死，而干白的地方麦苗地上部全部冻死。就地区而言也是南部干旱和地势较高的地区，冻药害发生严重，而低洼地则轻。说明田间湿度大对麦苗有抗旱保温作用，能防止和减轻冻药害的产生。

4.2 麦田耕作粗放，易产生冻药害

高邮市城郊因劳动力外出打工，麦田耕整比较粗放，土壤空隙大，保湿性能差，还有不少田块免耕种麦，麦苗扎根较浅，麦苗分蘖节没有土层保护，因此冻药害比较严重。而耕整比较精细，冻药害相对发生较轻。

4.3 播期的早迟，苗龄大小，冻药害轻重明显不同

高邮市北部地区播种相对较迟，寒潮到来时，麦苗叶龄在3~4叶期，未产生冻药害。壮苗冻药害轻，弱苗冻药害相对严重。

4.4 冻药害多出现在沙土地区

高邮市南部地区以沙土为主，北部地区以黏土为主，沿运地区有部分沙壤土。2008年冻药害主要发生在沙土地区和沙壤土地区，黏土地区基本上未出现。而用异丙隆防除杂草的又多在沙土和沙壤土地区。

5 冻药害的春季管理以及预防

在高邮市历史上也有过冻药害，1987年全市推广使用的绿麦隆+平平加，11月27日遇强寒流，全市大面积出现冻药害，由于麦苗出现冻药害后加强田间管理，最后对小麦产量影响不太大。

5.1 冻药害麦田管理

对于冻药害的小麦田，应根据田间的具体情况采取相应的措施。分蘖节存活率在70%~80%的田块，应加强肥水管理，促其恢复生长。分蘖节存活率在30%~40%的田块，特别整地粗放和沙土地区，小麦分蘖节露于土表，麦苗恢复生长无望，就要考虑改种其他作物。

5.2 冻药害的预防

首先应根据气象预报，确定用药适期。现在的气象预报已经比较准确，特别是卫星云图的应用，能准确预测未来一个星期的天气状况。只要注意一下天气预报就能避开不良气候用药；其次要严格控制异丙隆等药剂的用量，不要随意加大用量，而且要用足水量；最后在用药时要注意田间湿度，田间湿度适宜，可以预防冻药害的产生，切不要在田间非常干旱的情况下用药，干旱对异丙隆等土壤封闭除草剂的药效发挥影响较大。如果强寒潮来临前用药，麦田又干旱，可先上水保湿后再用药，尽可能掌握在冷尾暖头喷药。

高邮市直播稻生产现状及配套防治技术

徐金妹，陈海新

（高邮市植保植检站，225600）

摘　要：本文全面分析了高邮市直播稻生产现状、扩大种植的原因及存在问题，提出了直播稻生产过程中的除草、防虫、控病技术，对直播稻生产具有较强的指导作用。

关键词：直播稻；生产现状；病虫草；防治

2003 年直播稻在高邮市开始零星种植，2004 年以来其种植面积呈现明显上升趋势，2008 年达到高峰，成为水稻主要栽种方式，全市直播稻种植面积达 2.7 万 hm^2，占水稻种植面积的 47.98%。在各级政府的宣传、引导下，以及部分农民由于种植直播稻吃到不少苦头，2009 年直播稻种植面积略有下降，但在部分乡镇直播稻面积仍占其水稻种植面积的 70% 以上（表 1）。

表 1　2004 年以来水稻品种布局及栽插方式情况

年份	水稻面积（万 hm^2）	栽插方式（万 hm^2）			直播稻占水稻面积的比例（%）
		常规移栽	轻简栽培	直播稻	
2004	5.108	3.880	1.195	0.033	0.65
2005	5.509	4.210	1.057	0.241	4.38
2006	5.529	3.183	1.820	0.527	9.52
2007	5.565	2.047	2.628	0.889	15.98
2008	5.572	1.374	1.525	2.673	47.98
2009	5.553	1.959	1.473	2.121	38.20

1　直播稻生产现状

1.1　直播稻扩种的原因

直播稻水稻条纹叶枯病危害轻。推迟播种期、推广轻型栽培是水稻条纹叶枯病综合防治措施之一，直播稻推迟了播种期，某种程度起到了前期避病的效果，水稻条纹叶枯病发生程度轻，一般病株率在 1% 以下。

暖秋气候条件，利于直播稻的生长成熟。近几年都是暖秋气候，秋季气温偏高，积温高、日照时数足。秋季适温、少雨、富照的气候，对直播稻的灌浆结实十分有利，使直播稻产量较高，667m^2单产能达到550kg，其产量与其他稻作方式间差异小，从而导致了直播稻盲目扩张。

相对节工、节本，农民乐于接受。农村大批劳动力转移，务农者素质下降，从事农村农业生产的都是一些老人、妇女，缺少体力，而直播稻操作简便，省去了育秧、耕翻、整地等过程，既减轻了劳动强度，又可节约耕作、育秧、移栽成本共200元/667m^{2}以上，迎合了当前多数农民图省事、少花钱、懒种田思想。

种粮效益低，农民积极性不高。由于农业生产效益低，许多农民对种田不重视，不愿多投入。对于直播稻的产量，农民不太关心，普遍的心态是“够吃就行”，反正是“种稻，产量再高也富不起来”，因此直播稻不推自广。如今多数农民收入主要靠打工而不是种粮食，种粮每年每666.7m^{2}收益才三五百元，不少农民讲即使少收100kg/666.7m^2，他们还是要种直播稻。

1.2 直播稻生产的不利因素

季节偏紧。高邮市地处江淮之间北缘，稻麦两熟季节衔接紧，直播稻比常规手栽稻、机插稻播种迟，比移栽稻推迟1个月左右，营养生长期短，温光资源利用率大幅度减少，单茎生长量不足，穗型小，加之后期的灌浆障碍，直播稻不但水稻本身季节偏紧，而且加剧了前后茬口衔接的矛盾，既不利于水稻单产潜力发挥，也不利于小麦适期早播获得高产。

生产风险大。直播稻齐苗、匀苗难，遇连阴雨天气极易发生烂种烂芽及药害；中后期群体难控制，根系分布浅，倒伏风险大；生育期推迟，抽穗结实期如低温提前来临，影响安全齐穗及灌浆结实，极易造成严重减产甚至绝收。同时直播稻表现为每穗总粒数低、结实率低、千粒重低、稻米充实度低、品质差。因此，直播稻作不符合高产栽培技术的要求，不利于水稻高产、优质。

直播稻田草害问题突出。由于直播稻田杂草与水稻同步生长，出草早、时间长、峰次多，对水稻危害最大是千金子、稗草，其发生量大，其次是鸭舌草、眼子菜等阔叶杂草，再次是莎草科杂草。据调查直播稻田，禾本科杂草占51.4%，其中千金子占26.8%、稗草占24.6%、阔叶杂草占29.7%，其中眼子菜占11.3%、鸭舌草占9.5%，节节菜占8.9%，莎草科杂草占18.8%。而连续种植后，杂草稻大量发生，已成为影响直播稻生产的制约因素之一。

2 直播稻植保技术重点

直播水稻不需要育秧、移栽，整地简便，在生产上具有简化、省工、减轻劳动强度等优点，但也存在不少缺点，主要有：一是由于直播稻苗与草同步生长，水稻前期的干湿栽培，十分有利于老草复活和新草发生，杂草、杂稻一般先于水稻种子萌发，表现为杂草种类多、生长旺盛、数量大、出草时间长、高峰多，形成草欺苗、杂稻欺苗现象。草害成为阻碍直播稻优质高产和进一步发展的主要原因。二是播期迟，生育进程也相应推迟，成熟迟导致后期病虫发生重。三是杂草稻，特别是连续多年直播稻连作田块，杂草稻发生重，成为生产上的突出问题。四是根系浅，后期遇台风暴雨天气易倒伏。就植保技术方面的问题，通过近几年的实践也取得了一些经验，基本控制住了病虫草危害。

2.1 前期以杂草防除为重点

从2009年直播稻生产情况看，绝大多数田块杂草得到了有效控制，极少部分前期化除不好的，中、后期杂草发生重、防除难，很被动，只能通过人工拔除。总的来看，在化学除草上，要突出“早”字，狠抓土壤封杀，做到提高整地质量、选择对路药剂、适时开展化除，及早进行苗后茎叶处理，注重用药质量，提高防除效果。化学除草的具体做法：“一封，二杀，三补”。

“一封”即播种、盖土、灌水后，待畦面积水自然落干，畦面土壤湿润时，用施田补、丁·恶乳油等土壤封闭除草剂，对水均匀喷洒。

“二杀”即在2叶1心期后，经土壤封闭处理后田间仍残存杂草，此时要兼顾控制第二个出草高峰的杂草。根据草相选择既有茎叶处理效果，又有土壤封闭作用的除草剂。适用的除草剂有二氯·苄等。如果田间千金子较多，应选用千金乳油进行茎叶处理。如果田间大龄稗草等杂草较多，可以选用稻杰等除草剂进行茎叶处理。野荸荠、香附子等莎草科杂草较多的田块，宜选用吡嘧磺隆等除草剂。田间水落干后用药，药后1d复水。

“三补”是在“一封”、“二杀”后，田间仍有一些恶性杂草发生时，采取挑治的方法来扫除残草。这时草龄往往较大，适用的既高效又安全的除草剂较少，用药剂量也应适当加大。防除千金子可以使用千金乳油、骠马、百除（10%精噁禾·氰氟乳油）。阔叶杂草、莎草可以选用苯达松与2甲4氯混合喷雾、使它隆等除草剂防除。

杂草稻，目前还没有针对性的除草剂，只有开展人工除草。因此控制杂草稻的发生危害，必须做到：一是不能连续多年连作直播稻，最多2~3年；二是及早人工拔除，草龄越小，越好拔，同时危害轻。

2.2 中、后期认真开展病虫防治

直播稻病虫害发生上与常规移栽水稻无明显差异，但由于直播稻密度高、生育期迟，前期由于气温高，田间通风透光差，有利于病害的发生，要注意纹枯病的防治。中、后期要注重防治迁飞性害虫，此时直播稻较其他稻作方式水稻长势嫩绿，利于迁飞性害虫稻纵卷叶螟、褐飞虱的迁落危害，同时直播稻成熟迟，营养条件对害虫的滞留、繁殖生长有利，增加发生代次，也加重危害程度。因此，对稻纵卷叶螟、褐飞虱，在中、后期防治上，直播稻田要比其他稻田增加1~2次。同时后期由于低温、阴雨天气频繁，对稻曲病、穗稻瘟的发生流行有利，一定要及时用药进行预防。

里下河地区稻螟防治综述

朱凤生

（高邮市植保植检站，225600）

摘　要： 本文综述了新中国成立后半个世纪来里下河地区防治稻螟的4个历史演变阶段，并对今后稻螟防治工作进行了一些探讨。

关键词： 里下河地区；螟害；防治；探讨

纵观近50多年的历史，里下河地区螟害发生的轻重主要取决于三化螟、二化螟各代

螟卵孵化始盛期后，蚁螟为害期与水稻秧苗分蘖期、破口抽穗期的吻合程度。如果蚁螟为害期与敏感生育期吻合，螟害即重；反之则轻。为此，得出里下河地区治螟所必须掌握的原则，即：防治枯心应在卵孵高峰期用药，防治白穗应在卵孵盛期用药，盛末期与破口抽穗期继续吻合仍要防治。

1 治螟的历史演变

过去50多年来，不管耕作制度如何变化，农药品种如何更新换代，但基本上没有离开“蚁螟与生育期之间紧密联系”的基本经验和防治原则。

1.1 传统治螟阶段（1949—1958年）

当时里下河地区沤田面积较大（一般占30%～50%），早稻面积约占34%，其次是早熟中籼稻，这段时期主要是三化螟发生为害。一代发生危害时间在5月25日至6月7日（一般处于螟卵始孵期盛末）。卵孵期间，秧苗多数为“牛毛秧”、“黄瘦苗”。不利于一代三化螟落卵，虫源分散，为害率低。二代三化螟卵孵期一般在7月底至8月初。此时早稻已基本齐穗，而中籼稻也进入圆秆拔节期（2个节以上），避开了水稻的敏感生育期，为害较轻。三代三化螟卵孵期一般在8月中旬至9月初，中籼稻已齐穗，避开蚁螟为害。而迟栽的中粳稻正处于破口抽穗期，与螟卵的卵孵盛期相吻合，往往为害较重，白穗较多。一般采取农业防治的方法，如选育早熟品种避螟，点灯诱杀成虫，拾稻根降低越冬螟虫基数，剥白穗减少幼虫转株，以控制螟虫为害。

1.2 行政治螟阶段（1959—1975年）

这一阶段里下河地区基本上完成了沤改旱，同时又扩大了三熟制的种植面积，螟虫的发生随之发生变化。

为提高水稻单产而增加肥力，冬季大面积推广绿肥，在稻田套种，稻根完好无损，为螟虫越冬提供了较好的场所。在品种布局上推广耐肥高产良种，扩大了中籼晚粳稻的种植面积；在育秧上推广陈永康的半旱秧，秧苗的分蘖率20%～30%秧苗素质大大提高，给一代蚁螟为害提供了有利的条件；中籼稻如“珍珠矮”、“广场矮”和部分粳稻在二代蚁螟为害期正处在分蘖末期，给二代虫源的繁殖提供了场所，大大增加了三代的发生基数。晚粳稻“农垦58”和迟栽的“农垦57”等，在三代为害期间还不能齐穗，重发年份受害相当严重。还有部分双季后作稻已开始分蘖（7月25日移栽），也能受到二代蚁螟的为害。这就给水稻螟虫全年各代提供了完整的食物链。1959—1962年均为害较重。

由于对螟虫的发生规律已经了解清楚，病虫测报准确率提高，并开发应用了六六六毒土和大水泼浇“治螟灵”、“1605”、“1059”等有机磷农药产品，这个阶段除4年重发外，其他年份基本上控制住了螟虫的危害。

1.3 总体防治阶段（1975—2004年）

20世纪70年代后期，双季稻面积缩小，加之大面积的推广杂交稻，三化螟种群数量明显下降，二化螟种群上升，突发性害虫的发生频率增加。

由于大面积推广杂交稻，一代二化螟在6月上、中旬进入卵孵期（有效卵孵始盛到末期），杂交稻秧苗期在5月上旬至6月上旬，给一代二化螟繁殖为害创造了机遇。抽穗期在8月15日左右，与二代二化螟卵孵期相吻合。杂交稻推广面积，80年代占水稻面积的70%～80%，90年代占50%～60%。大面积推广杂交稻为二化螟提供了丰富的食料，二化螟上升为主要害虫，也因此经常造成突发性病虫害。80年代主要是稻飞虱、纹枯病；90年代粳稻、优质稻面积再度回升，三化螟又有所抬头，稻飞虱、稻纵卷叶螟、稻瘟病、纹枯病突发频率增加，穗部病害也逐年加重。这样水稻总体综合防治也就应运而生。

这个阶段治螟的技术含量较高，测报上要了解多种病虫害的发生动态，防治上统盘考虑了各种病虫的发生特点，确定主攻和兼治对象，采用一次用药综合防治多种病虫的方法。具体秧田期防治一代螟虫和稻瘟病带药移栽，控制一代危害，压低二代基数，确保秧苗安全渡过分蘖期。7月中、下旬主治二代稻飞虱、二代三化螟、稻螟蛉，兼治纹枯病。8月上旬主治二代二化螟、三代稻飞虱、稻纵卷叶螟，兼治纹枯病和杂交稻后期叶部病害。8月下旬主治三代三化螟兼治穗稻瘟，打好粳稻和后作稻的破口药。通过上面的几次总体防治，水稻的病虫为害可全面控制。

1.4 螟虫为害减轻阶段（2004年后）

2004年后水稻条纹叶枯病发生较重，秧池田从6月1日后2～3d就用药防治一次灰飞虱，特别是小麦收获后大量灰飞虱迁移到秧池田，基本上每隔1d用药防治一次，带来了一代螟虫基数减少危害减轻。再加上水稻品种以优质、抗水稻条纹叶枯病为发展目标，轻简栽培技术的推广，麦套稻、直播稻、机插秧、塑盘抛秧，和旱育稀植等栽培面积扩大，环境条件的改变，食料条件的改善，致使螟虫为害减轻。

2 探索新技术，迎接新挑战

随着形势的发展，农产品结构的调整，高产优质品种将不断扩大，同时我国加入WTO，农产品由过去的重产量向重质量转变，无污染、无农药残留的“无公害”的绿色食品，已成为新的发展方向。

2.1 传统测报方法向现代技术转移

传统的测报方法具有相当的局限性，未来要逐步过渡到高科技的测报方法。要充分利用电脑和网络设备，把螟虫发生防治与水稻生育过程充分结合，建立各种各样的预测模型，在网络中发布；同时，还要建立网络搜索和网络查询系统，创造更大的思维空间和普及面，使稻螟测报和防治工作不断向现代化迈进。

2.2 发展更有效的防治技术

50多年来，治螟的农药在不断地更新换代，一直以沙蚕毒素类农药为当家品种，产生了不少问题。一是抗性的产生；二是对环境有一定程度的污染；三是对家蚕常出现误伤；四是水稻一生使用3～4次，难以生产出无公害农产品。如今，大面积上以三唑磷、毒死蜱等有机磷类农药防治螟虫，其对人畜、农产品、环境安全也构成了一定威胁。因此，在治螟工作中要不断开发无公害、无残留农药。同时还具有持久性（药效长）、安全性、降解性、广谱性等生物农药。

总之，里下河地区治螟技术要根据不同的耕作制度，水稻品种、农药和防治技术逐步发展成为一个比较完善的防治体系。

近年气候特点对农作物病虫害影响及防治对策

王兴芳[1]，陈海新[2]，张国林[2]，徐金妹[2]

（1. 高邮市周巷镇农业服务中心，225600；2. 高邮市植保植检站，225600）

摘　要： 本文分析了2000年以来气候特点对农作物病害发生的影响，提出了加强监测、综合防治，开展专业化防治的病虫防治对策。

关键词： 气候；农作物；病虫害；对策

农作物病虫害是制约高邮市农作物正常生长的重要因素。病虫害的发生、蔓延与气象条件十分密切，有时与灾害性天气相伴而生。因此，正确认识气候环境，对于积极预防农作物病虫害的发生与为害、及早开展综合治理等工作具有十分重要的意义。

1　气候特点对植物病虫害的影响

1.1　暖冬年

暖冬年有利于农作物病虫源（菌）越冬、繁殖，2000年以来，连续受暖冬气候的影响，造成高邮市灰飞虱越冬基数增加、死亡率降低，春季麦田灰飞虱大量发生，随后迁入秧田传毒为害，导致2004水稻条纹叶枯病大暴发，2005—2008年由于灰飞虱虫量高、带毒虫源广，均保持重发态势。同时暖冬年也影响了二化螟、三化螟、大螟、稻螟蛉等内源性害虫的发生为害，2007—2008年高邮市湖西杂交稻二化螟、大螟的为害率高达5.2%，比20世纪90年代高2~3个百分点。近几年，B型烟粉虱发生逐年加重，正是暖冬气候导致其在本地越冬，夏季大量繁殖，秋季进入发生为害高峰，对棉花、蔬菜等作物的为害呈现逐年加重的趋势；烟粉虱田间密度极高，随风、气流四处扩散，并影响到人们的正常生活。

1.2　气候变暖

气候变暖可使黏虫、稻飞虱、稻纵卷叶螟越冬北界北移，繁殖代数增加，迁飞范围扩大。2000年以来，水稻纵卷叶螟在高邮市出现4次大暴发，暴发频率高，危害时间提早，比常年早20d左右，同时危害期拉长，一直持续到10月上旬；2005—2007年连续3年褐飞虱大暴发，为历史罕见，常年3代褐飞虱成虫（8月下旬）以迁出为主，而近几年9月份气温偏高，3代成虫多为滞留繁殖，导致9月中、下旬田间出现“冒穿”倒伏；这些都与“秋季不凉”的暖秋气候有关。同时，气候变暖引起生物种群间关系变化，温度升高扰乱了原先自然控制下“害虫——天敌”种群间的关系，害虫暂时得不到天敌的控制而迅速蔓延，就会出现暴发为害，如在高邮市严重发生的灰飞虱、烟粉虱等。

1.3　台风暴雨

全球变暖引发的降雨异常，台风暴雨频繁，主要是影响高邮市迁飞性害虫稻纵卷叶螟、褐飞虱的迁入量，梅雨天多、台风暴雨多，害虫迁入量大、为害重。同时台（大）风暴雨造成植株大量伤口，利于植物病菌的侵入，导致水稻纹枯病年年重发，2007年8月上、中旬遇大风暴雨，高邮市部分乡镇水稻白叶枯病出现流行，部分田块发生严重，发生程度是近几年最重的一年。而夏秋季台风暴雨的出现，不但增加了病害的发生流行几率，还严重影响了水稻、棉花等作物病虫防治工作的开展，常常因错过用药适期，导致防治效果降低。

2 控制对策

2.1 加强病虫监测，健全预警系统

农作物病虫的发生具有一定的规律性，病虫暴发会有一个量的积累过程。因此，要建立健全预警系统，利用先进的仪器设备，开展病虫监测，准确掌握其发生动态，建立病虫数据库，及早进行趋势分析、预测预报，并提出控制对策。

2.2 开展综合防治，减轻为害损失

贯彻“预防为主，综合防治”的植保方针，树立“公共植保”、“绿色植保”的理念，“以农业措施为基础，药剂防治为关键”。①农业防治：一是推广抗（耐）病虫作物和品种；二是耕翻灭茬，提高害虫（越冬）死亡率；三是清洁田园，清除田边周围杂草，恶化害虫生存环境，减少过渡寄主，减轻害虫的发生；四是合理施肥，适当控制氮肥用量，增强植株抗病性，减轻病害的发生为害。②药剂防治：一是开展化学防治，抓住用药适期，提高防治效果；二是选择高效、低毒、低残留农药，降低农药在农产品中的残留，提高农产品的市场竞争力；三是保证用药质量，努力提高防治效果。

2.3 加强组织发动，确保技术到位

要把农作物病虫防治工作与水灾、台风等自然灾害一样重视，把部门行为上升为行政行为。要充分利用广播、电视、黑板报、明白纸等途径，广泛宣传农作物病虫害发生信息与防治技术。农技人员要深入村组田头，现场指导，真正使防治技术为群众所掌握，并在生产中应用。同时，把技术信息网络化，提高信息的时效性，及时指导大面积防治工作。

2.4 建立应急机制，开展专业化防治

针对近年来农作物病虫害频繁暴发的特点，农业植保部门在及早制定防治预案的同时，应积极组建植保社会化服务组织，开展专业化防治。“统防统治”、“代防代治”等专业化防治，是当前植保服务新趋势，是实现“绿色植保、公共植保”的重要体现，是解决农业技术特别是植保技术到户的有效途径，是迅速组织防治，控制病虫危害的有效措施。

植物检疫技术新进展

王莉萍

（江都市植保植检站，225200）

摘　要：我国是世界上物种多样性最丰富的国家之一，同时也是生物多样性遭受威胁较大的国家之一。任何物种的引进都是一把双刃剑，有意或无意的引进物种

都面临两种结局。中国加入WTO后，对外贸易与交流日益频繁，用于贸易的农产品的比重越来越大，危险性病、虫、草传播的机会必然增多，因此对植物检疫工作提出了更高的要求。本文从分子生物学、转基因检测、有害生物风险分析等方面对植物检疫技术的新进展进行了综述。

关键词： 植物检疫；进展；分子生物学；转基因检测；有害生物风险分析

Recent advances in plant quarantine

Abstract： China is one of the countries that have the most abundant diversity of life－forms and also one of the countries whose diversity of life－forms have been heavily damaged. The introduction of any species can cause two results. After China entered WTO, external trade and intercommunion between countries are becoming more and more frequent and the proportion of exportation agricultural products is becoming larger and larger. As a result, pests have more chance to be transported from one country to another and it is necessary to make a higher demand of plant quarantine. This article summarizes the recent advances in plant quarantine, including molecular biology, testing of transgene, pest risk analysis and so on.

Key words： plant quarantine; advances; molecular biology; testing of transgene; pest risk analysis

我国是世界上物种多样性最丰富的国家之一，同时也是生物多样性遭受威胁较大的国家之一。任何物种的引进都是一把双刃剑，有意或无意的引进物种都面临两种结局。我国曾经成功地引进了国外的玉米、西红柿、罗非鱼、虹鳟鱼等优良动植物品种，并取得了巨大的社会、经济效益。而100年前我国引进水葫芦原是为作水生饲料和观赏用的，如今华南地区每年要花费上千万元治理；紫茎泽兰蔓延让四川凉山彝族自治州的草场无法放牧，还有大米草、豚草、美洲斑潜蝇等均给中国生态造成了巨大破坏。外来生物对本土生物环境的影响是环境发展中长期存在的一个问题。好的外来物种可以起到改良本土生物环境的作用，但与本土环境不相匹配、不相兼容的物种一旦进入本土环境，则有可能带来不可挽回的巨大损失，甚至造成生物灾难。中国加入WTO后，对外贸易与交流日益频繁，用于贸易的农产品的比重越来越大，危险性病、虫、草传播的机会必然增多，因此对植物检疫工作提出了更高的要求。下面将近年来植物检疫技术的新进展作一概述。

1　疑难害虫鉴定

1.1　分子生物学技术

分子生物技术如PCR、RAPD、PCR－RFLP等，可以有效解决形态特征无法解决的部分问题，特别适用于外部形态相似的种类、害虫的幼期阶段或不同地理分布种群的鉴定[1~2]，在植物检疫中具有广阔的应用前景[3~5]。例如，应用PCR－RFLP技术，对我国口岸截获频率较高的9种检疫性实蝇开展快速鉴定方法的研究，结果表明，设计的2对引物对9种供试实蝇线粒体DNA（mtDNA）的PCR扩增片段大小分别约为350bp和450bp。用限制性内切酶MSE1和DRAI对PCR扩增产物进行酶切，得到的酶切位点可将供试的9种实蝇区分开来。该方法不受供试实蝇地理来源及食物源的影响，对各种虫态（卵、幼虫、蛹）和不同性别的成虫均适用，可用于口岸截获实蝇的快速检疫鉴定[6]。分子生物学方法可快速鉴定花卉、种苗、水果虫害，大大提高检验检疫质量和通关速度，在检验检疫上有广阔的应用前景。

1.2 表皮碳氢化合物分析技术

昆虫表皮碳氢化合物是指昆虫上表皮中的碳原子数为20～50、直链或支链、饱和和不饱和的长链烃类，主要存在于昆虫表皮蜡层。昆虫表皮碳氢化合物具有减少水分散失，防止农药、微生物侵入以及作为信息化合物等功能[7]。研究表明，这些碳氢化合物主要由昆虫自身合成，是昆虫基因型的表现，可以作为一类有效的分类特征[8]。作为生化特征，与形态分类特征相比，表皮碳氢化合物是对生命本质不同侧面的反映，是形态学的有效补充，尤其适用于形态相似的种群鉴定。国内外研究报道，昆虫表皮碳氢化合物的组分和含量在种之间存在差异，即使在亲缘关系很近的种之间也有明显差异[9]。由于昆虫表皮碳氢化合物组成具有一定的物种特异性和地理种群特异性，在昆虫分类中得到了越来越多的应用。例如Howard根据11种表皮碳氢化合物百分含量的差异非常方便地鉴别出美象白蚁Ncorniger和拉美象白蚁N1ephratae[10]。碳氢化合物用于昆虫分类鉴定有其独特的优势，主要表现在：不受实验样品的限制，干燥标本、新鲜标本或冷冻标本都可以进行分析；整体浸泡的提取方法不损坏昆虫的外部形态，可以继续保存标本，以备将来进一步研究；不受性别、龄期的影响，弥补了一些生化遗传方法中必须用雌性或雄性活体的缺陷；提取液性质稳定，保留时间的长短不影响实验结果。

2 植物病害检测技术

2.1 免疫技术（血清学技术）

2.1.1 酶联免疫吸附技术（ELISA）

酶联免疫吸附测定是把抗原、抗体的免疫反应和酶的高效催化反应有机结合而发展起来的一种综合技术，是目前植物细菌性病害和病毒病害诊断上应用比较广的一种免疫学方法。ELISA的测定方法有直接法、间接法、竞争法、酶抗酶法、双夹心法、双抗体夹心法等6种，但操作的基本过程都相似。ELISA的最大特征是灵敏度高，特异性强，如用梨火疫病菌（*Erwinia amylorora*）的代谢物代替整个菌体细胞作免疫原，采用间接ELISA方法检测的专化性好，灵敏度高，可达10^2～10^3cfu/ml[11]。利用单克隆抗体ELISA－DASI法检测的灵敏度与PCR相当。而利用固相夹心ELISA检测水稻细菌性条斑病菌的灵敏度为10cfu/ml，可进行定性定量测定，适于大批量样品的检查、可用于病害普查，口岸检疫和产地检疫等，是目前应用最广、发展最快的一项免疫测定技术。一般制备抗血清对性质不稳定和不宜纯化的病毒种类十分困难，现在可成功利用病毒外壳蛋白来免疫。即利用病毒外壳蛋白基因转入细菌表现载体，在试管中快速制备壳蛋白，供免疫注射以制备抗体试剂。但ELISA技术的具体操作步骤复杂，结果易受酶联反应板、试剂及酶联检测仪性能的影响。

2.1.2 免疫荧光技术

免疫荧光是另一种以抗体为基础的在植物病原检测中具有重要应用价值的技术。其原理是将荧光物与微生物抗体结合得到荧光抗体，荧光抗体与相应的抗原结合，在荧光显微镜下发生荧光，以此来检测抗原。免疫荧光技术有直接法和间接法两种，在实践中常用间接法，一抗与结合有荧光色素的二抗结合，通过免疫荧光显微镜来检测所发出的荧光。免疫荧光技术检测的灵敏度一般为每毫升 $10^3 \sim 10^4$ 个细胞，不仅可对每个着色细胞计数，而且可观察细胞的形态。在某些情况下，免疫荧光技术与 ELISA 技术相比，灵敏度大致相等或至少呈正相关，在检测植物细菌时的灵敏度比 ELISA 要高。如用 IFT 和 ELISA 法检测水稻细菌性条斑病菌时，其灵敏度分别为 10cfu/ml 和 10cfu/ml，同时在定性检测方面，IFT 比 ELISA 表现出操作更简便、更灵敏快速的优点[12]。

2.1.3 免疫金银染色技术

1981 年 Danscher 建立了免疫金银染色技术（IGSS，Immunogold - silver staining），在普通光镜下观察到了清晰的胶体金标记抗体的阳性结果，扩展了胶体全标记抗体的应用范围。免疫金银染色技术具有：可在光镜下观察，成本低；灵敏度高，检出最低蛋白量约为 0.05mg/ml；特异性强，且植物组织材料对反应、结果观察均不产生干扰；快速，操作简单；定位正确；具有双重标记功能等优点。Van Laere（1985）首次用免疫金银染色检测梨火疫病菌（*Erwinia amytovora*），结果表明此法优于常用的直接免疫荧光法[13]。在硝酸纤维膜（NCF）上进行的免疫金银染色反应，称为斑点免疫金银染色（Dot - IGSS）。Dot - IGSS比斑点免疫酶法（Dot - ELISA）更灵敏、更直观、简单快速，因而在抗原的快速检测上有良好的应用前景，就光镜而言，免疫金银染色是一项简单、快速、准确的技术，随着这项技术的不断完善，其在植物病原细菌的检测、定位和鉴定上，将发挥更大的作用。

2.2 核酸技术

20 世纪 80 年代末至 90 年代初出现了利用核酸杂交技术检测植物病原物的报道。比较核酸杂交技术与免疫学技术，在实际病害诊断及病原物检测方法中，免疫学方法无论在实际应用和应用范围等方面，均优于核酸杂交技术。核酸杂交技术目前还局限在实验范围，但核酸杂交技术可提供的专一性与灵敏性均超过免疫学方法。

核酸探针用于植物病害的诊断和病原物的检测已有 20 年的历史，可对病毒、类病毒、细菌、类菌原体、真菌、细菌、线虫进行检测。典型的核酸杂交方法是将少量核酸样品固定在硝酸纤维膜或尼龙膜上，封闭后利用专一性的核酸探针与样品进行杂交，通过放射自显影或酶标颜色反应检测。

随着分子生物学的发展，把免疫学与常规 PCR 技术结合，酶学和 PCR 技术结合，形成了以酶靶基因为基础的一系列 PCR 应用技术[14]。Mreswin 等利用核酸分析检测技术对梨火疫病菌（*Erwinia amylovora*）的 DNA 进行特异性扩增，检测灵敏度可达 50 个菌体细胞，并在 6 h 内得到结果。PCR 与核酸探针技术结合，对某一样品中的特定细菌的检测，比以往的检测技术具有快速、灵敏、准确的优势。其快速来源于不用分离培养，准确性基于 DNA 互补杂交，而灵敏性在于 PCR 对特定 DNA 序列的专一放大和杂交显色技术。柑橘溃疡病是严重影响全世界柑橘生产的重大检疫性病害，根据柑橘溃疡病菌（*Xanthomonas axonopodis pv. citri*）新近公布的全基因组中独有的保守蛋白基因序列，设计筛选出一对种特异性引物（JYF5/JYR5），能专一地扩增检出柑橘组织表面所带溃疡病菌的 DNA 靶带（413bp）。而柑橘叶面附生的非致病性黄单胞菌、野油菜黄单胞菌近缘种以及健康柑橘样品都不能扩增；靶细菌 DNA 检测下限 1.56 pg/μl，靶细菌悬浮液检测下限 10cfu/μL；在不同 PCR 仪及各种控温方式下都能稳定地扩增出特征性靶带。这一特异、准确的柑橘溃疡病菌 PCR 检验技术和研制的预包被固相化 PCR 检测试剂盒已开始用于我国非疫生产区建设中柑橘苗木、果实的病害检疫检验[15]。

2.3 自动化鉴定系统

20 世纪 80 年代后期美国研制出一种专门用于细菌诊断、鉴定的专家系统 Microstation™，其程序仍然是分离培养、性状测定、记录结果并与检索表进行比较，得出鉴定结论录结果并与检索表进行比较，得出鉴定结论。系统将细菌生理生化过程的检测、分析和统计等有机地结合起来，利用一些辅助软件和设备，自动完成待测细菌对各种碳源的利用及代谢情况的指数，自动完成数据的检索和鉴定。该系统极大简化了传统的细菌鉴定程序，快速、实用。国内已有少数单位引进使用。其缺点是系统含有的标准菌株有限，对一些未知细菌的鉴定常有误差，有时鉴定结果不很准确[15]。

3 转基因检测技术

对转基因植物释放的安全性主要考虑以下因素：一是转基因植物会不会变成新的杂草；二是会不会影响非标的生物，减少生物多样性；三是会不会影响到传媒昆虫；四是转基因改变植物产品品质，需要进行动物试验，检测过敏性。综合各个因素，作出释放的安全性评估意见。由于各国对转基因产品的安全性、风险管理措施及其他利益等方面的不一致，在全世界范围内并没有统一的转基因检测技术和方法标准。综合各国的检测技术，主要有两大类型：一是基于转入外源基因表达产物蛋白质水平上的检测，另一类是基于转入的外源基因核酸水平上的检测。目前国内已经建立了大豆、油菜、玉米、蔬菜、烟草、饲料、食品等转基因检测体系。

3.1 蛋白质水平上的检测

蛋白质的检测主要是应用 Western 杂交、免疫酶联吸附法（ELISA）及试纸条检测。Western 杂交技术在蛋白质凝胶电泳和固相免疫测定的基础上发展起来的，是免疫测定的一种特殊形式。这种方法主要用于检测转化植株中的外源基因是否翻译成特异蛋白质，少用于进出口植物转基因检测。ELISA 法原理是利用抗原和抗体的特异性结合。陈松[16]等、秦崇涛[17]等研究表明双抗夹心 ELISA 法能对转基因含量进行定量检测。基于 ELISA 法的改进方法还有试纸条检测，又称 Lateral Flow Strip.。与常规 ELISA 相比，不同之处是以硝化纤维代替聚苯乙烯反应板为固相载体，外源蛋白特异结合的抗体上联结了显色剂被固定在试纸条内，检测时，只需将试纸条插入待测样品的提取物中，就可以快速测定被测样品中是否含有被检测的转基因蛋白。目前国内有报道用一张试纸条检测转基因番茄[18]。应用 ELISA 法和试纸条检测转基因产品，只限于几个有限的种类，对于有些插入的外源基因本身不表达蛋白质或表达量很低或表达量变化很大而容易出现假阴性结果，且制备特异的酶标抗体较为复杂。

3.2 核酸水平上的检测

转基因植物核酸水平上的检测实质是检测插入的外源基因。主要的检测方法有多聚酶链反应 PCR 技术、核酸分子杂交以及生物芯片检测。PCR 技术主要有常规定性 PCR 技术、多重 PCR 技术（MPCR）、PCR - GeneScan、实时荧光定量 PCR（RT - FPCR）、PCR - 电化学发光检测（PCRECL）[19]、PCR - ELISA 法。其中，PCR - ELISA 法能半定量检测转基因成分含量，RT - FPCR 能定量检测转基因含量，且采用闭管分析，有效消除了核酸的交叉污染，是适合植物转基因检测鉴定的一种快速、灵敏、准确、实用的方法。总体来说，PCR 反应灵敏度高，易出现假阳性结果，常采用 Southern 杂交、酶切、测序等进一步验证其结果。

核酸分子杂交是根据外源基因序列设计探针，将探针与待测核苷酸序列杂交，由杂交结果判断待测基因片断是否与已知外源基因同源。核酸分子杂交检测转基因成分具有灵敏度高，特异性强的特点，但杂交程序复杂，对实验技术要求较高，一般用于检测所转化植株中外源基因的整合（Southern 杂交）和表达（Northern 杂交），有时也用来验证 PCR 产物的准确性。

生物芯片是 20 世纪 90 年代中期以来随“人类基因组计划”的进展而发展起来的一门高新技术。目前，用于转基因产品检测的生物芯片有 PCR 反应芯片、基因芯片（微阵列芯片）、毛细管电泳芯片（微流体芯片）。它具有用量少，自动化程度高，被测目标 DNA 密度大等优点。黄迎春等[20]利用基因芯片对转基因水稻、木瓜、大豆和玉米进行了检测。

4 有害生物风险分析及其植物检疫决策支持系统

有害生物风险分析（Pest Risk Analysis，简称 PRA）是近年来日益受到世界各国重视的一个研究热点。中国加入 WTO 后，对外贸易与交流日益频繁，用于贸易农产品的比重越来越大，危险性病、虫、草传播的机会必然增多，因此对植物检疫工作提出了更高的要求。风险评估程序采用国际粮农组织（FAO）1996 年发布的《有害生物风险分析的国际准则》，开展定性和定量的风险评估工作。有害生物风险分析 PRA 是处理检疫和贸易关系最有效的手段之一。由著名的国际农业和生物科学中心（CABI）编辑出版的 Crop Protection Compendium（作物保护大全检索系统）是一个集 110 个国家和地区 114 万多种期刊和其他出版物等数据资源以及包括联合国粮农组织（FAO）、联合国发展计划署（UNDP）、国际植物保护公约（IPPC）、欧洲和地中海植物保护组织（EPPO）、亚洲发展银行（ADB）等在内的数 10 家协会成员为其提供资料编辑而成的植物保护检索系统，其检索功能强大，用途较多[21]。

参考文献

[1] Muraji M, Nakahara S. Discrimination among pest species of Bactrocera (Diptera: Tephritidae) based on PCR - RFI of the mitochondfial DNA. Appl Entomol Zoo1., 2002, 37 (3): 437 ~446.

[2] Muraji M, Nakahara S. Phylogenetic relationships among fruit flies, Bactrocera (Diptera:

Tephritidae) based on the mitochondrial rDNA sequence. Insect Mol Bio1., 2001, 10: 549 ~ 559.

[3] 安榆林. PAPD – PCR 及其在检疫性害虫鉴定中的应用 [J]. 中国进出境动植检, 1997, (2): 38 ~ 39.

[4] 陈乃中. 利用 PAPD – PCR 技术区分 4 种仓虫幼虫的初步研究 [J]. 植物保护, 1997, 23 (3).

[5] 宁红等. 分子生物学技术在检疫性有害生物诊断中的应用 [J]. 植物检疫, 2002, 16 (2): 98 ~ 100.

[6] 吴佳教, 胡学难, 赵菊鹏等. 9 种检疫性实蝇 PCR – RFLP 快速鉴定研究 [J]. 植物检疫, 2005, 19 (1): 2 ~ 6.

[7] Blomquist G J, Dillwith J W. Cuticularlipids. In: Kerkut GA and Gilbert LI (ed). Comprehensive Insect Physiology Bilchemistry and Pharmacology. Oxford: Pergamon Press, 1985.

[8] Lockty K H. Insect cuticular lipids. Comp Bilchem Physiol, 1988, 89B: 595 ~ 645.

[9] Pennanech M. Insect hydrocarbon: analysis, structure and function. Eppc. Bulletin, 1995, 25: 343 ~ 348.

[10] Howard R W. Cuticular hydrocarbons as chemotaxonomic characters for Nasutitermes corniger (motschulsky) and N. ephratae (Holmagren) (Isopteral Termitidae). Ann Entomol SocAm, 1988, 8 (3): 395 ~ 399.

[11] 胡白石, 许志刚. 梨火疫病的分布、传播及检测技术研究进展 [J]. 植物检疫, 1999, (3): 8.

[12] 成国英, 高世富, 供著卫. 免疫荧光技术和固相酶联免疫吸附法检测稻细条病菌的比较研究 [J]. 湖北植保, 1996, (1): 23 ~ 24.

[13] Van Laere, Oela1. Immunogold staining and immunogold silver staining. Histochemistry, 1985, 88 (5): 397 ~ 399.

[14] 脨枝楠, 卢泽高, 卢位. PCR 应用技术进展简介 [J]. 植物病理学报, 1997, 27 (3): 198.

[15] 王中康, 孙宪昀, 夏玉先等. 柑橘溃疡病菌 PCR 快速检验检疫技术研究 [J]. 植物病理学报, 2004, 34 (1): 14 ~ 20.

[16] Chen S, Wu J Y, Chen D R, *et al.* On the Enzyme – linked Immunosorbent Assay of Bacillus thuringiensis Insecticidal Protein Expressed in transgenic Cotton. Acta Gossypii Sinica, 1999, 11 (5): 258 ~ 267.

[17] 秦崇涛, 陈在杰, 苏军等. 3 种 ELISA 法定量检测 Cry1A (c) 蛋白的比较研究 [J]. 福建农业学报, 2003, 18 (4): 258 ~ 263.

[18] 一张试纸测定转基因番茄. 长江蔬菜, 2004, (2): 50.

[19] 刘晋峰, 刑达, 沈行燕等. 电化学发光 PCR 技术检测转基因植物 [J]. 生物化学与生物物理进展, 2004, 31 (4): 375 ~ 378.

[20] 黄迎春, 孙春昀, 冯红等. 利用基因芯片检测转基因植物 [J]. 遗传, 2003 (3): 307 ~ 310.

[21] 李玲, 李伟丰, 杨桂珍. 有害生物风险分析及其植物检疫决策支持系统介绍 [J]. 广西植保, 2005, 18 (2): 13 ~ 17.

植保社会化服务

从扬州市植保社会化现状看今后的发展

刘学儒，丁涛，秦玉金，杨进

（扬州市植保植检站，225000）

近年来，随着农村劳动力向第二、第三产业的转移，农业生产者数量和质量随之下降，加之水稻迁飞性害虫的猖獗，病虫害防控工作已成为农民从事农业生产的一件难事和烦事，给农业生产安全、农产品品质量安全及农业生态安全带来了极大的隐患。为从根本上消除植保工作中的深层次矛盾，扬州市在认真总结经验的基础上，通过抓典型，树样板，行政推动，部门促动，有力地推动了全市植保社会化服务工作快速发展。

1 扬州市植保社会化服务工作现状

1.1 率先实现了市、县、乡三级服务网络全覆盖

自2007年以来，扬州市着重狠抓了市、县、乡、村四植保服务体系建设，已成立了扬州市植保社会化服务协会，五个农业县（市、区）先后成立了植保合作社，76个农业乡（镇）均已成立了植保专业化合作社，全市40%左右的农业行政村成立专业队。扬州市成为全省唯一成立植保社会化服务组织的地级市，同时也是全省唯一实现市、县、乡三级植保服务组织全覆盖的人市。

1.2 形成了各具特色的服务组织形式

目前扬州市服务形式丰富多彩，根据不同经济水平、认识水平、工作基础，采取了多种多样的组织形式，归纳起来大致有4种：

一是县、乡、村三级联动模式，以邗江区为代表，13个乡镇成立植保合作社，区成立利民植保合作社，村、组组建专业队165个，形成了三位一体的三级联动组织。区、镇合作社实行农药联供，植保站向服务组织提供病虫信息、植保技术，开展上岗技术培训、防效督查等服务。引入了利益平衡机制，农药销售单位、植保专业队（弥雾机手）、合作社、年终奖励提成按4∶4∶1∶1的比例分配乡级农药利润，形成农药销售企业、合作社、合作社成员、农民为一体的利益链。调动了服务方积极性，近年来，服务规模稳步扩大，效益逐渐增加，全区统防统治面积占65%以上。

二是乡镇综合服务模式。如高邮市界首镇、马棚镇、宝应县曹甸镇等，他们以水稻机插秧合作社为基础，根据群众需要，拓展服务范围，开展水稻病虫承包或代治服务，成立以乡镇公益机构为依托的植保专业合作组织。这类植保专业合作社最显著的特点是会员大部兼任水稻生产合作社社员，参与水稻机插秧的育秧、栽秧工作，从而延伸了服务产业

链，扩大了服务范围，延长了服务时间，增加了服务收益。2009 年，全镇 0.1 万 hm^2 水稻服务田块，每亩少用药 2～3 次，节省药本工本 45 万元。

三是个体投资综合服务模式。以仪征市新集刘金伟为代表，个人投资 19 万元，购置一批机插秧、全自动动播种线、防虫网、弥雾机等设备，为农民开展统一供种、统一配方施肥、统一病虫防治等综合服务。每亩收取育秧、机插费用 112 元，病虫防治费用 100 元，由于精量播种，统一管理，秧苗素质好于大面积生产，深受当地老百姓的欢迎。病虫防治由于坚持查虫治虫，既确保了病虫得到有效控制，又减少化学农药过度使用，据核算，今年实际用药用工成本在 60 元左右，比周边群众自发防治少用药 2.5 次。

四是"四统一分"服务模式。通过加强管理，严格考核，开展代防代治，提高病虫统防水平。通过统一配方、统一时间、统一技术规程、统一组织代治、分户结算的"四统一分"服务模式开展植保专业化服务。仪征市的谢集富民植保专业合作社，与机手签订合作协议，明确责、权、利，实行"一证三卡"（会员证、培训记录卡、农药领取登记卡、奖金发放记录卡）3 年流动考核的方式与效益挂钩，年终凭卡进行农药二次分配，有效提高了机防队员的工作积极性，2009 年机防专业队由去年的 3 家扩大到 8 家，专业队员从 24 人增加到 98 人。服务面积由去年的 266.7hm^2，上升到今年的 1 333.3hm^2。

目前，扬州市几种植保社会化服务模式，适应了当地生产水平、经济水平及农民需求，与当地乡镇农技服务中心服务能力相匹配，县、乡、村三级联动模式，声势大，影响大，统的力度大，组织化程度高，但对县、乡领导重视与支持依赖程度高，乡镇农技部门的经济基础要求要比较好，目前全面推广有一定的难度。乡镇综合服务模式服务内容全、组织化程度高、综合效益好，是今后重点扶持对象和发展的方向，但对乡镇农技部门服务意识和服务能力要求比较高，普通乡镇学习有一定难度。个体综合服务模式适应了市场经济，走自我投入、自我经营、自我发展的道路，开展综合服务、技术承包，实现了技术、物资、服务无缝对接，最大限度地保证了农业投入品"增产、节本"的功效，减少了环境污染，具有强大的生命力和创造力，是今后积极鼓励发展的对象。"四统一分"服务模式，操作比较简单，群众比较容易接受，不易发生纠纷和矛盾，在植保专业化服务发展初期比较适合，但由于没有做到查虫治虫，服务内容比较单一，既不利于防治水平的提升，也不利于服务组织的稳定和发展。

2 存在的主要问题

2.1 财政投入不足，影响基层服务组织的发展

植保社会化服务需要一批先进的植保机械和一支稳定的植保专业队伍。目前江苏省拿出资金，对购置担架式弥雾机的组织和个人每台补助 1 200 元左右，自己还得出资 2 000 元左右，植保合作组织或个人购买机械仍有一定的难度。同时，植保服务组织人员由于服务时间限制，年收入仅 2 000～4 000 元，专业队伍的稳定有一定困难。

2.2 植保专业人员年龄大，文化程度低，影响服务的效果

由于农村劳动力大量向第二、第三产业转移，农业从业人员以老、弱、残和妇女为多，植保专业队难以选择到年富力强且有较高文化知识和科学种田经验的人员参加。据江都市邵伯绿洋湖村植保专业成员登记表显示，26 名弥雾机手平均年龄 58 岁，最大的达 64

岁，文化程度小学、初中占60%以上，如此的年龄结构和文化程度，要承担复杂的植保技术推广工作和繁重的弥雾机病虫防治任务，实在有些勉为其难。

2.3　专业队员报酬收入偏低，不利于组织的稳定

目前，扬州市植保专业服务以水稻病虫防治为主，常年用药5~6次，一台弥雾机一次作业面积平均5.3hm^2，整个水稻生长季节防治面积也就在30hm^{2}左右，代治费以75~90元/hm^{2}计算，年收入2 500~3 000元左右。即便病虫重发年份，收入也仅4 000元上下，难以吸引有文化，懂技术的年青同志加入到植保服务工作中来。

2.4　专业服务人员人身安全和病虫防治损失保险无保障

病虫防治工作是一项高风险、高危险、高难度的行业，长期频繁接触农药，加之夏季高温，农药中毒现象在所难免；而农作物病虫害防治效果，受到了天气状况、病虫繁殖、田间保水、土壤墒情等因素制约，特别是暴发性病害和迁飞性害虫大量迁入，及药后暴雨等因素对药效影响很大，往往会造成防效的严重下降，易引发服务双方矛盾纠纷。

2.5　防效评价体系尚未建立

目前，扬州市缺少植保社会化服务（统防统治）责任评价机构，在出现纠纷时难以进行责任认定，很难有效维护农民与服务组织双方的利益。

3　思路与对策

植保社会化服务工作在扬州市实践3年来，取得了明显的增产节本效果，探索出了一条协调处理农业生产、农产品质量、农业环境安全矛盾的有效途径，受到了社会各界的广泛好评和赞誉，两年来，先后有20多个省内外兄弟县（市）来扬州市学习交流，2009年水稻统防统治面积达54.1%。两年的实践坚定了我们加快发展的信心和决心，同时我们也感到要确保扬州市植保社会化服务工作健康、有序、快速发展，还应着重在“落实好三项政策、抓好三个建设、实现三个转变”上下工夫。

3.1　争取并落实好三项政策

一是争取并用好植保机械补助政策。要通过广播、报纸、电视、现场观摩、专题汇报等多形式、多角度、全方位广泛宣传现代植保机械在重大病虫防治中的作用，在用好省植保机械补助资金的同时，要积极争取中央扶持资金和地方配套资金。同时要积极向省相关部门建议，争取尽快把弥雾机列入补贴范畴，发挥该机械在防治作物叶部病害、稻纵卷叶螟、农田杂草中的优势。

二是争取在保险上出台对专业服务组织的扶持政策。鉴于植保工作是一项公共事业，要通过争取各级政府支持，尽快把专业人员从业安全纳入人身保险范畴，把病虫防治损失列入农业保险范畴。病虫防治保险费用可采取政府买单，或政府、专业合作组织共同承担，专业人员人身安全保险，可采取政府、专业服务组织、专业队员各自拿一点的办法加以解决。

三是争取政府尽快出台病虫防治专项补助政策。近年来从中央到地方各级政府加大了对农业的投入力度，先后出台了良种补贴、粮食直补、农机补贴等政策。病虫防治是一项

技术性极强、风险性极大、群众极难以掌握的一项重要的农事活动。建议政府从鼓励植保社会化服务发展出发，能够设立专业服务专项补助资金，对开展统防统治，推广应用高效低毒低残留农药或生物农药的田块，通过考核检查，群众监督，对达到要求的每亩给予一定补贴，调动专业服务组织和群众开展统防统治的积极性。

3.2 抓好三个建设，实现三个突破

一是抓好服务组织建设，在服务规模上求突破。植保社会化服务要快速发展，关键是要建立一支能够与发展规模相适应的服务组织。2009 年，扬州市、县、乡三级均已成立植保协会或合作社，2010 年要把工作重点放在组建村级植保专业队上，要确保实现“保七争八”目标，即全市建立村级植保专业队 700 个以上，力争达 800 个，分别占全市农业行政村总数的 70% 和 80%。力争 2 ~3 年实现村级植保专业队全覆盖。

二是抓好示范方建设，在辐射带动上求突破。要把病虫防治示范方建设成为：开展病虫防治的宣传方，新农药新技术的示范方，农药节本减量的样板方，防治效果的展示方。2010 年全市要在今年每乡建立示范方的基础上，扩大到 20% 村都要建立示范方，全市建示范方 200 个以上，每方面积不少于 33.3hm^2，平均要在 66.7hm^2 以上。

三是抓好制度建设，在管理水平上求突破。植保社会化服务工作能否巩固与提高，关键是管理，管理好坏取决于制度的完善和执行到位程度，我们要针对三年来实践，在服务组织管理、服务流程、服务收费、服务质量、服务奖惩等方面进一步健全和完善相关制度，促进扬州市植保专业化工作的良性发展。

3.3 创新服务思路，实现三个转变

一是由病虫的代防代治向技术承包转变。代防代治操作简便，矛盾小，群众容易接受，服务工作发展初期有一定的优势。但往往不能统一药剂、统一“查虫治虫”，影响了植保服务组织技术优势的充分发挥。对组织管理水平高、技术力量较强的乡镇，明年要积极推广以技术承包为重点的专业化服务工作。在作物对象上，要由目前的水稻为主，扩展到三麦、蔬菜、油菜等，在服务内容上，要由病虫防治为主，延伸到杂草防除、田间灭鼠、有害生物防控等。杂草防除技术性特强，群众非常希望专业防治组织对此开展承包服务，目前扬州市专业服务队几乎没有开展此项承包业务的，主要担心防效和药害，杂草防除就如同医生外科手术，成功了就能扬名，我们要充分发挥技术优势，加大培训力度，在查清草相、掌握药剂特性和使用技术的基础上，大胆开展技术承包服务，切实帮助农民解决除草难的矛盾。同时树立专业服务的品牌，吸引更多的农民自觉自愿接受服务。

二是由一家一户服务向整村整组的统防统治转变。由于病虫有一定的迁移性和扩散性，加之高效植保机械具有成片防治效率高的特点，今年扬州市邗江区组织 28 个村组开展统防统治示范，收到了理想的效果。2010 年全市要进一步加大整村统防推广力度。

三是由植保专项服务向综合服务转变。植保专业组织服务人员年作业时间短，收入低，这是服务队伍难以稳定与发展的隐患，也是吸引年轻人参与的最大困难，2010 年要把扬州市一些综合服务好的经验认真加以推广，以植保服务为龙头，拓展到统一育秧、统一栽插秧、统一配方施肥、统一病虫防治、统一收割等综合服务，延长服务的产业链，增加服务收入，最大限度地发挥农业技术综合服务优势，最大限度地为解放农村劳动力提供强有力保障。

扬州市植保专业化服务组织发展现状调查及建议

丁涛，秦玉金，刘学儒

（扬州市植保植检站，225000）

摘　要：纵观全国植保专业化服务组织的出现及发展，通过对扬州市植保专业化服务组织的发现及现状调查分析，提出我国特别是经济发达地区如何发展植保专业化服务组织的建议。

关键词：扬州市；植保专业化；现状；建议

植保专业化服务是指具有一定的农作物病虫害防治知识的专业组织或个人，专门为农民开展病虫害防治的行为。扬州市早在20世纪80年代初期，就出现仪征朴席、高邮界首等植保专业化服务乡，开办初期取得了一定成效，但受当时体制机制、城乡经济结构、农户认知水平等因素的制约，发展规模小，运作方式单一，经济效益不高，加之管理经验不足，防治专业队最终未得到应有的发展，大部分自行解散。近年来，随着农业生产专业化程度的提高和农村劳动力的大量转移，生产上迫切地需要专业化的技术服务，新的植保专业化服务组织又应运而生。他们是扬州市农作物病虫害防治的新生力量，在近几年的水稻条纹叶枯病、两迁害虫的统防统治中发挥了突出作用，高效、低毒、低残留农药使用，在保证农产品质量安全等方面起到了积极有效的作用。

1　植保专业化服务组织的时代背景

在2009年全国植保工作会议上，农业部范小健副部长再次强调了要用发展的眼光进行战略思考，要与时俱进，更新观念，要树立“公共植保”和“绿色植保”的新理念。农作物病虫具有迁飞性、流行性和暴发性，其监测和防控在当前农业生产体制下，依靠一家一户农民是难以做到的，实现“公共植保”、“绿色植保”，需要政府组织统一监测和防治，建立应急防治队伍植保专业合作社、植保协会、连锁服务等专业防治队伍。

近年来，扬州市加快发展高效生态农业，随着农业结构调整，扬州市作物结构产生了重大变化，在稳定粮食面积的同时，高附加值经济作物面积不断扩大，加上耕作制度的改变，带来了农作物病虫害种类和发生态势的变化，这对植保专业化防治工作在针对性、及时性、有效性及安全性上提出了更高的要求。而当前扬州市从事农业生产的农民大部分文化水平较低，在防病治虫上往往是“跟风”或凭“感觉”，加上农药市场混乱，药剂品种参差不齐，农民在选择时喜欢买价格低廉的药，而忽略了防效和毒性，在缺乏合理药剂配方及科学防治技术下，农作物病虫害防治效果大打折扣，农产品质量安全难以保证。因此，仅仅依靠一家一户农民的防治，没有组织化、专业化的防治队伍是不能应对日益复杂的病虫情的。

2　扬州市植保专业化组织的发展现状

扬州市是农业资源丰富的鱼米之乡，种植业以稻、麦、棉、油菜、玉米为主。常年农作物病虫草害种类多，发生面积大。开展植保专业化服务以来，全市各地涌现出了多种组织形式的专业化服务试点，产生了良好的效果。据2007年统计，扬州市县、乡级植保专业化组织共18个，占乡镇数23.4%，村牵头组建组织69个，占村总数的5.77%，种植大户牵头组建组织299个，还有以机手个体服务形式的9 962个（表1）。

表1　植保服务组织形式调查表

县别	植保服务组织形式（个）				种田大户（个）	
	县、乡植保专业组织牵头创建的	村牵头组建或村村联建	种植大户牵头组建	机手个体服务	3.3～6.7hm^2大户数	6.7hm^2以上大户数
高邮	8	6	31	597	294	67
宝应	7	27	13	5 759	517	196
江都	—	26	253	824	825	188
仪征	1	—	—	1 030	24	6
邗江	2	10	2	1 752	15	12
扬州市	18	69	299	9 962	1 675	469

2.1　组织形式

扬州市植保专业化服务目前主要借助3种组织形式开展工作。

一是乡镇农技部门牵头成立专业合作社。以合作社的形式开展专业化防治服务，在扬州市很多地方都有发展，服务形式多样。

宝应县的西安丰农机服务合作社，是由镇农技推广服务中心牵头，召集全镇250多个弥雾机手于2005年10月成立，它同时结合了收割机、插秧机等其他农机服务，合作社成员带机入社，产权不变，服务方式采用统分结合，即在重大病虫防治季节，实行统一订单，开展分阶段承包服务，对全镇需要服务的农户以合同形式，统一订单，合作社分阶段与村组、农户签订病虫草承包服务合同，以村统一筹收资金，以镇统一供药，机手按统一时间，统一配方进行防治。在面广量大的病虫防治期（如水稻中后期），则由分散在各村的机手直接面对面为农户开展有偿服务，有利于抓住防治适期，加快防治进度。

宝应县曹甸镇农技推广中心牵头，于2009年3月成立了植保合作社，制定了《曹甸植保合作社章程》，并拟订了两个协议，一是合作社与社员（机手）合作协议，以明确双方职责和权利。二是合作社与防治对象户的协议，本着自愿、互惠原则与积极性高及田块方整化程度好的农户订立合作协议书，合作社负责在田作物全生育期内病虫草害的防治工作，由农户来验收防治效果。合作社在节本上寻突破，成立了农药采购供应小组，根据植保站的防治要求，派专人与农药厂家直接联系，减少中间环节，降低农药成本，从而让利于农民和机手，据统计，2009年就节省包装费、大车运输费、中间商的加价费用等42万元，在此基础上，对个别村将原每667m^2包治合同价由原先115元，降到了95元。

高邮界首镇，以“水稻生产服务合作社”为依托开展植保专业化服务，2005年高邮界首镇成立了水稻生产服务合作社，高邮植保站借助这样一个服务平台，2006年牵头试点植保专业化服务，通过界首镇水稻生产服务合作社与弥雾机手、农户代表（组长）签订“界首镇水稻生产服务合作社统防统治协议书”，明确了三方的责任和义务，对弥雾机手明确防治要求，防治标准，确保防治质量，并确定机手工资标准，与农户明确按667m^2收费标准。2006年水稻大田生长期间，对41.3hm^2田块进行试点，先后开展了7次防治，

$667m^2$ 总费用为 75 元，最终防效经高邮市植保站、镇农技站及农民代表验收后得到了肯定。2007 年由于依托于水稻生产服务合作社，考虑到专业技术人员少、运行风险较大，植保专业化防治没有能够继续扩大发展，2007 年仅新购买了两台担架式喷雾机，承包给两个机手，每台机械每期防治 $33.3hm^2$ 左右。

二是以植保协会为纽带的专业化组织。扬州市邗江区于 2006 年底成立了区植保协会，并以此为纽带，在 13 个乡镇成立了镇级植保服务合作社，各乡成了镇或村级专业化服务队。通过此种形式实现站协联合，充分运用植保部门的技术力量，发布病虫信息及防治配方，以技术为指导，提高防治水平，整合民间零散手机实现统一管理，统一用药，规范化操作，避免无效用药，减少成本，提升效益，让农户和机手实现了双赢。他们在运行模式上按照因地制宜原则，发展了四种模式：一是村、组免费统一代治模式。二是植保专业队统一防治模式。三是村、组统药联供模式。四是机手走村窜户防治模式。邗江区经过一年多的探索运作已初现成效，2007 年取得了全区减少农药成本 100.2 万元左右，防治效果提高 15%，合计节本增效 12 840.2 万元以上的明显成效。

三是“农村带头人”机防队。通过市场化运作、企业化管理、社会化服务，围绕农民需求，不断增加经营项目，不断完善考核细则，把农艺、农机有机结合起来，实现包育秧、包插秧、包植保、包亩产量一条龙服务。植保部门负责病虫调查，并对带头人进行防治技术指导，提供药械和对路农技服务。如江都市凡川镇永安村原农技站站长 2001 年自费购买了 11 台弥雾机，为农户田管服务，经过几年来不断摸索，从代治到阶段性防治再走向全承包，2004 年 12 月注册资本 50 万，开办凡川镇农机专业化配套服务的公司，以特有的技术，物资设备操作人员，实施配套服务，现有步进式插秧机 15 台，植保机械 14 台，农用机动车 2 部，物资经营部一个，专业人员 30 人，服务范围已达 4 个镇 28 个村 1 300 户，承包面积 $267hm^2$，年创收 40 万，提成风险金，机械折旧等费用后年纯利近 6 万元。

四是农场、种植大户自我服务型。从调查的情况看，许多种植大户拥有自己的机防队，机防队的规模依种植规模不同而异，主要开展自我服务，部分机防队在能力许可的情况下，也对周边农户开展代治服务。如江都市立新农场就是典型的例子，有自己的机防队，有严密的组织机构实行管理工作。他们成立了由场长、副场长、农业经理组成核心层组织，职责是拿规划、宣传、发动、协调部门运作、协调矛盾。由副场长、农业经理和各组召集人组成紧密层组织，职责是上传下达，落实措施，信息反馈、效果考核、结算。由各召集人、机手、大户骨干组成松散层组织，职责是实施田间操作，掌握质量、进度、结算与调节矛盾。农业经理负责日常办公，针对上级有关布置，联系田间实际，拿出实施意见供核心层决策，再通过宣传、发动、培训，明确各项要求。他们的组织优点是领导班子稳定，职责明确，考核兑现，农业主要成员工作正常，能够确保农药配方不乱，专业人员不散，验收时间不拖。

2.2 服务形式

目前扬州市植保专业化服务组织，常见的有 3 种服务方式（表 2）：一是机手带机不带药代治型。这种方式农药由农户提供，机防队或机手按要求喷施农药，由农户支付机手喷药的劳务费用，一般每公顷收费 60 ~ 75 元。目前这种运作方式在农村较普遍，占专业化服务面积的 69%。这种服务占市场份额较大，机手只负责喷药，对施药质量负责，作业单纯，风险相对较小。农户自己所提供的药剂一般是按照村、组的防治“明白纸”要求自行购买的。

表 2　植保服务运行方式调查表

县别	服务运行方式（667 万 m^2）			
	单纯机械作业	带药带机防治	生育期承包防治	其他
高邮市	4.82	0.89	—	—
宝应县	43.3	4.14	0.165	—
江都市	5	1.6	—	—
仪征市	15.3	7.9	—	—
邗江区	11.6	13.4	0.833	7.15
扬州市	80	27.9	0.998	7.15

二是防治队带机带药代治型。这种类型主要是机防队和机手经过多年的服务，积累了一定的经验，并取得农户的认可，他们按照植保站《病虫情报》要求，及时向农户传递病虫防治技术信息，提供防治药剂和机械施药服务，保证施药质量（但对突发性、人力无法抗拒的病虫害不包防效），经双方协商，收取合理的成本及劳务费用，目前这种运作方式占专业化服务面积的 24%。这种服务方式，机手承担的责任看似比带机不带药防治的大，但由于机手是具有一定的防治经验，同时严格按照植保站的防治要求，药剂对路，防治及时，最终防效更能得到保证，此外，机手通过批量购药代售，还可以增加一部分的盈利。因此，笔者认为这种类型的防治更有利于在重大病虫暴发时实行统防统治。

三是集体全程承包防治。这类型服务以杭集镇新生、王集，沙头镇大同、红平，李典镇秀清，汉河街办柏圩等村的部分组为典型，村组经济状况发达，每次病虫防治由村组统一购药，组织机手统防治，费用由村、组集体承担。

2.3　植保专业化服务组织运作取得的成效

对各地植保专业化服务组织的调查表明，通过开展植保社会化服务，有效提高了病虫防治综合效益，深受农民群众欢迎。

一是提高了防治效果。就扬州市邗江区调查表明，2007 年全区水稻物技结合的配方农药使用较常年提高 20% 以上，病虫防效平均提高 15% 左右，在少数原来植保服务工作较差的镇、村病虫防效提高了 30% 左右，若以防效提高 15% 计算，全区挽回粮食 9 100 万 kg，挽回损失约 12 740 万元。

二是降低了防治成本。专业化防治组织，通过科学配方避免农民乱用药、“打保险”药，减少不必要的成本投入，通过从厂家批量购置农药，减少中间流通环节，降低了农药的价格。据邗江区统计，2009 年实行植保专业化服务后，农民每 667m^2 平均降低农药价格 0.3 元，全区减少用药成本 100.2 万元。

三是确保农产品质量安全。机防队是由经过专业技术培训的人员组成，多在农技部门指导下进行规范作业，按《病虫情报》要求统一防治，药剂多由进货渠道正轨农技部门或较大的农资经销商供应，从而可以保证正确使用农药和确保防治质量。因此，实行病虫专业化、社会防治，能有效规避盲目用药、不对路用药和使用假劣农药带来的风险，能有效防止农药中毒等事故的发生，社会效益和生态效益显著。

四是农户和机手可实现双赢。农户解决了防治难题，不仅防效提高、增产增收，还可以放心外出务工。机手可以通过合理收费，获得较可观的服务收入，同时不耽务自己农活，据对机手调查，一般年收入可增加 2 000 元左右。

3 扬州市植保专业化服务组织发展中存在的问题

目前扬州市病虫防治社会化、专业化服务尚处于初级阶段，在运作过程中还存在许多问题和不足。

一是植保机械的配备不齐，数量少、质量差，不能满足植保专业化防治的需要。目前全市完好且正常使用的背负式机动药械 15 000 台左右，即便全部投入专业化防治，每次防治适期按每台防治 5.3hm^2 折算，每次防治面积仅占水稻总面积的 37% 左右。

二是基层农技推广机构不健全，农技服务人员缺少且存在新老交替断层，技术力量严重不足；基层事业经费严重缺乏，农技干部忙于经营创收以解决生计，从而淡化了服务意识。

三是植保专业服务人员年龄偏大、文化偏低，对新技术的接受能力不强，在药械维修、保养上也缺乏认识。据邗江区统计，全区弥雾机手 40 岁以上占 79.21%，初中文化程度水平以下的占 42.9%。

四是专业队机手队伍不稳定。由于农作物病虫防治是一项季节性工作，主要集中在夏秋季 3 ~4 个月的时间内，机手在其余时段要么无事可做，要么另谋他业，影响机手队伍的稳定。

4 对发展扬州市植保专业化服务几点建议

农作物有害生物防治的根本出路在于专业化、社会化。实行病虫防治专业化、社会化服务是全面落实科学发展观、深入贯彻“预防为主、综合防治”植保方针和“公共植保，绿色植保”新理念的重大举措，是发展现代农业、提高农作物重大病虫害防控能力、确保农业生产及农产品质量安全、增加农民收入的现实选择。扬州市虽然进行了一些探索，取得了一定的成效，但其发展规模、运行效益还不能完全适应社会主义新农村建设的客观需要。为此，提出如下建议：

4.1 政策扶持，创造环境

要充分认识到植保专业化防治组织的重要性，把组建和完善专业防治组织的工作作为发展现代农业、建设新农村的重要抓手。一要加强与政府各部门沟通，要多做宣传，争取政府的支持，并积极争取地方政府对配置新型药械和绿色环保农药实行补贴。二要积极与农机部门密切配合，落实好植保机动药械补贴政策，对每一个专业化服务组织给予一定的购机补贴等。三要积极申报专业化防治的项目，如“水稻重大病虫害专业化防治示范”等，争取专项资金。

4.2 规范运作，完善机制

一是要按照相关法律法规要求，帮助专业化防治组织建立健全各项章程、制度、合同，在科学合理测算的基础上，规范收费标准和行为，切实维护服务和被服务双方的利益。二是要建立监督机制，对植保专业化服务的过程和行为进行监督指导，纠正规范服务行为，确保专业化服务组织健康有序发展。三是要健全防效认定机制。

4.3 加强培训，提高素质

加强对专业化组织培训，提高专业化组织的科学发展和实战能力。一是要开展相关法律培训及新政策宣传活动，增强专业化服务组织人员的法制意识。二是要开展有关病虫害防治知识，植保器械使用及维修等相关知识的培训，提高机手的技能素质。

4.4 典型引路，稳步发展

全市要以基础好、实力强的县、乡镇为重点，以乡、村为基点，因地制宜地开展不同类型植保专业化服务组织的试点工作，结合当地实际扶持建立新的防治服务组织，并通过调研、论证、总结将试点成熟的经验在面上示范和推广。

4.5 积极探索，创新模式

全市要在组织形式、服务方式、服务手段上积极探索，开拓新模式，鼓励各种形式的专业化防治组织，逐步探索股份公司类型，公司采取企业化管理，股份制经营、市场化运作的新模式。

适应新形势　探索新机制　扎实推进植保社会化服务

丁涛，刘学儒，秦玉金，杨进

（扬州市植保植检站，225000）

近年来植保工作面临农业重大有害生物逐年加重、从业人员素质下降、基层服务体系弱化、农药市场混乱等突出问题。为了从根本上解决病虫防治工作面临的深层次矛盾，扬州市积极探索新形势下植保社会化服务新机制，通过培育典型，典型引路，示范辐射，扎实推进全市植保社会化服务工作开展。3 年实践下来，植保社会化服务工作取得了一些成绩，也突显了一些问题。

1 发展现状

1.1 组织机构

扬州市用 3 年时间建立建成了市、县、镇、村四级服务组织，实现了农业县、乡镇植保专业化服务合作社全覆盖，建立村级服务组织达 430 个。此外还拥有个体大户专业服务队 975 个。

1.2 机械情况

到 2009 年 4 月，全市拥有可供使用的背负式喷雾式弥雾机 24 885 台，担架式弥雾机 1 431台，其中专业服务组织拥有背负式喷雾式弥雾机 12 687 台，担架式弥雾机 920 台。

现有机械保有量可供 17.9 万 hm^2 水稻实施高效机械防治，占水稻总面积的 86.3%。

1.3　运行情况

2009 年全市小麦病虫专业化防治面积 12.3 万 hm^2，占小麦总防治面积 43%；水稻病虫专业化防治面积 54 万 hm^2，占水稻防治总面积 54.1%。通过对全市 5 个县（市、区）的 16 个乡镇调查，在专业化服务组织开展服务的形式上带药承包服务：带药代治服务：不带药代治的比例为 15：41：44，在防治药剂来源上乡级组织统供：村级组织统供：农民自备：其他为 61：9：26：4。从调查数据来看，扬州市目前专业化服务组织以代治为主，占服务面积的 85%，承包防治处于探索阶段。专业化防治的药剂大部分是由服务组织代购，农民自备的比例不到 30%。

1.4　几种运行模式

1.4.1　县、乡、村三级联动式

扬州市邗江区从 2006—2009 年，13 个镇（街道）相继成立植保服务合作社，区先后成立邗江区植保协会、邗江区利民植保服务合作社，村、组陆续组建专业队 165 个，形成了上下一体的三级联动组织。实行农药联供，引进利益平衡机制，农药利润按照区镇村 2：4：4 的比例进行分配，形成上下一体的共同利益链。邗江植保站向服务组织提供病虫信息发布、防治技术指导、上岗技术培训、防治效果督查等服务。此外，邗江植保站在对植保合作组织的引导上还做到了“搭平台、树品牌、奖先进”，搭建了“邗江植保网”、“邗江植保通”信息平台，树立了“邗江植保连锁”、“放心店”品牌，奖了一批服务优质的农药经营企业、植保专业服务队、弥雾机手等先进集体及个人。通过这一系列举措，邗江植保社会化服务组织 2009 年实现水稻统防统治面积占全区防治面积 65% 的成绩。

1.4.2　多元化服务模式

这种服务模式为扬州市多个乡镇采用，组建程序简单，但对基层服务机构综合素质要求较高，如高邮界首、马棚，宝应曹甸等。他们由水稻机插秧合作社为基础，根据农民需求，拓展服务范围，开展水稻病虫承包或代治服务，成立以乡镇级公益机构为依托的植保专业合作组织。这类植保专业合作社最显著特点是，会员大都兼任水稻生产合作社会员，参与水稻机插秧的育秧、栽秧工作，从而扩大了服务范围，延长了服务时间，增加了服务收益，进一步稳定了服务队伍。2009 年高邮市界首益友植保专业合作社开展全承包防治，年初统一收费、与机手签订防治合同、与农户签订防治协议、开展“统防统治”，水稻病虫单次防治面积 667hm^2，统防覆盖率达 40%，水稻一季专业化防治用药比大面积少用 2～3 次，节省农药成本 20 元/667m^2。

1.4.3　统一代治服务模式

在扬州市经济欠发达、农业服务能力较弱化的地区通过加强管理，严格考核，开展代防代治，提高病虫统防水平。植保专业合作组织通过统一药剂配方、统一防治时间、统一技术规程，统一组织代治，分户结算的“四统一分”服务模式开展植保专业化服务。仪征谢集富民合作社就是采用这样的服务方式，他们与机手签订合作协议，明确责、权、利，合同一定 3 年。实行“一证两卡”3 年滚动考核的方式与效益挂钩（会员证、培训记录卡、农药领取登记卡）年终凭卡进行农药利润二次返利，提高机防队员工作积极性，运作一年后队伍规模不断壮大，服务面积逐次增加。

1.4.4 个人投资创业式

这种模式符合民营经济的发展方向，与市场竞争机制天然合拍，具有较强的生命力。如仪征新集镇的刘金伟，投资 19 万元创办了综合服务经济实体，购置了一批机插秧、全自动播种线、防虫网、弥雾机等服务设备，为农民开展统一供种、统一育秧、统一机插、统一配方施肥、统一病虫防治等综合服务。2009 年承包面积 59hm^2，每公顷收取育秧、机插费用 1 680 元，病虫防治费用 1 500 元。

2 主要经验及做法

2.1 加大行政推动力度

扬州市政府先后召开了推进植保社会化服务工作专题会议、全市植保社会化服务工作推进会、下发了《关于全面推进植保社会化服务工作的意见》，市政府将植保社会化服务工作纳入对各县（市）农业农村工作综合考核指标，市领导在全市农村工作会议上强调加快推进植保社会化服务。市农业局下发了《全力推进我市植保社会化服务体系建设》的工作意见，各县（市、区）相继出台工作的意见。各级农业部门都将植保社会化服务工作列入农业工作的重要内容。

2.2 扩大示范引导力度

2009 年全市建立专业化防治示范方 68 个，单个面积均在 66.7hm^2 以上，累计近 0.67 万 hm^2，通过专业化防治示范方建设，辐射带动了周边地区防治水平的提高，加快了植保技术的推广。

2.3 强化组织考核力度

通过年初布置、年内督查、年终考核的办法，扎实推进植保社会化服务。市植保站通过开展全市植保专业化工作大互查，督查各地工作进展情况，每个县（市、区）抽查两个乡镇，要求做到“四有”：有组织和牌子，有培训基地，有防治示范方，有防治规章制度和信息档案。年终根据年初目标，对各县（市、区）植保站进行考核，并评选出植保专业化服务先进单位，颁发荣誉证书。

3 存在问题

3.1 基层植保服务技术力量弱

推进植保社会化服务工作，乡、村两级植保机构是关键，他们是技术传送，措施落实的桥梁。而目前基层农技推广机构不健全，人员配备不整齐，测报手段落后，设备老化，设施不齐，事业经费严重不足。据统计，全市 77 个乡，46 个乡配备植保技术人员，共计 75 人，只有 9 个乡配有病虫监测仪器。全市 1 059 个农业行政村，设有植保员的村不到 7%。基层植保体系的断档，严重阻碍了植保新技术、新药械以及植保社会化服务的推广。

3.2 缺少防效评估机制或标准

农民对防治效果的期望值往往过高，与服务组织和防治作业人员有时在防治效果上会出现意见分歧。而扬州市目前缺少相应的植保社会化服务（统防统治）责任评估机构，在出现协议纠纷时无明确专职部门或专人出面进行责任认定，妥善解决纠纷，维护农民与服务组织双方的利益。

3.3　组织自身发展能力不足

一是专业队机手队伍难稳定。由于农作物病虫防治是一项季节性工作，主要集中在夏秋季3~4个月的时间内，机手在其余时段要么无事可做，要么另谋他业，影响机手队伍的稳定。二是组织盈利能力有限。就当前阶段而言，植保社会化服务专业组织的服务以水稻等粮食作物病虫统防统治服务为主，主要的经济收入来源于按照服务面积收取一定的作业服务费，由于粮食生产的比较效益低，作业服务费收取偏低，所以服务组织的盈利能力十分有限。这将成为植保社会化服务专业组织自主经营、自负盈亏、自我发展的制约瓶颈。

3.4　缺少风险化解机制

一方面病虫害防治效果，除了受到防治药剂、防治技术的影响外，还受自然因素影响较大。如防治适期遇连续阴雨或遭遇到流行性病害或突发性病虫害等情况，防治工作难度会增加、防治效果也会受到影响。另一方面，专业人员田间作业时遇高温天气易发生中暑中毒等事故、有时还会遇到田间鼠蛇等，这些都加大了专业服务人员及组织的作业风险。

4　发展对策

4.1　积极争取政策扶持

抓住中央和省增加对农业投入的有利时机，千方百计多渠道争取各级财政增加对植保社会化服务体系建设的资金投入，扩大植保药械补贴范围和补贴标准。积极申报专业化防治项目，争取专项资金的扶持。

4.2　加大宣传培训力度

一是充分利用广播、报纸、电视等新闻媒体，大力宣传植保专业化服务的重要意义，争取通过现场推进，群众观摩，防效评估等多种形式引导农民自觉自愿的参加植保专业化服务。二是加强对专业化组织培训，提高专业化组织的服务水平。开展相关法律培训及新政策宣传活动，增强专业化服务组织人员的法制意识。开展有关病虫害防治知识，植保器械使用及维修等相关知识的培训，提高机手的技能素质。

4.3　利用项目示范带动

把建设好病虫防治示范方作为推动扬州市植保社会化服务工作有效载体，通过示范方建设，辐射带动周边更多农民按农业技术部门的要求做好病虫防治工作，并吸纳更多农民自主自愿接受合作组织的服务。同时要借助粮食高产增效创建项目，推动植保专业化防治工作，要将每个项目点建设成为病虫专业化防治的样板区，形成千亩、万亩示范方，扩大植保专业化服务的影响度。

4.4　建立规范运作机制

要规范化运作、制度化管理，县、乡级植保社会化服务组织要做到有服务标牌、有服务基地、有防治示范方，有防治规章制度和信息档案；村级专业防治组织要做到有专业防治人员、有机动植保器械、有防治信息档案。要按照相关法律法规，制定合作社章程，制定财务管理、财产管理、日常工作管理等制度，建立健全防效追溯机制，切实维护服务和被服务双方的利益。要建立监督机制，对植保专业化服务的过程和行为进行监督指导，规范服务行为，确保专业化服务组织健康有序发展。要健全防效认定机制，对病虫害防治过程中出现的效果进行科学评估。

4.5 拓展专业服务内容

植保专业化防治季节性强，服务期短，全年经济收益低。为此要引导植保社会化服务组织拓展服务范围、服务内容，要以植保专业化服务为依托，延伸服务链，结合水稻机插秧服务，向栽培管理、肥水管理、病虫防治等综合性服务拓展，提高服务组织综合服务能力及效益回报率。

创建专业服务平台　实现植保技物连锁

李群，贾敏，高远林，王丽，焦莉莉，吴佳文，徐蕾，康晓霞，董红刚，耿跃

（扬州市邗江区农林局，225009）

邗江区位于江苏省扬州市，围绕扬州城区，耕地面积 2.87 万 hm^2，主要种植稻、麦、油。随着社会进步和现代农业生产的发展，原有植保服务格局已不适应农业生产的需要。为此，本区积极探索植保专业化服务新机制，积极打造植保连锁平台，形成广覆盖、宽领域技物结合的植保连锁服务网络，直接将先进植保专业技术和质优价廉农药实施到田头，促进了农业增效和农民增收。经过几年的实践，本区植保专业化服务工作取得了一定的成效，受到了多方关注，并得到不同部门的支持（农业、环保、科技、科协、媒体等）。

1 农业生产形势需要植保专业化服务

邗江区现有水稻面积 2 万 hm^2，统防统治面积约占水稻面积的 65%。比两年前增加了近 2 倍。过去，由于病虫防治时间、药剂、技术等不到位，时常遭受病虫草为害，药害事件时有发生，对水稻生产影响很大。究其原因，主要有以下 4 个方面。

1.1 农药市场混乱

随着农资市场的放开，农药经营许可证的取消，农药市场较为混乱。2007 年对全区农药市场进行调查，全区 188 家农药经营企业，不合法的占 87 家，占 46.3%。一些经营者缺乏农药常识、法制意识、质量意识，对正规农药市场形成冲击。加之农药市场混乱、经营渠道多、品种杂、管理难，给新农药、新技术和大型植保机械推广增添了难度。

1.2 农业执法难

一是农业执法刚性依据少，导致执法处罚难；二是执法经费短缺、人员少，执法人员

素质亟待提高；三是部分基层农药经销商和一些无证无照不法经销商，隐蔽性强，走村窜户（骑着车、拎着包）兜售农药。

1.3　市场竞争激烈

随着农药经营的放开，经营单位逐年增多，农药品种更新换代快，部分农药经营企业加价偏高，个体农药经营户以其灵活的经营策略参与经营抢占市场，正规农药经营企业与之无法竞争，个别经营单位因无法正常竞争，干脆浑水摸鱼，倒卖假劣农药和国家禁用农药，诱导农民用药，坑农害农，谋取非法所得。

1.4　病虫发生加重

2002 年以来，邗江区多种病虫连年大发生，而一家一户防治，由于药剂不对路、防治不适时、导致病虫为害重、损失大。如 2004 年水稻条纹叶枯病暴发，部分村组水稻病穴率达 70%。

2　植保专业化服务需要建立工作平台

工作平台就是要有组织，组织要有吸引力，要有生命力。

2.1　树“邗江植保”形象，实现技术连锁联推

根据调查本区农民对“邗江植保”的信任度达 90% 以上。为此，笔者在植保工作中有意树起“邗江植保”形象，区镇村三级单位拧成一股绳，实行技术联推，主要抓了两个方面。

2.1.1　组织建设

自 2007 年邗江区各级相继成立了植保专业化服务组织。区级：2007 年成立邗江区植保协会，注册会员 929 人，理事单位 35 个；2008 年 5 月成立邗江利民植保专业合作社，单位成员 11 个，有成员近 2 000 人，入股资金 44.41 万元。镇级：13 个镇均成立了镇级植保专业合作社，并在工商部门注册登记。基层：共组建各类型植保专业队 200 支，会员 2 000 余人，拥有担架式弥雾机 205 台，背负式弥雾机 2 000 余台。

2.1.2　技术服务

一是规范测报，及时发布准确病虫发生信息和防治技术；二是创建邗江植保网（www.hjzbw.com）。及时提供病虫发生、防治技术等信息。三是开通“邗江植保通”信息平台。将植保信息通过扬州移动信息平台群发至植保专业合作社成员手机上。四是培训持证上岗。植保部门对弥雾机手开展病虫防治、弥雾机使用、维修和保养等培训，发放上岗证。两年来已培训机手 1 500 多人次，发放上岗证 1 000 多本。五是印发到户资料。对重大病虫防治，历年由区印发到户资料；2009 年印发资料 6 次，共计 70 余万份。过硬的技术，规范的措施，培植和维护了良好的形象。

2.2　创“邗江植保”品牌，实行农药连锁经营

及时准确的病虫防治信息，配以质优价廉的药剂配方，形成了技物结合的有机统一。多年来，我们处处为农民着想，为基层连锁店或经销商着想。主要抓了 3 个方面：一是确定最佳药剂配方，确保高效、低毒、低残留。二是实行农药最高限价，区合作社积极倡导

镇级合作社、基层专业队实行技物联推联供，连锁降价，让利于基层农药经销店、弥雾机手、农民。区级农药进销差价保证在10%以内；镇级合作社实行利益共享，按4∶4∶1∶1执行，即农药销售单位40%，专业队、机手40%，合作社10%，年底奖励10%。由于利益分配合理，得到广大涉农人员的认可和支持。基层及农民得到了实惠，多数农民都到当地农技部门或连锁店购药。优质的服务、质优价廉的农药吸引了周边地区农民，导致部分省、市农药联推厂家到本区商谈联推品种销售及价格事宜。三是品牌共享，本区成立植保服务组织后，利用《病虫情报》指导病虫防治的权威性，打响了“邗江植保”品牌。农药经营店联推联供好的授予“邗江植保连锁××店”店牌和“邗江植保连锁放心店”铜牌，由区、镇、村投资或奖励的植保机械统一喷印“邗江植保连锁”标识和编号；机手作业统一着装，衣服上标有“邗江植保”，实现专业化服务组织内的品牌共享。

2.3 探“邗江植保”模式，转变植保服务方式

为了稳定农技推广队伍，保障粮食生产安全，提高农产品质量，保证农业技术应用到位，必须建立新的植保服务模式，提升专业化服务水平。区、镇合作社实行技物联推，大力推行植保专业队开展防治服务。专业化防治模式，从单一机手带机代治先后发展增加了：一是村组统一供药，机手包组防治，占全区水稻面积的15%；二是专业队带机带药统一防治，占全区水稻面积的20%；三是整村推进专业服务，2009年28个村试行，占全区水稻种植面积18.58%，专业服务正在探索向整镇服务迈进；四是植保连锁协议服务，在过去农户农田有专业机械防治但不固定机手防治病虫的情况下，为了使专业队防治有计划性让农民早知道，吃下定心丸，包防治并包效果，区植保合作社与镇植保合作社、镇植保合作社与基层（村）植保专业队、植保专业队与农户四级联动签订稻麦病虫防治连锁服务协议，区向下层层承诺技术与配方责任，包防治效果。镇、村专业组织负责指导、实施，农户如实上报被服务面积和按时缴纳相关费用。

2.4 弘“邗江植保”精神，推动植保工作升级

邗江区植保专业化服务工作经历了从无到有，从点到面，从量到质的发展历程，如今已是春光明媚，工作开展的得心应手，如此结果的取得凝聚了邗江植保人的心血，其精神就在于敢想敢做、正视问题、不断调研、总结、推进。我们在全国成立了第一家县区级植保协会，在江苏省成立了第一家县区级植保专业合作社，我们创造性地制定了一系列规章、制度、措施并付诸实践；从总结、完善、出台新招，到工作升级。下面从陆续发表的典型文章中也可看出邗江植保专业化服务的起步、成长、壮大的过程。2007年全国农技推广服务中心编印的《植保保护与农产品质量安全》上的《扬州市邗江区植保专业化服务组织开展的情况及其成效》，反映了开展专业化工作进行的基础性调查、建章立制、试点、推广情况；2008年《江苏农业科学》第三期上《创新植保专业化服务机制的实践与建议》主要介绍采取的一些措施、取得的成效等；2008年《扬州农业》上的《植保专业化服务亟待解决的几个问题》指出了植保技物结合中上下联推联供的认识、官商经营、价格偏高问题等；特别是2009年全国植保双交会论文集中的《邗江“新三招”再创植保专业化服务新业绩》主要是区别于前两年的工作，是本区2009年在植保专业化服务的新突破上而探索的新措施：一是签订植保连锁协议，让被服务的农民吃下定心丸；二是整村推进植保专业化服务，在一方田、一个组、整村地毯式、一亩不漏的开展专业化服务，为进一步整

镇、全区开展专业化服务提供经验；三是全区统药统价销售运作，为植保专业合作社真正运行和植保全连锁开辟新路。同时我区创新性地开展了农药经营店“三不”即不经销非推广药、不卖违心药、不卖假冒伪劣药和“三经营”即守法经营、诚信经营、有效经营的“放心店”竞赛活动；组织专业队、机手开展“三高”即道德素质高、业务水平高、防治质量高和“三不”即不乱购药、不乱喷药、不乱加价的好机手竞赛活动，年终进行评比。两年来，表彰了8个先进镇级合作社，20个放心店、10个优秀专业队、30名好机手和26篇优秀论文并分别给予奖励，经验材料等分年度在《扬州农业》上刊出邗江区植保专业化服务工作专辑。由于我们植保专业化服务工作连续两年获江苏省植保站表彰，扬州市科协评为软科学优秀成果奖，区委、区政府2008年度3个文明表彰会授予唯一农业类一等功单位。

3　专业工作平台需要不断总结再拓展

3.1　上下联动 利专业化服务推进

做好邗江区植保专业化服务工作主要得益于以下3个方面：

3.2.1　领导重视

邗江区植保服务机制创新等都得到了各级领导的高度重视、指导和支持。

3.2.2　自身努力

不断创新的植保专业化服务工作工作思路、理念，不断增添了新的工作内涵。邗江区农药市场竞争激烈，为减轻农民负担，增加农民收入，本区植保工作者做了大量艰辛、细致、探索性工作。植保专业化规章、条文等在无前车可鉴的情况下创新出台，并被不少兄弟单位所借鉴。

3.2.3　基层配合

邗江区各乡镇都积极配合全区植保专业化服务工作，如方巷镇康稼植保合作社技物结合应用率近90%；植保连锁店达15家；机手代购药服务达200多人，增加了近20倍。槐泗镇许巷村，由村分管负责人牵头，由七位组长共同组建村专业队，服务面积46.7hm^2。公道镇徐成扣，自己种植10.7hm^2，2009年实施育秧、机插秧、整田、病虫防治、肥水管理等统一服务近66.7hm^2。

3.2　不断探索 显专业化服务成效

经过两年多的努力，邗江区已建立较为完善的植保连锁服务体系，并创造性地提出和实践了一些服务理念和模式，全区植保工作不断上水平。

3.2.1　加强了服务体系建设

开展植保专业化服务工作，实行技物联推联供，区、镇服务手段不断完善，“邗江植保”形象得到提升。合作社成员成为信息传递的主力军，信息传递速度较合作社成立前快1d左右。同时，各镇级植保合作社均加入植保连锁经营，配方药剂市场占有率达65%，成了主渠道和主导者，农药市场不断规范。

3.2.2　提高了病虫防控能力

2007年全区水稻配方农药使用率为52.9%，同比提高20%以上；2008年农药使用率又提高10个百分点。全区病虫防效平均提高15%左右，增强了对突发病虫害的应急防控能力。

3.2.3 实惠予农民

一是减轻了农民精神负担。实行植保专业化服务，由机手防治，农民不用背药箱，解决了农民担心的药剂不对路和防效差的问题；二是减轻了农民经济负担。专业化服务组织层层要求药价每 667m^2 降 5%，2008 年平均降低 0.4 元/667m^2 次，全区减少用药成本 120 万元；机手集中连片防治，机防费用平均减少 1 元/667m^2 次，全区节本 300 万元；每年减少用药两次，节本约 30 元/667m^2，据此全区节本约 900 万元。三项合计农民每年节本 1 300万元，平均节本 44 元/667m^2。三是增加了农民收入。植保专业化服务，提高了病虫草害防效，粮食生产安全得到保证。2008 年，全区挽回粮食损失约 2 542.5 万 kg，挽回经济损失约 4 881.6 万元。四是节省了劳力。开展植保专业化服务后，每村按 200hm^2 规模，病虫防治需 500 个人工，植保专业化服务仅需 100 个人工，全区全年可转移劳动力 4 万个。全年可增加务工收入 160 万元。全区一般年份增收节支可达 6 341.6 万元，人均 115.3 元。

3.2.4 保障了农产品质量

开展植保专业化服务有效遏制了高毒、高残留农药的使用，减少了用药量和用药次数，减轻了农药污染和环境污染，保证了农产品的质量。

3.3 谋求新招　促专业化服务升级

我们将认真做好全区植保专业化服务工作，继续探索植保连锁服务新模式，力争两年内实现全区植保专业化服务全覆盖。

3.3.1 松散型植保连锁再延伸

因地、因人制宜，让不愿意参与到植保专业化服务中来的少部分农民享受到技术、物资的服务。即在常规技术服务的基础上推行物资供应，加强生产经营理念宣传和加入专业服务的引导。

3.3.2 紧密型植保连锁再探索

即在现有植保专业化服务工作的基础上，在农药统供率低于 50% 的镇实施，实行组织扩张，吸收种田大户、农药经营户等新成员，与他们直接沟通、直接服务、直接供药、包防效。

3.3.3 农业适度规模经营全程试点

通过制度创新、资源整合、技术集成，开展正规化、专业化、全方位服务。近期在杭集镇流转土地 33.3hm^2，种植稻麦，建设全区农业适度规模经营试点区。实行区镇村三级联手。试点区全程代理农民作业服务，在品种布局、栽培管理、植保专业化防治、机耕机械（栽）机收上的四统一。合作社利用先进的农业机械和农业技术，按照现代农业的要求组织生产，实现“经营理念产业化，生产技术标准化，栽培管理规范化，操作记录档案化，产品质量精品化”的目标，加快推进适度规模经营、农业产业化步伐和植保连锁服务进程。

邗江再创新招　全面启动病虫专业化防治“六四三二一”工程

李群[2]，居宝安[1]，徐蕾[2]，吴佳文[2]，康晓霞[2]，潘志文[2]，董红刚[2]，耿跃[2]

（1. 扬州市邗江区农林局，225000；
2. 扬州市邗江区农作物技术推广中心，225009）

为了适应群众生产需求，准确把握农业社会化服务大趋势，服务现代农业发展，邗江区2007年率先组建全国首家县级植保协会，2008年成立江苏省首家植保专业合作社，各镇相继成立镇级植保专业合作社。因此，邗江区病虫专业化防治经历了从无到有、从点到面、从量到质的提高过程，在2008年获得区委区政府“三个文明”一等功的基础上，2009年获全国农技推广服务中心先进集体、“江苏省十佳县站”，区委区政府创新创优成果奖。为巩固病虫专业化防治、加快推进速度、提升运行质态，经过谋划并征得区、市、省有关部门及领导的意见，2010年全区已陆续并将全面启动“六四三二一”工程，即“六个百、四个大、三个争、二个落实、一个抓”。

1　实施“六百”计划扩面提质

组建“百人”队伍，由分管局长牵头，区、镇农技人员参加，构建病虫专业化防治行政和技术体系。

1.1　百人抓百村

开展百村整体推进，这是专业化防治由点及面、由散到整直到全面覆盖的必由之路。每人抓一个村的病虫专业化防治工作，这将占到全区行政村的2/3，使全区1.3hm^{2}粮食面积实现专业化统防统治。

1.2　百人进万家

这是百人抓百村的工作基础。组织百名农技人员到村到组到户，进行面对面的沟通，阐明服务承诺、反馈农民意见，完善、创新服务形式，想方设法提升与被服务农户的关系，争取未被服务的农户加入到被服务的对象中来。

1.3　百人挂百方

这是百人抓整村推进的工作形象。百名农技人员每人在所抓的村挂帅指导一个百亩专业化防治示范方，结合高产示范方创建，争取全面取建设成农业综合服务示范点。

1.4　百人建百队

这是百人抓整村推进的硬件条件。组织百人开展技术培训和完善，每人负责一个专业队的建设，确保专业队防治达到“五统一”（统一时间、统一药剂、统一防治、统一价格、统一防效）要求。来实现成立植保服务组织时承诺：吸收更多会员，服务更多对象和更大面积。

1.5 百人联百户

这是增加示范典型的探索之路。百名农技人员每人联系 1 户 6.7hm^2 以上种粮大户。种植大户多为外来户，他们多数凭经验种田，技术落后、种植粗放，而这些大户又对当地农民的种植水平有一定影响。通过农技人员联系大户，把种田大户“升级”为种田示范户。抓好种田大户，不但要使他们成为新品种、新技术的应用者，而且要使他们成为新品种、新技术的示范者、宣传者，这将对推广农业实用技术，开展病虫专业化防治可以起到事半功倍的效果，为农业适度规模经营提供经验。

1.6 百人收包装

在百人所抓的村，组织专业队对农药包装废弃物百分之百回收，减少环境污染。为更大范围农药包装物回收探索运作方法、运作成本、运作效果。

2 开展“四大”活动强势氛围

“四大”指的是大宣传、大座谈、大走访、大汇报。“大宣传”就是利用各种形式开展宣传；“大走访”就是分对象予以走访，及时掌握推进动态；“大座谈”就是组织不同层次、不同对象进行座谈，层层统一思想；“大汇报”就是向党委、政府及各专业部门汇报，争取更多重视和支持。

3 推行“三争”行为增强力度

一是争取重视，区、镇、村各级农业服务组织要大胆利用一切机会向外向上宣传，引起重视。二是争取政策，争取病虫专业化防治药剂及费用部分补贴。由于农业是弱势产业，要实现“绿色植保、公共植保”就要政府政策支持。三是争取考核。本区已纳入政府考核，将病虫专业化防治工作纳入镇级政府考核内容。

4 抓好“两个落实”提供保证

一是落实责任，将项目建设任务分解到承担单位和合作单位，并落实到实施的镇、村、组，落实到具体责任人；二是落实奖励，在原“三不三经营”放心店和“三高三不”好机手竞赛基础上，增加对挂钩人员的奖励。

5 携手“一抓”夯实工作基础

“一抓”是指抓好队伍建设。首先是选好和培养好牵头人，其次是建好一支高素质的服务团队，夯实植保服务基础，也是干好任何工作必不可少的条件。

抓牵头人：对植保服务工作的牵头人要层层考察、干预、决定，要选择农村能人且在周围农民中有一定影响力、有进取心及组织协调和实战能力强，并热心于农业和植保工作的人来牵头抓病虫专业化防治工作。

抓团队建设：病虫专业化防治工作面对的是千家万户，没有一个高素质的工作团队是不行的。在牵头人的组织下，团队内的每一个成员都动脑筋想办法，主动宣传、推广，使团队每一个成员都成为圆的圆点，由点及面，迅速扩大，使全区病虫专业化防治工作迈上新台阶。

病虫专业化统防统治已写入2010年中央1号文件，这是对农业工作者更是对植保工作者的支持和鼓舞。2010年邗江区病虫专业化防治工作，将在2010年中央1号文件精神的激励下，在各级领导的关心支持下，在各级政府的扶持下，邗江植保人将更加充满信心，也定会走得更加坚定，通过不懈的努力，带好区、镇、村三级农业人员，吸引更多病虫专业化服务人员和广大农民，参与到病虫专业化防治的行动中来，使这项工作“让农民满意，让自己（团队）满意，让领导满意”。

邗江区植保社会化服务探索与实践

徐蕾，李群，吴佳文，康晓霞，董红刚

（扬州市邗江区植保植检站，225009）

摘　要：扬州市邗江区率先在全国实行植保社会化服务，推行组织链接、技术链接、品牌链接、利益链接、激励链接、模式链接，实施协议服务、整村推进、购机补贴、统药统价，2009年服务全区农户8万户，服务面积133万hm^2。

关键词：社会化服务；链接；新四招；植保

本着“植保服务社会化、合作社运作市场化、组织形式规范化、服务模式多元化”的指导思想，积极开展植保社会化服务，不断规范植保服务体系，努力提高农民组织化程度，强化服务成效。该区做法已逐步形成为“邗江模式”，并被社会认可。

1　开展植保社会化服务的原因

邗江区水稻种植面积2万hm^2，麦油1.8万hm^2。过去农业生产中由于防治时间、药剂、技术等原因带来农作物病虫草害及用药不当造成的药害事件时有发生，对农作物的产量影响很大。究其原因，主要有以下4点。

1.1　病虫发生严重

2002年以来，多种病虫连年大发生，而一家一户防治，由于药剂不对路、防治不适时、导致病虫为害重，损失大，生产成本增加，农产品农药残留超标。2004年水稻条纹叶枯病暴发，邗江头桥镇南华村解放组大面积水稻病穴率达70%；2007年方巷镇庙头村仇庄组农民误用除草剂产生药害，0.2hm^2责任田绝收。

1.2　农技推广弱化

基层农技推广体系改革和行政区划调整后，镇（街道）、村规模扩大，从事公益性服务的机构和人员却在减少，有限的公益性服务人员要把技术送到千家万户难度加大、成本增加。

1.3 农村劳动力转移

随着第二、第三产业的发展，农村青壮年劳动力主要务工、经商，农村务农人员主要以妇女、老人居多，科学种田水平不高、素质下降。而农作物病虫防治劳动强度大、技术要求高，大部分农户无法承担。

1.4 农药市场混乱

2007 年调查显示，邗江区有 188 家农药经营企业，合法的 101 家（农技系统的有 36 家），不合法的 87 家。农药市场混乱、品种杂、管理难、新农药新技术推广难，大型植保机械使用率低。

2 推进植保社会化服务的做法

为适应农村经济发展和农技推广体系改革需要，保障粮食生产安全，提高农产品质量，保证农业技术应用到位，减轻农民负担、增加农民收入，建立新形势下的植保社会化服务组织，显得尤为迫切和必要。邗江区主要突出“六大链接”和“新四招”。

2.1 六大链接

2.1.1 组织链接

在明确植保社会化服务工作的思路和对准确定位植保社会化服务组织的前提下，邗江区相继成立各级植保社会化服务组织。区级：先后成立邗江区植保协会和邗江利民植保专业合作社。区级植保社会化服务组织以区植保站为技术支撑，由邗江植保服务公司、镇级植保合作社和农资经营企业、植保专业队、弥雾机手、种田大户等人员组成，是公益性单位与经营性组织的有机结合，是集技术服务、信息服务、物资服务和植保劳动服务为一体的植保社会化、综合性合作组织。镇级：截至 2007 年 4 月，全区 13 个镇（街道）全部成立镇级植保服务合作社。基层：各类型植保专业队由 2007 年的 22 支增加到 2009 年的 200 支。

2.1.2 技术链接

一是创建邗江植保网。2007 年 6 月正式开通“邗江植保网”（www. hjzbw. com），点击率已达 3 万多人次。二是开通“邗江植保通”信息平台。每次病虫防治时在第一时间内将植保信息群发到合作社社员的手机上。三是培训持证上岗。区植保合作社组织弥雾机手开展病虫防治、弥雾机使用、维修和保养、涉农法律法规等相关知识的培训。对参加培训并通过考试的弥雾机手发放上岗证，持证上岗。三年来培训弥雾机手 3 000 人次，发放上岗证 2 000 本。四是印发到户资料。2005—2009 年每年印发到户资料 65 万 ~100 万份，提高了广大农户对病虫防治信息的知晓率。

2.1.3 品牌链接

2007 年，邗江区植保社会化服务组织，利用《病虫情报》在涉农人员中的权威性，树立“邗江植保”品牌；农药经营店联推联供优秀店授予“邗江植保连锁 × ×店”店牌，特别优秀的授予“放心店”铜牌，对开展社会化服务的机械统一喷印“邗江植保连锁”和编号；植保专业队机手作业时统一着装，服装前后喷印“邗江植保”。调查显示，邗江区涉农人员对“邗江植保”信任度达80%以上。截至2009年底，该区已有80家农药销售户（店）加入“邗江植保”，该区对加入植保社会化服务组织的集体或人员实行品牌共享。

2.1.4 利益链接

区、镇合作社实行技术联推、农药联供、市场化运作。每次病虫防治时积极倡导镇级植保合作社、植保专业队实行技物联推联供，连环降价，让基层农药经销店、弥雾机手、农民从开展植保社会化合作中得到优质的服务和真正的实惠。区级农药进销差价保证在3%～5%以内。镇级植保合作社在章程中明确规定，实行利益共享、合理分配。

2.1.5 激励链接

邗江区广泛组织农药经营企业开展“三不”（不经销非推广药、不卖违心药、不卖假冒伪劣药）“三经营”（守法经营、诚信经营、有效经营）的放心店竞赛活动；在植保专业队、弥雾机手中开展“三高”（道德素质高、业务水平高、防治质量高）“三不”（不乱购药、不乱加价、不乱喷药）好机手竞赛活动，年终进行评比和表彰。两年来，该区已表彰了8个先进镇级合作社，20个放心店、10个优秀专业队、30名好机手和26篇优秀论文。在表彰时，放心店授予铜牌，优秀专业队、好机手奖励弥雾机，其他奖项发放不同额度的奖金。2007年、2008年、2009年连续3年将收集的各级总结和调研论文汇编成《扬州农业》——邗江区植保社会化服务工作专辑出版。

2.1.6 模式链接

邗江区实行技物联推联供，推行植保专业队防治服务。该区专业化防治模式已从单一的“走村窜户”到现在适应部分区域的多种模式，从过去统防统治率20%左右发展到2008年达到60%，2009年上升到68.2%。2009年专业化防治模式主要有：（1）全承包防治模式（全季包药包工）占该区水稻面积的16.6%；（2）阶段防治（分次包药包工）占35.8%；（3）代防代治（包工不包药）15.9%；（4）其他有组织的防治占4%。

2.2 新四招

2.2.1 协议服务

根据邗江利民植保合作社章程有关条款，该区协商拟定了《邗江植保连锁服务协议》（1～4），协议中分别明确了各自的责任和义务，其核心内容分别是：区植保合作社提供准确的防治信息、技术和优质、高效药剂，承诺承担因信息和药剂不当造成的损失；镇级植保合作社及时宣传、组织基层植保专业队开展专业化防治工作，同时做好配方药的发放，及时反馈病虫防治效果；村（基层）植保专业队根据区、镇植保服务组织要求，按时按质完成专业化防治工作，明确收费标准，建好防治档案；农户如实上报服务面积，及时缴纳相关费用。该区13个镇（街道）79个村599个组签订9 619份（户），分别占村总数的54.9%，农户总数的8.1%；协议服务面积3 288.3hm^2，占水稻面积的16.7%。

2.2.2 整村推进

为节约社会资源、提高药械利用率、减少用药次数、降低农药用量、全面推行高毒农药替代品种和新技术推广、控制农药面源污染、提高农产品质量安全，实现绿色植保和农业的可持续发展，加快推进植保专业化向整组、整村所有田统一防治，实现重大病虫防治时一点不漏。该区在13个镇（街道）遴选28个村，招募机手组建或扩增机防队，吸引农户加入植保社会化服务。机手实现了进药不烦神、技术不烦神、效果不烦神、效益不烦神

(整片防治，规模服务)；农民享受了1.5～7.5元/hm^2农药让利和7.5～60元/hm^2机防费让利。2009年，28个试点村服务面积2 866.7hm^2，占该区水稻面积的14.6%。在2009年邗江区整村推进植保专业化服务会上，18个村进行经验交流，为推进适度规模经营和开展专业化防治提供了经验和尝试。

2.2.3 购机补贴

邗江区积极争取资金，实施购机补贴，该区规定，对实施植保专业化的村或个人，在享受国家1 200元/台补贴基础上，区补贴600元/台；同时部分镇、村积极效仿制定购机补贴标准。截至2009年12月，该区新增植保机械280台，享受国家购机补贴33.6万元，区补贴16.8万元。新购置的植保机械新增服务面积5 533.3hm^2次，占该区水稻面积的28.1%。

2.2.4 统药统价

2009年，在经过广泛调研、听取镇级合作社成员意见的基础上，以少数服从多数的方式，在镇级植保专业合作社内统一技术、统一配方、统一价格等一些要素；同时将要素内容统一印发资料到户，让农户知晓，公开透明。在该区实施后，13个镇（街道）统一供药1.2万hm^2，占该区粳稻种植面积的70%。测算表明，2009年降低成本858元/hm^2，增收1 500元/hm^2。

3 开展植保社会化服务的成效

邗江区已建立起一个完善的植保社会化服务体系，并创造性地实践了一些服务理念、服务模式，该区植保社会化服务体系功能不断加强。

3.1 加强服务体系建设

开展植保社会化合作工作，实行技物联推联供，专业化服务覆盖率从2004年的20%左右增加到2009年的65%，区、镇服务手段不断完善。通过“邗江植保网”、“邗江植保通”及到户资料，改变了过去信息由单一村组干部到户传递方式，合作社社员成为信息传递的主力军，信息的传递速度较合作社成立前快1d。同时，各镇级植保合作社均加入植保连锁经营，配方农药市场占有率近80%，成了主渠道和主导者，农药市场不断规范。

3.2 提高病虫防控能力

2007年该区水稻技物结合的配方农药使用率为52.9%，较常年提高20%以上，2008年、2009年该区水稻技物结合的配方农药使用率又分别提高10个百分点。病虫防效平均提高15%左右，原本基础较差的镇、村病虫防效提高了30%以上。同时增强了对突发病虫害的应急防控能力。

3.3 实惠予农民

3.3.1 减轻了农民负担

实行植保社会化服务，病虫防治时农户不用自己背药箱，由专业机手防治，省心省力，防效又好，减轻病虫防治精神负担。利民植保专业合作社实行微利销售，价格公开透明，各镇级植保服务合作社也不断改变观念，让利于基层农药经销店、村级便民点、弥雾机手和农民，形成了连锁降价局面。2009年平均降低6元/hm^2，全区减少用药成本96万元。在实行植保社会化服务整村推进模式的村，由于集中连片防治，提高了工作效率，机防费用大幅度降低。头桥镇九圣村，机防费由实行整村推进前的150元/hm^2降至105元/hm^2。若该区各镇都实行整村推进模式，由村专业队统一防治，全年农民可节省机防费用720万元，年减少用药次数2~3次，减少用药成本约30元，全区节本900万元。三项合计农民年可节本1 716万元，平均节本858元/ hm^2。

3.3.2 保障了农民增收

开展植保社会化服务后，病虫草害防效提高，粮食生产安全得到保证。2008年，该区挽回粮食损失约2 542.5万kg，挽回经济损失约4 881.6万元。

3.3.3 节省了劳动力

该区汉河街道胡庄村有200 hm^2耕地，病虫防治时用背负式喷雾器需500个人工，实施植保社会化服务后，仅需100个人工。据此计算，该区年可转移劳动力4万个。每人每天按打工40元收入计，该区全年增加收入160万元。该区全年农民可增收节支6 757.6万元，该区人均增收100元以上。

3.4 降低农药抗性风险

以前农户在作物生长期重复使用某一种农药，增加了病虫草对农药的抗性。通过植保社会化服务可实现农药的交替使用，降低农药的抗性风险。

3.5 保障农产品质量

植保社会化服务可遏制高毒、高残留的使用，降低用药量、减少用药次数和农药产生的面源污染，保证农产品的质量，减轻农村环境污染。

4 展望

4.1 加快整村推进，扩大协议面积

2009年，邗江区植保社会化服务整村推进取得显著效果，提高了该区病虫专业化防治水平。统计表明，2009年该区协议服务面积2 866.7hm^2，服务农户9 619户；2010年邗江区将继续实施整村推进工作，在该区一半以上（该区144个村）村实行整村推进工程，协议服务面积6 666.7hm^2，服务农民2.5万户。该区在杭集镇双隆村试点土地流转33.3hm^2，推进适度规模经营，实现种植规模化、服务社会化、运作市场化。

4.2 实行包装回收，减少环境污染

近年来，农药包装废弃物污染问题越来越严重，严重威胁着人们的生存环境和农产品质量安全。据有关资料显示，目前全国每年农药需求总量30 000万kg，农药包装废弃物达1 500万kg，由此每年产生的农药包装废弃物约有32亿个。这些都是不可降解材料，长期存留在环境中，导致土壤受到严重化学污染。2010年邗江区将与扬州市环保局合作，实行农药废弃物回收制度，同时对植保专业队实行农药大包装，减少农药废弃物带来的环境污染等问题，增强全民的环保意识。

4.3 拓展服务范围，推行综合服务

2010年，邗江区积极鼓励植保专业队从单一的植保社会化服务转向整地、育秧、机播（栽）、植保、肥水管理、收割等一条龙的农业综合服务过渡。该区李典镇现有3个综合服务

队，其服务内容包含机插秧、旋耕、开墒、收割等作业；杨寿镇新龙村俞文明专业队为该村三星、曹安两组共4hm^2水稻田试行育秧、机插、机防、机收等一条龙综合服务；公道镇以种田大户徐大中、徐成扣为首组建的植保专业服务队也开始向农业综合服务队转变。

4.4 建立连锁服务点，服务种田大户

近几年来，部分镇级植保合作社连锁供药覆盖面低于40%，该区在部分镇试点下设邗江植保连锁服务点，服务周边农民及种田大户，提供技术宣传、技术咨询和农资服务等。据调查，邗江区现有种植2hm^2以上的大户298个，面积1 133.3hm^2，占该区水稻种植面积的5.7%，这些种田大户与当地技术干部沟通少，导致这些种田大户认为合作社农药价格偏高，降低了当地植保社会化服务覆盖率。这些大户还为当地农民代购药肥、代治病虫草，给植保社会化服务开展增添了难度。2010年，该区准备与大户多接触，开技术培训班，力争将种田大户列入植保社会化服务的对象。

邗江区植保专业化服务工作的摸索与实践

徐蕾[1]，李群[1]，康晓霞[1]，耿跃[1]，王少华[2]，陈学宝[2]，郭竹[2]，韦成凤[2]

（1. 扬州市邗江区植保站，225009；2 扬州市邗江区植保服务合作联社，225009）

摘　要： 通过对全区植保服务基本情况的调查和植保专业化服务工作有关规章的座谈、拟定、运作，在搭建区植保协会、镇成立植保合作社两层平台的基础上，利用邗江植保网、组建植保专业队、打造植保连锁店、培训持证上岗、公开承诺服务目标、开展农药放心店和好机手竞赛等措施，植保专业化服务工作呈现出4种模式和信息传递加快，技术到位提高，防效提高，减轻农民负担，植保服务形象提升，经济、社会和生态效益明显等优点，并对今后植保专业化服务工作提出了一系列设想。

关键词： 植保专业化服务；植保连锁；服务模式

植保专业化服务是解决农民防病治虫难的迫切需要，是农技部门自身发展和提升服务水平的需要，是顺应社会发展和社会主义新农村建设的需要。为此，邗江区植保专业化服务工作从创新机制、建立组织、制定章程、规范服务等方面进行了一系列的探索与实践，得到了一些经验和启发。

1 构建三大网络，推进植保专业化服务发展

1.1 组建专业化组织网络

1.1.1 成立协会、合作社

全区13个镇（街道）于2006年11月至2007年4月相继成立植保服务合作社。2007

年6月成立邗江区植保协会，10月成立邗江区植保服务合作联社。

1.1.2 组建植保专业化服务队

积极动员、引导在农民中印象好、在机手中有影响力的机手或农村能人组建多形式植保专业队，开展就地统防或跨村、跨区作业服务。目前村级也组建植保专业队。李典镇小乾村有植保机械60多台，机手43名；方巷镇陈花村、曹庄村分别有植保机械5台，机手5名；沙头镇人民滩村有机械6台，机手4名；另有个人组建专业队18个。

1.1.3 规范服务行为，出台系列规范条文

通过座谈、调研，先后制定了《植保专业化服务协议》、《关于规范全区植保服务工作的意见》和“致全区广大农民朋友的一封公开信”，向全区广大农民通报区成立植保协会、各镇级成立植保服务合作社、各村已获上岗证的弥雾机手名单及向广大农民公开承诺植保专业化服务的内容。

1.2 搭建技术服务网络

1.2.1 建立邗江植保网，及时发布信息

“邗江植保网”（www. hjzbw. com）已于2007年6月1日正式开通，内有病虫信息、防治技术、工作动态、服务组织、专家咨询、法律法规等栏目，为协会会员、合作社社员、农户、农药经营网点、区内各级涉农管理人员及农技人员及时提供病虫发生、防治技术等信息。目前已发布各类信息100多条，点击率达到7 000多人次。

1.2.2 创建“邗江植保信息服务移动平台”

经扬州市农业局、扬州移动通信公司与本区植保协会商谈，拟专门开通“邗江植保信息服务移动平台”。主要做法是根据病、虫、草害防治要求，在第一时间内将植保信息群发到已加入区植保协会、镇级植保合作社的镇、村分管农业、植保、农药经营、弥雾机手、种田大户等相关人员手机上。近期区植保协会和联社已基本办妥第1批300个植保合作社社员入网登台工作。

1.2.3 培训、持证上岗

区植保协会多次组织了弥雾机手会（社）员培训，内容包括病虫防治、弥雾机使用和保养、涉农法律、法规等。2008年已培训弥雾机手900多人次，对考试合格机手已发上岗证400多本。

1.3 打造农药统供网络

1.3.1 打造“邗江植保连锁”品牌

2008年在方巷等镇挂出了“邗江植保连锁”店牌，实行技物联推、联供，连锁经营，降低药价，让基层农药经销店、弥雾机手、农民从实行植保专业化连锁服务中得到真正的实惠。

1.3.2 开展竞赛评选活动

区植保协会组织各镇级农药连锁经营店开展不经销非推广药、不卖违心药（搭车销售无效药、肥）、不卖假冒伪劣药和守法经营、诚信经营、有效经营的“三不三经营”放心店竞赛；在弥雾机手中开展道德素质高、业务水平高、防治质量高和不乱购药、不乱加价（收费）、不乱喷药（非配方药、高毒农药、假冒伪劣药）的“三高三不”好机手竞赛。

1.3.3 合理分配，加强考核监督

利润分配原则按 4：4：1：1 执行，即农药销售单位提成 40%，弥雾机手提成 40%，合作社提成费用 10%，年底奖励提成 10%。根据全年植保专业化服务过程中的表现和业绩，年终评选出 7 个镇级植保服务合作社、15 个农药放心店、5 个优秀专业队、21 名好机手以及在植保专业化服务工作总结和调研中优秀文章 10 篇，分别给予精神和物质奖励。

2 摸索多种专业化服务模式，有效开展专业化服务

一是村、组统一代治模式每次病虫防治由村组干部统一到镇植保合作社农药店购药，组织机手统一喷药，费用由村、组集体支付（主要在经济发达的村、组）。

二是植保专业队统一防治模式由农村能人或在机手中有一定影响的机手组成不同规模的植保专业队，带机带药、统一防治、分户收费。如槐泗镇许巷村，李典镇联桥、小乾村，方巷镇陈花、曹庄村等。

三是“走村串户”防治模式机手个人带机带药或不带药走村串户防治，治完收费。目前为全区主要模式。

四是村组供药，机手到户防治模式村组干部宣传供药、统一收农药费，机手分户防治，收机防费。如汉河街道办。

3 植保专业化服务初见成效

3.1 加快信息传递速度，提高了病虫防治效果

一是增加几百名弥雾机手参与共同传递信息，到户信息传递速度较专业化服务组织成立前每次加快了 0.5 ~ 1d。二是 2008 年成立各级植保专业化服务组织以后，全区技物结合率较 2006 年提高 20%。三是由于机手水平和配方农药使用率的提高等原因，全区病虫防效平均提高 15% 左右，在少数原来植保服务工作较差的镇、村病虫防效提高了 30% 以上。

3.2 提高了经济效益，减轻了农民负担

一是实行植保专业化服务后，农民每 667 m^2 平均降低农药费用 0.3 元。二是区植保服务组织内的农药龙头企业——区植保服务公司，2008 年农药从合法加价中每 667 m^2 下降 2 个百分点左右。各镇级植保服务合作社也在不断改变观念，降价销售，让利于基层农药经销店、村级便民点、弥雾机手和农民。三是杜绝了非安全农业投入品使用，保证了无公害优质稻米生产。

3.3 进一步提升了植保服务形象

区植保站、区植保协会通过对机手、农民进行培训，广泛宣传病虫防治技术、高毒农药替代品种使用技术，组织多种形式的专业化服务，在病虫害防治中，取得了节本、增效、增收和保护农田生态环境的良好效果。使全区农民对植保部门的信任度从成立植保服务组织前的 60% 增加到现在 80% 左右。

4 植保专业化服务工作的启发和建议

4.1 政府政策及资金的扶持

防治农作物重大病虫具有明显的公益性，实现“绿色植保、公共植保”需各级政府对植保专业化服务工作给予政策和资金方面的扶持。

4.2 村村组建植保专业化服务队

近年来随着第二、第三产业迅猛发展，农村劳动力大量转移，迫切需要发展社会化、科技型专业化服务组织，让大多数甚至所有农民都能享受到植保专业服务队的服务。

4.3 提高植保专业化服务人员素质

这是植保专业化服务工作不断提高运作水平的主要元素。为此，从上到下都要重视这项工作，要在相关条文完善配套的基础上，加大投入培训，更新植保专业化服务工作者理念，提升专业技术素质。建立植保专业化服务人员档案，每年考评，对优秀者予以精神和物质奖励。

宝应县植保服务体系建设现状及几点思考

邵耕耘，陈金宏，马秀凤，张雅东

（宝应县植保植检站，225800）

摘　要： 通过对宝应县植保服务体系基本情况的调查、座谈，初步摸清了目前植保体系存在的主要问题，并对今后植保服务体系建设工作提出了一系列建议。在目前的情况下，通过健全区域性的植保体系来提高植保服务能力。

关键词： 植保服务体系；现状；思考

近年来，随着农资市场开放和乡镇农业服务体系属地管理，植保服务体系面临网破线断、人员老化、服务能力弱化、服务意识淡化的局面。植保作为农业生产的保障措施，植保体系的不完善将会给农业生产带来严重损失。为此，笔者通过对全县 14 个乡镇的调查剖析，基本了解了该县植保服务体系的现状。

1 基本概况

宝应县植保体系由县植保植检站和乡（镇）植保人员构成，村级改革后无人从事相关工作。县站主要负责全县农作物病虫草害的测报与防治、植物检疫，机构设置为植保、植检合署办公，农药管理权属县农林行政执法大队。县植保站共有专业技术人员 6 人，其中副高职称 4 人，中级职称 1 人，初级职称 1 人。经费来源工资部分由财政拨款，每人每年

2.5 万元，其他工作经费主要来源于技术推广费。乡镇共有植保员 14 人，以人均 1.5 万元计，县财政拨工资的 70%，其他工作经费主要来源于农资经营收入。

2 目前植保体系存在的几个主要问题

2.1 经费只能保生存，无法求发展

从调查的情况来看，财政拨款只能保证基本的工资，其他的补贴和福利要另外想办法才能补足。所有的乡镇站都没有测报专项经费，连基本的测报防治工作都无法正常开展。这种只能维持生存的状况，使植保事业无法求发展。

2.2 植保网络出现断层

过去植保网络从省到市，到县（市、区），一直延伸到镇、村，各级都有植保技术人员从事植保技术推广工作，病虫信息、防治技术通过乡镇植保技术人员传递到村组，再传递到农户手中。目前，由于机构改革，各镇农技部门都从县农业主管部门下放到乡镇政府属地管理，而乡镇普遍存在财政困难，无法承担农技站人员沉重的包袱，基本上只留 1~2 人，其他人员自谋生路，而且这些人员大多又要忙于生计，无法从事正常的农业技术推广工作，至于村级植保工作更是无人问津。现在，一方面县站找乡镇要病虫情况很难；另一方面，县病虫信息和防治技术传递到了乡镇就停止了，很难传到村组和农户手中。

2.3 监测与检测手段落后，不适应现代农业生产发展的要求

为了提高农产品市场竞争力，对农产品的质量要求越来越高。如何防范危险性有害生物的入侵，如何减少农产品的农药残留，是当前我们植保工作面临的艰巨任务，而要完成这项任务离不开先进的监测和检测手段。随着农业结构的调整，农业由过去传统的大宗作物粮棉油向现代的高效特经作物拓展，病虫害越来越复杂，病虫害的监测越来越难。目前调查病虫害的方法还是沿用几十年如一的老方法，检测设备也老化，对病害的检测诊断尤其难，已不能适应现代农业发展的要求。由于各地经费紧张，无法购买先进的仪器设备，所以难以提高监测和检测能力。

2.4 人员老化、技术老化、知识老化，知识更新滞后

由于经费不足，各乡镇站近年来基本没有新进专业技术人员，人员年龄均在 40 岁以上，人员老化日益严重。对近几年新出现的病虫害，特别是新发展的经济作物病虫害措手无策。目前，植保技术人员的植保知识和技术还仅局限于稻、麦、油等作物常规性病虫害上。另一方面，由于经费不足，从上到下技术培训较以往减少了许多，知识更新滞后。基层人员迫切需要加大技术培训的力度。

3 植保专业化服务组织情况

推进植保社会化服务，实行病虫害专业化防治，就是按照现代农业发展的要求，遵循“公共植保、绿色植保”的理念，利用先进的设备和手段，对病虫害实施综合防治和统防统治，努力提高病虫防控水平。植保社会化服务有利于推进农业规模化经营，提高农产品

质量；有利于减少化学农药使用，保护农业生态环境。县站去年成立了植保专业合作社，各镇均已成立了镇级植保专业防治合作组织，进一步提高了农作物病虫害综合防控能力，专业化防治覆盖率有所提高。但现有农作物重大病虫害专业化防治水平与当前农业农村经济发展的客观要求还有较大差距，合作组织运行质态有待进一步提高。

体现公共植保，我们认为应着重抓好以下几点：一是尽快制定、出台有关植物保护的法律、法规，规范病虫监测、信息发布行为，特别是明确药剂配方的发布权及相关罚则，为农药市场的管理提供依据；明确植保工作人员，特别是测报人员的工资来源及相关权、益，调动其工作积极性，稳定植保队伍。二是依法强化植物检疫，及时开展外来有害生物防控，确保农林生产安全。三是开展电视预报，强化宣传培训，提高植保技术入户率、到位率，提高科学用药水平，保障农产品质量安全、生态安全，促进农业持续健康发展。四是建立、健全植保社会化服务网络，提高重大病虫、突发性病虫应急防控能力，确保粮食安全。

4　对植保体系建设的几点建议

4.1　按照行政区划，分片设立区域测报点

按宝应县的地理状况，分为东荡、西湖、沿运、南片、北片 5 个区域，每个区域包括 2 ~3 个乡镇，有 2 ~3 名专业植保人员。加大资金投入，在区域测报点设立系统观测圃，监测本区域的病虫发生动态；建立病虫防治示范基地，带动面上防治工作。

4.2　加大投入，提高植保服务能力

目前宝应县乡镇植保人员年龄普遍偏大，加上财政供给不足，乡镇植保人员精力主要在农药经营上，植保服务能力明显下降。通过建立区域测报点，保证良好的福利待遇，使乡镇植保人员的工作重心转到植保工作上来，提高服务能力，更好地为农业生产服务。

4.3　增强服务职能，完善植保服务机制

4.3.1　县级

一是通过健全测报体系，改善测报手段，加强病虫监测预警，提高防控能力。依据辖区内主要作物布局特点、地理区域特点建立区域测报点（可与当地农服中心合署办公，聘用当地农技人员，或由乡镇植保员兼任）；建好标准病虫观测场，搞好系统调查；扩大普查范围，掌握面上病虫发生、防治工作动态；开展电视预报，提高技术到位率；拓宽服务内容及范围，由粮食作物向经济作物延伸，服务高效农业。二是明确专人负责，加强植物检疫，认真开展工作外来有害生物普查、防控工作，确保农林生产安全。三是加大新农药新药械的试验、示范、推广力度。四是以镇、村植保服务及防治组织为落脚点，构建全县植保社会化服务网络。

4.3.2　镇级

一是明确专人负责，及时开展病虫情调查；二是成立植保社会化服务组织，以服务组织为纽带，搞好宣传发动、技术指导、物资供应等，逐步解决目前农药供应混乱的局面，壮大自身实力。

4.3.3 村级

以村级专业防治队为依托，延伸服务范围，建好综合服务站。

论全程承包式植保专业化服务方式的市场生存力

赵阳[1]，吴庭友[1]，秦吉洋[1]，刘金伟[2]，蔡小卫[3]，魏富平[4]，尹厚田[4]

（1. 仪征市植保植保站，211400；2. 仪征新集农服中心，211400；
3. 仪征真州农服中心，211400；4. 仪征谢集农服中心，211400）

近年来随着农村经济结构的调整，农民对各项专业化服务的需求越来越为迫切，病虫防治等植保专业化服务作为其中的重要内容，各地都广泛开展了探索。仪征市早在20世纪80年代就组建了植保专业化服务组织（原朴席乡植保服务公司），通过政府补贴，购置机械，并给予汽油补贴，服务人员经培训持证上岗，统一配方，统一防治，农民支付药本，公司收取每亩一元钱代防费，服务人员工资由乡镇企业代发，但随着市场经济的不断发展和政府各项补贴的取消，这种以经费支撑的服务组织便名存实亡，逐步过渡为个体机手自发开展专业化服务的方式，究其原因主要是因为未经市场化运作，依靠政府输血而缺乏自身造血功能，也由于服务项目过度单一，服务收入低，因而难以为继。随着近年来市场经济和农村第二、第三产业的迅猛发展，农村劳动力大量转移，农民对专业化服务有了实质性需求，各种专业化服务组织也应运而生。2008年仪征市9个乡镇均相应成立了植保专业合作社，两年来初始阶段服务形式虽然多样，也均取得了一定成效，但笔者通过对仪征市不同植保专业合作社服务运行形式进行调查分析，认为其市场生存力存在较大差异，特作如下探讨，并提出适合仪征市特点和发展需求的植保专业化服务形式。

1 全程承包式服务形式

一是以市场化运作为模式，全程承包，群众自愿加入。年初测算一次性收取水稻全程病虫防治费（人工费+农药），承诺产量不低于当地群众同水平的收成。如新集镇惠民合作社刘金伟，在原有办厂效益的基础上，投资农业，2009年承包了全镇各村59hm^{2}水稻田，从统一供种育秧，统一机插，统一病虫防治，统一供肥等各个环节全程承包，今年投入购置了插秧机5台，弥雾机6台，每667m^{2}收取机插费112元，病虫防治费用100元，切实解决了群众防病治虫实际问题，后期产量总体高于群众约10%，得到了当地群众一致好评，其本人也取得了显著经济效益。

二是以农服中心为依托，创办农场，收取群众土地，集体性质全程承包。如真州镇农服中心益民专业合作社，在原有农歌农场66 670m^{2}地的基础上，今年又承包了滨江村10hm^{2}地和长江村20hm^{2}地，由于当地紧靠仪化和扬州化学工业园，农民进厂打工，弃置田块多，该社利用这一情况，承包了农民土地，从专业化组织人员中选取能吃苦耐劳的人，明确分工负责，从育秧到田间管理、病虫防治到收割实行全程承包，一次性收取服务费，年终合作组织统一效益分配，几年来，合作组织发展越来越大，从原有的一个农场发展到目前的3个站办农场，服务形式也多样化，林业、养殖业、种植业俱全，农林牧副渔全面发展，服务人员平时在农场当工人，从而有效地稳定了服务队伍。

2 全程承包服务形式的优劣性

新集镇惠民合作社市场化运作全程承包方式植保专业化服务其优点：服务内容多元化，方便农民，从育秧到收割全程承包式服务，切实解决了农民后顾之忧，可放心外出务工；专业服务人员工作内容充实，防病治虫与其他各项服务有机结合，劳力闲置率低；服务收入提高，效益增加，有效地解决了服务队伍难以养活和稳定的根本问题。其不足之处主要是少数农户可能存在效果评判等一些矛盾。2009年该合作社承包的59hm^2水稻，从育秧到收割通过各项服务每亩获取利润约150元，总计达132 750元纯利。

3 全程承包专业化防治取得成效

3.1 推动了植保新技术和新农药的推广

近年来，各种高效新农药不断出现，每年本站开展新农药试验示范项目都达几十个，如大能、康宽、优先、稻腾、艾法迪、爱苗、满穗等，通过开展植保专业化服务，可以加快新技术新农药的推广应用进程，仪征市新农药推广应用覆盖率一直保持较高水平。

3.2 有效减少用药量，降低环境污染

植保专业化防治是减少乱用药、确保农产品质量安全和生态环境安全的有效手段，近两年仪征市通过专业化防治，一般比农民自防少2~3次，专业化服务所用药剂高效、低毒，对环境友好，而农民自发防治由于不懂技术，药剂不对路，加之农资市场混乱，农民受误导乱用药，既增加了农本，又造成了环境污染。如今年真州农歌农场水稻一季只防治3次，而周边群众防治7次；新集惠民合作社按照植保站专供药剂配方防治3次，而群众自防6次。

3.3 提高了经济效益

全程承包专业化组织由于技术性强，药剂新，防治次数少，降低了农本，提高了效果，增加了效益。如2009年新集毛桥专业化防治，每666.7m^2成本45元，产量550kg，而群众自防每666.7m^2成本70元，产量500kg；真州镇农歌农场专业化防治，每666.7m^2成本48元，产量580kg；群众自防65元，产量500kg。因此专业化防治比群众自防可节约药本1/3，产量提高50~75kg/667m^2，取得经济效益为120~150元/667m^2。

4 结论

通过以上分析，从长远发展眼光看，植保专业化服务必须走全程承包式多元化服务之路。留住了人员，稳定了队伍；服务内容广，获利项目多，开展服务的积极性高，责任意识强；群众愿意，农忙不再忙，外出务工人员无需回家乡，迎合了农民需求。

构建植保社会化体系　推进病虫专业化防治

潘志文[1]，刘士元[2]，吴佳文[1]，吴学昌[2]，严玲[2]

（1. 扬州市邗江区农作物技术推广中心，255009；
2. 扬州市邗江区汊河镇植保专业服务合作社，225009）

摘　要： 2008 年汊河街道植保专业化服务统防统治面积达 4 400 hm^2，统防统治覆盖率达 71.3%，惠及农户 1 325 户。推行植保专业化服务，可以提高农产品质量、减少化学农药使用，保护农业生态环境。实现农业农村可持续发展，推进社会主义新农村建设的进程。

关键词： 植保专业化；统防统治；体系

汊河街道一直坚持"预防为主、综合防治、统防统治、统分结合"的植保方针，常年种植水稻 654.1hm^2、小麦 582.5 hm^2。随着城镇化进程的加快，当前汊河"三农"工作面临着农业"兼业化"、农村"城镇化"、农民"老龄化、妇女化"的"四化"现象，而农作物病虫害防治具较强的专业性、技术性、时效性，这一矛盾导致目前病虫害防治存在防治不及时、乱用滥用农药等严重现象，农民防治病虫难的问题日益突出，已严重制约了农业生产的发展。为解决这一问题，汊河街道农业综合服务中心在上级主管部门的指导下，在全街道范围内推行"四统一分"的植保专业化防治运作模式，即统一持证上岗、统一药剂配方、统一技术要求、统一收费标准、分工协作服务，取得了明显的效果。据统计，2008 年汊河街道病虫统防统治服务面积达 4 400 hm^2，惠及农户 1 325 户，减少农药用药两次，平均降低用药成本 219 元/hm^2，农民节省种田成本 10.22 万元，2008 年挽回粮食损失约 58.3 多万千克，折合人民币 111.9 多万元。2009 年汊河街道水稻统一防治面积达 466.7 hm^2，统防统治覆盖率达 71.3%，药剂统一供应率达 100%。

1　建立服务组织 强化管理措施

汊河街道地处扬州市郊，紧邻扬州市邗江工业园，经济发达，农民家庭收入主要来源于第二、第三产业。为更好地推进植保专业化服务工作，汊河街道于 2008 年 9 月注册成立了扬州市邗江区汊河植保服务专业合作社，合作社拥有植保机械 70 台，拥有各种形式的植保专业化服务组织 12 个，2009 年机防服务面积达 4 725hm^2。合作社利用 2009 年区级植保专业化服务整村推进工程，新增 2 台担架式弥雾机和 30 台背负式弥雾机，组建 3 个村级植保专业队，专业队队长由村抓农业负责人担任。各村还分别与村级植保专业队签订了机械管理协议，弥雾机产权归村所有，机手拥有使用权。每台背负式弥雾机每次防治作业量不少于 4.7 hm^2，每台担架式弥雾机每次防治作业量不少于 13.3 hm^2，未达到服务面积要求的由汊河植保服务专业合作社收回植保机械重新选聘人员。为加强村级植保专业队管理，汊河植保服务专业合作社制定了 8 项措施：一是成立植保专业队领导小组和技术指导小组。二是弥雾机由村植保专业队统一管理。三是对弥雾机手实行严格筛选，符合条件人员由本人申请，村植保专业队推荐，合作社审核确定。四是建立机手档案。实行一人一机的登记管理制度。五是签订《邗江植保连锁服务协议》，规定了村级植保专业队的服务宗旨、组织方式、服务范围、服务方式、药剂来源、责任分工等。六是防治操作上实行“四统一分”的统分结合的运作模式。七是对弥雾机手进行岗前、岗中、岗后培训，主要培训病虫防治知识，弥雾机械操作及其维修技术。八是根据本地农民种植投入成本、收入水平、雇工报酬等情况，制定统一的收费标准。即背负式弥雾机 120 元/hm^2，担架式弥雾机 105 元/hm^2。

2　探索服务模式 创新服务机制

汉河植保服务专业合作社坚持因地制宜、形式多样的原则，实行自主经营、自负盈亏、自我发展的运行机制，积极创新服务方式、探索服务模式，努力实现服务与市场的有效对接，达到植保专业队服务能力和服务效益的最大化，推动植保专业化服务稳步健康发展。

2.1　加强宣传培训

每次病虫草防治前，合作社都及时召集各村抓农业负责人召开病虫防治专题会议、布置病虫草防治工作，并印发病虫草防治宣传资料，将宣传资料张贴在主要要道口。同时合作社还在各个村人口流行性较大的位置书写黑板报，宣传小麦、水稻病虫草害发生及防治意见。合作社还积极邀请邗江区农作物技术推广中心和弥雾机厂家相关人员开展常见病虫害防治和弥雾机手上岗培训等活动，两年来共培训弥雾机手 150 人次。在病虫发生比较严重时，合作社积极组织召开病虫专业化防治现场会，不仅提高了病虫防治的效果，还极大的推动了植保专业化服务工作，提高了药剂统供率。

2.2　改变服务模式

汉河植保服务专业合作社改变了过去由门市上单一销售农药为直接将农药送到各专业队和弥雾机手手中，合作社与专业队和弥雾机手签订农药供销合同，合作社让利 7.5～10.5元/hm^2于专业队和弥雾机手，这既稳定植保专业队，又提高了配方药剂的统供面积，近年来全街道农药统供率达 100%。植保专业化服务方式也得到了扩充，服务方式由原来的“单兵作战”发展为现在“团队作战”的正规军——植保专业队。服务模式主要有以下两种方式：一是带药带机防治。合作社直接将农药送到村植保专业队，植保专业队和弥雾机手按照区植保部门技术要求，及时向农民传递防治技术信息，提供防治药剂和机械施药服务，保证施药质量，收取合理的药剂和防治费用。胡庄村现有水稻种植面积 93.3 hm^2，每次病虫防治前，合作社直接将药剂送到村专业队，专业队再分发到各作业组组长（每个组长分管 2～3 个组），作业组带机带药挨家挨户连片作业防治（仅少部分农户自己防治），合作社在胡庄村享有很高的声誉，村民只认定合作社的配方药剂，非合作社的配方药剂村民不接受。目前全村统防面积达 95% 以上，药剂统一供应率达 100%。二是专项承包防治。植保专业队采用记账方式，对农户一季作物病虫害承包代治，防治结束后按实际用药用工费用与农户结算。如徐集村植保专业队现有背负式弥雾机 25 台，3 个作业组织，针对本村主要劳力均在邗江工业园工作的特点，徐集村植保专业队与该村吴庄组、祁庄组村民签订机防承包代治合同，两个组 16.7 hm^2 机插秧示范点全部实行专项承包防治。每期病虫害防治之前将用药用工费用告知农户，经农户确认，防治结束结算防治费用，2009 年机防服务面积达 150.3 hm^2。

2.3 完善服务机制

为更好地开展植保专业化整村推进工作，确保病虫防治效果，每次病虫防治，专业队在防治过程中都指定专人配备药剂并进行质量监督，以防药量不够，水量不足，篡改配方等现象的发生。防治结束，合作社还组织专人深入田头和农户家中，调查专业弥雾机手的防治效果和老百姓的认可度。同时制定相关的奖惩措施，做到奖罚分明，极大地调动了弥雾机手的积极性。合作社规定，防治面积 4 hm^2 以上，年防治面积 33.3 hm^2 的弥雾机手，合作社年终奖励背负式弥雾机一台。全街道各植保专业服务队都严格按照《邗江植保连锁服务协议》要求，统一收费标准，明确责任，确保防治质量等一系列具体的工作制度，建立了完善的管理机制，对不负责任、不按规章制度办事的机防人员坚决辞退，决不迁就。合作社建立了相关的服务档案，通过建立和完善各项管理制度，极大地提高了统防统治的工作成效。

3 存在问题及建议

3.1 存在问题

近几年来，虽然汉河街道在植保专业化服务方面进行了有益探索，并取得了一定成绩，但工作中尚存在一些亟待解决的问题。如：部分基层干部群众的“公共植保”、“绿色植保”意识还不够强，统防统治还不能够达到“整村推进，一户不漏”的要求；农药品种多、乱、杂现象依然存在，加之小部分农民素质低、观念陈旧，一些农户仍愿意购买价格低廉的劣质农药防治病虫害，对统防统治工作的开展造成一定难度。

3.2 几点建议

植保专业化服务工作的推进和发展，需要政府积极引导，还需要基层广大农技人员的支持，同时还要与市场化运作相结合，这样的植保专业化服务组织才能有生命力，才能持久生存。

3.2.1 加大资金投入

植保专业化服务工作是一项系统的工程，需要政府在资金和政策上予以扶持，地方政府要作为农村工作的一项重点内容来抓，才能促进其快速健康发展。

3.2.2 推进土地流转

现行的家庭联产承包责任制，曾经促进了农业生产的快速发展，但现在在某种程度上制约了农业的生产和发展。表现在：一是从事农业生产的多是“3860”或文化水平较低的农民，接受新技术、新方式比较困难；二是规模化种植程度低，种植面积小而分散，需要服务的市场小，阻碍了植保专业化服务的发展。因此，在像扬州市郊这样经济较发达的地区，应积极响应国家政策，推进土地流转，将耕地向少数人（种田大户）手中集中，扩大规模种植、连片种植。这样，才能有发展植保专业化服务的条件，才能提升植保专业化服务水平。

3.2.3 培育植保队伍

政府及农林部门要积极扩大植保专业化服务队伍，鼓励有志于服务农业、服务农民的中青年劳动力参与植保专业化服务组织，积极引导他们开展专业化防治，定期开展技术培训，提高他们的服务能力和水平。

3.2.4　健全规章制度

对现有的植保专业队人员加强技术培训和健全管理章程、工作守则，规范机防费用支付和收费标准，制定防治质量标准，解决因植保专业化服务引发的矛盾纠纷。

在实践中求发展　在发展中求完善

康晓霞，李群，徐蕾，潘志文

（扬州市邗江区植保植检站，225009）

摘　要： 扬州市邗江区2006年9月开始开展植保专业化服务工作，目前组织网络健全、技术服务网络完善、农药统供网络到位。在运作中也发现了植保专业化服务工作存在的问题，并提出了来年工作设想。

关键词： 专业化服务；组织网络；技术网络；农药统供网络；新举措

邗江区植保专业化服务工作开展起始于2006年9月，迄今已有3年多，组织网络、技术服务网络、农药统供网络日趋健全和完善。目前专业化服务全区农户达8万户，面积近1.33万 hm^2，统防统治率达65%。

1　发展现状

1.1　组织网络健全

2007年6月邗江区率先成立全国第一家县（区）级植保协会，注册会员929人，其中弥雾机手703人，理事单位35个；2008年5月根据需要又在全省率先成立了第一家县（区）级植保专业合作社，注册单位成员11个，自然人成员403人，其中非农民10人，农民393人，入股资金44.41万元，目前已有成员近2 000人；13个镇级植保专业合作社从2006年12月至2007年4月全部相继成立，并于2008年9～11月均在工商部门取得合法登记。

2009年邗江区新添担架式弥雾机135台，背负式弥雾机650台，新组建植保专业队131支，截至2009年9月，全区植保专业队总数达200支（表1），服务面积约201.33万 hm^2，占全区水稻种植面积42.5%。同时，邗江植保专业化服务还结合江苏省优质稻米基地、高产创建、水稻重大病虫害防治等项目，在邗江区13个镇（街道）全部建立病虫专业化防治示范方。2009年邗江区建立镇级病虫专业化防治示范方13个，其中沙头镇每个村建立病虫防治示范方，示范方总面积占全区水稻种植面积的8.8%，所有示范方全部实行病虫害专业化防治。

表1 邗江区各镇（街道）植保专业化服务组织分布情况

年份	头桥	李典	沙头	杭集	泰安	瓜洲	汊河	蒋王	杨庙	槐泗	方巷	杨寿	公道	合计
2007	0	2	2	2	2	0	0	0	1	1	10	0	2	22
2008	2	4	4	7	6	5	3	4	5	5	18	2	4	69
2009	34	19	20	10	8	11	12	6	10	9	26	11	24	200

1.2 技术服务网络完善

邗江区严格按照省市标准规范化预测预报，采取系统调查和大面积普查相结合的方法，根据病虫草发生的不同区域，除区站测报外，在方巷、杭集、李典设立3个测报点，进一步提高了测报数据的代表性、准确性。同时还在李典镇、方巷镇安装了“佳多”牌自动虫情测报灯，每日进行灯下虫情观测，及时掌握病虫发生动态。同时区站和各测报点进行定期、定点调查与普查结合，将灯下虫情与田间病虫情相结合，定期召开虫情会商会，制定科学的防治策略。植保植检站根据病虫草发生的具体情况，选择对路的低毒低残留药剂配方，在第一时间召开会议将病虫情报传递到各镇（街办）；各镇（街办）会立即召开各村抓农业生产的负责人会议，布置防治任务，并利用板报、到户明白纸、有线广播、农民信箱（手机短信）等多种途径在最短时间将病虫害防治信息传递到农民手中。除此之外，区植保站还会第一时间在邗江植保网（www. hjzbw. com）病虫测报栏目中公布病虫草情报，并通过“邗江植保信息服务移动平台”将病虫草防治信息及时发到加入到此平台的镇、村农技人员、弥雾机手和种田大户手机上。且重大病虫防治时，我们都会印发到户资料，确保防治信息家喻户晓，今年共印发到户资料6次，计64.2万份。

区利民植保专业合作社定期对弥雾机手进行弥雾机的保养与维修、安全用药、农作物常见病虫害等业务知识培训，今年共培训弥雾机手800余人次，不仅提高了弥雾机手的专业技能，还提高了他们的服务水平，得到了广大弥雾机手的一致好评。其中7/24、8/27在沙头、杭集邀请厂家技术员将培训会开到田头，实地操作，有效地解决了机手实际操作过程中存在的问题，提高了机手的操作能力和工作效率。

1.3 农药统供网络到位

我们一直推行技物联推联供，打造“邗江植保”连锁经营。区、镇级都明确规定农药利润空间，实行农药微利销售，切实减轻农民的经济负担。目前全区已有103家农资经销店加入了“邗江植保连锁”经营服务，甚至部分个体农药经销户都希望能够加入进来。泰安镇七里村与泰安镇植保专业服务合作社合作，设立了“邗江区泰安镇植保连锁七里店”，将过去的游击队打造成现在的正规军。通过实行植保连锁服务，该村统一配方药覆盖率达85%以上，植保专业队统一防治面积达46.7hm^{2}左右，占全村种植面积的63.6%；头桥镇南华村积极推行植保连锁，药价低于市场价格5%，防治费用低于市场价3元/667m^2（机防费7元/667m^2），多数农民积极要求加入到专业化防治中来。

区合作社一直在农药经营店中开展“三不三经营”竞赛活动，在弥雾机手中开展“三高三不”好机手竞赛活动。年终召开总结表彰大会，对优秀的镇级合作社、“放心店”、专业队和“好机手”给予一定的精神和物质奖励，有效调动了大家的积极性，促进了市场的有序运作和良性循环。各乡镇在区植保合作社奖励的基础上，也建立了相应的奖惩机制：槐泗镇杭庄村从村财政中拿出一部分资金对每位弥雾机手实行考核制度，每防治

33.3 hm^2，村奖励20元，年终一次性兑现；沈营村还从村办公经费中拿出一部分资金为弥雾机手配备了防护服和防护面具，另外对每位弥雾机手每防治6.67 hm^2，村补贴7.5元/hm^2。杨庙镇沿山河村实行村级补贴机防服务费，从村财政中拿出部分资金补贴机防费用，每公顷补贴15元。方巷镇联合村在条件比较好的西元、官塘两个组，实行统一配方药、统一时间、统一防治，机防费用和农药费用全部由组统一支付，取得了良好的防治效果。蒋王街道、悦来村财政共同对专业化防治的农户补贴15元/hm^2，得到了广大老百姓的赞许。

2 存在问题

2.1 缺乏政策和资金扶持

农作物病虫害专业化防治具有特殊性，时间上一年仅防治几次，属于间歇性劳作，收入不稳定；设备上弥雾机质量不稳定，容易出现故障；防效上不确定因素多，风险难把握。这些都决定了病虫害专业化防治的弱势地位，需要政府加大政策和资金扶持力度，来体现我们所提倡的“公共植保”理念。

2.2 专业队伍难以稳定

植保专业化服务是一项季节性服务，不是长期性的工作，属于短暂性的突击，服务人员配备有一定的难度，一般强壮劳动力都在其他岗位，适合做植保专业化防治工作的人不多。一是目前农村年轻人大多数都外出务工，务农人员都是一些老人和妇女，导致植保专业服务队中弥雾机手年龄普遍偏高，文化程度不高，身体强度跟不上；二是专业队主要以防治水稻病虫害为主，防治时间短，收入来源低；三是弥雾机质量出现故障维修不方便，并且担架式弥雾机的操作技术还需对机手进行培训。因此我们需要拓展植保专业队的服务范围，加强对弥雾机手的培训，提高他们的综合素质。

2.3 部分乡镇药价相对较高

邗江区部分乡镇农技人员的工作经费、奖金、福利甚至工资需靠抬高药价来解决，“以药养技”现象仍普遍存在，导致镇级农药销售价格相对较高，影响农技系统声誉。在本区内甚至存在着各个乡镇农技部门同种农药价格不一的局面，这在一定程度上也降低了农民对农技部门的信任度。

2.4 防效评价机制难确定，人身安全保险尤待建立

农作物病虫害防效受多种因素影响，如品种、栽培方式、施药器械、施药人员、气象条件等，有问题，就需要进行防效评价，追究机手的相关责任，因此由哪些相关部门、人员组成不同级别的防效评估机构和防效评价体系，将关系到植保专业化服务的持久健康发展。

此外在从事植保专业化服务过程中，不确定的安全因素较多，因此对植保专业服务队队员的健康保险制度也尤待建立。

3 今后工作设想

3.1 增加终端服务对象，扩大业务范围

在推进植保专业化服务的基础上，2010 年植保合作社将与种田大户积极沟通、交流，将种田大户纳入植保专业化服务范畴。目前全区种田大户中，种植面积达 $2hm^2$ 以上的有 298 户，种植面积达 0.3 万 hm^2，占全区水稻种植面积的 15%。

3.2 增加服务中间链，扩大服务效果

目前全区先后成立区、镇两级植保专业合作社，村级农药销售点近百个，但这还不能满足全区广大农户的需求。现今全区 28 个整村推进试点村已经实现了农药销售全覆盖，为更好的推进植保专业化服务工作，将计划在全区其他非整村推进村以村便民服务为依托，设立农药销售点，推行病虫防治药剂联推联供，使药剂统供率达 80% 以上。在整村推进的基础上，实行农药大包装供应，降低农药成本，同时对农药包装瓶袋实行回收，进一步减少环境污染。

3.3 拓展服务范围 推行综合服务

为适应形势发展需要，邗江区来年将积极鼓励植保专业队从单一的植保专业化服务转向整地、育秧、机播（栽）、植保、肥水管理、收割等一条龙的农业综合服务。目前李典镇有新滩荣光综合服务队、长生村综合服务队、伏业村徐章庆专业队，其服务内容包含了机插秧、旋耕、开墒、收割等作业功能；扬寿镇以俞文明为首的专业队，为三星、曹安两组共 $4hm^2$ 水稻田试行育秧、机插、机防、机收等一条龙综合服务；公道镇以种田大户徐大中、徐成扣为首组建的植保专业服务队也开始试行向农业综合服务队转变。

3.4 进一步规范服务行为，提高运作效果

我们将对现有的植保专业队人员加强技术培训和健全管理章程、评价机制、工作守则，规范机防费用支付和收费标准，制定防治质量标准。提高弥雾机手的准入门槛，对不负责任、不按规章制度办事的机防人员坚决辞退，决不迁就。专业队要建立相关的防治档案，由村负责人、机手、服务农民参加签字。通过不断完善各项管理制度，提高专业化服务水平和运行质态。

邗江区植保专业化服务整村推进现状及发展对策

吴佳文，潘志文，李群，徐蕾，康晓霞

（扬州市邗江区植保植检站，225009）

摘　要：实施植保专业化服务整村推进可推动农业产业规模化，提高农产品质量，减少化学农药使用，保护农业生态环境，解放农村劳动力。2009 年邗江区水稻

签约农户 9 619 户，防治面积达 3 266.7hm^2，占全区水稻种植面积的 14.6%，全区药剂统一供应率达 65%。

关键词： 植保专业化；整村推进；机制；植保专业队

邗江区自 2007 年开展植保专业化服务工作以来，一直推行以“预防为主、综合防治、统防统治、统分结合、公共植保、绿色植保”的方针。由于邗江区地处扬州市郊，随着城镇化进程的加快，农业出现“兼业化”、农村出现“城镇化”、农民出现“老龄化、妇女化”。这“四化”严重制约着粮食安全和社会主义新农村建设的进程。2009 年 4 月，邗江区农林部门在该区 13 个镇（街道）的 28 个行政村全面推行“四统一”的植保专业化服务运作模式，即统一持证上岗、统一药剂配方、统一技术要求、统一收费标准，实行植保专业化服务整村推进工作。2009 年该区水稻签约防治面积达 3 266.7hm^2，服务农户 9 619户。

1 邗江区村级植保专业化服务现状

植保专业化服务整村推进工作是一项系统工程，需要区、镇、村各级部门的共同努力，才能有效的推动植保专业化服务整村推进工作。

1.1 加强培训指导 积极宣传发动

2009 年 4 月，该区正式启动植保专业化服务整村推进工作，各镇（街道）、村积极配合，加强技术指导、培训，积极组建植保专业队。各村在组建植保专业队和弥雾机手挑选过程中，制定严格的弥雾机手准入条件，并对弥雾机手实行弥雾机的保养与维修、安全用药、农作物常见病虫害等岗前培训，2009 年该区共培训弥雾机手 800 人次。通过培训，提高了弥雾机手的专业技能和服务水平。每次病虫防治，各镇（街道）、村都宣传发动，组织植保专业队和专业弥雾机手做好病虫防治工作。该区汊河街道、杨庙镇、方巷镇、槐泗镇等每次病虫防治时，都印发到户资料，并通过在全镇（街道）显眼的位置张贴病虫情报、挂黑板报等方式，及时将病虫情报送到农户手中，该区汊河街道胡庄村农户已经形成习惯，非合作社的配方药剂不接受，2009 年全村农药统一供应率达 100%。李典镇小乾村通过村架设的 100W 的无线广播及时通知专业队员和农户，按照要求进行防治，宣传到户率达 100%。

1.2 签订服务协议 推行植保连锁

为推进植保专业化服务整村推进工作，各村积极配合区、镇（街道）的工作，积极宣传发动，签订服务协议，推行连锁服务。目前该区 28 个整村推进村，大部分村服务签约率达 60% 以上。汊河街道徐集村 2009 年与农户服务协议签订率为 70%，药剂统供率达 100%。泰安镇七里村与泰安镇植保专业服务合作社合作，设立“邗江区泰安镇植保连锁七里店”，2009 年该村统一配方药覆盖率达 85% 以上，植保专业队统一防治面积达 46.7hm^2，占全村种植面积的 63.6%。头桥镇南华村积极推行植保连锁，药价低于市场价格 5%，防治费用低于市场价 45 元/hm^2（机防费 75 元/hm^2）。2009 年该区技物联推联供率达 65%，连锁服务保证了农产品质量，有 20% 的植保专业队服务后将农药包装袋（瓶）收回集中处理，减少了环境污染。

1.3 实施资金补贴 推动整村推进

植保专业化服务整村推进工作是一项惠农工作，现代农业的发展离不开财政资金的大力支持，2009 年该区对植保专业队实施购机补贴工程，每台担架式弥雾机在国家补贴的基础上，再补贴 600 元。该区各镇（街道）、村积极响应，制定一系列扶持政策。槐泗镇沈营村从村办公经费中拿出一部分资金为弥雾机手配备了防护服和防护面具，另对每位弥雾机手防治 6.67hm^2，村补贴 7.5 元/hm^2。杨庙镇沿山河村实行村级补贴机防服务费，补贴标准为 15 元/hm^2。方巷镇联合村西元、官塘两个组，实行统一配方药、统一时间、统一防治，机防费用和农药费用全部由组统一支付。在国家、区补贴的基础上，该区沙头镇对担架式弥雾机补贴 500 元/台，晨兴村再补贴 500 元/台，弥雾机手不用出资，拥有弥雾机的使用权，但所有权归村植保专业队。蒋王街道悦来村在国家、区补贴的基础上，村补贴 300 元/台，组建植保专业队 4 个，服务面积 40hm^2，服务农户 205 户，同时街道、村财政对统防统治的农户分别补贴 15 元/hm^2。

1.4 制定应急预案 完善服务机制

为推进植保专业化服务整村推进工作，防止特殊情况影响病虫防治进程，该区整村推进村制定相关的应急预案。方巷镇花城村：一是发动村闲置的机手加入到专业化防治行列中来，抢时间、挣速度；二是发动专业机手的亲戚、朋友及社会机械共同参与抢治，及时、保值、保量完成病虫防治工作。该区方巷镇曹庄村印制了植保专业队名片，拉近了机手和农户的距离。每次病虫防治，专业队在防治过程中都指定专人配备药剂并进行质量监督，以防药量不够，水量不足，篡改配方等现象的发生。同时制定相关的奖惩措施，奖罚分明。

2 邗江区村级植保专业化服务存在的问题

植保专业化服务整村推进工作不少村取得了一定的成绩，但也存在一定的问题。

2.1 缺乏政策资金扶持 公共植保难以体现

农作物病虫害专业化防治具有特殊性，时间上一年仅防治几次，属于间歇性劳作，收入不稳定；设备上弥雾机质量不稳定，容易出现故障；防效上不确定因素多，风险难把握。这些都决定了病虫害专业化防治的弱势地位，需要政府加大政策和资金扶持力度，实现“公共植保”。

2.2 防治质量难以保证 专业队员难以稳定

部分弥雾机手为增加收入，降低用水量或用药量，防治质量和效果得不到保证。特别是水稻生长中后期，田间密度高，机手为抢抓时间，用水量难以保证，农药很难喷洒到水稻的基部。另有部分机手防治时不认真，出现因漏喷农药造成的病虫“夹花”发生的现象。植保专业化服务是一项季节性服务，不是长期性的工作，属于短暂性的突击，服务人员配备有一定的难度，一般强壮劳动力都在其他岗位，适合做植保专业化防治工作的人不多。

2.3 机手素质参差不齐 维修技术力量不足

目前，部分机手对机械性能不懂，缺乏基本植保知识和农药常识，违章用药、盲目用药；不按规程乱收费、对机械性能不懂、会用不会修等现象时有发生。2009 年该区共购置担架式弥雾机 150 台，背负式弥雾机 650 台，由于维修技术和售后服务跟不上，造成部分弥雾机因故障而不能正常的运作，给病虫防治带来了不小麻烦。另担架式弥雾机用水量很难随意调节，难以降低用水量，机手很难跟上出水速度。

2.4 管理制度不够完善 机防费用难以统一

防治效果评价的标准难以确定，也无完整的奖惩机制，让少数弥雾机手有机可乘。少数植保专业队虽然统防统治率比较高，但防效较差，导致农户对植保专业队持怀疑态度。用工费用上涨，若机防费用不变，利润很难维持，植保专业队难以稳定。2009 年 3 月，头桥镇九圣村在制定服务协议时，初定机防费用 75 元/hm^2，运作一个月后，植保专业队很难生存，后来在实际运作中机防费用调至 105 元/hm^2。

3 发展对策

3.1 政策、资金扶持

农业是弱势产业，粮食生产又具有战略性，因而防治农业重大病虫具有明显的公益性。实现“绿色植保”、“公共植保”是各级政府提出的明确要求，建议政府部门将植保工作纳入政府行为，全面提升植保专业化服务工作。改善测报手段和工作条件。将测报经费纳入财政预算，使植保人员能全身心投入到植保服务工作中，从各方面体现植保事业的公益性。扶持镇、村植保专业化服务组织。对合作社内的机手社员创造条件努力实行购机补贴、购油补贴、机防劳务和防护补贴等。实施病虫防治补贴。对病虫防治特别是用生物农药或高效、低毒、低残留农药防治病虫要予以政策性补贴。

3.2 提高人员素质

植保人员素质是植保专业化服务工作不断提高运作水平、运作效果和远大前程的主要元素。为此，从上到下都要重视这项工作，在相关条文完善配套的基础上，加大培训力度，更新植保专业化服务工作者理念、本领、素质等非常重要。建立植保专业化服务人员档案，对优秀者通过多种途径予以精神和物质奖励。

3.3 净化农药市场

目前农药销售因种种原因，销售价格不一，“蒙、骗、坑”农事件时有发生。相关部门应出台一些政策，通过镇、村植保专业化服务组织统一销售配方农药，在暂未建立村植保服务组织的由村便民服务店代理，让农民真正用上质优、价廉、放心、对路农药。

3.4 推行连锁服务

该区植保部门在当地农民心目中有绝对地位和影响，应充分利用、发扬光大并及时在镇级植保合作社联推联供配方药的农药经营企业统一挂出“邗江植保连锁”店牌；同时利用“邗江植保连锁”的声誉在镇、村扩增农药下伸点，将植保专业化服务服务到田头。

强势推进　奋力追赶　全面提升植保专业化服务水平

方道清，袁国松，仇学和，陈素琴

（扬州市邗江区杨寿镇植保服务专业合作社，225009）

摘　要： 邗江区扬寿镇植保专业化服务工作从基础工作抓起，建章立制、规范运作、加强培训、积极探索综合服务，服务工作取得明显成效。同时也发现了工作开展中存在的问题，并提出了相关建议。

关键词： 植保专业化服务；综合服务；问题和建议

2008 年，由于受行政区划调整的影响，杨寿镇植保专业化服务工作一度滞后，2009 年在邗江区农林局及区农作中心的精心指导和多次督导下，该镇充分认识到：植保专业化服务是现代农业发展的必然要求，是实现粮食安全，农产品质量安全，农业生态安全的有效保障，必须作为重点工作来抓。因此，该镇采取了扎实有效的措施，取得了较为明显的实效，同时也发现了工作开展中存在的问题，并提出了相关建议。

1　杨寿镇植保专业化服务工作开展情况

1.1　全力以赴、加强组织，认真做好基础性工作

2008 年 6 月，该镇与甘泉划开，重新设立杨寿镇。由于行政区划调整，不少基础性工作必须重新开展。该镇农技人员克服人手生、事务多的困难，全力以赴抢抓植保专业化服务基础工作。一是新办理了杨寿镇农业综合服务中心农资门市部营业执照，对原农资门市部承包经营人员进行了调整，确定了合理的承包标的，签订了承包协议。二是在 2009 年 3 月，联合工商、区农林执法大队、区农作中心和市电视台《关注》栏目组对农资市场进行了整顿、曝光，打击了农资经营户无照经营、超范围经营、假冒伪劣经营、农药与食品混柜台经营等行为，规范了农资市场经营秩序。三是新成立了扬州市邗江区杨寿镇植保服务专业合作社。一方面积极做好植保服务专业合作社所需办理的各种合法手续，到区农工办申办了农民专业合作组织相关审批文件，并到工商部门进行名称登记核准，办理了“扬州市邗江区杨寿镇植保服务专业合作社”营业执照。另一方面对弥雾机手进行了认真细致的调查、登记、建立了完整的档案，并与弥雾机手多次协调，利用会议、宣传单、有线电视打字幕等多种形式对植保专业合作社进行宣传造势，讲清成立植保服务专业合作社的意义、目的，通过沟通，统一了思想，使大部分弥雾机手愿意加入到镇植保服务专业合作社。该镇共有 7 个行政村，2009 年成立了 10 个植保服务专业队，26 个植保服务作业组，共有弥雾机手 123 人加入到镇植保服务专业合作社，今年水稻植保专业化服务农户达3 457 户，面积达 820hm^2，占水稻总面积的 62%。四是与全镇各农资经销点进行多次上门协调，重新建立了杨寿镇农资连锁经营网络。全镇共有 13 家农资经销点，现已有 7 家农资经销点与该镇农服中心门市部实行了连锁经营服务。

1.2　不断推进、规范运作，提升植保专业合作社形象

为了让广大农民种田不再为防病治虫费心，尤其是当前农村劳动力大量转移到第二、

第三产业，从事农业的人员大都是妇女和老人，即俗称的“3860”部队，而植保专业化服务需要一定体质和一定技能的人员来进行，如何规范运作、使好事做好，切实提升植保专业化服务的水平，2009 年重点强化了 3 个方面的工作。

1.2.1　加强培训，提高植保服务人员素质

2009 年 6 月 6 日，利用镇成人校多媒体教室专门组织了一期杨寿镇植保专业化服务人员培训班，由镇分管领导亲自主持会议并作重要讲话，镇农服中心人员进行授课，利用多媒体进行讲座。集中讲解了植保合作社的章程、弥雾机的性能及维护和操作基本知识、几种常规农药的药理和药性、实行植保专业化服务的目的意义等，通过培训，提高了植保专业化服务人员尤其是弥雾机手和农资经销点人员的素质和为农服务的理念。

1.2.2　建章立制，规范运作植保服务专业合作社

2009 年 5 月，按照《农民专业合作社法》，对章程中的内容进行了修改和规范，及时调整与法律不吻合的一些做法。在规范章程的基础上，还认真制定了民主决策、财务管理、民主监督、岗位责任、责任追究、考核奖惩、重大事项报告等多项制度。进一步完善了社员、理事、监事“三会”制度。同时认真做好专业队农药领取登记档案资料工作，按区农作中心要求，签订了区到镇、镇到村、专业队到作业组、作业组到农户的协议共 4 种 430 余份，并对全镇植保服务统一规定了收费标准，即必须按 7 元/667m^2 的标准统一收费，实行了管理规范化、服务规模化，提升了植保专业化服务的运行质态。

1.2.3　积极探索，大胆试验农业种植综合服务

为了拓宽服务范围，试验综合服务，2009 年该镇从机插秧入手，为新龙村三星组机手俞文明免费提供插秧机一台、弥雾机一台，加之俞文明自己原就有一台收割机，并和俞文明签订了新龙村三星、曹安两组共 4hm^2综合服务承包协议，即育秧、机插、机防、机收一条龙综合服务。俞文明承包负责管理的 4hm^2水稻最终取得了较好的收成。

1.3　明确责任、让利于民，注重优质高效服务

杨寿镇植保专业合作社始终牢记为民服务宗旨，以提高农产品质量安全水平为核心，统一了质量安全标准和服务技术规程，统一了农药采购供应，统一了植保配方，统一了植保服务管理。并坚持让利于老百姓。一是严格控制药价。按区利民植保合作社供应的药价，适当增加上下力资费和运费外，发送给各个销售网点。注册登记的植保队社员（弥雾机手）到各个网点领药，按批发价结算，解决机手的后顾之忧，弥雾机手剩余的农药我们做好回收，确保弥雾机手有足够的利润空间。二是坚持优质服务。遇到防治质量问题及由此产生的矛盾，农技人员都主动上门进行解难答疑。三是坚持科学服务。在每次病虫防治之前，根据区农作中心防治情报，由村分管农业的负责人对弥雾机手有针对性地进行防治技术指导，按要求做到适期防治。同时为提高防治质量，由村分管农业负责人进行质量跟踪，严格操作过程和防治协调。

2009 年还借鉴外地成功经验，制定了奖惩措施，对防治面积大、防治质量好的专业队和机手，年终给予了一定的精神和物质奖励。

2　该镇植保专业化服务工作存在问题

虽然该镇在推进农业植保专业化服务上做了一些工作，但离上级的要求和基层群众的

需求还有很多不足和不尽人意之处，具体表现在：一是植保连锁还没有实现全覆盖，农资市场秩序还不够完善，仍有农资经销点没有加入到经销网络；二是专业化防治的面积还有待进一步扩大，占种植总面积的比例还有待进一步提高；三是弥雾机手人员的素质和为农服务理念还需继续培训提升、更新。

3 对植保专业化服务工作的相关建议

对植保专业化服务，该镇认为：要以优秀农机手为主体和鼓励农业大专院校毕业生承包植保服务，使植保服务组织建设成为集农机、农技、农资供应为一体的综合型服务组织，在植保服务领域中与现代农业接轨，逐步形成植保服务产业化。